数学新教育丛书

数学方法论

官运和 编著

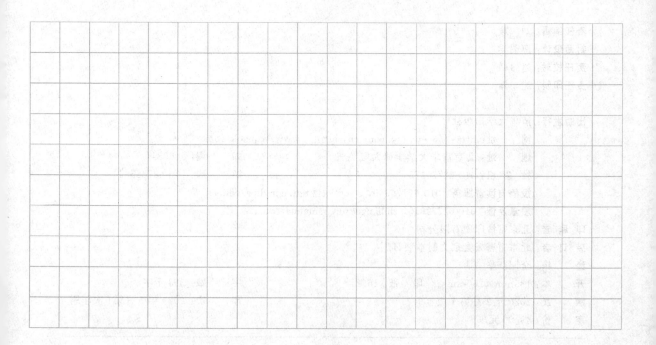

清华大学出版社
北京

内 容 简 介

本书以初等数学的方法论为重点，力求兼顾特殊与一般、普及与提高、高师院校教学与基础教育教师业务进修学习，力求使用通俗的语言、严密的论述，结合典型实例来讲述数学方法论，使之具有较好的可读性与思考性。全书共分8章，包含第1章数学方法论概述，第2章数学方法之逻辑基础，第3章数学方法之来源，第4章数学方法之灵魂，第5章数学知识体系建立的基本方法，第6章数学论证的基本方法，第7章数学解题的基本方法，第8章数学思维品质等内容，每章之后均精选有各种类型和不同梯度的习题，并附有参考答案。

本书可作为高等师范院校数学教育专业的教材，也可作为中小学教师继续教育、各类数学教育工作者的参考书。

图书在版编目(CIP)数据

数学方法论/官运和编著.—北京：清华大学出版社，2020.5
(数学新教育丛书)
ISBN 978-7-302-55345-8

Ⅰ.①数…　Ⅱ.①官…　Ⅲ.①数学方法-方法论　Ⅳ.①O1-0

中国版本图书馆CIP数据核字(2020)第062706号

责任编辑：刘　颖
封面设计：傅瑞学
责任校对：赵丽敏
责任印制：沈　露

出版发行：清华大学出版社
网　　址：http://www.tup.com.cn，http://www.wqbook.com
地　　址：北京清华大学学研大厦A座　　**邮　　编**：100084
社 总 机：010-62770175　　**邮　　购**：010-62786544
投稿与读者服务：010-62776969，c-service@tup.tsinghua.edu.cn
质量反馈：010-62772015，zhiliang@tup.tsinghua.edu.cn
印 刷 者：北京富博印刷有限公司
装 订 者：北京市密云县京文制本装订厂
经　　销：全国新华书店
开　　本：185mm×260mm　　**印　　张**：16.25　　**字　　数**：393千字
版　　次：2020年7月第1版　　**印　　次**：2020年7月第1次印刷
定　　价：49.00元

产品编号：086881-01

前言

FOREWORD

“数学方法论”是高等师范院校数学专业必修课程。本书着重介绍最重要、最基本的数学思想方法。本书以初等数学的方法论为重点，力求兼顾特殊与一般、普及与提高、高等师范院校教学与基础教育教师业务进修学习，力求使用通俗的语言、严密的论述，结合典型实例，使之具有较好的可读性与思考性，力求在总结自己经验的同时充分吸收各位前辈和同仁的经验和方法，丰富本书内容。

全书共分 8 章，包含第 1 章数学方法论概述，第 2 章数学方法之逻辑基础，第 3 章数学方法之来源，第 4 章数学方法之灵魂，第 5 章数学知识体系建立的基本方法，第 6 章数学论证的基本方法，第 7 章数学解题的基本方法，第 8 章数学思维品质。

本书由官运和教授拟定提纲、组织编写与统稿。

广州李希胜老师编写了分析法、综合法、反证法、数学归纳法、换元法、化归法。

韶关何贵英老师编写了分类讨论、化归法、换元法、数形结合法、特殊化、一般化、主元法。

韶关侯新兰老师编写了分析法、综合法、反证法、数学归纳法、数形结合法、换元法、化归法、转化思想。

本书在出版过程中得到了清华大学出版社的大力支持，特别是清华大学出版社刘颖编审付出了大量的心血；得到了韶关学院数学与统计学院院长宋杰教授的支持和帮助。同事李善佳、罗静、盛维林等老师，赣南师范大学曹新、曾建国，海南师范大学苏建伟，五邑大学吴焱生、朱铁丹，广东第二师范学院王爱珍，岭南师范学院张映姜、陈美英、薛志坚，嘉应学院侯新华、陈星荣、温坤文，景德镇学院黄顺发，萍乡学院程丽萍，湖南叶春华等为本书的编写提出了许多宝贵的建议并给予了热情鼓励，在此一并表示衷心的感谢。

本书可作为高等师范院校数学教育专业的教材，也可作为中小学教师继续教育、各类数学教育工作者的参考书。

本书在编写过程中，参阅了大量相关的文献资料，引用或参考了现有数学方法论教材、数学专著、数学丛书、数学论文、网络中的数学帖子及中小学教师课堂教学中的心得等方面的内容，在此谨向有关作者表示由衷的谢意。

由于编者水平有限，错误和缺点在所难免，恳请读者批评指正。

编　者

2019 年 11 月于广东韶关

目录

CONTENTS

第1章

数学方法论概述

“只要一门科学分支能提出大量的问题，它就充满着生命力，而问题缺乏则预示着独立发展的终止或衰亡。”

——希尔伯特

“数学是一种精神，一种理性的精神。正是这种精神，激发促进鼓舞并驱使人类的思维得以运用到最完善的程度，亦正是这种精神，试图决定性地影响人类的物质道德和社会生活；试图回答有关人类自身存在提出的问题；努力去理解和控制自然；尽力去探求和确立已经获得知识的最深刻的和最完美的内涵。”

——克莱因

数学方法论是方法论学科中一门独立的不断发展的学科，它在数学研究和教学中发挥着重要作用。关于数学方法论的研究对象、范围、数学方法的层次划分、数学方法论的体系问题等都在讨论、研究与发展之中。

1. 有关概念

为了表达方便，首先对与数学方法论有关的一些概念作简单的介绍。

方法，是一个元概念，没精确定义。它和“集合”等概念一样，不能逻辑地定义，只能概括地描述。方法是人们解决具体问题所采取的方式、手段、途径等。

“方法”一词，起源于希腊语，字面意思是沿着道路运动。其语义学解释是指关于某些调节原则的说明，这些调节原则是为了达到一定的目的所必须遵循的。《苏联大百科全书》中说：“方法表示研究或认识的途径、理论或学说，即从实践上或理论上把握现实的，为解决具体课题而采用的手段或操作的总和。”美国麦克米伦公司的《哲学百科全书》将方法解释为“按给定程序达到既定成果必须采取的步骤。”我国《辞源》中解释方法为“办法、方术或法术”。从科学研究的角度来说，方法是人们用以研究问题、解决问题的手段、工具，这种手段、工具与人们的知识经验、理论水平密切相关，是指导人们行动的原则。

与方法紧密联系的是思想。在现代汉语中，“思想”解释为客观存在反映在人的意识中经过思维活动而产生的结果。《辞海》中称“思想”为理性认识。《中国大百科全书》认为“思想”是相对于感性认识的理性认识成果。《苏联大百科全书》中指出：“思想是解释客观现象的原则。”毛泽东在《人的正确思想是从哪里来的？》一文中说：“感性认识的材料积累多了，就会产生一个飞跃，变成了理性认识，这就是思想。”

数学方法是人们从事数学活动时所使用的方法，是人们在数学活动中为达到预期目的而采取的手段、途径和行为方式中所包含的可操作的规则或模式。数学活动包括研究和讨论数学发展规律、数学思想方法以及数学中的发现、发明、创新法则，也包括用数学语言表达事物的状态、关系、过程，也包括推导、运算、分析以及解释、判断、猜想等。所以，数学方法是以数学为工具进行科学研究的方法，即用数学语言表达事物的状态、关系和过程、经过和推导、运算和分析，以形成解释、判断和猜想的方法。数学活动有宏观和微观之分，所以数学方法也有宏观和微观之分。

方法论是把某种共同的发展规律和研究方法作为讨论和研究对象的一门学问。方法论是人们关于认识世界和改造世界的根本性的科学，是人们总结科学发现或发明的一般方法的理论。

数学方法论是研究数学的发展规律，数学的思想、方法、原则，数学中的发现、发明和创新法则的学科。它隶属于科学方法论的范畴，是科学方法论在数学中的具体表现。

数学知识、数学方法、数学思想是数学知识体系的三个层次，它们互相联系、互相依存。知识是人们在改造世界的实践中获得的认识和经验的总结，是人类文化的核心内容。在数学学科中，概念、法则、性质、公式、公理、定理等属于知识的范围。长期以来，人们一直思考着：这丰富多彩的数学内容反映了哪些共同的、带有本质性的东西呢？答案是数学思想。思想是客观存在反映在人的意识中经过思维活动而产生的结果，是从大量的思维活动中获得的产物，经过反复提炼和实践，如果一再被证明为正确，就可以反复被应用到新的思维活动中，并产生出新的结果。数学思想是数学知识中奠基性的成分，是使人们获得概念、法则、性质、公式、公理、定理等必不可少的基础，它是人类文化的重要组成部分，是数学文化的核心内容。它作为数学知识内容的精髓，是铭记在人们头脑中起永恒作用的精神与态度。数学知识是数学方法解决问题所依赖的材料，是数学方法、数学思想的载体；数学方法是处理、探索、解决问题，实现数学思想的途径、手段与工具，是数学思想的基础，是数学思想发展的前提，“方法”是指向“实践”的，是理论用于实践的中介；数学思想是对数学知识和数学方法的进一步抽象和概括，是一类数学方法本质特征的反映，它比数学方法更本质、更深刻。数学思想通过数学方法来体现，它蕴含在数学知识的发生、发展和应用的全过程，是数学知识结构形成与发展的内在动力，也是知识化为能力的桥梁。数学方法的应用、实施与数学思想的概括、提炼相互为用、互为表里。数学思想指导数学方法，数学方法体现数学思想。数学思想是具体数学知识的本质与内在联系的反映，具有高度的抽象性与概括性。数学方法尚具有某种外在形式或模式，作为一类数学方法的概括的数学思想，只表现为一种意识或观念。同一数学成就，当用它去解决别的问题时，就称之为数学方法，当评价它在数学体系中的自身价值和意义时，称之为数学思想。当我们强调指导思想，解题策略时，称之为数学思想；强调操作时，称为数学方法，往往不加区别，泛称数学思想方法。简单地说，数学是一个有机整体，问题是数学的心脏，知识是数学的躯体，方法是数学的行为，思想是数学的灵魂。从学习者的角度来说，运用数学方法解决问题的过程就是感性认识不断积累的过程，当这种积累达到一定程度时就会产生飞跃，从而上升为数学思想。例如，化归思想方法是研究数学问题的一种基本思想方法。我们在处理和解决数学问题时，总的指导思想是把问题转化为能够解决的问题，这就是化归思想。而实现这种化归，就是将问题不断地变换形式，通过不同的途径实现化归，这就是化归方法。

数学活动的核心是数学思维活动,数学方法实质上是数学思维活动的方法,是数学思维活动的步骤、程序和格式,它体现了人的意识的能动作用,因而数学方法论的研究离不开数学思维的应用。

数学思维是人脑和数学的空间形式、数量关系、结构关系交互作用并按照一般思维规律认识数学内容的内在理性活动。思维活动是按照客观存在的数学规律的表现方式进行的,具有数学的特点和操作方式。数学学习或研究是数学思维过程和数学思维结果这二者的有机结合。因而,也许我们可以说数学思维是"动"的数学,而数学知识本身是"静"的数学。数学知识是数学思维活动的产物。当然,在数学思维过程中,并非与数学知识的表述一样,离不开抽象的逻辑思维,而是综合地、交错地运用了抽象思维与形象思维以及直觉思维。

由以上的讨论可知,数学方法、数学思想方法、数学思维方法等概念同时出现在所难免。

另外,还可能会出现"思路""思绪""思考""意识"这些词语。一般来说,"思路"是指思维活动的线索,可视为串联、并联或网络形状出现的思想和方法的载体;"思绪"是指思路的头绪;"思考"是指进行比较深刻、周到的思维活动,"思路"和"思绪"常作为同义词,并且它们都是名词。"思考"是动词,它反映了主体把思想、方法串联、并联或用网络组织起来以解决问题的思维过程。由此可见,"思考"所产生的有效途径就是"思路"或"思绪","思路"或"思绪"是"思考"的结果,是思想、方法的某种选择和组织,且明显带有程序性,对思路及其所含思想、方法的选择和组织的水平,能够反映学习者能力的差异。

当然还可能会出现的词语是技巧或招术。解决问题所需要的特殊手段或计策常称为技巧或招术,技巧只能在某些问题中发挥特殊的作用,纯属于技能而不属于能力。"技巧"的教育价值远低于"通法"的价值,"通法"的可仿效性带有较为"普适"的意义,而"技巧"的"普适"要差得多,但是它们也是相互依存的:只有注意技巧,才能揭示方法的产生,共性寓于个性之中,方法正是从门路、技巧之处变通发展而来;实施技巧要以能实施管着它的方法为前提。例如,待定系数法是一种特别有用的"法"。求二次函数的解析式时,用待定系数法根据图像上三个点的坐标求出解析式可看作第一"技巧";根据顶点和另一点的坐标求出解析式可看作第二"技巧";根据与坐标轴的交点和另一点的坐标求出解析式可看作第三"技巧"。这三个技巧各有奇妙之处。哪一技巧更好使用,要看条件和管着它们的"法"而定。学习"用待定系数法求二次函数的解析式",最根本、最要紧的"法旨"就在于明确二次函数的解析式中自变量、函数值和图像上点的横、纵坐标的对应关系;至于一般的点和特殊的点,解析式可以有不同的反映。同一手段、门路、技巧、程序被重复运用了多次,并且都达到了预期的目的,便成为数学方法。

2. 数学方法论的研究内容

方法具有多层次性和多样性。它包括哲学意义上方法、一般科学的方法、具体学科的方法。哲学意义上方法是客观世界中事物最一般关系的反映,是其他一切方法的基础。一般科学的方法是适用于所有科学领域的共同方法,其实质是哲学方法的具体化、特殊化。具体学科的方法是由认识对象的特殊性决定的特殊方法,其实质是前两种方法在特殊领域中的特殊运用。方法也有宏观与微观之分。对同一方法也有宏观与微观的研究视角。这样就使得数学方法论具有丰富的内涵。

从广义角度来说,数学方法论是一门对数学方法进行抽象、概括、综合化和系统化,使数学方法不断地得到丰富和发展的学科。它与数学、哲学、思维科学、心理学、教育学、数学史等学科有着密切的关系。比如，和数学史的紧密联系，为了对数学中使用的所有认知方法的整体进行研究，就必须在数学的历史发展过程中来考察它，其中包括数学与其他科学以及人类社会各方面的活动的联系。在对数学史的考察中，我们可以看到数学方法、数学思想和数学概念是怎样形成的，各个数学理论是怎样形成和发展的，这样的话，数学方法论中的许多方法和原理都是从数学发展史中总结归纳出来的。所以数学方法论选取不同的角度建立的体系可能不同。

本书从这样的两个角度来研究数学方法。从数学学科总体上分析，一方面是把数学学科作为一个系统的演绎科学，使用抽象、概括、演绎等思维方法，形成概念，进行判断推理，形成独立的认识结构，这种论证表述的学习认识数学知识的任务，主要是通过逻辑性思维来进行的。另一方面把数学作为一门实验性的归纳科学，用实验—归纳—推广—类比—联想—猜想等合理思维方法来解决问题。

进一步地说，涉及到如下一些方法：

(1) 建立数学概念的方法。它主要包括形成数学概念的方法，表述数学概念的方法。

(2) 论证数学命题的方法。它主要包括论证数学命题的方法，也包括某种意义上的发现命题的方法。

(3) 解答数学问题的方法。主要包括将问题化为数学问题，提炼数学模型方法，也包括将一个数学问题如何求解，化归方法。

(4) 建构数学知识结构的方法。主要包括使数学知识系统化，建立逻辑体系的方法。

具体地说，数学方法之逻辑基础，也就是概念、判断和推理等；数学方法之来源，观察、抽象与概括的方法；数学方法之灵魂，即化归法；数学体系建立的基本方法，即数学模型方法和数学公理化方法；数学论证的基本方法；数学解题的基本方法；数学思维品质。

3. 学习和研究数学方法论有特别重要的意义

有助于认识数学本质。数学方法论是关于认识规律的科学，它总结了数学科学的认识方法、数学推理的逻辑方法和非逻辑方法，也揭示了数学发现和创造的规律，从而可以使人们从数学的发展方式中把握数学内在的本质和规律。

有助于促进数学的发展。数学上每一项重大成果的取得，都与数学思想的突破及方法的创新有关。笛卡儿创立的坐标法把数与形结合起来，实现了数学思想与方法的重大突破，促成了解析几何的创立，为微积分的诞生奠定了理论与方法的基础。

有助于发挥数学的社会功能。数学方法的研究和总结，不仅在数学的发展中发挥作用，而且在其他科学和社会生产中也发挥作用。发挥数学的社会功能，把数学的思想和方法灵活应用于社会的实践，以便运用数学知识去解决各种实际问题。因此，加强数学方法论的学习和研究，提高数学思想方法的素养，对于发挥数学的社会功能是极为重要的。

习题 1

1. 数学思想与数学方法有什么联系与区别？
2. 学习和研究数学方法论有什么重要意义？

第2章 数学方法之逻辑基础

“没有大胆的猜测，就做不出伟大的发现。”

——牛顿

“数学中的一些美丽定理具有这样的特性：它们极易从事实中归纳出来，但证明却隐藏得极深。”

——高斯

“数学家通常是先通过直觉来发现一个定理；这个结果对于他首先是似然的，然后他再着手去制造一个证明。”

——哈代

“数学是一门演绎的学问，从一组公设，经过逻辑的推理，获得结论。”

——陈省身

“要发明，就要挑选恰当的符号，要做到这一点，就要用含义简明的少量符号来表达和比较忠实地描绘事物的内在本质，从而最大限度地减少人的思维活动。”

——莱布尼茨

数学方法之基础是逻辑学。数学方法离不开逻辑学。

逻辑学是研究思维形式及其基本规律的科学。人们无论是在进行思考、交流，还是从事各项工作，都需要正确地运用逻辑用语表达自己的思想。正确思想的形成过程离不开逻辑，把自己的思想传达给别人，更离不开逻辑。表达思想要靠语言，靠说话和写文章。话是说给别人听的，文章是写给别人看的，所以光自己懂还不行，还要使别人懂，要把思想传达给别人，自己先要有明确的概念和恰当的判断，然后还要合乎逻辑地表达出来。

逻辑学研究概念、判断和推理及其相互关系的规律、规则，以帮助人们正确地思维和认识客观世界。数学是建立在逻辑基础上的，借助于逻辑的基本形式(概念、判断和推理)、逻辑推理规则和逻辑推理方法使数学成为一门独立学科。逻辑方法是数学思维的基本方法，贯穿着整个数学体系。本章简单介绍数学的概念、判断、命题、推理和证明。

2.1 概念与数学概念

2.1.1 概念与数学概念的含义

概念是反映事物本质属性的基本思维形式之一。事物的性质以及与其他事物之间的关系,统称为事物的属性。决定某事物之所以成为该事物并区别于其他事物的属性就叫本质属性。例如,“人”就具有许多属性:骨肉长成,有肤色,有四肢,能直立而行,有脑袋,能思维,会制造和使用工具,有喜怒哀乐,会说话等。在这许多属性中,“会制造和使用工具”就是人的本质属性。这一本质属性只有人才有,其他动物没有。正因有了这一本质属性才把人与其他动物区别开来。当类人猿制造出第一把石斧时,猿就变成了人。要把这一事物与另一事物区别开来,必须掌握事物的本质属性。

这里涉及属性、特征和本质属性等概念,不妨对这三个概念作个简要说明。

属性:在客观世界中,存在着许许多多的事物,每一事物都有本身的性质并和其他事物之间存在一定的关系。事物的性质和事物之间的关系统称为事物的属性。

特征:事物和属性是不可分的,具有相同属性的事物构成一类。属性不同的事物就形成不同的类。事物由于属性相同或不同,形成各种不同的类,就是事物的特征。

本质属性:在一类事物的许多属性中,对该事物具有决定意义的,即决定该事物之所以成为该事物并区别于其他事物的属性,统称为事物的本质属性。

例如:能制造并使用生产工具是人的本质属性,两足直立、有感情、蓝色眼睛、黑色头发等属性都是人的非本质属性。

人们对客观事物的认识,一般是通过感觉、知觉形成印象(建立观念),在此基础上,运用比较、分析、综合、抽象、概括等方法,逐渐认识、抽象出事物的本质属性和特征,并借助词语形成反映该事物的概念。如:自然数产生于计数。“数”与某具体的事物联系在一起,3是由三个苹果,三个手指等抽象出的数量的共同特征。

概念是理性思维的产物,任何一门科学都是由一系列概念构成的理论体系。数学概念是反映客观事物空间形式和数量关系的本质属性的思维形式,它反映的是一类具有共同属性的事物(能区别于其他事物)的全体。概念是数学的“细胞”,离开数学概念便无法进行数学思维,也无法形成数学思想与方法,数学中的每一个判断、每一种推理都是在数学概念的基础上展开的。

数学概念是用数学语言表达的,其主要表达形式是词语或符号。例如,“函数”“直线”“圆”“实数”“平分线”“方程”等都分别表示一个数学概念;“$=$”“$<$”“$\perp$”“$\sin x$”“$\backsim$”等符号,也都分别表达一个数学概念。

数学概念的产生有多种途径:

① 从现实模型中直接反映得来。比如,几何中的点、线、面、体——从物体的形状、位置、大小关系等概括出来;自然数——从手指数目和其他单个事物排列次序抽象出来。

② 经过多级抽象概括而产生和发展而成。比如,复数←实数←无理数←有理数←正

整数。

③ 经过思维加工，把客观事物理想化、纯粹化后得来。比如，直线的“直”和“可以无限延伸”。

④ 数学内部需要而产生。比如，“规定”：任何数乘以 0 的积为 0；为把正整数幂的运算法则扩充到有理数幂、无理数幂，以至实数幂，在数学中，产生了零指数、负整数指数、分数指数、无理数指数等概念。

⑤ 根据理论上有存在的可能提出来的，比如，无穷远点。

⑥ 在一定的数学对象的结构中产生出来，例如：多边形的顶点、边、对角线、内角、外角等概念，具有公共端点的两条射线所成的角，射线绕它的端点旋转所成的角。

概念有内涵与外延两方面的属性。

概念的内涵就是事物的本质属性，通常所说的概念的含义就是指概念的内涵，它回答“是什么”的问题，概念的内涵是对概念本质的叙述，表明了所反映事物的共性。例如：“平行四边形”这个概念的内涵就是平行四边形的所有对象的本质属性总和：两组对边分别平行，两组对边对应相等，一组对边平行且相等等。在整数集合中“偶数”这个概念的内涵是“能被 2 整除”。

外延是概念量的刻画，表明了反映事物的范围所在。如“平行四边形”这个概念的外延是一切由“平行四边形”组成的图形；“复数”这个概念的外延是实数和虚数。

数学概念的内涵和外延相互联系、互相依赖、互相确定，给定一个概念，意味着就确定了它的内涵和外延。也就是说，概念的内涵严格地确定概念的外延，反之概念的外延也完全确定着概念的内涵。

概念的内涵和外延之间遵循着发展中的反变关系，即当概念的外延集合缩小，就会得到概念内涵增多的新概念，反之，当概念的外延集合扩大就会得到概念内涵减少的新概念。简单地说，概念的内涵扩大，则外延就缩小，概念的内涵缩小，则外延就扩大。

例如，“等腰三角形”其内涵比“三角形”概念内涵大。而“等腰三角形”的外延比“三角形”的外延小，少了那些没有两边相等的三角形。

例如，“方程”比“整式方程”的内涵小(少了“两边都是关于未知数的整式”)；而前者比后者的外延大(多了那些两边不都是整式的方程)。

例如，外延缩小的变化：四边形外延——平行四边形外延——矩形外延；内涵增大的变化：四边形内涵——平行四边形内涵——矩形内涵。

通过扩大概念的内涵来缩小概念的外延的办法实现对新概念的认识。如果“平行四边形”概念的内涵增加“有一个角是直角”这个属性，就得到外延缩小的“矩形”概念，这种认识概念的逻辑方法称为“概念的限制”；反之可以通过缩小概念内涵来扩大概念的外延，这种逻辑方法称为概念的概括。例如：在“一元二次方程”中去掉“只含有一个未知数，且未知数的最高次数是 2”，便得到“整式方程”；在“整式方程”的内涵中去掉“两边都是关于未知数的整式”，便得到“方程”。这就是概念的概括。

概念的限制与概念的概括的过程正相反。利用它可使我们准确地选择概念，恰如其分地表示我们所要反映的事物。概念的内涵要用定义来揭示，外延常用分类加以明确。借助定义和分类，可以把单个的概念组成相互关联的概念体系。运用概念的限制和概括的逻辑方法可以给新概念下定义，使概念系列化、系统化，便于比较同类概念的异同，更好地掌握概念的本质属性,也常对某知识系统进行整理和复习,加深对概念的认识。

数学概念的外延和内涵是在一定的数学科学体系中来认识的。

例如,“角”的概念。在平面几何中,其内涵是指具有公共端点的两条射线所组成的图形。在平面三角中,其内涵是指一射线绕它的端点旋转而成的图形。

显见,二者的外延和内涵都是不同的。

再如,方程的“解”与不等式的“解”的概念。

2.1.2 概念间的关系

概念间的关系指的是概念外延间的关系,分为相容关系与不相容关系两种。为叙述方便,现将甲、乙、丙三个概念外延集分别用 A,B,C 表示。

相容关系是指两个概念外延集有公共部分,即 $A\cap B\neq\varnothing$。相容关系又包括同一关系、属种关系(也叫从属关系)和交叉关系三种情况。

当 $A=B$ 时,称甲与乙为同一关系;

当 $B\subset A$ 时,称甲与乙是属种关系,甲是乙的属概念,乙是甲的种概念;

当 $A\cap B\subset A$ 且 $A\cap B\subset B$ 时,称甲与乙是交叉关系。

例如,同一概念可用不同词语表达,“矩形”与“长方形”。

例如,增函数与函数是具有属种关系的两个概念,增函数是函数的种概念,函数是增函数的属概念。

例如,矩形和菱形这两个概念的关系是交叉关系,利用它们的公共属性概括出新的概念“正方形”(是它们的公共元素)。

两个概念间的同一关系、属种关系和交叉关系可以用如图 2.1 所示的简图来表示。

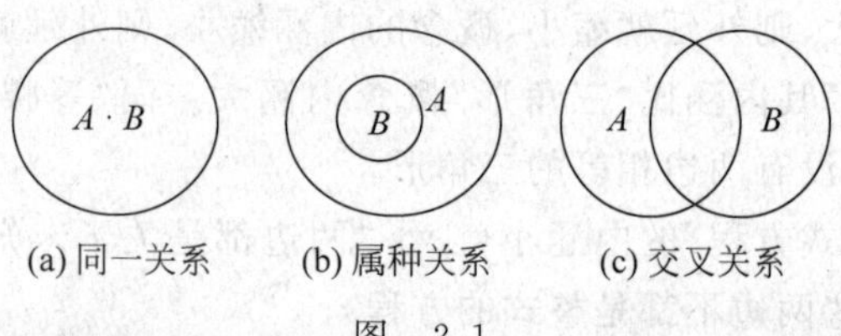

图 2.1

有一个讽刺迂秀才的笑话:

从前有一个秀才,步行外出,走到一条小水沟跟前,过不去了。他问路旁的农民怎样才能过沟。农民说:“跳过去就是了。”于是,这位秀才便站立沟沿,双脚并拢,向上一跳,“扑通”一声,跳到沟里了。农民禁不住笑了,说:“你为什么不一脚在前,一脚在后,偏要双脚并拢呢?”秀才责怪农民说:“两足并腾谓之跳,一足先腾谓之跃,你告诉我的是跳,不是说的跃。”

这位秀才的确够迂腐可笑的了。他只会咬文嚼字,不会活用,不知道不同的语词有时可以表达同一个概念。很显然,这里的“跳”和“跃”表达的是同一个概念。

不相容关系是指 $A\cap B=\varnothing$ 且 $A\subset C,B\subset C$ 的情况,A,B 都是同一属概念 C 下的种概念。

不相容关系又包括对立关系和矛盾关系。

当 $A\cup B\neq C$ 时，称甲与乙是对立关系；

当 $A\cup B=C$ 时，称甲与乙是矛盾关系。

例如，相对于属概念“函数”而言，其种概念奇函数与偶函数之间是对立关系。

例如，相对于属概念“实数”而言，其种概念“有理数”与“无理数”之间的关系是矛盾关系；

又如，相对于属概念“数列”而言，其种概念“收敛数列”与“发散数列”之间就是矛盾关系。

属概念 C 中的二个不相容关系概念的对立关系和矛盾关系如图 2.2 所示。

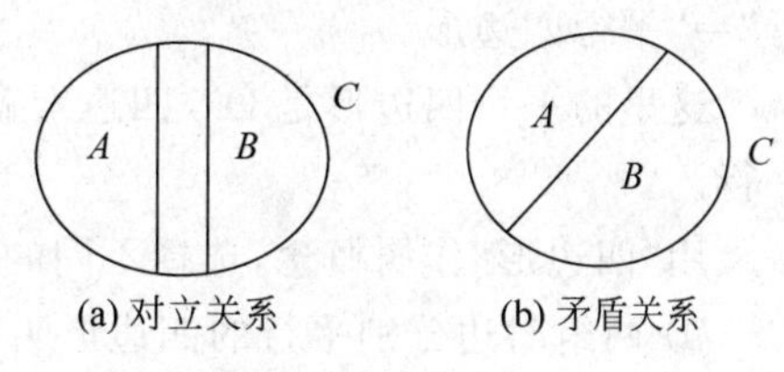

(a) 对立关系　　(b) 矛盾关系

图　2.2

数学概念间的关系可以用以下简单的图表示：

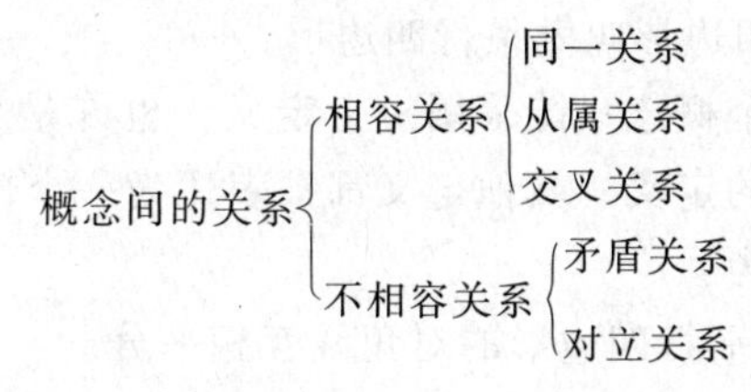

2.1.3　概念的定义及规则

1. 概念的定义

概念的定义就是准确揭示一个概念的内涵或外延的逻辑方法。揭示内涵的定义称为内涵定义，明确外延的定义称为外延定义。

给一个概念下定义就是用简明扼要的语句，使它同相邻近的概念区别开来。一般来说概念是需要用定义来表述和揭示的，但最起始的一些概念，是不需要给出定义的，称为原始概念。原始概念是定义其他概念的基础，也就是说，一个概念是用其他概念来定义的，这里的其他概念也是用别的概念来定义的，这样就形成了一个概念系列。这一概念系列不能无穷无尽，否则没办法理解和把握。比如“点”“线”“面”“集合”等是原始概念。对原始概念可以做描述性的解释或说明。

任何定义都由三部分组成，即被定义项(Ds)、定义项(Dp)和定义联项，其中被定义项是需要加以明确的概念，定义项是指用来明确被定义项的概念，定义联项是指用来连接定义项与被定义项的词语。定义的叙述方式常有：Ds 就是 Dp，Ds 等于 Dp，Dp 叫做 Ds，Dp 称为 Ds 等。例如：“正方形是四边相等、四角为直角的四边形”，这是正方形的定义。在这个定义中，“正方形”是被定义项，“四边相等、四角为直角的四边形”是定义项，“是”是定义联项。

例如，平行四边形就是两组对边分别平行的四边形。

　　Ds　　　联项　　　　Dp

2. 数学中常用的定义方式

(1) 属加种差定义

定义项 Dp 由与 Ds 最邻近的属概念加上用来区别 Ds 与其他同级种概念的那些本质属

性(种差)构成。

公式为“被定义概念”=“属概念”+“种差”。

例如：两组对边分别平行的四边形叫做平行四边形，即“四边形”+“两组对边分别平行”=“平行四边形”。

这里的平行四边形是 Ds，四边形就是与 Ds 最邻近的属概念，种差就是两组对边分别平行。

用“四边形”作属概念，选择不同的种差，可给出平行四边形下面几组定义：

① 两组对边分别平行的四边形叫做平行四边形；

② 一组对边平行且相等的四边形叫做平行四边形；

③ 两组对边分别相等的四边形叫做平行四边形；

④ 对角线互相平分的四边形叫做平行四边形。

在同一教材体系中，一个概念只能采用一个定义。也许是为了和“平行四边形”这个名称协调一致，一般选用第①的定义。其他定义都被表述为一个性质定理或判定定理。

例如，定义④被“分解”为：

平行四边形性质定理：平行四边形的对角线互相平分。

平行四边形判定定理：对角线互相平分的四边形是平行四边形。

这种借助已知属概念的内涵来揭示其某种概念内涵的定义方式属演绎型定义方式，非常精炼、准确、明了，还有助于揭示概念间的各种关系，把概念系统化，十分常用。

(2) 发生式定义

它是属加种差定义方式派生出来的一种特殊定义方式。就是用被定义项 Ds 所反映的对象产生或形成的过程作为种差来下定义的方式。

定义基础不是事物的存在，而是它的产生和形成过程。它即是把只属于被定义概念，而不属于其他任何事物的发生或形成的特有属性作为种差的定义。

例如：

① 在平面上射线绕它的端点旋转所成的图形叫做角。

② 把数和表示数的字母用代数运算符号连接起来的式子叫做代数式。

③ 平面内一个点绕着一个定点做等距离运动所成的封闭曲线叫做圆。

④ 一个圆沿着一定直线滚动时，圆周上的一定点的轨迹叫做摆线。

立体几何中有关旋转体的概念(如图柱、圆锥、圆台等)；解析几何中，椭圆、双曲线、抛物线、渐近线、摆线等都是采用发生式定义的。

这些定义方式的共同特点：把被定义概念的属概念(不一定是最邻近的)加上被定义的概念的发生过程，即把概念的发生过程作为种差。

有的概念虽然是发生式定义，但未必能明显地写成“属加种差”的形式。如排列、组合、某事件的概率。

“排列”定义为：“从 n 个不同元素中，任取 $m(m\leqslant n)$ 个，按照一定的顺序排成一列，叫做从 n 个不同元素中取出 m 个元素的一个排列”。

例如，圆是平面上到定点的距离等于定长的点的轨迹。

(3) 关系定义

它是一种特殊的属加种差定义方式。用被定义项 Ds 与其他同属种概念之间的关系作种差来下定义的方式。

例如：

大于直角而小于平角的角叫做钝角。

$b(b\neq 0)$整除a，就是$\exists c$，使$a=bc(a,b,c\in\mathbb{Z})$。

在代数中，存在数与数、数与式、式与式等关系，如：运算关系，即对加、减、乘、除等运算概念的定义；函数关系，即对各种函数关系的定义；其他关系，如最大公约数、互度数、同类项等。

(4) 约定式定义

它属于揭示外延的定义方式。直接指出概念外延，把它规定下来，形成定义，例如，$a^0=1(a\neq 0)$；$a^{-n}=\frac{1}{a^n}(a\neq 0,n$ 为自然数)等。

(5) 递归式定义

这种方式当被定义项与正整数性质直接相关时常用。如关于$a^n(n\in\mathbb{N}^*)$的定义：

① $a^0=1(a\neq 0)$；② $a^{n+1}=a^n\cdot a(n\in\mathbb{N}^*)$。

3. 定义规则

为了使概念的定义表述科学，必须遵循以下规则：

规则 1 定义要相称，即被定义项与定义项的外延必须完全相同，否则定义项外延大于被定义项外延，即犯定义"过宽"的错误，反之，即视为"过窄"。比如，无限小数叫无理数，就是定义"过宽"；开不尽的方根叫做无理数，就是定义"过窄"。

规则 2 定义不能循环，即定义项不能直接或间接地包含被定义项，否则，就犯了循环定义的错误。比如，既用两直线垂直来定义直角，又用直角来定义两直线垂直就是不允许的。

规则 3 定义应当确切、简明、完整。确切就是定义不能似是而非；简明就是指定义项既不能包括互相推出的本质属性，也不能有多余的词语；完整就是不能漏掉必须的条件。

规则 4 定义一般不用否定形式。通常要求用肯定形式来表示被定义项具有的本质属性，但也有极特殊的情况，事物的本质属性揭示的就是它缺乏某种特性，那就只有用否定形式了，比如，同平面内不相交的两直线叫做平行线。

构造数学定义系统，还要遵循如下准则：

- 定义要有序列性；
- 定义要有稳定性和合理性；
- 定义要具有存在性和唯一性；
- 定义要具有前后一贯性。

2.1.4 概念的划分

概念的划分(分类)是揭示概念外延的逻辑方法，就是将一个属概念根据一定的标准(属性)划分为若干外延不相重合的种概念以达到明确概念的目的。

一个正确的概念划分，通常由三个要素构成，即划分的母项、子项和划分根据。母项就是被划分的属概念；子项就是划分后所得的各种概念；划分根据就是划分依据的属性(标准),它决定划分的种类,标准不同,划分当然就不同。

例如,“三角形”的分类：

以“角的大小”为标准,分类为：$\text{三角形}=\begin{cases}\text{锐角三角形,}\\ \text{直角三角形,}\\ \text{钝角三角形。}\end{cases}$

以“边的大小”为标准,分类为：$\text{三角形}=\begin{cases}\text{不等边三角形,}\\ \text{等腰三角形。}\end{cases}$

要使划分正确,必须遵守以下 4 条规则：

规则 1 划分应当是相称的,即各子项外延之和必须等于母项外延。例如,将正整数划分为质数与合数就是不相称的。

例如,把平行四边形分为：

$\text{平行四边形}=\begin{cases}\text{正方形,}\\ \text{菱形,}\\ \text{邻边不等的矩形。}\end{cases}$

不符合规则 1,漏掉了不等边的平行四边形。

规则 2 子项必须互不相容,即各子项外延集不能有相容的情况。

把平行四边形和三角形分为：

$\text{平行四边形}=\begin{cases}\text{正方形,}\\ \text{菱形,}\\ \text{邻边不等的矩形；}\end{cases}$　　$\text{三角形}=\begin{cases}\text{等边三角形,}\\ \text{等腰三角形,}\\ \text{不等边三角形。}\end{cases}$

这种分类是错误的,不符合规则 2。因为正方形也是菱形,等边三角形也是等腰三角形。

规则 3 每次划分只能用一个划分标准,否则会造成混乱,甚至错误。

规则 4 划分要逐级进行,不能越级。每次划分,母项与子项必须具有最邻近的属种关系。

例如,实数分为有理数和无理数。

但把实数分为：$\begin{cases}\text{整数,}\\ \text{分数,}\\ \text{无理数}\end{cases}$　就越级了。

概念的划分有一次划分、连续划分和二分法等类型。

例如,三角形分为锐角三角形,直角三角形,钝角三角形三类。

例如,圆锥曲线$\begin{cases}\text{有心圆锥曲线}\begin{cases}\text{椭圆(包括圆),}\\ \text{双曲线,}\end{cases}\\ \text{无心圆锥曲线——抛物线。}\end{cases}$

例如,实数$\begin{cases}\text{负实数,}\\ \text{非负实数；}\end{cases}$　集合$\begin{cases}\text{有限集,}\\ \text{无限集；}\end{cases}$　梯形$\begin{cases}\text{等腰梯形,}\\ \text{非等腰梯形。}\end{cases}$

一次划分就能够达到目的,就不需要继续划分,否则,需将各子项作为母项再继续划分,直至达到目的。二分法要求每次划分所得两子项必须互相矛盾。

在科研中，为集中注意概念的某些属性，采用二分法分类是有好处的。概念一贯地分为两个相矛盾的种概念，直到不必再分为止。

例如，三角形
- 不等边三角形
- 等腰三角形
  - 底边与腰不等的等腰三角形
  - 等边三角形。

平行四边形按边
- 等边平行四边形(菱形)，
- 不等边平行四边形。

等边平行四边形(菱形)按角
- 直角等边平行四边形(正方形)，
- 非直角等边平行四边形。

不等边平行四边形按角
- 直角不等边平行四边形，
- 非直角不等边平行四边形。

平行四边形按角
- 直角平行四边形(矩形)，
- 非直角平行四边形。

直角平行四边形按边
- 等边直角平行四边形(正方形)，
- 不等边直角平行四边形。

非直角平行四边形按边
- 等边非直角平行四边形，
- 不等边非直角平行四边形。

复数
- 实数
  - 有理数
    - 正有理数
      - 正整数，
      - 正分数，
    - 非正有理数
      - 零，
      - 负有理数
        - 负整数，
        - 负分数，
  - 无理数
    - 正无理数，
    - 负无理数，
- 虚数
  - 纯虚数，
  - 非纯虚数。

通过概念划分，可使有关概念系统化、完整化，同时也使被划分概念的外延更清楚、更深刻、更具体。

2.2 判断与数学判断

1. 判断的含义

判断是对思维对象有所断定的思维形式。它反映了概念与概念间的联系。判断表达人们对思维对象具有某种属性或不具有某种属性的断定。例如，一个星期有七天、鲁迅是文学家、π不是有理数、1是质数、零既不是正数也不是负数等都是判断。

判断有两个基本特征：第一，有所断定；第二，有真假之分。例如，“π不是有理数”这个判断是真的；而“1是质数”这个判断是假的。

2. 判断的种类

判断包括简单判断和复合判断两种。

简单判断是不包含有其他判断的判断。简单判断分为性质判断和关系判断。性质判断是断定某对象具有或不具有某种属性的判断。比如，分数都不是无理数。关系判断是断定对象与对象之间关系的判断。比如，所有正数都大于零。

简单判断可以分为：

全称肯定判断，记作A。其逻辑形式是：“所有S都是P”，简记为SAP；

全称否定判断，记作E。其逻辑形式是：“所有S都不是P”，简记为SEP；如，所有的素数不是偶数。

特称肯定判断，记作I。其逻辑形式是：“有些S是P”，简记为SIP；如，有些三角形是直角三角形。

特称否定判断，记作O。其逻辑形式是：“有些S不是P”，简记为SOP。

单称肯定判断，如“π是无理数”；

单称否定判断，如“3.1416不是无理数”。

复合判断是包含有至少一个其他判断的判断。

复合判断可按组成它的各个简单判断的组合形式和性质分为：

① 负判断。其逻辑形式是“非p”。

② 联言判断。其逻辑形式是“p且q”。

③ 选言判断。其逻辑形式是“或者p或者q”。

④ 假言判断。其逻辑形式是“如果p，那么q”“p当且仅当q”。

归纳起来，判断可按不同的标准进行分类：

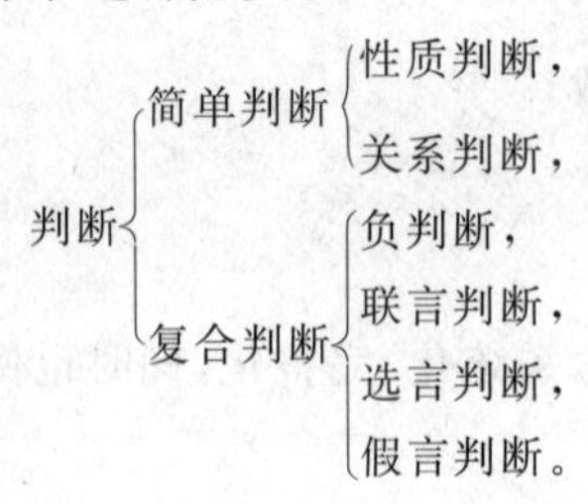

2.3 命题与数学命题

2.3.1 命题与数学命题的含义

判断的表达形式是语句，表达判断的陈述语句叫做命题。命题是对思维对象做出肯定或否定判断的语句。

表示数学判断的陈述语句或符号的组合称为数学命题。例如：2 和 3 都是质数，3＞2，$\triangle ABC \backsim \triangle A'B'C'$等都是数学命题。

定义、公理、定理，都是命题。命题由两部分组成，第一部分称条件、前提，第二部分称结论。

一个数学命题，非真即假，不能既真又假。

命题有简单命题和复合命题之分。

简单命题是本身不再包含其他命题的命题，可以分为性质命题和关系命题。

复合命题是本身还包含有其他命题的命题，可以分成负命题、联言命题、选言命题和假言命题。

2.3.2 命题运算

命题运算是通过一系列简单命题的符号化、形式化构建新命题的法则。

在逻辑学里，通常用小写英文字母 p, q, r 等表示简单命题，用“¬”“∧”“∨”“→”“↔”表示命题逻辑连接词“否定”“合取”“析取”“蕴涵”“当且仅当”等。

(1) $\sqrt{2}$不是有理数。

(2) 2 是偶数，也是质数。

(3) $3 \geqslant 2$。

(4) 若 $1=2$，则 $3=4$。

上面这四个命题分别是负命题、联言命题、选言命题和假言命题，可以分别改成：

(1) 并非“$\sqrt{2}$是有理数”。

(2) “2 是偶数”且“2 是质数”。

(3) “$3>2$”或者“$3=2$”。

(4) 如果“$1=2$”那么“$3=4$”。

命题运算先后顺序是按非(¬)、与(∧)、或(∨)、若…则…(→)、当且仅当(↔)的次序进行，如果要改变其中的运算顺序，必须像代数运算一样，添加括号。

命题有真假之分，通常用数值 1 与 0 来分别对应命题的真与假，并把 1 或 0 称为命题的真值。

1. 否定(非“¬”)

给定一个命题 p，它与连接词“¬”构成复合命题“$\neg p$”。$\neg p$ 称为 p 的否定式，也称为负命题。

表 2.1 为 $\neg p$ 的真值。

表 2.1

p	$\neg p$	p	$\neg p$
1	0	0	1

注 “非”在日常语言中相当于“不”,“没有”,因此,要否定一个简单命题,必须把否定词“不”“没有”等放在适当的位置上。

例如,p:我是个工人。

$\neg p$:并非“我是个工人”=我不是一个工人。

p:$2+2=4$。

$\neg p$:$2+2\neq 4$。

p:我每天写字。

$\neg p$:我没有每天写字。

2. 合取(与、且“$\wedge$”)

给定两个命题 p,q,用“$\wedge$”连接起来,构成复合命题“$p\wedge q$”。$p\wedge q$ 称为 p,q 的合取式,p,q 称为合取项。命题 $p\wedge q$ 也称为联言命题。

例如,p:$AB/\!/CD$;q:$AB=CD$;$p\wedge q$:AB 平行且等于 CD。

又如,p:$\triangle ABC$ 是等腰三角形;q:$\triangle ABC$ 是直角三角形;$p\wedge q$:$\triangle ABC$ 是等腰直角三角形。p:42 是 7 的倍数;q:42 是 2 的倍数;$p\wedge q$:42 是 7 和 2 的倍数。

由两个命题“$3<6$”“$6<12$”组成合取式“$3<6$ 且 $6<12$”的真命题,通常把它简单地记作“$3<6<12$”。因此,数的双重不等式是两个不等式的合取。

表 2.2 为 $p\wedge q$ 的真值。

表 2.2

p	q	$p\wedge q$	p	q	$p\wedge q$
1	1	1	0	1	0
1	0	0	0	0	0

例如,命题“15 是 3 的倍数”“15 是 5 的倍数”是两个真命题,其合取式为“15 是 3 与 5 的倍数”是真命题。

3. 析取(或“$\vee$”)

给定两个命题 p,q,用“$\vee$”连接起来,构成复合命题“$p\vee q$”。$p\vee q$ 称为 p,q 的析取式,p,q 称为析取项。$p\vee q$ 也称为选言命题。

例如,p:$x>2$;q:$x=2$;$p\vee q$:$x\geqslant 2$。

又如,p:$\triangle ABC$ 是等腰三角形;q:$\triangle ABC$ 是直角三角形;$p\vee q$:$\triangle ABC$ 是等腰三角形或直角三角形。

表 2.3 为 $p\vee q$ 的真值。

表 2.3

p	q	$p\vee q$	p	q	$p\vee q$
1	1	1	0	1	1
1	0	1	0	0	0

例如,命题“$5=5$ 或 $5>5$”,前者真,后者假,其析取式为“$5\geqslant 5$”是真命题。

日常语言中的“或”有两种意义：可兼的和不可兼的。例如，“明天上午8点我去上课或者到图书馆”，这是不可兼的，“或”所连接的两部分相互排斥。但在“$\angle A=\angle B$，或$\angle A+\angle B=180°$”中，“或”所连接的两部分并不相互排斥，这里“或”是可兼的。

由真值表2.3可知，命题运算中的“或”具有可兼性，即当p,q同时真时，$p\vee q$也真。

由命题“$3>2$”和“$3=2$”构成析取式“$3>2$或$3=2$”。因为“$3>2$”真，所以析取式“$3>2$或$3=2$”真，通常记为“$3\geqslant 2$”。

4. 蕴涵(若…则…“→”)

给定两个命题p,q，用“→”连接起来，构成复合命题“$p\to q$”。$p\to q$称为命题p,q的蕴涵式，p称为条件(或前件)，q称为结论(或后件)。$p\to q$也称为假言命题。

表2.4为$p\to q$的真值。

表 2.4

p	q	$p\to q$	p	q	$p\to q$
1	1	1	0	1	1
1	0	0	0	0	1

通过下面的例子，说明“蕴涵”定义的合理性。

例如，“如果明天不下雨，我一定去旅行”。设p：明天不下雨；q：我去旅行。上面的复合命题可表示为$p\to q$。如果明天确实不下雨，我也确实去旅行了，那么所说的($p\to q$)就是真的；如果明天没有下雨，我却没有去旅行，那么说的那句话就是假的；如果明天下了雨，不管我去没有去旅行，所说的话($p\to q$)与之都没有矛盾，所以仍是真的。“蕴涵”正是反映这几方面的意思。

例如，“如果两个加数都能被3整除，那么它们的和也能被3整除”。设p：两个加数都能被3整除；q：这两个数的和能被3整除；上面的复合命题可表示为“$p\to q$”。我们已经知道这个命题是真的。“$p\to q$”反映了这样几方面的意思：如果前件p“所给的两个加数都能被3整除”为真，那么后件q“它们的和也能被3整除”为真；(或者说，如果前件p“所给的两个加数都能被3整除”为真，那么后件q“它们的和也能被3整除”为假是不可能的)；如果前件p为假，也就是说所给两个加数不是都能被3整除的，那么后件q可能真，也可能假，即是说，它们的和可能被3整除，也可能不被3整除。所给蕴涵式“$p\to q$”正是这几个方面意义的综合。

“蕴涵$p\to q$”的真值表中，后两行的意义表明，当前件p为假时，无论后件q为真或为假，都不与原来所给的命题矛盾，“$p\to q$”的真值都为1。在上面给出的前一个例子中，真值表的后两行，绝不是说“如果明天下雨，我出去旅行”，“如果明天下雨，我不去旅行”都正确；在后一个例子中，真值表的后两行也绝不是说命题“如果所给的两个数不都能被3整除，那么它们的和能被3整除”，“如果所给的两个数都不能被3整除，那么它们的和不能被3整除”都正确。作这样误解的，是把表中后两行“$p\to q$”的真值“1”，分别误解为命题“如果$\neg p$，那么q”，“如果$\neg p$，那么$\neg q$”的真值了。“蕴涵”的真值表的后两行，正是日常对“如果……，那么……”的意义理解中，往往容易忽略的部分。

当蕴涵式“$p\to q$”为真时，我们称p蕴涵q。

在命题“如果 p，则 q”中，前件或后件可能为某个已知真假的命题。例如命题“若 4 被 3 整除，则 5 被 7 整除”、命题“如果 $2\times2\neq4$，那么雪是黑的”中，前、后件都是已知的假命题，它们的真假已经确定，没有其他的可能。这里的“如果……，则……”的含义与前面两例比较起来，有所不同，而且前件、后件之间没有内容、意义上的联系。不过，在形式逻辑中一般仍然认为它是一个蕴涵式，而且认为它的真值为 1。

在形式逻辑中，由于只从真值的角度研究命题的形式和命题间的关系，而不管命题的内容，所以在命题演算中，当蕴涵式的前件是已知的假命题时，则不论后件是真还是假，都认为整个蕴涵式为真。这种观点的蕴涵关系叫真值蕴涵关系，也称真值蕴涵，即指只考虑真值，不管内容。

另一种观点认为意义上没有任何关系的两个命题不存在实际意义的蕴涵关系，不能接受“如果 2 等于 3，则雪是白的”，“如果 $2\times2=5$，则三角形 ABC 是等腰三角形”之类命题为真命题的看法。只有在前件、后件间存在内容、意义上的实际联系时，方可能认为蕴涵式为真；蕴涵式为真时，方能称 p 蕴涵 q。这种观点的蕴涵关系称为实质性的蕴涵关系。

在数学中，对蕴涵“如果 p，则 $q(p\rightarrow q)$”，要求 p,q 之间有实质性的蕴涵关系，并总是在前件反映的事物属性存在，即前件为真的条件下来讨论。因此，数学中具有“$p\rightarrow q$”形式的命题必须满足以下两个条件，方被认为是真的：

(1) p,q 符合数学对象的实际情况，都存在，而且 p,q 之间在内容、意义上联系着。

(2) p,q 之间存在着实际关系，在前件 p 为真的条件下，后件 q 也是真的。

对以上条件还要说明的是，若把两个已知为真，但没有实际联系的命题用“如果……，则……”联系在一起，例如，“如果 $2\times2=4$，则三角形内角和为 180°”，虽然按真值蕴涵关系，这是个真命题，但不算是数学真命题。

事实上，存在这样的情形，前件 p 为真，而后件 q 为假，那么蕴涵式的真值为 0。例如命题“如果两个三角形有两条边、一个角对应相等，那么这两个三角形全等”，这是个假命题，我们可以作出两个有两边和一个角对应相等，但不全等的三角形，从而确定这个命题是假的。

在数学中，如果命题具有形式“$p\rightarrow q$”，并且 p,q 都存在，p,q 之间在内容、意义上联系着，p 是给出事物具有(或不具有)某种属性，则称这个命题为条件命题(或假言命题)。由此可知，条件命题都是蕴涵式，但蕴涵式并不都是条件命题。换句话说，条件命题的集合是蕴涵式集合的真子集。

当条件命题“$p\rightarrow q$”为真时，方可称之为“由 p 可推出 q”，记为“$p\Rightarrow q$”。

数学中的大量定理都具有假言命题的形式。“$p\rightarrow q$”可以用多种语言形式表达。例如：

如果 p，那么 q。

由 p 可推出 q。

因为 p，所以 q。

p 是 q 的充分条件。

q 是 p 的必要条件，等等。

5. 当且仅当(“$\leftrightarrow$”)

给定两个命题 p,q，用“$\leftrightarrow$”连接起来，构成复合命题“$p\leftrightarrow q$”。$p\leftrightarrow q$ 称为 p,q 的等值式，也称为充要条件、假言命题。

表 2.5 为 $p\leftrightarrow q$ 的真值。

表 2.5

p	q	$p\leftrightarrow q$	p	q	$p\leftrightarrow q$
1	1	1	0	1	0
1	0	0	0	0	1

否定式、合取式、析取式、蕴涵式、等值式是复合命题中最简单、最基本的形式，由这些基本形式，经过各种组合，可以得到更为复杂的复合命题。

运用以上介绍的五种逻辑连接词及其真值表，可以进行命题的多种复合运算，并确定运算结果所得命题的真值表。

例 2.1 求复合命题 $p\wedge\neg p$ 的真值。

解 依合取与否定的定义，有表 2.6。

表 2.6

p	$\neg p$	$p\wedge\neg p$	p	$\neg p$	$p\wedge\neg p$
1	0	0	0	1	0

例 2.2 求$[(p\to q)\wedge(q\to r)]\to(p\to r)$的真值。

解 依蕴涵与合取的定义，有表 2.7。

表 2.7

p	q	r	$p\to q$	$q\to r$	$(p\to q)\wedge(q\to r)$	$p\to r$	$(p\to q)\wedge(q\to r)\to(p\to r)$
1	1	1	1	1	1	1	1
1	1	0	1	0	0	0	1
1	0	1	0	1	0	1	1
1	0	0	0	1	0	0	1
0	1	1	1	1	1	1	1
0	1	0	1	0	0	1	1
0	0	1	1	1	1	1	1
0	0	0	1	1	1	1	1

例 2.1 表明，无论 p 取什么值，$p\wedge\neg p$ 总是假的；例 2.2 表明，无论 p,q,r 取什么值，$[(p\to q)\wedge(q\to r)]\to(p\to r)$总是真的。在任何情况下总是假的命题称为恒假命题；在任何情况下总是真的命题称为恒真命题。例 2.1 是恒假命题，例 2.2 是恒真命题。

恒真命题在逻辑上起着重要的作用。如例 2.2 这一恒真命题，揭示了蕴涵的传递性，在形式逻辑中称为假言三段论定律。

逻辑等价是指两个复合命题的真值完全相同，这两个命题称为等价命题，记作"≡"。逻辑等价的两个命题，在推理论证中可以互相代替。常用的逻辑等价式有(下面用 0 表示恒假命题，1 表示恒真命题)：

① 幂等律 $p\vee p\equiv p$；$p\wedge p\equiv p$。

② 交换律 $p \vee q \equiv q \vee p$；$p \wedge q \equiv q \wedge p$。

③ 结合律 $(p \vee q) \vee r \equiv p \vee (q \vee r)$；$(p \wedge q) \wedge r \equiv p \wedge (q \wedge r)$。

④ 分配律 $p \vee (q \wedge r) \equiv (p \vee q) \wedge (p \vee r)$；$p \wedge (q \vee r) \equiv (p \wedge q) \vee (p \wedge r)$。

⑤ 吸收律 $p \vee (p \wedge q) \equiv p$；$p \wedge (p \vee q) \equiv p$。

⑥ 德摩根律 $\neg(p \vee q) \equiv \neg p \wedge \neg q$；$\neg(p \wedge q) \equiv \neg p \vee \neg q$。

⑦ 双否律 $\neg(\neg p) \equiv p$。

⑧ 同一律 $p \vee 0 \equiv p$；$p \wedge 1 \equiv p$。

⑨ 零一律 $p \wedge 0 \equiv 0$；$p \vee 1 \equiv 1$。

⑩ 互补律 $p \vee \neg p \equiv 1$；$p \wedge \neg p \equiv 0$。

⑪ 蕴涵律 $p \to q \equiv \neg p \vee q$。

⑫ 等值律 $p \leftrightarrow q \equiv (p \to q) \wedge (q \to p)$。

公式⑪又称为二次互化律，是值得注意和常用的公式，它把蕴涵运算转化为“非”和“或”的运算，这样可以充分利用“或”与“非”的分配律、结合律和交换律进行化简。证明此公式的真值表如表 2.8 所示。

表 2.8

p	q	$\neg p$	$p \to q$	$\neg p \vee q$
1	1	0	1	1
1	0	0	0	0
0	1	1	1	1
0	0	1	1	1

由表 2.8 可知 $p \to q \equiv \neg p \vee q$。

利用等价式可以将结构复杂的命题化简，也可推证两个命题的等价关系。

例 2.3 试证 $(p \to r) \wedge (q \to r) \equiv (p \vee q) \to r$。

证明 $(p \to r) \wedge (q \to r) \equiv (\neg p \vee r) \wedge (\neg q \vee r) \equiv (\neg p \wedge \neg q) \vee r$

$$\equiv \neg(p \vee q) \vee r \equiv (p \vee q) \to r。$$

例 2.4 写出下列命题的否定式

(1) 28 能被 4 整除，又能被 7 整除；

(2) $1>0$ 或者 $-1>0$；

(3) 若 $6>3$，则 $10>7$。

解 (1) 令 p 表示命题“28 能被 4 整除”，q 表示命题“28 能被 7 整除”。那么原命题为“$p \wedge q$”，其否定为 $\neg(p \wedge q) \equiv \neg p \vee \neg q$。这表示 28 不能被 4 整除或者 28 不能被 7 整除。

(2) 原命题改写为 $(1>0) \vee (-1>0)$，其否定为

$$\neg(1>0 \vee (-1>0)) \equiv (1 \leqslant 0) \wedge (-1 \leqslant 0), \quad 即 1 \leqslant 0 并且 -1 \leqslant 0。$$

(3) 令 p 表示命题“$6>3$”，q 表示命题“$10>7$”，原命题是蕴含式“$p \to q$”，其否定为

$$\neg(p \to q) \equiv p \wedge \neg q, \quad 即 6>3，但是 10 \leqslant 7。$$

例 2.5 求证：(1) $p \vee q \to r \equiv (p \to r) \wedge (q \to r)$；

(2) $p \to (q \vee r) \equiv (p \to q) \vee (p \to r)$。

证明 (1) $p \vee q \to r \equiv \neg(p \vee q) \vee r \equiv \neg p \wedge \neg q \vee r$

$$\equiv(\neg p \vee r)\wedge(\neg q \vee r)\equiv(p\to r)\wedge(q\to r);$$

(2) $p\to(q\vee r)\equiv\neg p\vee(q\vee r)\equiv(\neg p\vee q)\vee(\neg p\vee r)\equiv(p\to q)\vee(p\to r)$。

注 也可以用真值表证明两个命题等价。

2.3.3 命题的四种基本形式及其关系

数学命题通常用蕴涵式 $p\to q$ 给出。对于同一对象,可以作出四种形式的命题。

原命题 $p\to q$;

逆命题 $q\to p$;

否命题 $\neg p\to\neg q$;

逆否命题 $\neg q\to\neg p$。

例如,原命题:若 $x\leqslant 3$,则 $2x-1=5$;逆命题:若 $2x-1=5$,则 $x\leqslant 3$;否命题:若 $x>3$,则 $2x-1\neq 5$;逆否命题:若 $2x-1\neq 5$,则 $x>3$。

例如,命题"若 $a>0$ 或 $a<0$,则 $a^2>0$"的逆命题为:"若 $a^2>0$,则 $a>0$ 或 $a<0$"。

例如,命题"若 $a=0$ 或 $b=0$,则 $ab=0$"的逆否命题是"若 $ab\neq 0$,则 $a\neq 0$ 且 $b\neq 0$"。因为将原命题表示为 $(a=0)\vee(b=0)\to(ab=0)$,则其逆否命题为

$$\neg(ab=0)\to\neg((a=0)\vee(b=0))$$
$$\equiv(ab\neq 0)\to\neg(a=0)\wedge\neg(b=0)$$
$$\equiv ab\neq 0\to(a\neq 0)\wedge(b\neq 0)。$$

四种形式命题之间的关系如图 2.3 所示。

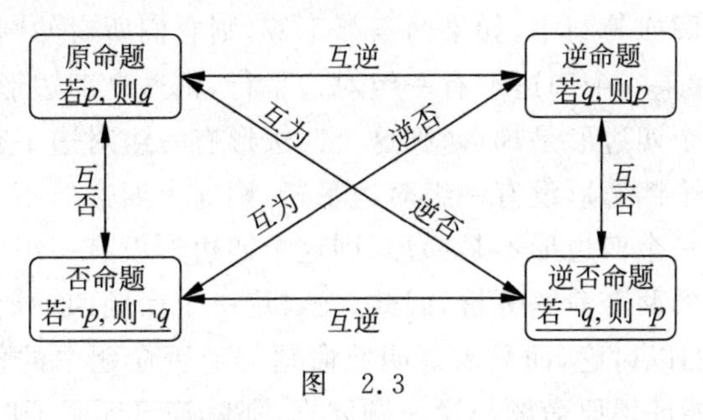

图 2.3

四种命题的真假,有着一定的逻辑联系。互为逆否的两个命题是逻辑等价的,可以通过真值表或命题运算律加以验证。如

$$p\to q\equiv\neg p\vee q\equiv q\vee\neg p\equiv\neg(\neg q)\vee\neg p\equiv\neg q\to\neg p,$$
$$q\to p\equiv\neg q\vee p\equiv p\vee\neg q\equiv\neg(\neg p)\vee\neg q\equiv\neg p\to\neg q。$$

例 2.6 证明:若 $x^3+y^3=2$,则 $x+y\leqslant 2$。

分析 直接证明原命题有困难,从而改证原命题的等价命题:若 $x+y>2$,则 $x^3+y^3\neq 2$。

证明 若 $x+y>2$,则 $x>2-y$。于是

$$x^3+y^3>(2-y)^3+y^3=8-12y+6y^2=2+6(1-y)^2>2。$$

所以,原命题成立。

例 2.7 以下命题:

① "若 $xy=1$,则 x,y 互为倒数"的逆命题;

② “面积相等的两个三角形全等”的否命题；

③ “若 $m\leqslant 1$，则 $x^2-2x+m=0$ 有实数解”的逆否命题；

④ “若 $A\cap B=B$，则 $A\subseteq B$”的逆否命题。

其中哪些是真命题？

解 ① 原命题的逆命题为“若 x,y 互为倒数，则 $xy=1$”，是真命题；

② 原命题的否命题为“面积不相等的两个三角形不全等”，是真命题；

③ 若 $m\leqslant 1$，则 $\Delta=4-4m\geqslant 0$，所以原命题是真命题，故其逆否命题也是真命题；

④ 由 $A\cap B=B$，得 $B\subseteq A$，所以原命题是假命题，故其逆否命题也是假命题。

故①②③正确。

互逆或互否的两个命题的真假性并非一致，可以同真，也可以同假，还可以一真一假。

从命题之间的关系，可以看出：

① 当原命题为真时，其逆命题与否命题未必为真，其真实性如何需另外加以证明。而原命题与逆否命题、逆命题与否命题是等价的，它们必定同真或同假。

例如，原命题：a 是偶数 $\wedge b$ 是偶数 $\rightarrow a+b$ 是偶数。（真命题）

逆命题：$a+b$ 是偶数 $\rightarrow a$ 是偶数 $\wedge b$ 是偶数。（假命题）

否命题：a 不是偶数 $\vee b$ 不是偶数 $\rightarrow a+b$ 不是偶数。（假命题）

逆否命题：$a+b$ 不是偶数 $\rightarrow a$ 不是偶数 $\vee b$ 不是偶数。（真命题）

例如，原命题：“在同圆或等圆中，如果两个圆心角相等，则它们所对的弧相等”。（真命题）

逆命题：“在同圆或等圆中，如果两条弧相等，则它们所对的圆心角相等”。（真命题）

否命题：“在同圆或等圆中，如果两个圆心角不等，则它们所对的弧也不等”。（真命题）

逆否命题：“在同圆或等圆中，如果两条弧不等，则它们所对的圆心角不等”。（真命题）

例如，原命题：“如果一个四边形有一组对边平行，则这个四边形是梯形”。（假命题）

逆命题：“如果一个四边形是梯形，则这个四边形有一组对边平行”。（真命题）

否命题：“如果一个四边形没有一组对边平行，则这个四边形不是梯形”。（真命题）

逆否命题：“如果一个四边形不是梯形，则这个四边形没有一组对边平行”。（假命题）

② 由于互为逆否的两个命题等价，因此，在讨论一个命题四种形式的真实性时，就没有必要对四种命题逐个加以讨论，而只需证明原命题与逆否命题中的任一个或逆命题与否命题中的任一个。如果能证得原命题与逆命题同真，那就等于证明了四种形式的命题同真。

③ 当证明原命题有困难时，根据等价性，可考虑证明它的逆否命题，这样做有时会给证明带来方便。

2.3.4 命题的条件

数学命题中的条件可以分为充分条件、必要条件、充要条件和既不充分也非必要条件。

若命题 $p\rightarrow q$ 真，则称 p 是 q 成立的充分条件；

若命题 $q\rightarrow p$ 真，则称 p 是 q 成立的必要条件；

若命题 $p\rightarrow q$ 与 $q\rightarrow p$ 同真，则称 p 是 q 成立的充要条件（充分必要条件），记作 $p\Leftrightarrow q$；

若命题 $p\rightarrow q$ 与 $q\rightarrow p$ 同假，则称 p 是 q 成立的既不充分也非必要条件。

如果把充分条件与必要条件结合起来考察，又有充分而非必要和必要而非充分条件：

若命题 $p \to q$ 真,且 $q \to p$ 假,则称 p 是 q 成立的充分而非必要条件;

若命题 $p \to q$ 假,且 $q \to p$ 真,则称 p 是 q 成立的必要而非充分条件。

充要关系与集合的子集之间可以建立如下关系:

设 $A=\{x \mid p(x)\}, B=\{x \mid q(x)\}$。

① 若 $A \subseteq B$,则 p 是 q 的充分条件,q 是 p 的必要条件。

② 若 $A=B$,则 p 是 q 的充要条件。

充分条件和必要条件,揭示了命题的条件和结论之间的内在联系,可以用来指导数学证明。要证明一个命题成立,只要证明能使这个命题成立的一个充分条件成立就足够了;要证明一个命题不成立,只要指出使这个命题成立的一个必要条件不具备就可以了。

例 2.8 已知 $P=\{x \mid x^2-8x-20 \leqslant 0\}$,非空集合 $S=\{x \mid 1-m \leqslant x \leqslant 1+m\}$。若 $x \in P$ 是 $x \in S$ 的必要条件,求 m 的取值范围。

解 由 $x^2-8x-20 \leqslant 0$,得 $-2 \leqslant x \leqslant 10$,所以 $P=\{x \mid -2 \leqslant x \leqslant 10\}$。

由 $x \in P$ 是 $x \in S$ 的必要条件,知 $S \subseteq P$。则

$$\begin{cases} 1-m \leqslant 1+m, \\ 1-m \geqslant -2, \\ 1+m \leqslant 10, \end{cases} \quad 得\ 0 \leqslant m \leqslant 3。$$

所以当 $0 \leqslant m \leqslant 3$ 时,$x \in P$ 是 $x \in S$ 的必要条件,即所求 m 的取值范围是$[0,3]$。

例 2.9 已知 p:存在 $x_0 \in \mathbb{R}$,$mx_0^2+1 \leqslant 0$,q:任意 $x \in R$,$x^2+mx+1>0$。若 p 和 q 为假命题,求实数 m 的取值范围。

解 依题意知 p,q 均为假命题。

当 p 是假命题时,则 $mx^2+1>0$ 恒成立,则有 $m \geqslant 0$;当 q 是真命题时,则 $\Delta=m^2-4<0$,$-2<m<2$;当 q 是假命题时,$m \leqslant -2$ 或 $m \geqslant 2$。

因此由 p,q 均为假命题得 $m \geqslant 0$,$m \leqslant -2$ 或 $m \geqslant 2$,即 $m \geqslant 2$。所以实数 m 的取值范围为$[2,+\infty)$。

2.4 数学推理

2.4.1 推理的意义和规则

推理是由一个或几个已知判断得出一个新判断的思维形式。

例如“线段垂直平分线上的任意一点,到线段两端的距离相等。所以,到线段两端不等的点,不在这条线段的垂直平分线上。”这就是数学推理,前面部分是已知判断,后面部分是新的判断,它是由逆否命题的等效原理推出来的。数学推理是寻求数学新结果,由已知推进到未知的思维方法。推理的逻辑基础是充足理由。每一个推理都由前提和结论两部分组成。依据的已知判断,叫做推理的前提,前提说明已知是什么,得出的新判断,叫做推理的结论,而结论说明推出了什么。在推理的表述中,常用的逻辑关联词有:“因为……,所以……”,“由于……,因此……”。

推理在数学研究和数学学习中有着巨大的作用,它可以使我们获得新的知识,也可以帮

助我们论证或反驳某个论题。可以用来肯定数学知识，建立严格的数学体系。数学思维中广泛地运用着逻辑推理，在发现数学科学规律的过程中，在数学证明中，在构成数学的假说中，逻辑推理都被广泛使用着。

推理必须遵守一定的规则，推理规则就是正确的推理形式，遵守这些形式就能保证推理合乎逻辑。中学数学中常用的演绎推理规则有：

规则 1 若 $p \to q$ 真，且 p 真，则 q 真，即 $(p \to q) \wedge p \Rightarrow q$。

规则 2 若 $p \to q$ 真，且 $q \to r$ 真，则 $p \to r$ 真，即 $(p \to q) \wedge (q \to r) \Rightarrow (p \to r)$。

规则 3 若 $p \wedge q$ 真，则 p 真；若 $p \wedge q$ 真，则 q 真，即 $(p \wedge q) \Rightarrow p$；$(p \wedge q) \Rightarrow q$。

规则 4 若 $(p \vee q)$ 真且 $\neg p$ 真，则 q 真，即 $(p \vee q) \wedge \neg p \Rightarrow q$。同样有

$$(p \vee q) \wedge \neg q \Rightarrow p。$$

规则 5 若 $(p \to q)$ 真且 $\neg q$ 真，则 $\neg p$ 真，即 $(p \to q) \wedge \neg q \Rightarrow \neg p$。

规则 6 若集合 A 中每一元素 x，都具有属性 F，则集合 A 的任一非空子集 B 中的每个元素 y 也具有属性 F，即 $x \in A[F(x)] \wedge (A \supseteq B \neq \varnothing) \Rightarrow \forall y \in B[F(y)]$。

以上这些演绎推理规则，分别是因果条件推理、传递关系推理、联言推理、选言推理、假言推理、三段论推理的逻辑依据。

除了上述演绎推理规则外，完全归纳推理和有些逻辑恒真命题也可以作为证明推理规则使用。

2.4.2 推理的种类

数学中的推理分为论证推理和似真推理两大类。这两大推理紧密联系、相辅相成。论证推理是指其结论给我们提供切实可靠的知识的推理，论证推理有助于逻辑思维能力的提高，它的主要形式是演绎推理和完全归纳推理；似真推理，也称或然推理，也叫合情推理，是指其结论给我们提供或然性知识的推理，是一种合乎情理的、好像为真的推理。律师的案情论证、历史学家的史料论证和经济学家的统计论证都属于合情推理之列。也就是说，数学中的合情推理是根据已有的事实和正确的结论（包括定义、公理、定理等）、实验和实践的结果，以及个人的经验和直觉等推测某些结果的推理过程。所谓或然性是指其真实性可能对也可能不对。它的主要形式是类比推理和不完全归纳推理。

法国数学家拉普拉斯说："甚至在数学里，发现真理的工具也是归纳和类比。"归纳与类比都包含有猜想的成分，简单地说似真推理就是猜想，当然这里说的猜想需要有一定的逻辑根据和线索，要形成一定的逻辑结构。在解决问题的过程中，似真推理具有发现结论、探索和提供思路的作用，有利于学生创新意识的培养。

完全归纳推理与不完全的归纳推理统称归纳推理。归纳推理是从个别事实中概括出一般原理的一种推理模式，是一种对经验、对实验观察结果进行去粗取精、去伪存真的综合处理方法。人们用归纳法清理事实，概括经验，处理资料，从而形成概念，发现规律。成语"一叶知秋"，谚语"瑞雪兆丰年"，物理学中的波意耳-马略特定律，化学中的门捷列夫元素周期表，天文学中开普勒行星运动定律等都是归纳的结果。

例如，由 $2^3 \cdot 2^5 = 2^{3+5}$ 及 $3^3 \cdot 3^5 = 3^{3+5} \to a^3 \cdot a^5 = a^{3+5}(a>0)$；

由 $a^3 \cdot a^5 = a^{3+5}$ 及 $a^4 \cdot a^5 = a^{4+5} \to a^m \cdot a^n = a^{m+n}(a>0)$。

归纳的前提是特殊的情况，所以归纳立足于观察、经验。在进行观察的时候，要注意三点：一是要有意识、有目标，否则就会熟视无睹；二是要有基础，有必要的相关知识，否则难以看出"门道儿"，而只能是"外行看热闹"；三是要有方法，否则就看不到"要点"，抓不住本质。观察之"观"，在于对事物的感知，观察之"察"，在于积极的思维活动。

1. 演绎推理

如果根据一类事物对象的一般判断(前提)，推出这类事物个别对象的特殊判断(结论)，那么将这种推理称为演绎推理，也称演绎法。

演绎推理是由一般到特殊的推理，只要符合推理规则，推导出的结论就是真实可靠的。这是由于其结论事实上已经包含在其前提之中了，而推理规则又保证了前提与结论之间的必然逻辑联系。因而，它是一种论证推理，可作为数学中严格证明的工具。

演绎推理的形式尽管多种多样，数学中运用最普遍的主要是三段论和关系推理。

(1) 三段论。三段论是由两个包含着一个共同项的性质判断而推出一个新的性质判断的推理。它的理论依据是前面的"推理规则 6"。三段论的结构包括大前提、小前提、结论三个判断。大前提是指一般性事物，如已知的公理、定理、定义、性质等，它是反映一般原理的判断；小前提是指具有一般性事物特征的特殊事物，它是反映个别对象与大前提有关系的判断；结论是由两个前提推出的判断。例如：

因为菱形是平行四边形(大前提)；

正方形是菱形(小前提)；

所以正方形是平行四边形(结论)。

三段论适用于以全称命题为前提的推理，它在演绎推理中有着广泛的应用。一个推理过程可由若干个三段论组成。在具体使用三段论进行推理时，也常常省略大前提或小前提。

(2) 关系推理。关系推理是根据对象间关系的逻辑联系(如对称、传递等)进行推演的推理形式。它的前提和结论都是关系判断。

设 a,b,c 表示对象，R 表示关系(如表示数学中的"相等""大于""小于""平行""垂直"等关系)，那么这两个对象之间的关系判断可以表示为"aRb"。

关系推理可分为直接关系推理和间接关系推理。

直接关系推理常见的有：

若关系 R 具有对称性，称为对称关系推理，即 $aRb \Rightarrow bRa$。例如，数学中的"相等""平行""垂直"等关系都具有对称性。

若 R 具有反对称性，称为反对称关系推理，即 $aRb \Rightarrow b\overline{R}a$。例如，数学中的"大于""小于""整除"等关系都具有反对称性。

间接关系推理常见的有：

若关系 R 具有传递性，可进行传递关系推理，即$(aRb) \wedge (bRc) \Rightarrow aRc$。例如，数学中的"相等""平行""大于""小于""整除"等关系，都具有传递性。

若关系 R 具有反传递性，则可进行如下的反传递关系推理，即$(aRb) \wedge (bRc) \Rightarrow a\overline{R}c$。例如，数学中的"垂直"关系就不具备传递性，因此，对于垂直关系的判断，就应如下推理：

"$a \perp b$，且 $b \perp c \Rightarrow a$ 并非垂直 c"。

2. 完全归纳推理

根据考察一类事物的每一个对象具有某一属性的前提，作出这类事物的全体都具有这一属性的结论，就称为完全归纳推理，也称为完全归纳法。完全归纳法分为穷举归纳法和类分归纳法。穷举归纳法适用于有限个对象的情形；类分归纳法适用于无限个对象的情形，此时无法穷举，但可以将无限个对象分为有限个类来研究(即把一个集合分解为有限个不交子集的并集)。

例如，证明三角形三高线共点时，可以分别对直角三角形、锐角三角形和钝角三角形进行论证；证明余弦定理时，可将三角形的边、角关系划分为三类：锐角所对的边、直角所对的边、钝角所对的边，然后再分别论证，最后归纳出一般结论。例如，同弧所对的圆心角是圆周角的二倍，是考察了圆心在圆周角内、在圆周角外、在圆周角边上三种情况之后得到的。

完全归纳推理的逻辑形式为：

S_1 具有(或不具有)P

S_2 具有(或不具有)P

S_3 具有(或不具有)P

⋮

S_n 具有(或不具有)P

所以 S 具有(或不具有)P

其中 $S_1,S_2,S_3,\cdots,S_n$ 是 S 类的全体对象，P 表示属性。

完全归纳推理在前提判断中已对结论的判断范围全部作出判断，如果前提判断是真实的，则结论是完全可靠的。因此，它可以作为数学的严格推理方法，在数学解题中有着广泛的应用。完全归纳法要求分类完全、面面俱到、不重不漏，它可以培养学生在考虑问题上养成全面周到的缜密思维。

3. 不完全归纳推理

根据考察一类事物的部分对象具有某一属性的前提，作出这类事物的全体对象都有这一属性的结论，就称为不完全归纳推理，也称为不完全归纳法。

不完全归纳法的推理形式为：

S_1 具有(或不具有)P

S_2 具有(或不具有)P

S_3 具有(或不具有)P

⋮

S_k 具有(或不具有)P

所以 S 具有(或不具有)P

其中 $S_1,S_2,S_3,\cdots,S_k$ 是 S 类的部分对象，P 表示属性。

例如，《聊斋志异》中有这样一首诗："挑水砍柴不堪苦，请归但求穿墙术。得诀自诩无所阻，额上坟起终不悟。"

在这里，我们称如下形式的等式具有"穿墙术"：$2\sqrt{\frac{2}{3}}=\sqrt{2\frac{2}{3}}$，$3\sqrt{\frac{3}{8}}=\sqrt{3\frac{3}{8}}$，

$4\sqrt{\frac{4}{15}}=\sqrt{4\frac{4}{15}}$，$5\sqrt{\frac{5}{24}}=\sqrt{5\frac{5}{24}}$，…，则按照以上规律，若 $9\sqrt{\frac{9}{n}}=\sqrt{9\frac{9}{n}}$ 具有“穿墙术”，求 n 的值。

解 由 $2\sqrt{\frac{2}{3}}=\sqrt{2\frac{2}{3}}$，$3\sqrt{\frac{3}{8}}=\sqrt{3\frac{3}{8}}$，$4\sqrt{\frac{4}{15}}=\sqrt{4\frac{4}{15}}$，$5\sqrt{\frac{5}{24}}=\sqrt{5\frac{5}{24}}$，…，可得若 $9\sqrt{\frac{9}{n}}=\sqrt{9\frac{9}{n}}$ 具有“穿墙术”，则 $n=9^2-1=80$。

例如，按照如图 2.4(a)所示的分形规律可得如图 2.4(b)所示的一个树形图。若记图 2.4(b)中第 n 行黑圈的个数为 a_n，求 a_{2019}。

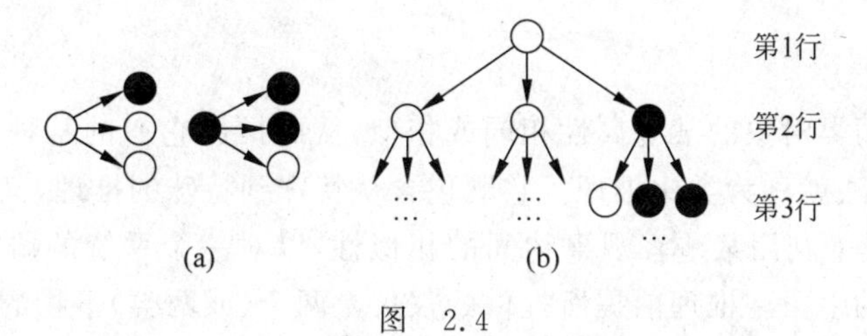

图 2.4

解 根据图 2.4(a)所示的分形规律，可知 1 个白圈分形为 2 个白圈 1 个黑圈，1 个黑圈分形为 1 个白圈 2 个黑圈，把题图 2.4(b)中的树形图的第 1 行记为(1,0)，第 2 行记为(2,1)，第 3 行记为(5,4)，第 4 行的白圈数为 $2\times5+4=14$，黑圈数为 $5+2\times4=13$，所以第 4 行的“坐标”为(14,13)，同理可得第 5 行的“坐标”为(41,40)，第 6 行的“坐标”为(122,121)，…。各行黑圈数乘 2，分别是 0,2,8,26,80,…，即 $1-1,3-1,9-1,27-1,81-1$，…，所以可以归纳出第 n 行的黑圈数 $a_n=\frac{3^{n-1}-1}{2}(n\in\mathbb{N}^*)$，所以 $a_{2019}=\frac{3^{2018}-1}{2}$。

不完全归纳法仅对某类事物中的一部分对象进行考察，因此，前提和结论之间未必有必然的联系。由不完全归纳法得到的结论具有或然性，其正确与否需进一步论证。例如，著名的费马猜想($x^n+y^n=z^n$，$n>2$ 时无整数解)就是通过不完全归纳法得到的结论，其正确性直至 1994 年才由英国数学家怀尔斯得到证明。这里获得猜想的过程用的是不完全归纳法，显然用不完全归纳法得到的结论未必是可靠的，但其应用方便并具有发现的功能。在探索数学真理的过程中，它能使我们迅速地发现一些客观事物的特征、属性和规律，为我们提供研究方向，提供猜想的基础和依据。实际上，数学中的许多著名定理、公式，都是先运用不完全归纳法从经验中概括出一般结论，然后再经过严格的数学推导，给予证明。例如，著名的“四色定理”是 1840 年提出的猜想，1976 年借助计算机给出证明；著名的哥德巴赫猜想的真实性至今尚未给出证明。

此外，不完全归纳法在数学教学和解题过程中有着广泛的应用。中学数学教材中的某些定理和公式，按照从特殊到一般的认识规律，往往可以用不完全归纳法得到，不完全归纳法可以作为数学教学中发现知识，引入命题的方法。例如，正整数的运算法则、幂的运算性质、等差数列的通项公式等都可以用不完全归纳法引入。在解题过程中，利用不完全归纳法可以发现问题的结论，探索解题途径。

例如，设正项数列 $\{a_n\}$ 的前 n 项和为 s_n 且 $s_n=\frac{1}{2}\left(a_n+\frac{1}{a_n}\right)$，求该数列的通项公式。

分析 在 $s_n=\frac{1}{2}\left(a_n+\frac{1}{a_n}\right)$ 中，依此令 $n=1,2,\cdots$ 可得：

当 $n=1$ 时，$a_1=\frac{1}{2}\left(a_1+\frac{1}{a_1}\right)$，从而得 $a_1=1$；

当 $n=2$ 时，$a_1+a_2=\frac{1}{2}\left(a_2+\frac{1}{a_2}\right)$，即 $a_2^2+2a_2-1=0$。解之，得

$$a_2=\sqrt{2}-1,\quad a_2=-\sqrt{2}-1(\text{负值舍去})。$$

类似地，可得 $a_3=\sqrt{3}-\sqrt{2}$，…，于是可猜想：$a_n=\sqrt{n}-\sqrt{n-1}$。

结论的正确性可以通过数学归纳法进行证明。

4. 类比推理

根据两个或两类对象的某些属性相同或相似，从而推出它们的某种其他属性也相同或相似，这种推理方法就称为类比推理。它既包含从特殊到特殊的推理，又包含从一般到一般的推理。其特点是：利用某些客观事物间的相似性，以对一个系统的研究作为获得关于另一个系统的信息的手段。推理前提所提供的仅仅是两个(或两类)事物的一些相同点。

类比推理的类型：

第一类：简单共存类比。

根据对象的属性之间有简单共存关系而进行的推理。

A 对象具有属性 a,b,c,d；

B 对象具有属性 a,b,c，

所以 B 对象也具有属性 d

a,b,c 表示两个(类)对象的相同属性，d 表示推移属性。

第二类：因果类比。

根据对象的属性之间具有同一种因果关系而进行的推理。

A 对象中，属性 a,b,c 同属性 d 有因果联系；

B 对象中，属性 a',b',c'(a',b',c' 与 a,b,c 相同或相似)，

所以 B 对象有属性 d'(d' 与 d 相同或相似)。

比如三角形(A 对象)中，三条中线交于一点且分点分每条中线长为 $2:1$；四面体(B 对象)中，四条中线(顶点至对底面重心联线)属性同前面三条中线类似，因此推理出以下可能成立的结论：这四条中线交于一点，且分点分每条中线为 $3:1$(经证明这结论是正确的)。

第三类：对称类比。

它是根据对象属性之间具有对称性而进行的推理。它比前二类更可靠些，但一事物的对称关系不一定恰好适合另一对象。

第四类：协变类比，又称数学相似类比。

它是根据对象属性之间具有某种确定的协变关系，即函数变化关系而进行的推理。由于它定量地描述了对象属性之间的关系，因此比前类类比前进了一大步。

这种类比推理有两种形式：

(1) 根据两个对象有若干属性相似，且在二者的数学方程式相似的情况下，推出它们在其他属性方面可能相似。

A 对象具有属性 a,b,c，且对 A 有 $f(x)=0$；

B 对象具有属性 a',b'，且对 B 有 $f(x')=0$。

由于 $f(x')=0$ 与 $f(x)=0$ 相似，所以 B 对象可能有属性 c'。

(2) 根据两个对象的各种属性在协变关系中的地位与作用相似，推论出它们的数学方程式也可能相似。

A 对象具有属性 a,b,c，且对 A 有 $f(x)=0$；

B 对象具有属性 a',b',c'。

由于属性 a,b,c 与 a',b',c' 相似，所以对 B 可能有 $f(x')=0$。

第五类：综合类比。

它是根据对象属性的多种关系的综合相似而进行的推理。

A 对象的属性 a,b,c,d 及它们之间的多种关系，

与 B 对象的属性 a',b',c',d' 及它们之间的多种关系相似。

由 a,b,c,d 的量值可能推出 a',b',c',d' 的相应量值。

与不完全归纳推理一样，运用类比推理得到的结论也具有或然性，其正确或错误也是需要严格论证的。一般来说，如果两类事物共有的性质越多，那么推出的结论的可靠程度就越大。

在数学中，类比推理同样是发现概念、公式、定理和方法的重要手段。例如，把分式运算与分数运算类比，把平面与直线类比，把四面体与三角形类比，等等，都可以发现许多新知识。此外，类比推理还广泛用于解题研究中，它具有启迪思路、触类旁通的作用。波利亚指出："类比是一个伟大的引路人。"

2.4.3 类比法

前面介绍了类比推理，类比推理是一种重要的推理，应用类比推理来解决问题便是一种重要的数学方法——类比法。

通过类比法所得的结论具有或然性，但类比是数学发现的重要的和最基本的方法之一。数学上许多重要定理都是由类比而猜想，由猜想而证明的。波利亚说过，"类比似乎在一切数学发现中有作用，而且在某些发现中有它最大的作用。"康德说："每当理智缺乏可靠论证的思想时，类比往往指引我们前进。"

应用类比法，关键在于发现两事物相似的性质，数学知识存在着大量相类似的地方，相似的性质需要观察与联想去发现，所以观察与联想是类比的基础。

类比作为一种数学发现的方法、推理的方法，是创造性思维的基本要素之一。一般说来，其作用有下述三个方面：

1. 通过类比发现数学真理

在数学研究中，通过类比发现新的数学真理的例子很多，例如，当直角三角形中的勾股定理被认识以后，人们观察长方形，看到长方形对角线的平方等于长和宽的平方和。由长方形对边互相平行，邻边互相垂直，对照长方体相对面互相平行，相邻边互相垂直，引起类比猜想：长方体的对角线也有类似关系，即长方体的对角线的平方等于其三度的平方和，用公式表示为：$d^2=a^2+b^2+c^2$（如图 2.5 所示）。这个命题是真命题。

在研究四面体的四个表面面积的关系时，把它和三角形的三边关系进行类比。

首先考虑特殊情形。如图 2.6(a)所示，在直角△ABC 中，∠C 是直角，其三边 a,b,c 的关系有勾股定理：$c^2=a^2+b^2$。如图 2.6(b)所示，与它相似的直角四面体 D-ABC 中，顶点 D 的三面角的三个平面角是直角。它的四个表面积 S_d,S_a,S_b,S_c 的关系，按照形式猜想就可能有：

$$S_d^3=S_a^3+S_b^3+S_c^3。\tag{2.1}$$

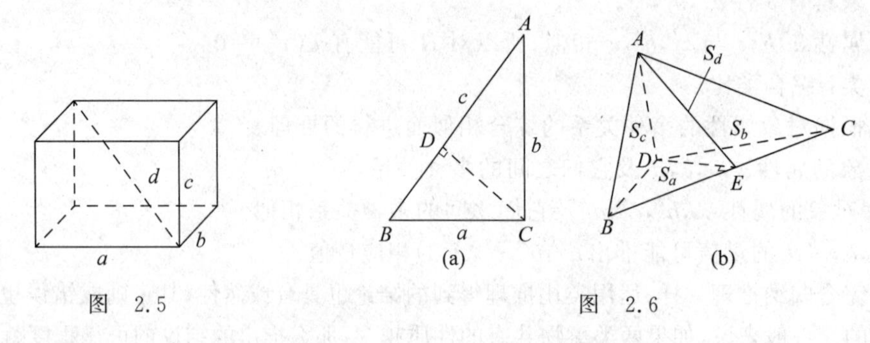

图 2.5　　图 2.6

先在更特殊的情况下检验：取 $DA=DB=DC=1$，此时有

$$S_d=\frac{1}{2}AB\cdot AC\sin60°=\frac{1}{2}\sqrt{2}\cdot\sqrt{2}\cdot\frac{\sqrt{3}}{2}=\frac{\sqrt{3}}{2},\quad S_a=S_b=S_c=\frac{1}{2},$$

从而有 $S_d^3=\frac{3\sqrt{3}}{8}$，$S_a^3+S_b^3+S_c^3=\frac{3}{8}$。

等式(2.1)不成立，猜想被否定。

但注意到 $S_d^2=\frac{3}{4}$，$S_a^2+S_b^2+S_c^2=\frac{3}{4}$，于是把猜想改为 $S_d^2=S_a^2+S_b^2+S_c^2$。

找不到反例，就要设法证明，而证法也可以类比。

回想勾股定理的各种证法，有一种证法是：如图 2.6(a)所示，作 $CD\perp AB$ 于 D，则有

$$a^2=BC^2=AB\cdot BD,\quad b^2=AC^2=AB\cdot AD。$$

从而就有 $c^2=AB^2=AB(AD+BD)=AB\cdot AD+AB\cdot BD=a^2+b^2$。

对于直角四面体可作类似的证法。如图 2.6(b)所示，作 $DE\perp BC$ 于 E，则 $AD\perp DE$，连 AE，则 $AE\perp BC$，从而有

$$\begin{aligned}S_d^2&=\left(\frac{1}{2}BC\cdot AE\right)^2\\&=\frac{1}{4}BC^2\cdot DE^2+\frac{1}{4}(DB^2+DC^2)\cdot AD^2\\&=\left(\frac{1}{2}BC\cdot DE\right)^2+\left(\frac{1}{2}AD\cdot DC\right)^2+\left(\frac{1}{2}AD\cdot DB\right)^2\\&=S_a^2+S_b^2+S_c^2。\end{aligned}$$

再考虑一般情形，对三角形有余弦定理

$$c^2=a^2+b^2-2ab\cos C,$$

于是可猜想四面体有类似的关系

$$S_d^2 = S_a^2 + S_b^2 + S_c^2 - \boxed{?}。\tag{2.2}$$

(2.2)式中$\boxed{?}$是什么不能马上写出,可作上面类似的讨论,比照余弦定理的证明进行类比,看是否得出结果。余弦定理的证明是:

$$c = a\cos B + b\cos A,\tag{2.3}$$

$$a = c\cos B + b\cos C,\tag{2.4}$$

$$b = c\cos A + a\cos C。\tag{2.5}$$

由(2.4)式,(2.5)式得

$$\cos B = \frac{1}{c}(a - b\cos C),\tag{2.6}$$

$$\cos A = \frac{1}{c}(b - a\cos C),\tag{2.7}$$

把(2.6)式,(2.7)式代入(2.3)式并整理即得

$$c^2 = a^2 + b^2 - 2ab\cos C。$$

对于四面体,有

$$S_d = S_a\cos\theta_{ad} + S_b\cos\theta_{bd} + S_c\cos\theta_{cd},\tag{2.8}$$

$$S_a = S_d\cos\theta_{ad} + S_b\cos\theta_{ab} + S_c\cos\theta_{ac},$$

其中 θ_{ad} 表示二面角 $A\text{-}BC\text{-}D$ 的度数,其余类同,由此得

$$\cos\theta_{ad} = \frac{1}{S_d}(S_a - S_b\cos\theta_{ab} - S_c\cos\theta_{ac})。\tag{2.9}$$

同理可得

$$\cos\theta_{bd} = \frac{1}{S_d}(S_b - S_a\cos\theta_{ba} - S_c\cos\theta_{bc}),\tag{2.10}$$

$$\cos\theta_{cd} = \frac{1}{S_d}(S_c - S_a\cos\theta_{ac} - S_b\cos\theta_{bc})。\tag{2.11}$$

把(2.9)式、(2.10)式、(2.11)式代入(2.8)式,并整理得

$$S_d^2 = S_a^2 + S_b^2 + S_c^2 - 2(S_aS_b\cos\theta_{ab} + S_bS_c\cos\theta_{bc} + S_cS_a\cos\theta_{ca})。$$

由于推导可以类比,结论也在类比推导中得出了。

2. 通过类比猜想数学问题的可能解答

例如,从(正)棱锥体积等于同底等高的(正)棱柱体积的$\frac{1}{3}$,类比出圆锥体积也等于同底等高圆柱体积的$\frac{1}{3}$。

又如,给定正四面体,试求其内切球的半径。由于三角形与四面体在多边形和多面体中所处的特殊地位相同,使我们发现它们有许多共同之处。比如由三角形三内角平分线相交于三角形内心,可以猜想到四面体的六个二面角的平分面也相交于一点,即四面体的内切球的球心。于是我们又得到下面类比问题。

由于正三角形内切圆的半径与其高之比为 1∶3,从而可以想到,正四面体内切球的半径与其高的比可能是$\frac{1}{3}$或某个常数。在求解中可以得知,其比确实是常数,不是$\frac{1}{3}$而是$\frac{1}{4}$,

为问题的解决提供了方向。

3. 通过类比猜测解题方法

例如,求证:正四面体内任一点到各面距离之和为一定值。

平面几何中证过正三角形内任一点到各边距离之和为一定值,使用的最佳证法是面积法,类比联想使我们可以用体积法进行试探。

设 M 是正四面体 $A\text{-}BCD$ 内任一点,M 到各面的距离分别设为 d_1,d_2,d_3,d_4,各面的面积设为 S,正四面体 $A\text{-}BCD$ 的高设为 h,体积设为 V,则

$$V=\frac{1}{3}d_1S+\frac{1}{3}d_2S+\frac{1}{3}d_3S+\frac{1}{3}d_4S=\frac{1}{3}Sh。$$

从而有

$$d_1+d_2+d_3+d_4=\frac{3V}{S}=h。$$

例如,不等式 $ax+b>0(a\neq 0)$ 与方程 $ax+b=0$ 可以类比,因为有类比根据:方程与不等式的左边式子完全相同。

方程有解 $x=-\frac{b}{a}$,所以不等式也有解 $x>-\frac{b}{a}$。

这个由类比推出的结论实际上是不正确的,因为解这个不等式还要考虑 a 的符号。

类比推理结论的正确性之所以不能肯定,原因在于:在推理过程中使用的"相似"这个概念本身不是确定的,有很大的变化范围。人们可以给出各种各样的"相似",良好的类比只是人们给出的"相似"比较接近于事物的本质。况且"相似"必竟有差异。因此,类比推理中的前提与结论的从属关系不是必然的,而是或然的。类比推理也只是一种合情理的推理,其结论判断只是一种猜想,是似真的,其正确性必须加以证明或举反例来判定。

广泛地运用类比,可以开拓思路,引起联想,形成猜想,找到解题途径。在数学中,常常由问题条件的相似,去猜测结论的相似;由命题形式的相似,去猜测推理论证的相似。

2000 年上海高考试卷中有一道类比题。题为:

在等差数列$\{a_n\}$中,若 $a_{10}=0$,则有等式 $a_1+a_2+\cdots+a_n=a_1+a_2+\cdots+a_{19-n}(n<19,n\in\mathbb{N}^*)$成立。类比上述性质,相应地,在等比数列$\{b_n\}$中,若 $b_9=1$,则有________等式成立。

为了解答这题,不妨列出相关类比要素(表 2.9)。

表 2.9

类比要素

等差数列	等比数列
公差	公比
和差运算互逆	乘除运算互逆
0,零元	1,单位元

找到以上类比要素很容易得出结论:

$$b_1b_2\cdots b_n=b_1b_2\cdots b_{17-n}\quad(n<17,n\in\mathbb{N}^*)。$$

下面给出一些常见的类比要素(表 2.10)。

表 2.10

常见类比要素	
数的整除	式的整除
分数性质	分式性质
全等	相似
三角形	四面体
平面几何	立体几何
直线	平面
多边形	多面体
圆	球
面积	体积
圆中的： 弦 直径 周长 面积	球中的： 截面圆 大圆 表面积 体积
圆的性质： 圆心与弦(不是直径)的中点的连线垂直于弦； 与圆心距离相等的两弦相等；与圆心距离不等的两弦不等，距圆心较近的弦较长； 圆的切线垂直于过切点的半径；经过圆心且垂直于切线的直线必经过切点； 经过切点且垂直于切线的直线必经过圆心	球的性质： 球心与截面圆(不是大圆)的圆点的连线垂直于截面圆； 与球心距离相等的两截面圆相等；与球心距离不等的两截面圆不等，距球心较近的截面圆较大； 球的切面垂直于过切点的半径；经过球心且垂直于切面的直线必经过切点； 经过切点且垂直于切面的直线必经过球心
长方形： 交于一个顶点的两条边互相垂直，相对的两条边互相平行； 长方形的对角线互相平分	长方体： 交于一个顶点的三个面两两互相垂直，相对的两个面互相平行。 长方体任两个对棱面互相平分。
三角形内切圆	四面体内切球
三角形外接圆	四面体外接球
直角三角形中有：$a^2+b^2=c^2$	长方体中有：$a^2+b^2+c^2=d^2$
直角三角形中有：$a^2+b^2=c^2$	直三面角的四面体 $A\text{-}BCD$ 中有定理： $S^2_{\triangle ABD}+S^2_{\triangle ABC}+S^2_{\triangle ADC}=S^2_{\triangle BCD}$

下面再给几个类比方法应用的例子。

例 2.10 对圆 $x^2+y^2=r^2$，由直径上的圆周角是直角出发，可得：若 AB 是$\odot O$ 的直径，M 是$\odot O$ 上一点(异于 A，B)，则 $k_{AM}k_{BM}=-1$。那么对椭圆 $\dfrac{x^2}{a^2}+\dfrac{y^2}{b^2}=1$ 和双曲线$\dfrac{x^2}{a^2}-\dfrac{y^2}{b^2}=1$，是否有类似的结论？

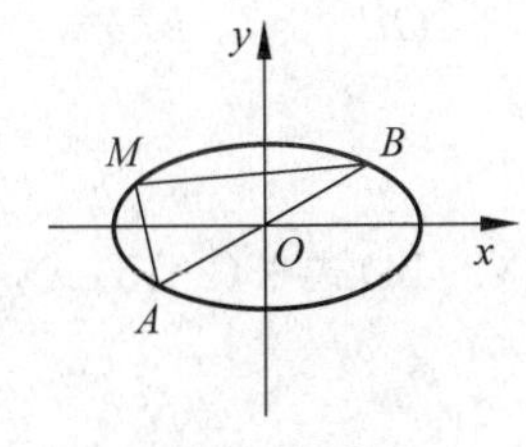

图 2.7

解 如图 2.7 所示，设 AB 是椭圆$\dfrac{x^2}{a^2}+\dfrac{y^2}{b^2}=1$ 的直径，A，B 的坐标分别为(x_1,y_1)，$(-x_1,-y_1)$。又设点 $M(x_0,y_0)$是这个椭圆上一点，且 $x_0\neq\pm x_1$，则

$$\frac{x_1^2}{a^2}+\frac{y_1^2}{b^2}=1,\quad \frac{x_0^2}{a^2}+\frac{y_0^2}{b^2}=1。$$

以上两式相减，得

$$\frac{(x_0+x_1)(x_0-x_1)}{a^2}+\frac{(y_0+y_1)(y_0-y_1)}{b^2}=0,$$

从而$\frac{y_0+y_1}{x_0+x_1}\cdot\frac{y_0-y_1}{x_0-x_1}=-\frac{b^2}{a^2}$，即

$$k_{MA}\cdot k_{MB}=-\frac{b^2}{a^2}。\tag{2.12}$$

同理，若 AB 是双曲线$\frac{x^2}{a^2}-\frac{y^2}{b^2}=1$ 的直径，M 是双曲线上一点，则

$$k_{MA}\cdot k_{MB}=\frac{b^2}{a^2}。\tag{2.13}$$

于是(2.12)、(2.13)两式就是椭圆、双曲线与圆类似的结论。

注 (1) 与圆类似，连接圆锥曲线上两点的线段叫做圆锥曲线的弦，过有心曲线(椭圆、双曲线)中心的弦叫做有心曲线的直径；

(2) 因为抛物线不是有心曲线，所以抛物线没有与圆的这个性质相类似的结论。

例 2.11 对椭圆有下列命题，若 A,B 是椭圆$\frac{x^2}{a^2}+\frac{y^2}{b^2}=1$ 上的两点，且 $OA\perp OB$，则 $\frac{1}{|OA|^2}+\frac{1}{|OB|^2}=\frac{1}{a^2}-\frac{1}{b^2}$。那么对双曲线$\frac{x^2}{a^2}-\frac{y^2}{b^2}=1(0<a<b)$类似的命题是什么？

分析 对双曲线，有$\frac{1}{|OA|^2}+\frac{1}{|OB|^2}=\frac{1}{a^2}-\frac{1}{b^2}$。

解 设 A,B 是双曲线$\frac{x^2}{a^2}-\frac{y^2}{b^2}=1(0<a<b)$上两点，且 $AO\perp OB$。又设 A,B 的坐标分别为$(|OA|\cos\alpha,|OA|\sin\alpha)$，$\left(|OB|\cos\left(\alpha\pm\frac{\pi}{2}\right),|OB|\sin\left(\alpha\pm\frac{\pi}{2}\right)\right)$，则$\frac{|OA|^2\cos^2\alpha}{a^2}-\frac{|OA|^2\sin^2\alpha}{b^2}=1$，从而

$$\frac{1}{|OA|^2}=\frac{\cos^2\alpha}{a^2}-\frac{\sin^2\alpha}{b^2}。\tag{2.14}$$

同理$\frac{1}{|OB|^2}=\frac{\cos^2\left(\alpha\pm\frac{\pi}{2}\right)}{a^2}-\frac{\sin^2\left(\alpha\pm\frac{\pi}{2}\right)}{b^2}$，即

$$\frac{1}{|OB|^2}=\frac{\sin^2\alpha}{a^2}-\frac{\cos^2\alpha}{b^2}。\tag{2.15}$$

由(2.14)式+(2.15)式，得

$$\frac{1}{|OA|^2}+\frac{1}{|OB|^2}=\frac{1}{a^2}-\frac{1}{b^2}。$$

于是，我们得到与椭圆类似的正确命题：

若 A,B 是双曲线 $\frac{x^2}{a^2}-\frac{y^2}{b^2}=1(0<a<b)$ 上两点，且 $AO\perp OB$，则

$$\frac{1}{|OA|^2}+\frac{1}{|OB|^2}=\frac{1}{a^2}-\frac{1}{b^2}。$$

2.5 数学证明

1. 证明的意义及结构

数学证明就是根据一些已经确定真实性的命题来断定某一命题真实性的思维推理过程。

任何证明都由论题、论据、论证三部分组成。论题是指需要确定其真实性的命题；论据是指用来证明论题真实性所引用的那些已知真实的命题；论证是指根据论据进行一系列推理来确定论题真实性的过程。

数学中的证明分为已知(论据)、求证(论题)、证明(论证)三个组成部分。

例 2.12 证明平行四边形的对角线互相平分。

已知：如图 2.8，平行四边形 $ABCD$ 的对角线 AC 与 BD 交于点 O。求证：$OA=OC,OB=OD$。

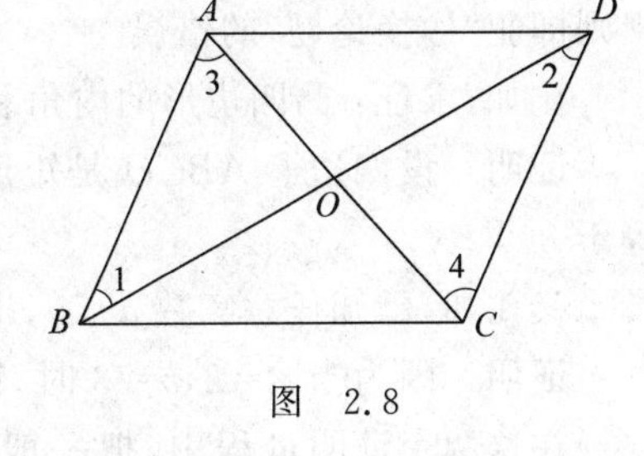

图 2.8

证明 因为 $ABCD$ 是平行四边形(已知)，所以

$AB \underline{\parallel} DC$(平行四边形的性质)，

故 $\angle 1=\angle 2,\angle 3=\angle 4$(两直线平行，则内错角相等)，于是

$\triangle AOB\cong\triangle COD$(两角及夹边相等，三角形全等)。

所以 $OA=OC,OB=OD$(全等三角形的对应边相等)。

上述证明过程实际上是一串推理组成的复合三段论，只是将省略的大前提以填写理由的形式放在括号内。若用标准的三段论格式，以上证明可以分解为以下推理串：

推理 1

因为平行四边形的两组对边分别平行且相等，

AB 和 CD 是▱$ABCD$ 的一组对边，

所以 $AB \underline{\parallel} DC$。

推理 2

因为两条平行线被第三条直线所截，内错角相等，

$AB/\!/CD$，$\angle 1$ 和 $\angle 2$，$\angle 3$ 和 $\angle 4$ 分别是两组内错角，

所以 $\angle 1=\angle 2,\angle 3=\angle 4$。

推理 3

因为两角及其夹边对应相等的两个三角形全等，

在 $\triangle AOB$ 和 $\triangle COD$ 中，$\angle 1=\angle 2,\angle 3=\angle 4,AB=CD$，

所以 $\triangle AOB\cong\triangle COD$。

推理 4

因为全等三角形的对应边相等，

$\triangle AOB \cong \triangle COD$，$OA$ 与 OC，OB 与 OD 分别是这两个三角形的两组对应边，

所以 $OA=OC$，$OB=OD$。

从证明过程来看，每个推理是由命题排列而成，而一个证明又是由若干推理有序排列而成。因此，数学证明可以看作是由命题组成的有限逻辑链。而所谓要证明一个命题，就是要由已知条件及一些已有的真实命题，逐步进行推理，不断得出互相连接的新命题，直到推出所证命题结论为止。

2. 证明必须遵守逻辑规则

逻辑思维对证明的基本要求是：证明要有说服力。就是证明要有真实理由，并且真实理由和所要证明的命题之间具有逻辑上的必然联系，这就要求证明必然遵守一定的规则。数学证明的规则：

规则 1 论题要求清楚、明确，始终如一。

论题是真实性需要加以确立的一个判断，是证明的目标。如果论题中的一些内容含糊不清，已知什么，要证明什么搞不清楚，证明也就无法进行。

根据同一律的要求，在证明过程中，论题应当是始终同一的，中途不能变更。违反这条规则即犯“偷换论题”的错误。

比如，求证：凸四边形的内角和等于 $360°$。

证明 设四边形 $ABCD$ 是矩形，则它的内角和为 $90°\times4=360°$，所以四边形的内角和等于 $360°$。

又比如，已知任意实数 $a<b$，求证：$10^a<10^b$。

证明 因为当 $a=2$，$b=3$ 时，$10^2<10^3$，所以对任意实数 $a<b$ 有 $10^a<10^b$。

在这两个证明过程中，把一般情况当作特殊情况来处理，实际上仅只证明了矩形与 $a=2$，$b=3$ 的特殊情况，这就犯了偷换论题的错误。

例如，数和数轴上的点一一对应。例中未指明是什么“数”。

例如，连接四边形四边中点成一平行四边形。例中对“连接”的顺序未作交代。

规则 2 论据要真实可靠。

论据是确定论题真实性的理由，如果论据是假的，那么就不能确定论题的真实性。

真实可靠的论据才能保证经过正确的逻辑推理，得出真实的结论。如果论据是假的，那就不能确定论题的真实性。

违反这条规则的逻辑错误，叫做虚设论据，是根基错误，无法保证论证结果的有效。

例如，已知$\sqrt{2}$和$\sqrt{3}$是无理数，求证$\sqrt{2}+\sqrt{3}$也是无理数。

证明 因为$\sqrt{2}$和$\sqrt{3}$是无理数，无理数之和为无理数。所以$\sqrt{2}+\sqrt{3}$也是无理数。

证明中的“无理数之和为无理数”是虚设论据。

又例如，试证直角等于钝角。

证明 如图 2.9，在线段 BC 上作直角 $\angle ABC$，作钝角 $\angle BCD$，截取 $AB=DC$，连接 AD，分别作线段 BC，AD 的中垂线 l_1，l_2，l_1 与 l_2 相交于 M。

在$\triangle ABM$和$\triangle DCM$中，因为$AB=DC$（作图），$AM=DM$，$BM=CM$（中垂线的性质），

所以$\triangle ABM\cong\triangle DCM$(SSS)，故$\angle ABM=\angle DCM$（全等三角形的对应角相等）。

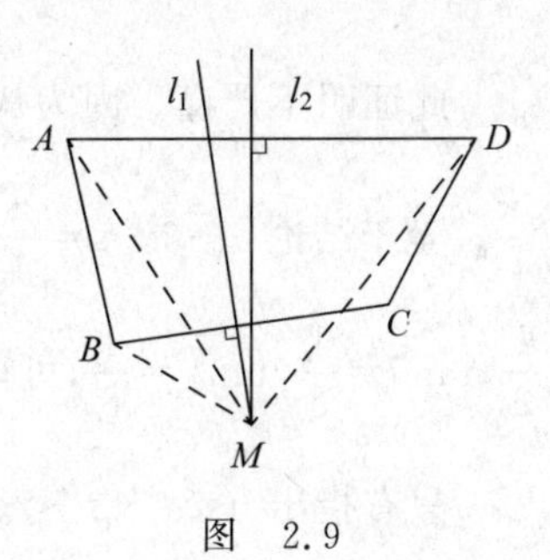

图 2.9

在$\triangle MBC$中，所以$BM=CM$（已证），所以$\angle CBM=\angle BCM$（等腰三角形的底角相等），$\angle ABC=\angle DCB$（等量之差相等），而$\angle ABC$是直角，$\angle DCB$是钝角，所以直角=钝角

上面证出错误结论的原因，在于有论据是虚假的。事实上，由准确地作图知道，连接MC，MD时根本得不到如图2.9那样的$\triangle MDC$，$\angle BCM$不是$\angle DCM$的内含角，故结论错误。

如果引用尚未证明的命题来证明论题，尽管论据不是虚假的，那也是违反这条规则的，这种错误叫做预期理由。

规则3 论证必须遵循推理规则，保证逻辑严谨性。

该规则要求在整个论证的过程中，每一步推理都符合规则，步步推理连贯，最后一步得出论题。

不得引用直接或间接依赖论题的命题作为论据。否则将犯“循环论证”的错误，证明是无效的。特别地，论据不能靠论题来证明。论题的真实性是靠论据来证明的。如果论据的真实性又要靠论题来证明，那么结果是什么也没有证明。违反这条规则的逻辑错误叫做循环论证。

例如，在Rt$\triangle ABC$中，$\angle C=90°$，求证：$a^2+b^2=c^2$。

证明 因为$a^2=c^2\sin^2 A$，$b^2=c^2\cos^2 A$，所以

$$a^2+b^2=c^2\sin^2 A+c^2\cos^2 A=c^2(\sin^2 A+\cos^2 A)=c^2。$$

这里的论题就是人们熟知的勾股定理。上述证明中用“$\sin^2 A+\cos^2 A=1$”这个公式，按照现行中学数学教材系统，这个公式是由勾股定理给出来的，这就间接地用待证命题的真实性作为证明的论据，犯了循环论证的错误。

例如，设$\alpha,\beta,\gamma\in\left(0,\frac{\pi}{2}\right)$，且$\tan\alpha=\frac{1}{2}$，$\tan\beta=\frac{1}{5}$，$\tan\gamma=\frac{1}{8}$，求证：$\alpha+\beta+\gamma=\frac{\pi}{4}$。

证明 因为$\tan(\alpha+\beta+\gamma)=\dfrac{\tan(\alpha+\beta)+\tan\gamma}{1-\tan(\alpha+\beta)\tan\gamma}=\dfrac{\dfrac{\tan\alpha+\tan\beta}{1-\tan\alpha\tan\beta}+\tan\gamma}{1-\dfrac{\tan\alpha+\tan\beta}{1-\tan\alpha\tan\beta}\tan\gamma}$

$$=\frac{\tan\alpha+\tan\beta+\tan\gamma-\tan\alpha\tan\beta\tan\gamma}{1-\tan\alpha\tan\beta-\tan\beta\tan\gamma-\tan\alpha\tan\lambda}$$

$$=\frac{\frac{1}{2}+\frac{1}{5}+\frac{1}{8}-\frac{1}{2}\times\frac{1}{5}\times\frac{1}{8}}{1-\frac{1}{2}\times\frac{1}{5}-\frac{1}{5}\times\frac{1}{8}-\frac{1}{8}\times\frac{1}{2}}=1,$$

所以$\alpha+\beta+\gamma=\frac{\pi}{4}$。

此证明不严谨。因为从 $\alpha,\beta,\gamma\in\left(0,\frac{\pi}{2}\right)$ 和 $\tan(\alpha+\beta+\gamma)=1$ 可以推出 $\alpha+\beta+\gamma=\frac{\pi}{4}$ 和 $\frac{5\pi}{4}$。至于结论 $\alpha+\beta+\gamma=\frac{\pi}{4}$ 是否唯一成立,却不能断定。事实上,由 $\alpha,\beta,\gamma\in\left(0,\frac{\pi}{2}\right)$ 且 $\tan\alpha=\frac{1}{2},\tan\beta=\frac{1}{5},\tan\gamma=\frac{1}{8}$,可得 $0<\alpha+\beta+\gamma<\frac{3\pi}{4}$。

只有指出 $0<\alpha+\beta+\gamma<\frac{3\pi}{4}$,才能唯一地确定 $\alpha+\beta+\gamma=\frac{\pi}{4}$。

论据必须是推出论题的充足理由,否则从论据就推不出论题。违反这条规则的逻辑错误,叫做不能推出。最常见的错误是论据不充分。例如,由四边形的两条对角线互相平分且相等还推不出这个四边形是正方形。

在归纳论证中,论据不充分的错误通常表现为只看到一部分情况,而没有看到另一部分情况;只注意到正面的例子,没有注意到反面的例子,论证不全面,不典型,等等。犯不能推出的逻辑错误时,论题未必是假的,问题通常在于没有找到论据和论题之间的合乎客观实际的联系,或者使用了错误的推理形式。

例如,已知 $a\geqslant 3$,求证:$\sqrt{a-1}+\sqrt{a-2}>\sqrt{a}+\sqrt{a-3}$。

证明 根据不等式 $A+B\geqslant 2\sqrt{AB}\,(A\geqslant 0,B\geqslant 0)$,有

$\sqrt{a-1}+\sqrt{a-2}>2\sqrt[4]{a^2-3a+2}$;$\sqrt{a}+\sqrt{a-3}>2\sqrt[4]{a^2-3a}$。

因为 $a^2-3a+2>a^2-3a$,所以 $\sqrt{a-1}+\sqrt{a-2}>\sqrt{a}+\sqrt{a-3}$。

这里犯了不能推出的错误。事实上,从 $a>b,c>d,b>d$,只能推出 $a>b>d$。至于 a,c 之间,却没有必然的关系,不能断定谁大谁小。

2.6 数学形式逻辑的基本规律

逻辑思维规律是人们在长期反复实践中总结提炼出来的。在公元前 4 世纪,古希腊的大哲学家亚里士多德就发现了正确思维必须遵守的三个规律:同一律、矛盾律和排中律。17 世纪末,德国哲学家和数学家莱布尼茨又补充了一个充足理由律。这四个规律是客观事物的现象之间相对稳定性在思维中的反映,是逻辑思维的基本规律,它是保证人们正确认识客观世界和正确表达思维的必要条件。正确的思维应该是确定的、无矛盾的、前后一贯的、论据充足的。不然的话,思维就将陷入混乱,表达思维的语言也就会语无伦次。在数学的推理和证明中,如果违背了逻辑思维的规律,就会产生逻辑错误,论证就得不出确实可靠的结论,因此数学中的推理论证必须遵守逻辑思维的基本规律。

1. 同一律

同一律是指在同一思维(论证)过程中,概念和判断必须保持同一性,亦即确定性。用公式表示:A 是 A(A 表示概念或判断)。从表面形式上看,"A 是 A"好像是枯燥无味的简单的同语反复。其实不然。同一律有两点具体的要求:一是思维对象要保持同一,所考察的对象必须确定,要始终如一,中途不能变更;二是表示同一对象的概念要保持同一,要以同

一概念表示同一思维对象，不能用不同的概念表示同一对象，也不能把不同的对象混同起来用同一概念来表示。

如果违背了同一规律的要求，那就会破坏思维的一贯性，造成思维混乱，在同一推理、证明的过程中，就会犯“偷换概念”“偷换论题”等逻辑错误。

例如，“因为数是可以比较大小的，而虚数是数，所以虚数可以比较大小”。这里两次使用了“数”这个概念，前者指的是“实数”，后者指的是“虚数”，即用同一概念表达了两个不同的对象，这样，在论证过程中，就犯了偷换概念的逻辑错误。

例如，有的同学证明“四边形内角和等于 360°”是这样进行的：因为矩形的内角和为 360°，矩形是四边形，所以四边形的内角和等于 360°。这个学生在证明过程中，用特殊的四边形取代了论题中的一般四边形，因此犯了“偷换论题”的逻辑错误。还需要指出的是同一律所要求的“同一”是相对的、有条件的。若在一定条件下的“同一”条件变了，认识也相应地有所发展。如“方程 $x^2+1=0$ 没有根”这个判断，当数系由实数放大到复数后就要引起变化。

在不同的思维过程中，对同一概念或判断允许有不同的认识。例如，“两条直线不相交则平行”这个命题在平面几何中为真，在立体几何中则为假。

2. 矛盾律

矛盾律是指在同一思维(论证)过程中，对同一对象所做的两个互相对立或矛盾的判断不能同真，至少必有一假，也就是说对于同一思维对象不能既肯定它是什么，又否定它是什么。用公式表示为：A 不是 $\overline{A}$($\overline{A}$ 读作非 A)。

例如，如果我们对实数 $\sqrt{3}$ 作出互相矛盾的两个判断“$\sqrt{3}$ 是无理数”，“$\sqrt{3}$ 不是无理数”，那么根据矛盾律，它们不能同真，必有一假，也就是说，不能既肯定 $\sqrt{3}$ 是无理数，又肯定 $\sqrt{3}$ 不是无理数。又如“数 a 小于数 b”和“数 a 大于数 b”这两个对立的判断也不能同真，至少必有一假。

例如，对实数 a，“a 是正数”和“a 是负数”是两个对立的判断，这两个判断可能都假。因为若 $a=0$，则 a 既不是正数也非负数。

矛盾律是用否定的形式表达同一律的思想内容，它是同一律的引伸。同一律说 A 是 A，矛盾律要求思维首尾一贯，不能自相矛盾，实际上也是思维确定性的一种表现，因此矛盾律是从否定方面肯定同一律的。

还需要指出的是，矛盾律中所谓的矛盾是指思维过程中的思维混乱，即同时确定 A 与 $\overline{A}$ 都真。对这种逻辑矛盾，矛盾律要加以排除。但矛盾律并不把辩证矛盾排除在一切思维之外，更不否认世界固有的矛盾。

3. 排中律

排中律是指在同一思维(论证)过程中，对同一对象所作的两个互相矛盾的判断不能同假，必须一真。也就是说对于同一思维对象，必须作出明确的肯定或否定，不能既不是 A，又不是 $\overline{A}$，A 和 $\overline{A}$ 两者必居其一，且仅居其一，用公式表示为：A 或 $\overline{A}$。

例如，“$\triangle ABC$ 是直角三角形”和“$\triangle ABC$ 不是直角三角形”是对 $\triangle ABC$ 作出的互相矛盾的判断，二者之中不能同假，必有一真，二者必居其一，没有第三种可能。也就是说，对于

$\triangle ABC$ 要作出是否为直角三角形的肯定或否定的回答。

类似的例子很多,如:

平面内不重合的两直线平行与相交;

两个实数相等与不相等;

实数 a 是有理数或是无理数;

自然数 n 是偶数或是奇数。

"排中"就是排除第三者,或 A 或 $\overline{A}$,二者必居其一,排中律要求人们的思维要有明确性,不能含糊不清,不能模棱两可。

排中律是反证法的逻辑基础,在直接证明某一判断的正确性有困难时,根据排中律,只要证明这一判断的矛盾判断是假的就可以了。

和矛盾律一样,排中律只是排除思维中的逻辑矛盾,并不否定客观事物自身的矛盾。

同一律、矛盾律、排中律三者之间的联系是从不同角度去陈述思维的确定性的,排中律是同一律和矛盾律的补充和深入,排中律和矛盾律都不允许有逻辑矛盾,违背了排中律就必然违背矛盾律。

同一律、矛盾律、排中律三者之间是有区别的。同一律要求思维保持确定、同一,而没有揭示思维的相互对立或矛盾的问题;矛盾律是同一律的引申和发展,它指明了正确的思维不仅要求确定而且不能互相矛盾、互相对立,即指出对同一个思维对象所作的两个互相矛盾或对立的判断,只要承认不能同真,至少必有一假即可,并不要求作出肯定或否定的表示;排中律又比矛盾律更深入一层,明确指出正确的思维不仅要求确定,不相互矛盾,而且应该明确地表示出肯定或否定,指出对同一个思维对象所作的两个"肯定判断"和"否定判断"不能同假,必有一真,要么"肯定判断"真,要么"否定判断"真,二者必居其一。

4. 充足理由律

充足理由律是指在思维(论证)过程中,对任一真实的判断,都必须有充足的根据,也就是说正确的判断必须有充足的理由,可以表示为,因为有 A,所以有 B,即有 A 一定能推出 B,其中 A 和 B 都表示一个或几个判断,A 称为 B 的理由,B 称为 A 的结论。例如,三组对边成比例,两组对角相等,两组对边成比例且夹角相等都是两三角形相似的充足理由。

充足的理由必须具备真实性、完备性、相关性,否则就不是充足理由。

例如,设 $a=b(b\neq0)$,则等式两边同乘以 a 得 $a^2=ab$,两边同减去 b^2 得 $a^2-b^2=ab-b^2$,两边因式分解得 $(a+b)(a-b)=b(a-b)$,两边同除以 $a-b$ 得 $a+b=b$,以 b 代 a 得 $2b=b$,两边同除以 b 得 $2=1$。显然所得结论是错误的,错误的原因在于用 $a-b$ 除等式两边,因为 $a=b$,所以 $a-b=0$,用零做除数是不允许的,也就是理由不真实。

充足理由律要求理由和结论之间必须具有本质的联系。理由是结论的充分条件,结论是理由的必要条件,相关性就是指理由与结论之间必须具有本质的内在联系。有时,一些错误的结论,表面上虽然具有"因为……所以……"的形式,但实质上"理由"和"结论"之间却是毫不相关的。例如:

理由"方程 $x^2-(\sqrt{2}+2)x+\sqrt{2}=0$ 有两个不相等的实数根"和结论"$\sqrt{2}$ 是无理数"就毫不相关。违背了充足理由律,往往要犯"虚构理由""无中生有""误断"等逻辑错误。

充足理由律和同一律、矛盾律、排中律也有着密切的联系。同一律、矛盾律、排中律是保证概念或判断在同一论证过程中的确定性、无矛盾性和明确性，充足理由律是保证判断之间的内在联系的合理性。因此，在同一思维(论证)过程中，如果违背了同一律、矛盾律、排中律，那么必然导致违背充足理由律。

2.7 反例法

数学中有一种常用的方法，这就是反例法，或说举反例。本节简单介绍反例的概念与类型，以及反例的构造方法。

2.7.1 反例的概念

数学中的反例，是指符合某个命题的条件，但不符合该命题结论的例子。也就是说，反例就是一种指出某命题不成立的例子。举反例是一种证明的特殊方法，它可证明"某命题不成立"为真。一般地说，一个假命题的反例有多个，我们在举反例时只选其中一个就可以了。

例如，证明命题"如果 a,b 是无理数，那么 a^b 也是无理数"是假命题。

分析 $\sqrt{2}$是无理数，当$(\sqrt{2})^{\sqrt{2}}$是有理数时，原命题是假命题。

当$(\sqrt{2})^{\sqrt{2}}$是无理数，而$((\sqrt{2})^{\sqrt{2}})^{\sqrt{2}}=2$是有理数。原命题是假命题。

又例如，正整数和负整数的全体组成整数的集合的反例：0 也是整数；$+a$ 是正数，$-a$ 是负数的反例：若取 $a=-2$，则 $+a$ 是负数，$-a$ 是正数。

在数学历史上，因为构造反例而解决重大问题或产生巨大影响的不乏其例。1902 年，英国哲学家罗素提出集合论的悖论在数学界产生了极大的震动，造成了一场极为深刻的数学基础危机。

在数学研究中构造反例是很重要的，在数学发展史中我们看到，对于众多的真实性有待于确定的命题，一方面人们千方百计寻求证明，另一方面，当证明久久得不到解决时，人们就转而从逆向去构造反例。

例如，柯西(Cauchy)曾试图证明"每一连续函数除了在区间内某些孤立点外都具有导数"，但尔后魏尔斯特拉斯(Weierstrass)给出一个反例，指出上述命题是不真的，他构造出处处连续、处处不可微的函数

$$f(x)=\sum_{n=0}^{\infty}a^n\cos(b^n\pi x)\quad\left(0<a<1,b\text{ 是奇整数},ab>1+\frac{2}{3}\pi\right)。$$

这个反例，对于微积分理论的严密化曾起过一定的作用。像这类精巧地构造出来的例子，说明思维的能动性使数学王国开满了绚丽的人类精神的花朵。

数学概念的产生和定义的精确化，也往往离不开反例，如柯西曾"证明"连续函数数列，其极限函数是连续函数，这样，数学家发现了柯西的所谓"证明"是错误的，由此人们就提炼出"一致收敛"的概念，成为 19 世纪数学研究的一个重点。由此可见反例的重要性。

例如，每个三角形有六个基本元素(三边与三角)，如果一个三角形的五个基本元素与另一个三角形的五个基本元素分别相等，那么这两个三角形一定全等吗?

分析 如果五个相等的元素包括三边，那么这两个三角形必定全等，不会出现反例。如

果五个相等元素中只有两组边相等，那就有两种可能，当两组等边恰好为对应边时，由 SAS 或 ASA 都可得出两个三角形必定全等，不会出现反例。反例只能出现在两组等边不是对应边的情况。

设$\triangle ABC$的三边为a,b,c，$\triangle A'B'C'$的三边为b,c,d，且$\angle A=\angle A'$，$\angle B=\angle B'$，$\angle C=\angle C'$。

下面我们按照两个三角形相似而不全等的“反设”，去找出a,b,c,d，首先两三角形的边长成比例，且比值不等于1，不妨设比值为$q\in(0,1)$，有$\frac{a}{b}=\frac{b}{c}=\frac{c}{d}=q<1$，则$c=dq$，$b=cq=dq^2$；但$b+c>d$，即$dq^2+dq>d$，解得

$$q>\frac{-1+\sqrt{5}}{2}。$$

取$q=\frac{2}{3}$，$a=8$，可得五个元素相等但不全等的两个三角形，其三边分别为(8,12,18)与(12,18,27)，这就找到了反例并且要多少个有多少个。

通过上述反例的构造可知，在反例构造中，考虑特殊情形、极端情况、临界点、边界值、考察特例等，都能帮助打开思路。当然，构造反例的方法十分灵活，需根据问题的具体分析，灵活运用基础知识，有时还需要灵感。

例如，若a^2,b^2,c^2成等差数列，问$\frac{1}{b+c},\frac{1}{c+a},\frac{1}{a+b}$是否也成等差数列。

回答是否定的，可抓住分式的分母为零构造反例：当$a=-b$，$c=-b$时，a^2,b^2,c^2成等差数列，但结论不能成立。

例如，“过圆锥的两条母线所作的一切截面中，以轴截面的面积最大”是否正确？若正确，请证明；若不正确，请举反例。

如图2.10所示，设BC为圆锥底面的直径，母线长为l，$\angle BPC=\alpha$，$\angle BPA=\beta$，PBC为轴截面，PBA是任一截面，则

$$S_{\triangle BPC}=\frac{1}{2}l^2\sin\alpha,\quad S_{\triangle BPA}=\frac{1}{2}l^2\sin\beta。$$

若结论不成立，即$S_{\triangle BPC}<S_{\triangle BPA}$，则$\sin\alpha<\sin\beta$，故

$$0^\circ<\alpha<\beta\leqslant 90^\circ\quad 或\quad 90^\circ\leqslant\beta<\alpha<180^\circ。$$

由于圆锥的顶角大于或等于任意两母线所夹的角β，因此应舍去$0^\circ<\alpha<\beta\leqslant 90^\circ$，所以只有在条件$90^\circ\leqslant\beta<\alpha<180^\circ$下反例存在。因此，可这样构造反例：

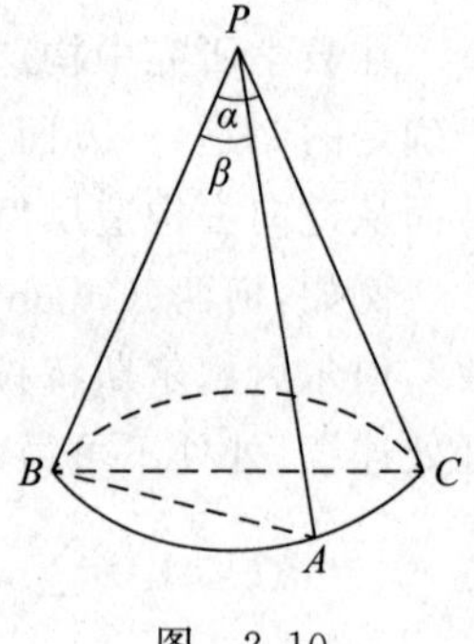

图 2.10

当$\alpha=120^\circ$，$\beta=90^\circ$时，因为

$$S_{\triangle BPA}=\frac{1}{2}l^2\sin120^\circ=\frac{\sqrt{3}}{4}l^2,\quad S_{\triangle BPA}=\frac{1}{2}l^2\sin90^\circ=\frac{1}{2}l^2,$$

则轴截面的面积小于其他截面的面积。

又例如，已知T_1,T_2分别是$f(x),g(x)$的最小正周期，则T_1,T_2的公倍数是$f(x)+g(x)$的最小正周期吗？

设$f(x)$与$g(x)$在周期T内图像为图2.11(a)(b)，则$f(x)+g(x)$的周期为$\frac{T}{3}$(见

图 2.11(c))。

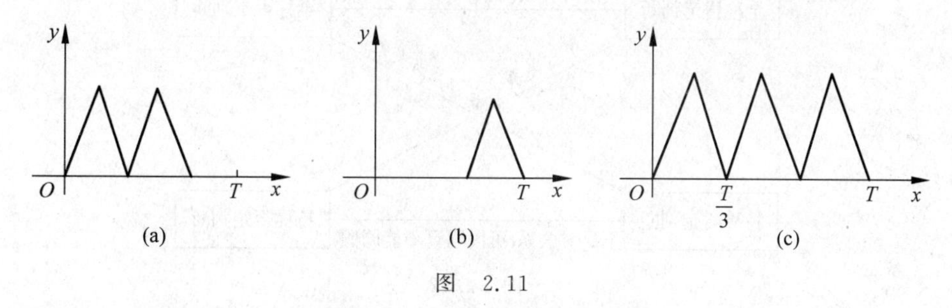

图 2.11

举反例可促进数学新概念、新定理与新理论的形成和发展。公元前 500 年左右，毕达哥拉斯学派的希帕索斯就发现等腰直角三角形的直角边与斜边不可通约。这个发现实质是毕达哥拉斯学派认为的“一切量都能用有理数表示”的反例。这反例使人们对数的认识大大提高了一步。

举反例可更深刻地掌握数学基础知识，培养能力。数学中的概念与定理结构复杂、条件结论交错，使人不容易理解。反例则可以使概念更加确切与清晰，使定理的条件、结论之间的充分性、必要性指示得一清二楚。数学中有许多许多这样的反例。

例如，周期函数是否一定有最小正周期。考虑函数

$$f(x)=\begin{cases}1, & x\text{ 为有理数},\\ -1, & x\text{ 为无理数}。\end{cases}$$

这个函数的周期是任意有理数 T，因 x 为有理数时，$x+T$ 也为有理数，x 为无理数时，$x+T$ 也为无理数，所以有

$$f(x+T)=\begin{cases}1, & x+T\text{ 是有理数},\\ -1, & x+T\text{ 是无理数}。\end{cases}$$

所以 $f(x+T)=f(x)$。而有理数中无最小正数，所以 $f(x)$ 不存在最小正周期。

又例如，$f(x)=C$（常数），这个函数的周期为任意实数，而实数中无最小正数，所以 $f(x)$ 也就不存在最小正周期。

2.7.2 反例的类型

反例与数学命题的结构有关，数学上的反例可分为以下几种类型：

1. 基本形式反例

数学命题有四种基本形式：全称肯定判断，全称否定判断，特称肯定判断，特称否定判断，那么，全称肯定判断（所有 S 都是 P）与特称否定判断（有 S 不是 P）可以互为反例，全称否定判断（所有 S 都不是 P）与特称肯定判断（有 S 是 P）也可以互为反例。以上的关系可以用图 2.12 来表示。

例如关于著名的费马数的反例。费马曾猜想：“对任何非负整数 n，形如 $2^{2^n}+1$ 的数都是素数。”但后来欧拉举出反例：当 $n=5$ 时，$2^{2^5}+1=4294967297=641\times6700417$ 是合数，

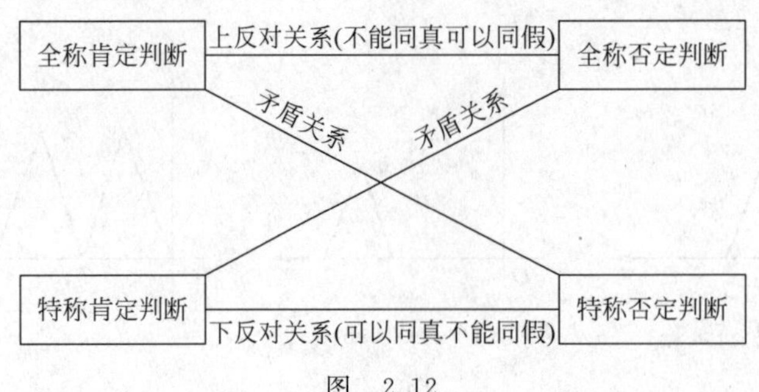

图 2.12

于是，这个猜想被推翻了。

2. 关于充分条件假言判断与必要条件假言判断的反例

充分条件的假言判断是断定某事物情况是另一事物情况充分条件的假言判断，可表述为 $p\to q$，即“有前者，必有后者”，但是“没有前者，不一定没有后者。”可举反例“没有前者，却有后者”说明之。这种反例称关于充分条件假言判断的反例。例如，函数 $y=f(x)$ 在 $x=x_0$ 处可导，则 $y=f(x)$ 在 $x=x_0$ 处连续，可导只是连续的充分条件，有的函数在 $x=x_0$ 处不可导，但连续。反例：$y=\sqrt[3]{x}$，在 $x=0$ 处不可导，但却连续。

必要条件的假言判断是断定某事物情况是另一事物情况必要条件的假言判断，可表述为 $p\leftarrow q$，即“没有前者，就没有后者”，但是“有了前者，不一定有后者”。可举反例“有了前者，没有后者”说明之。

这种反例称关于必要条件假言判断的反例。例如，级数 $\sum\limits_{n=1}^{\infty} a_n$ 收敛，则 $\lim\limits_{n\to\infty} a_n=0$，但一般项 $a_n\to 0(n\to\infty)$ 的数项级数不一定收敛。反例：$\sum\limits_{n=1}^{\infty}\frac{1}{n}$ 的一般项 $\frac{1}{n}\to 0(n\to\infty)$，但 $\sum\limits_{n=1}^{\infty}\frac{1}{n}$ 发散。

3. 条件变化型反例

数学命题的条件改变时，结论不一定正确。为了说明这一点所举出的反例称作条件变化型反例。条件变化有多种，有减少条件，有增加条件，有变化条件，考察这几种情况下结论的变化，对数学科学研究与教学均是有益的。

判定三角形全等的方法中，有一判定方法是“如果两个三角形有两条边及其夹角相互对应相等，那么这两个三角形是全等三角形”，强调判定条件中的“夹角”，将“夹角”改成“一边的对角”，可以画出两个三角形明显不是全等三角形。

例如罗尔定理的3个条件：①$f(x)$在$[a,b]$上连续；②$f(x)$在(a,b)内可导；③$f(a)=f(b)$。一个结论：至少存在$\xi\in(a,b)$，使 $f'(\xi)=0$。三个条件缺一不可。条件①不满足时，可举反例 $y=x-[x]$，$x\in[-1,1]$。这个函数在除 $x=1$ 以外连续，同时它在$(0,1)$内可导，且 $f(0)=f(1)=0$，但这时罗尔定理不成立。条件②不满足时，可举反例 $y=|x|$，$x\in[-1,1]$。这个函数在$[-1,1]$上连续，$f(-1)=f(1)$，但它在 $x=0$ 处不可导，这时罗

尔定理也不成立。条件③不满足时，可举反例 $y=x, x\in[0,1]$。这个函数在 $[0,1]$ 上连续，在 $(0,1)$ 内可导，但 $f(0)\neq f(1)$，这时罗尔定理仍不成立。

习题 2

1. 什么是数学概念？

2. 数学概念的内涵和外延是什么？

3. 概念的内涵与外延的关系是(　　)。

A. 内涵增加，外延也增加

B. 内涵减少，外延也减少

C. 内涵增加，外延减少

D. 内涵增加，外延减少；内涵减少，外延增加

4. 指出下列每对概念之间的关系：质数与合数，有限小数与无理数，有理数与无理数，大于与小于，幂和乘方，方程与恒等式。

5. 数学中常用的定义方式有哪些？正确的定义要符合哪些要求？

6. “有理数和无理数统称为实数”属于________定义方式。

A. 属加种差　　B. 发生性　　C. 关系性　　D. 外延性

7. “能被 2 整除的整数叫偶数”属于________定义方式。

A. 属加种差　　B. 发生性　　C. 关系性　　D. 外延性

8. “有两边相等的三角形叫做等腰三角形”属于________定义方式。

A. 发生性　　B. 关系性　　C. 外延性　　D. 属加种差

9. 何为概念的划分？正确的划分应符合哪些要求？

10. 把解析式划分为

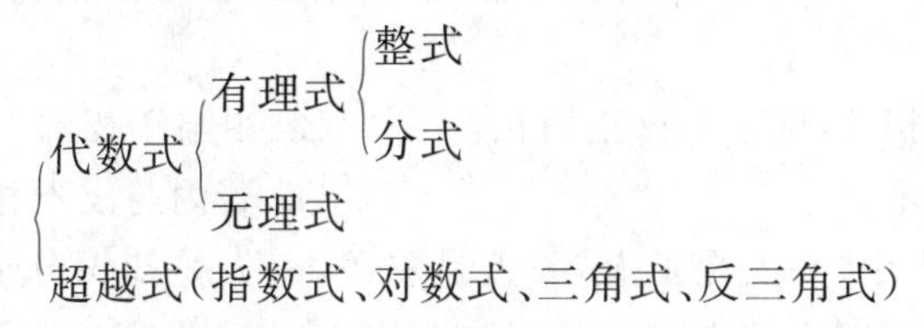

属于________。

A. 一次划分　　B. 连续划分　　C. 复分　　D. 二分法

11. 把自然数概念划分为

自然数 { 奇数 / 偶数 }

属于________。

A. 一次划分　　B. 连续划分　　C. 复分　　D. 二分法

12. 把三角形划分为

三角形 { 直角三角形 / 斜三角形 }　　或　　三角形 { 等腰三角形 / 不等腰三角形 }

属于________。

A. 一次划分　　B. 连续划分　　C. 复分　　D. 二分法

13. 举例说明什么是判断？数学判断有哪些形式？

14. $x=2$ 是方程 $x^2-2x=0$ 的解是(　　)判断。

A. 全称肯定　　B. 全称否定　　C. 特称肯定　　D. 特称否定

15. 命题的四种基本形式是怎样的？它们之间有什么联系？

16. 证明下列等价命题：

(1) $(p\to p_1)\wedge(p\to p_2)\equiv p\to(p_1\wedge p_2)$；

(2) $p\to(q\to r)\equiv(p\wedge q)\to r$。

17. 命题“若 $x^2<1$，则 $-1<x<1$”的逆否命题是(　　)。

A. 若 $x^2\geqslant 1$，则 $x\geqslant 1$ 或 $x\leqslant -1$　　B. 若 $-1<x<1$，则 $x^2<1$

C. 若 $x>1$ 或 $x<-1$，则 $x^2>1$　　D. 若 $x\geqslant 1$ 或 $x\leqslant -1$，则 $x^2\geqslant 1$

18. 已知命题 α：如果 $x<3$，那么 $x<5$；命题 β：如果 $x\geqslant 3$，那么 $x\geqslant 5$；命题 γ：如果 $x\geqslant 5$，那么 $x\geqslant 3$。关于这三个命题之间的关系中，判断下列说法的正确性。

① 命题 α 是命题 β 的否命题，且命题 γ 是命题 β 的逆命题；

② 命题 α 是命题 β 的逆命题，且命题 γ 是命题 β 的否命题；

③ 命题 β 是命题 α 的否命题，且命题 γ 是命题 α 的逆否命题。

19. 写出命题“已知 $a,b\in\mathbb{R}$，若关于 x 的不等式 $x^2+ax+b\leqslant 0$ 有非空解集，则 $a^2\geqslant 4b$”的逆命题、否命题、逆否命题，并判断它们的真假。

20. 若命题 p 的否定是“$\forall x\in(0,+\infty),\sqrt{x}>x+1$”，则命题 p 可写为________。

21. 已知命题 p：$x^2+4x+3\geqslant 0$，q：$x\in\mathbb{Z}$，且“$p\wedge q$”与“非 q”同时为假命题，求 x 的值。

22. 甲、乙、丙、丁、戊和己六人围坐在一张正六边形的小桌前，每边各坐一人。已知：①甲与乙正面相对；②丙与丁不相邻，也不正面相对。若己与乙不相邻，则以下选项正确的是(　　)。

A. 若甲与戊相邻，则丁与己正面相对　　B. 甲与丁相邻

C. 戊与己相邻　　D. 若丙与戊不相邻，则丙与己相邻

23. 甲、乙、丙三人中，一人是工人，一人是农民，一人是知识分子。已知：丙的年龄比知识分子大；甲的年龄和农民不同；农民的年龄比乙小。根据以上情况，下列判断正确的是(　　)。

A. 甲是工人，乙是知识分子，丙是农民　　B. 甲是知识分子，乙是农民，丙是工人

C. 甲是知识分子，乙是工人，丙是农民　　D. 甲是农民，乙是知识分子，丙是工人

24. 对于圆 $x^2+y^2=r^2$，由过弦 AB（非直径）中点 M 的直径垂直于此弦，则可得 $k_{OM}\cdot k_{AB}=-1$。那么对椭圆 $\dfrac{x^2}{a^2}+\dfrac{y^2}{b^2}=1(a>b>0)$ 和双曲线 $\dfrac{x^2}{a^2}-\dfrac{y^2}{b^2}=1(a>0,b>0)$ 类似的结果是什么？并证明你的结论。

25. 设 a,b 均为单位向量，则“$|a-3b|=|3a+b|$”是“$a\perp b$”的(　　)。

A. 充分而不必要条件　　B. 必要而不充分条件

C. 充分必要条件　　D. 既不充分也不必要条件

26. 如果 x,y 是实数,那么“$x\neq y$”是“$\cos x\neq\cos y$”的(　　)。

A. 充要条件　　B. 充分不必要条件

C. 必要不充分条件　　D. 既不充分也不必要条件

27. 同一律是保证思维的(　　)。

A. 一贯性　　B. 明确性　　C. 确定性　　D. 论证性

28. 矛盾律是保证思维的(　　)。

A. 一贯性　　B. 确定性　　C. 明确性　　D. 论证性

29. 对立统一规律是要求思维过程中应坚持思维的(　　)。

A. 一贯性　　B. 发展性　　C. 转变性　　D. 辩证性

30. 排中律是保证思维过程具有(　　)。

A. 一贯性　　B. 明确性　　C. 确定性　　D. 论证性

31. 否定之否定规律是保证思维过程具有(　　)。

A. 一贯性　　B. 明确性　　C. 确定性　　D. 发展性

第3章 数学方法之来源

"异常抽象的问题,必须讨论得异常清楚。"

——笛卡儿

数学方法来源于观察、抽象与概括。

观察是获得感性认识的基本途径,是数学研究及发现的最基本的方法,也是抽象与概括的基础。

观察是进行任何一种科学活动所必须的首要步骤,不少伟大的科学家(包括数学家)都把"观察,观察,再观察"作为自己的座右铭。通过观察,把外部事物的各种信息反映到人的大脑里。但这绝不是一种机械的条件反射,伴随着观察同时会发生一系列的心理活动,如注意、感知、记忆、想象等,而且其中一定还存在着积极的思维活动。观察本身不是一种独立解数学题的思维方法,但它是产生数学思想方法的基础,是收集科学事实,获取科学研究第一手材料的重要途径,是形成、论证及检验科学理论的最基本的实践活动。

没有抽象与概括就没有数学方法,只是抽象与概括的程度差异而已。

抽象与概括是两个很常用的思维方法,也是数学方法产生的基本途径。通过直观获得的感性认识,往往是比较粗糙和肤浅的,必须对它进行进一步的加工、提炼,形成概念,得到新的知识。这个过程就是抽象与概括的过程。也就是把感性认识上升到理性认识的过程。在概念形成的过程中,主要是靠抽象与概括的思维方法。

抽象与概括是密不可分的,抽象可以仅涉及一个对象,概括则涉及一类对象,抽象侧重于分析与提炼,概括侧重于归纳与综合,抽象是概括的前提与基础,概括是抽象的目的。

3.1 观察

观察是人们对客观事物和现象在其自然条件下通过感官来认识对象的方法。观察是感知的特殊形式,也是有目的、有计划的主动知觉。但它不同于知觉,因为它包括积极的思维活动。观察对于任何工作都是必要的,没有一种工作不需要观察。因此,观察的能力是每一个人都应该具备的。所谓"留心天下皆学问"正是说明观察的重要性。人们往往通过观察去认识数学的本质,揭示数学的规律,探求数学的方法。我们不但要勤于观察,而且要善于观察。即能随时随地迅速而又敏锐地注意到有关事物的各种极不显著但却非常重要的细节和特征。

观察的任务是：对客观事物在自然条件下有目的、有选择、有计划地观看和考察它的各种现象，搜寻它的事实，感知和描述它的性态。观察的结果，对所观察的事物有了感知，并形成了表象，即所观察事物的表面现象和外部联系的综合整体在头脑中有了反映，并且这一性态在记忆中保存下来，为进一步认识事物的本质和规律提供事实基础。

在解数学题的过程中，所观察的客观事物就是数学题本身，它的各种现象就是数学题所提供的文字、符号、数据、式子、图形，等等，要感知和描述的性态就是文字、符号、式子的含义，数据、式子、图形等的结构特征和它们之间的关系，例如，我们观察这样一道数学题：

计算 $\lg 6+\lg 25-\sqrt{1-\lg 225+\lg^2 15}$。

分析 通过化简，算出结果是观察的目的任务，符号 lg，$\sqrt{\quad}$，数字 6，25，225，15 及式子的结构等是观察的对象。通过初步观察，首先发现本题主要运算是常用对数和算术平方根。因此，把观察的注意力集中到根式部分，根据对数和平方根式的运算法则，不难发现：

$$\sqrt{1-\lg 225+\lg^2 15}=\sqrt{1-2\lg 15+\lg^2 15}=\sqrt{(1-\lg 15)^2}=-(1-\lg 15)。$$

根据这个结果，再观察算式的前两项，可以发现 $\lg 6+\lg 25=1+\lg 15$，到此就不难算出结果了。

解数学题过程中的观察，是通常所说的审题的一种特殊方式。观察包括审题和分析过程，通过初步观察弄清题意，明确观察的目的任务，有目的地对问题各个组成部分进行考察、分析和比较，认清它们各自特征及它们之间的关系，为确定解题策略打下基础。但是，观察比一般的审题的意义更深远，观察往往贯穿于整个解题过程的始终，随着观察的不断深入，能够洞察问题的数学本质。

观察具有目的性的特征。观察是有意识地去寻找自己认为有价值的具体事物，有目的地、积极地探索未知领域的过程。观察具有选择性的特征，在观察过程中，要尽可能地选择最佳角度、最好方案和最有代表性的观察对象，这样，才能观察得全面、细致和深刻，达到预期的效果。观察具有倾向性的特征，不同观察对象有不同的观察角度，个人习惯、爱好和知识素养上的差异也会导致观察角度的不同。

观察的方法很多，下面结合实例作简单介绍。

1. 观察问题中的数字特征

数学经常会碰到数字，很多数字具有特别的特征，如整数、无理数、质数、勾股数、数的组成、数的整除性、数与方程及数与函数的关系，等等。通过观察，发现通过数字间的内在联系，往往能找到解决问题的突破口。

例如，方程 $x+\frac{1}{x}=\frac{5}{2}$，$x-\frac{1}{x}=\frac{3}{2}$，$5x+\frac{3}{x}=8$ 中的 $\frac{5}{2}=2+\frac{1}{2}$，$\frac{3}{2}=2-\frac{1}{2}$，$8=5+3$，所以能够很快得到方程的解。

但是对方程 $x^2+\frac{1}{x^2}=a^2+\frac{1}{a^2}$，假若观察不细致不周密，则可能只得到方程的解为 $x=\pm a$，而漏掉了 $x=\pm\frac{1}{a}$。

又例如，分解 $(x+1)(x+2)(x+3)(x+4)-120$ 为因式的积。式中的 120 很特殊，

$120=5!=2\times3\times4\times5$，所以很快得到 $x=1,-6$。

再例如，解方程 $(\sqrt{2+\sqrt{3}})^x+(\sqrt{2-\sqrt{3}})^x=4$。观察底数的数字特征，不难发现 $\sqrt{2+\sqrt{3}}$ 与 $\sqrt{2-\sqrt{3}}$ 互为倒数。令 $(\sqrt{2+\sqrt{3}})^2=y$，则问题可纳入解 $y+\frac{1}{y}=a$ 型方程的模式，不难求出 $x=\pm2$。

例如，解方程 $x^3-(\sqrt{2}+\sqrt{3}+1)x^2+(\sqrt{2}+\sqrt{3}+\sqrt{6})x-\sqrt{6}=0$。观察方程系数的关系，发现有 $1-(\sqrt{2}+\sqrt{3}+1)+(\sqrt{2}+\sqrt{3}+\sqrt{6})-\sqrt{6}=0$，可知方程有一根为 $x_1=1$。又因为方程左边 $=(x-1)[x^2-(\sqrt{2}+\sqrt{3})x+\sqrt{6}]$，由此可求得另两根为 $x_2=\sqrt{2}$，$x_3=\sqrt{3}$。

例如，已知三角形的三边分别为108，144，180，求此三角形的最大角。若认真观察数字间的特征：$108:144:180=3:4:5$，由勾股定理的逆定理即可知此三角形为直角三角形，所以最大角是 $90°$。

例 3.1 如图3.1，在四边形 $ABCD$ 中，$AB=5$，$BC=13$，$CD=12$，$DA=5$，$\angle A=60°$，求 $ABCD$ 的面积。

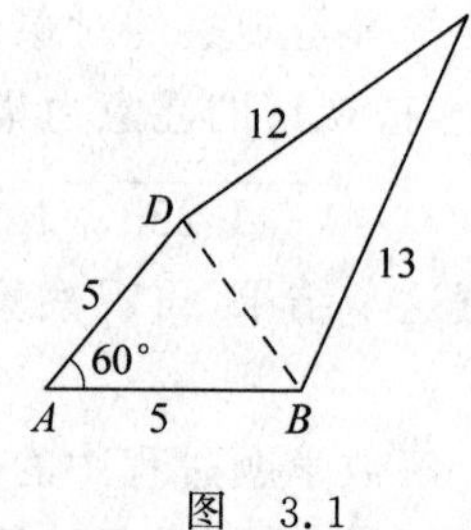

图 3.1

分析 观察图形和数据的结构特征，图3.1中 $\triangle ABD$ 为正三角形，从而 $BD=5$，而5，12，13是一组勾股数，因此，$\triangle BCD$ 是直角三角形。于是四边形 $ABCD$ 是由一个正三角形和一个直角三角形构成，这样它的面积就不难求出了。

2. 观察问题中的式的特征

问题所给的式子中出现的一些关系与形式，常常可给问题的求解带来探索的思路。

例如，若 $a+b-c=0$，证明直线系 $ax+by+c=0$ 恒过一定点。观察条件式和直线系方程的异同。可将直线系方程化为 $-ax-by-c=0$，与条件式比较，易知点 $(-1,-1)$ 在直线系上，故知直线系恒过定点 $(-1,-1)$。

例如，解方程 $2(4^x+4^{-x})-7(2^x+2^{-x})+10=0$。观察方程的结构特点，发现

$$4^x+4^{-x}=(2^x+2^{-x})^2-2,$$

于是确定解题策略为：令 $2^x+2^{-x}=y$，把原方程化归为一元二次方程来求解。

例 3.2 若 $x\geqslant0$，求 $y=\frac{4x^2+8x+13}{6(1+x)}$ 的最小值。

分析 一般观察可断定用判别式法，但若再仔细观察则可发现分子能写成 $4(x+1)^2+9$，分母是 $6(x+1)$，而 $(x+1)^2$ 与 $x+1$ 有关系。

$$y=\frac{4x^2+8x+13}{6(1+x)}=\frac{4(x+1)^2+9}{6(1+x)}=\frac{2}{3}(x+1)+\frac{1}{\frac{2}{3}(x+1)}。$$

因 $x\geqslant0$，故 $\frac{2}{3}(x+1)>0$，则

$$y\geqslant2\sqrt{\frac{2}{3}(x+1)\cdot\frac{1}{\frac{2}{3}(x+1)}}=2。$$

从而可知：当 $x=\frac{1}{2}$ 时，$y_{\min}=2$。

例 3.3 已知 P 点的坐标(x,y)满足

$$(x-a)\cos\theta_1+y\sin\theta_1=a, \tag{3.1}$$

$$(x-a)\cos\theta_2+y\sin\theta_2=a, \tag{3.2}$$

且 $\tan\frac{\theta_1}{2}-\tan\frac{\theta_2}{2}=2c(a\neq0,c>1,c$ 为常数)。求 P 点的轨迹方程。

分析 观察可发现(3.1)、(3.2)两式的结构相同,由此知 θ_1,θ_2 是关于 θ 的方程 $(x-a)\cos\theta+y\sin\theta=a$ 的两个根。再观察此方程与另一已知条件 $\tan\frac{\theta_1}{2}-\tan\frac{\theta_2}{2}=2c$ 的差异,由此可知应把方程变成含有正切函数的方程,所以有 $x\tan^2\frac{\theta}{2}-2y\tan\frac{\theta}{2}-x+2a=0$。由题设知 $\tan\frac{\theta_1}{2}$、$\tan\frac{\theta_2}{2}$为这个关于 $\tan\frac{\theta}{2}$的一元二次方程的两个根,用韦达定理即可求解。

例 3.4 设复数 z_1 和 z_2 满足关系式 $z_1\bar{z}_2+\bar{A}z_1+A\bar{z}_2=0$,其中 A 为不等于 0 的复数。证明:$|z_1+A||z_2+A|=|A|^2$。

分析 待证式左边$=|z_1z_2+Az_1+Az_2+A^2|$,观察它的项与条件式作比较,发现它们的差异仅在于无共轭记号。利用复数模的性质,消除这种差异即可。

$$\begin{aligned}左边&=|(z_1+A)\overline{(z_2+A)}|=|(z_1+A)(\bar{z}_2+\bar{A})|\\&=(z_1\bar{z}_2+\bar{A}z_1+A\bar{z}_2+A\bar{A})=|A\bar{A}|=|A|^2=右边。\end{aligned}$$

例 3.5 设 $A=(2+1)(2^2+1)(2^4+1)(2^8+1)(2^{16}+1)(2^{32}+1)(2^{64}+1)$。求 A 的末位数字。

分析 观察所给的式子特征,容易想到用$(2-1)$乘等式两边,即

$$\begin{aligned}(2-1)A&=(2-1)(2+1)(2^2+1)\cdots(2^{64}+1)\\&=2^{128}-1=(2^4)^{32}-1=16^{32}-1。\end{aligned}$$

因 16^{32} 的末位数字是 6,所以 A 的末位数字是 5。

例 3.6 设 H 为锐角$\triangle ABC$ 的垂心,且 $AH=l,BH=m,CH=n$,而 a,b,c 分别为角 A,B,C 对边的长,求证:$\frac{a}{l}+\frac{b}{m}+\frac{c}{n}=\frac{abc}{lmn}$。

分析 如图 3.2,观察问题的条件和结论的特征,发现结论是三个比数和等于它们的积,而这三个比数分别是一个锐角三角形的一边与它所对顶点到垂心(在三角形内)距离的比。这就使得我们联想到关于三角形内角正切函数的恒等式 $\tan A+\tan B+\tan C=\tan A+\tan B\cdot\tan C$。

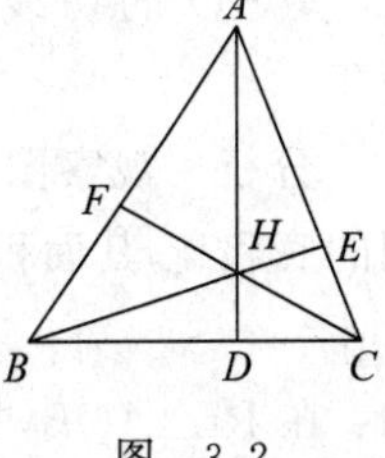

图 3.2

可以拟定这样的证题策略:寻找$\frac{a}{l},\frac{b}{m},\frac{c}{n}$与 $\tan A,\tan B,\tan C$ 的关系,利用这个恒等式来证明。通过观察,不难从锐角三角函数的定义和相似三角形对应边的比例关系得到

$$\tan A=\frac{a}{l},\quad \tan B=\frac{b}{m},\quad \tan C=\frac{c}{n}。$$

例 3.7 已知 a_1,a_2,a_3,a_4 为非零实数，且满足 $(a_1^2+a_2^2)a_4^2-2a_2a_4(a_1+a_3)+a_2^2+a_3^2=0$。求证：$a_1,a_2,a_3$ 成等比数列。

分析 如果仔细对已知等式进行观察，注意到 a_1,a_2,a_3,a_4 为非零实数，就可把等式看成为以 a_4 为未知数的方程，且此方程有实根，于是

$$\Delta=[-2a_2(a_1+a_3)]^2-4(a_1^2+a_2^2)(a_2^2+a_3^2)=-4(a_2^2-a_1a_3)^2\geqslant 0。$$

考虑重根情况，由此可得到 $a_2^2=a_1a_3$。故 a_1,a_2,a_3 成等比数列。

此题还可将已知等式展开，应用配方知识解答。

例 3.8 若 $\dfrac{x+y}{ax+by}=\dfrac{y+z}{ay+bz}=\dfrac{z+x}{az+bx}=m$，求证：$m=\dfrac{2}{a+b}$。

分析 通过对条件和结论的特征观察，我们看到：条件是一个含有 a,b,x,y,z 的比例式，而结论是只含有 a,b 的式子。因此确定通过消去条件中的 x,y,z 推演出结论。再进一步观察条件中 a,b,x,y,z 的地位，发现各分式中 a,b 的地位固定，而 x,y,z 是轮换的。于是，运用合比定理可以消去 x,y,z 而得出结论。

例 3.9 解方程 $x^2+2x+\sqrt{x^2+2x-3}=3$。

分析 对于这个方程，如果通过移项平方，消去根号，只能使方程更为复杂，如果观察方程的整体，不难发现方程呈 $A+\sqrt{A}=0$ 型，而这个等式成立，当且仅当 $A=0$，于是原方程化归为方程 $x^2+2x-3=0$。

例 3.10 在 $\triangle ABC$ 中，求证：$(a^2-b^2-c^2)\tan A+(a^2-b^2+c^2)\tan B=0$。

分析 观察问题的整体，发现这个问题是三角形边角关系的问题。而且题设中含有 $a^2-b^2-c^2$ 和 $a^2-b^2+c^2$，因此可用余弦定理来求解：

$$\begin{aligned}\text{原式左边}&=-2bc\cos A\cdot\tan A+2ac\cos B\cdot\tan B\\&=-2bc\sin A+2ac\sin B\\&=-4S_{\triangle ABC}+4S_{\triangle ABC}=0。\end{aligned}$$

3. 观察图形的特征

注意观察图形特征，可以发现图形中隐含的重要的关系，同时也有利于运用数形结合方法，在解题中获得优解。

例 3.11 如图 3.3 所示，A 是半径为 1 的 $\odot O$ 外一点，$OA=2$，AB 是 $\odot O$ 的切线，B 是切点，弦 $BC/\!/OA$，连接 AC，求阴影部分面积。

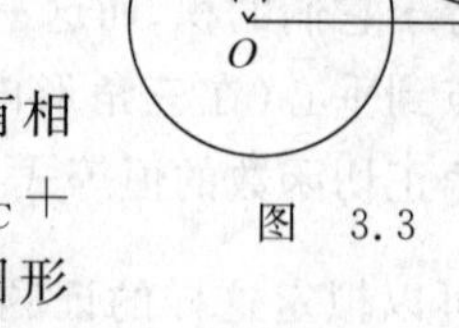

图 3.3

分析 观察图形特征，连接 OC，OB，发现 $\triangle BOC$ 与 $\triangle ABC$ 有相同的底和高，其面积相等。于是 $S_{阴影}=S_{弓形BmC}+S_{\triangle ABC}=S_{弓形BmC}+S_{\triangle BOC}=S_{扇形BOC}$。而要求 $S_{扇形BOC}$，关键是求 $\angle BOC$，再观察图形知：在 $\mathrm{Rt}\triangle AOB$ 中，由已知条件得 $\angle OAB=30°$。因而可知 $\angle CBO=\angle BOA=60°$。所以 $\triangle BOC$ 为等边三角形，$\angle BOC=60°$。最后得到 $S_{阴影}=S_{扇形BOC}=\dfrac{\pi}{6}$。

例 3.12 平面上有两点 $A(-1,0)$，$B(1,0)$，在圆周 $(x-3)^2+(y-4)^2=4$ 上取一点 P，求使 AP^2+BP^2 最小时点 P 的坐标。

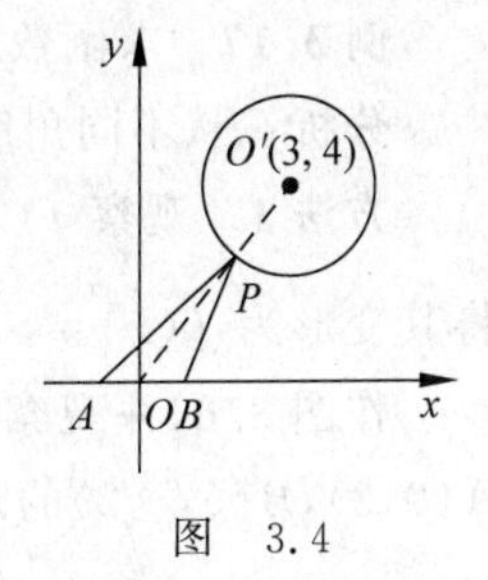

图 3.4

分析 观察图 3.4 知：PO 为 $\triangle PAB$ 的边 AB 上的中线，所以 $AP^2+BP^2=2OP^2+2OB^2=2OP^2+2$。$OP$ 最小时，AP^2+BP^2 也最小，因此连接点 O 和圆心 O' 的线段与圆的交点，即为所求的点 P。解方程组

$$\begin{cases} y=\dfrac{4}{3}x, \\ (x-3)^2+(y-4)^2=4, \end{cases} \quad 求得 P\left(\frac{9}{5},\frac{12}{5}\right)。$$

4. 观察问题中的关键词句和条件

在数学问题的叙述中，关键词句和条件往往是解题的钥匙。通过观察，挖掘出叙述问题的关键词句和条件，并了解它们的意义，就易于发现解题的方向，其“巧”就会由此而生。

例 3.13 已知 a,b,c 互不相等。求证：

$$\frac{(x-b)(x-c)}{(a-b)(a-c)}+\frac{(x-c)(x-a)}{(b-c)(b-a)}+\frac{(x-b)(x-b)}{(c-a)(c-b)}=1。$$

分析 本题条件“a,b,c 互不相等”便是解题思路来源的关键词句。将等式看成关于 x 的二次方程，仔细观察可发现 a,b,c 为该方程的根，因 a,b,c 互不相等，说明这个关于 x 的“二次方程”有三个相异的根，这就说明原式不是普通方程，而是恒等式。

例 3.14 求 $\sqrt{1+\sqrt{1+\cdots+\sqrt{1}}}$（$n$ 重根号，$n\in\mathbb{N}^*$）的值的范围。

分析 注意到“范围”这个关键词，由此想到把问题转化为不等式求解。

令原式 $=x_n$，则 $x_n=\sqrt{1+x_{n-1}}$，$x_n^2=1+x_{n-1}$。

显然 $x_{n-1}<x_n$，进而可知 $x_n^2<1+x_n$，解这个不等式得

$$\frac{1-\sqrt{5}}{2}<x_n<\frac{1+\sqrt{5}}{2}, \quad 所以 1\leqslant x_n<\frac{1+\sqrt{5}}{2}。$$

5. 观察问题的结构特征

仔细观察问题的结构特征，便会联想有关的公式、定理、证题方法等，也就找到了沟通已知与未知的捷径。

例 3.15 在实数范围内解方程 $\sqrt{2x-1}+\sqrt{1-2x}+y-2=0$。

分析 一个方程两个变量，一般有无穷多解。但若观察 $\sqrt{2x-1}$ 和 $\sqrt{1-2x}$，立即可知 $2x-1=0$，即 $x=\dfrac{1}{2}$，从而 $y=2$。

例 3.16 在 $\triangle ABC$ 中，求证：

$$b^2+c^2-2bc\cos(A+60°)=c^2+a^2-2ca\cos(B+60°)。$$

分析 由观察知式子的结构与余弦定理相似。于是启发我们构造 $\triangle ABC$，并在 $\triangle ABC$ 外部分别以 AB，AC 为边作正 $\triangle ABE$ 和正 $\triangle ACD$（如图 3.5），易知 $\triangle ABD\cong\triangle AEC$，所以 $BD=CE$。而在 $\triangle ABD$ 中，$BD^2=b^2+c^2-2bc\cos(A+60°)$，在 $\triangle BCE$ 中，$CE^2=c^2+a^2-2ca\cos(B+60°)$，因此 $b^2+c^2-2bc\cos(A+60°)=c^2+a^2-2ca\cos(B+60°)$。

例 3.17 求函数 $f(x)=\sqrt{x^2+9}+\sqrt{(x-5)^2+4}$ 最小值。

分析 从不同角度观察可得到不同的解法。

方法 1 观察 $f(x)$ 表达式的结构特征，发现它近似于两个两点间距离公式的和，于是将其变形为 $f(x)=\sqrt{(x-0)^2+(0-3)^2}+\sqrt{(x-5)^2+(0+2)^2}$。

作图 3.6，并观察图形特征，可看出 $f(x)$ 表示 x 轴上的动点 $P(x,0)$ 到两个定点 $A(0,3)$，$B(5,-2)$ 的距离之和。显然此距离之和在线段 AB 所在的直线 $y=-x+3$ 与 x 轴交点 $Q(3,0)$ 处取到最小，故当 $x=3$ 时，$f(x)$ 的最小值为 $5\sqrt{2}$。

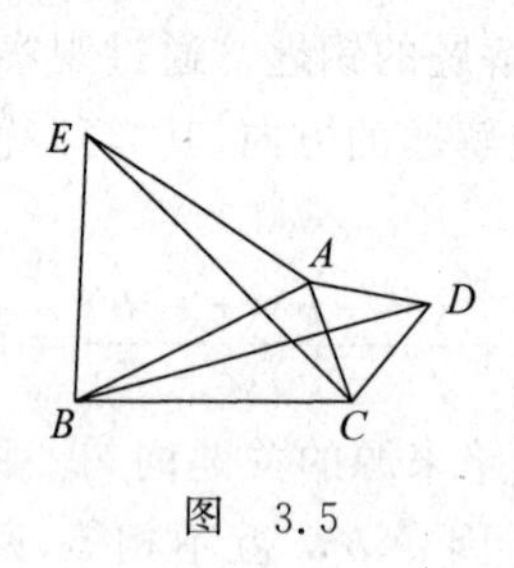

图 3.5

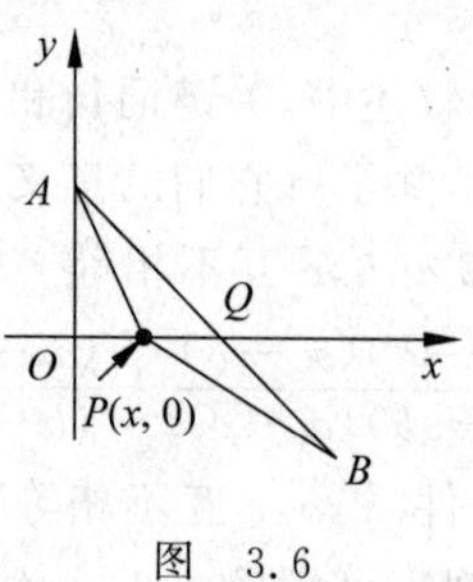

图 3.6

方法 2 由 $f(x)$ 表达式的结构特征，联想到两个复数的模的和，问题又可利用复数法求解。可设 $z_1=x+3\mathrm{i}$，$z_2=(5-x)+2\mathrm{i}$，则

$$f(x)=|z_1|+|z_2|\geqslant|z_1+z_2|=|x+3\mathrm{i}+(5-x)+2\mathrm{i}|=|5+5\mathrm{i}|=5\sqrt{2}。$$

6. 注意观察发现隐含条件

几乎所有的题目都不会直接地把与解题有关的全部信息明确显示出来。因而，隐含条件的发掘是问题解决的关键。而要发现隐含条件，只有通过仔细观察。

例 3.18 若 $2A+2B+C=0$，试求直线 $Ax+By+C=0$ 被抛物线 $y^2=2x$ 所截得弦的中点轨迹方程。

分析 观察题目条件，发现隐含着直线过点 $P(2,2)$。又 $P(2,2)$ 也在 $y^2=2x$ 上，这样如果设所截弦中点坐标为 $M(x,y)$，则直线与抛物线另一交点为 $Q(2x-2,2y-2)$。又 Q 在抛物线上，所以 $(2y-2)^2=2(2x-2)$。因此 $(y-1)^2=(x-1)$ 即为所求。

例 3.19 在锐角$\triangle ABC$ 中，已知 $\tan A$，$\tan B$，$\tan C$ 成等差数列，若 $f(\cos 2C)=\cos(B+C-A)$，试求函数 $f(x)$ 的表达式。

分析 此题的题设条件比较含糊，似乎难以下手，但深入观察，发现隐含条件：$A+B+C=\pi$。于是有

$$f(\cos 2C)=\cos(B+C-A)=-\cos 2A=\frac{\tan^2 A-1}{\tan^2 A+1}。$$

又由 $\tan A$，$\tan B$，$\tan C$ 成等差数列，得 $2\tan B=\tan A+\tan C$。

隐含条件：在$\triangle ABC$ 中有 $\tan A+\tan B+\tan C=\tan A\cdot\tan B\cdot\tan C$，所以有 $\tan A=\frac{3}{\tan C}$，于是有

$$f(\cos 2C)=\frac{\tan^2 A-1}{\tan^2 A+1}=\frac{9-\tan^2 C}{9+\tan^2 C}。$$

令 $\cos 2C=x$，则 $x=\frac{1-\tan^2 C}{1+\tan^2 C}$，从而得出 $\tan^2 C=\frac{1-x}{1+x}$，于是有

$$f(x)=f(\cos 2C)=\frac{9-\tan^2 C}{9+\tan^2 C}=\frac{9-\frac{1-x}{1+x}}{9+\frac{1-x}{1+x}}=\frac{4+5x}{5+4x}。$$

例 3.20 在实数范围内，设

$$x=\left(\frac{\sqrt{(a-2)(|a|-1)}+\sqrt{(a-2)(1-|a|)}}{1+\frac{1}{1-a}}+\frac{5a+1}{1-a}\right)^{1988}。$$

求 x 的个位数字。

分析 本题已知条件中隐含着 $(a-2)(|a|-1)\geqslant 0$ 且 $(a-2)(1-|a|)\geqslant 0$ 的重要求解信息。

由于 $(a-2)(|a|-1)=-(a-2)(1-|a|)$，所以有 $(a-2)(|a|-1)=0$。解得 $a_1=2$，$a_2=1$，$a_3=-1$。而 $a_1=2$，$a_2=1$ 使 x 的表达式分母为零，故只有 $a_3=-1$ 合题意。此时

$$x=\left[\frac{5\times(-1)+1}{1-(-1)}\right]^{1988}=(-2)^{1988}=2^{4\times 497}=16^{497}。$$

所以 x 的个位数字是 6。

3.2 抽象

抽象是对同类事物，抽取其共同的本质属性或特征，舍弃其非本质的属性或特征的思维过程。

由于各学科的研究过程和目的不同，对同一事物有不同的考察角度，因而有不同本质属性，从而有不同的抽象。例如，同是建筑一座大楼，建筑师考虑其结构性能，施工者考虑省工省料，使用者考虑其通风采光等使用效果，而数学家则从数量关系和空间形式去考察它。

例如，自然数的基数这一概念的抽象过程是：抽取“具有相同元素个数”的本质属性，舍弃其元素具体构成的非本质特征。

数学抽象较多时候表现为数学概念的抽象，但也有方法的抽象。比如，著名的“七桥问题”，就是数学方法抽象的典型例子之一。

哥尼斯堡七桥问题。德国哥尼斯堡有一条布勒尔河，其两条支流在城中心汇成了大河，中间是岛区，河上有七座桥连接着岛、半岛和两岸，如图 3.7(a)所示。

有人提出这样一个问题：能否以任何一点为起点出发相继地走过七座桥，而且每座桥只走一次，然后又重新回到起点？大学生们实际地进行了多次尝试，但都没有成功，于是就写信给当时著名的数学家欧拉，请他帮助解决这一问题。

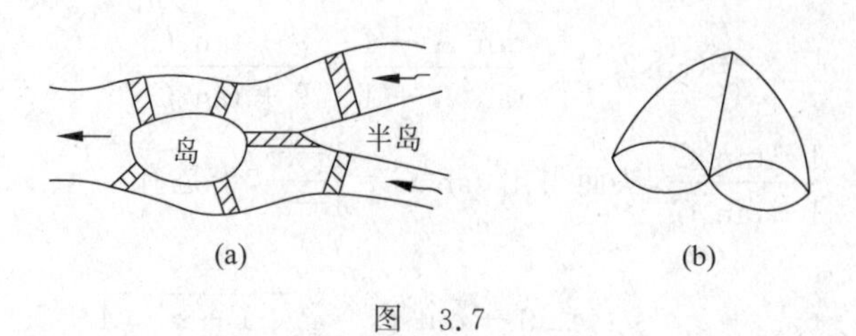

图 3.7

欧拉成功地解决了这一问题：既然岛与半岛无非是桥梁连接的地点，两岸陆地也是桥梁通往的地点，那么就不妨把四处地点看成是四个“点”，并把七座桥看成是连接上述四个“点”的“线”，如图 3.7(b)所示。这样做并没有改变问题的实质。于是人们企图一次无重复地走过七座桥的问题就等价于一笔画出上述图形的问题。

接着，欧拉又考察了一笔画的结构特征。一笔画有个起点和终点(特别，起点和终点重合时便成为自封闭图形)，除起点与终点外，一笔画中出现的交点处曲线总是一进一出，故通过交点处的曲线总是偶数条，这样的点不妨称为“偶点”，而有奇数条曲线的点称为“奇点”。显然，一笔画中的奇点至多有两个。由图 3.7(b)可以看到，四个点都是奇点，因此，它肯定不能仅由一笔画出来。于是，无重复地通过这七座桥是不可能的。

数学概念的抽象依赖于所研究的对象的性质、特点和研究它的目的。数学概念抽象一般表现为以下几种类型：

1. 等价抽象

等价抽象是把一类对象抽取出共同属性，这种抽象的特点是把一类事物按其同一的共同属性，建立起等价集合类，并且从等价集合的观点看，它们都具有相同的性质，从而抽象出这类集合的共同性质，形成概念，这个概念的内涵即是这类等价集合的共同特征。

例如，对于两个集合来说，如果能够在它们的元素之间建立起一一对应关系，则称它们为等价的集合。把一切等价集合在数量上的共同特征抽象出来，就得到了自然数的概念。如与一只手的手指的集合等价的一切集合在数量上的共同特征抽象出来就得到自然数“5”。这种抽象就是等价抽象。

又如，对于两个三角形来说，如果它们的对应角相等，对应边成比例，把三角形这种相同的性质和形状的特点抽象出来就得到相似三角形的概念。这种抽象就是等价抽象。

再如，对于平面上的两条直线的关系，抽象出不相交的两条直线的特征，得到“平行”这个概念，这种抽象是等价抽象。

在等价抽象过程中表现为对研究对象的观察、比较、分析、综合、分类、提取、舍弃等一系列过程。这一过程表现为特殊到一般的过程。所研究的对象之间的关系具有自反性、对称性和传递性。

2. 弱抽象

弱抽象是指在已知概念中，减弱对某一属性的限制，抽象出比原概念更为广泛的新概念，使原概念成为新概念的特例。也就是说，弱抽象是通过缩小原概念的内涵，来建立新概念的一种抽象方法。例如，由锐角三角函数到任意角三角函数就是弱抽象。

3. 强抽象

强抽象就是指通过把一些新的特征加入到某一概念中而形成的新概念的抽象过程，也叫强化性抽象。这种抽象主要表现为“加种差”形式的抽象。也就是说，强抽象是通过增加原概念的内涵，来建立新概念的抽象方法。强抽象是在某一概念基础上的抽象，抽象的结果（新概念）又类属于原概念，即是原概念的类概念。它们之间是一种从属关系。因此这种抽象过程，容易形成概念间的关系结构——概念体系。

强抽象表现出一种概念的认知同化过程，即类属同化过程。

例如，菱形概念的抽象过程就是把一个新的特征——一组邻边相等，加入到平行四边形概念中去，使平行四边形概念得到了强化。它也可以看成是用平行四边形这一原有概念去同化新的菱形概念的过程。

4. 理想化抽象

理想化抽象是指从数学研究的需要出发，构造出一些理想化的数学对象（数学概念）的思维过程，也叫做构造性抽象。这种抽象的结果并非客观事物本身存在的东西，而是从实际事物中分离出来的经过思维加工得来的，甚至是假想出来的概念和性质。但这种抽象结果有利于数学研究。

例如，在几何中的“点”“直线”“平面”，代数中的“虚数”等抽象概念，在自然界也是不存在的，都是经过人们的智慧加工得来的理想化概念。几何中的“点”是从自然界中物体的大小无限地减小得到的结果，或者在物体的大小比较中，大大可以忽略不计的物体中抽象得来的，而且把它理想化为无长、无宽、无高的“点”。同样，“直线”“平面”“虚数”等抽象概念，也都是经过这样的理想化而得到的。

5. 公理化抽象

公理化抽象是数学中或出于逻辑上的需要，或为了克服数学内部的矛盾（悖论）而形成的一种数学抽象。前者如自然数的皮亚诺公理，就是一种对自然数（序数）的概念的一种抽象所得的结果。后者如非欧几何中的“平行公理”，康托尔（Cantor）的“一一对应”法则，就是为了克服数学内部发展过程中的矛盾而产生的抽象。

6. 可能性抽象

它是理想化抽象的一个特殊情况。通过这种抽象，使得在现实世界中难以实现的对象成为了可能。它是一种理想化的、潜在的抽象形式。

例如，从圆内接正六边形算起，把边数连续倍增来计算圆周长，是以前一步计算结果为根据，就能够算出后一步的结果，这就认为可能无限地计算下去。由此得圆周率概念，这就是运用了可能性抽象的方法得到的数学概念。

例如，“极限”“无穷小量”“无穷远点”等就是可能性抽象而形成的概念。

3.3 概括

概括就是把事物的共同属性连接起来,或把个别事物的某种属性推广到同类事物中去的思维方法。概括是一种由个别到一般的认识过程。

在几何中,把平面几何中的一些图形性质和关系推广到立体几何的一些同类图形的性质和关系,这就运用了概括的方法。

概括过程的基本特点是从特定的、个别的、小范围的认识,扩展到一般的、普遍的、大范围的认识。它是以个别的认识为基础,进而去认识一类事物的过程,因此概括的结果可能导致发现。

例如,在平面几何中,两边分别平行的两个角相等或互补,这样的两个角的关系可以推广到立体几何中的两个角。

例如,把一维、二维、三维空间图形的性质和概念推广到更多维的空间图形。

例如,对于周期性变化,就是从日出日落,潮涨潮退,一年四季及正弦曲线、余弦曲线的图像等的共同性质进行概括而得来的。

例如,幂的运算性质,把同底数的自然数指数幂的运算性质

$$a^m \cdot a^n = a^{m+n},\quad a^m \div a^n = a^{m-n},\quad (ab)^n = a^n b^n,\quad (a^m)^n = a^{mn},\quad \left(\frac{a}{b}\right)^n = \frac{a^n}{b^n},$$

推广到有理数指数幂,以及实数指数幂的运算就是运用了概括的方法。

根据概括的特点,数学概括有以下类型:

1. 完全性概括

完全性概括就是把同类事物的共同属性,从该类事物的所有个别事物中加以连接而形成的认识。它是建立在完全归纳基础上的概括。

例如,通过观察锐角三角形、直角三角形、钝角三角形的三条中线都交于一点,概括出三角形的三条中线交于一点,这种概括过程,就是完全性的概括,它是穷尽了所有可能的个别情况,以对所有个别情况的认识为基础,而得到对同类事物的共同性质的认识。

2. 外推性概括

外推性概括是指从某类事物中的部分个别事物的属性的认识,推广到对该类事物的整体性的认识。外推性概括又分两种。

(1) 不完全归纳概括

这类概括,就是对某类事物的若干个别事物的属性的认识,推广到该类事物的共同属性的思维过程。

例如,对下列偶数的分解的观察:

$6=3+3$,

$8=3+5$,

$10=3+7=5+5$,

$12=5+7$,

$14=3+11=7+7$,

$16=3+13=5+11$,

⋮

进而概括出“任何一个大于4的偶数都可以表示成两个奇质数之和”。(哥德巴赫猜想)

这种认识过程就是一种不完全归纳的概括过程。

(2) 类比概括

类比概括就是从对某一类事物的属性的认识,外推到对另一类事物属性的认识过程。

例如,对 m,n 为自然数时,法则 $a^m \cdot a^n = a^{m+n}$ 的认识,外推到对 α,β 是实数时,法则 $a^\alpha \cdot a^\beta = a^{\alpha+\beta}(a\neq 0)$ 的认识。

对数学方法的概括,就是对一类数学问题解决的一般性的认识。一旦对一类数学问题的解决方法得到了一般性认识之后,再遇到这类数学问题,就可以用概括的方法去解决。

例如,通过对不等式的证明,而概括出用比较法证明不等式的数学方法:

(1) 差值比较法:

若 $a-b>0$,则 $a>b$;

若 $a-b=0$,则 $a=b$;

若 $a-b<0$,则 $a<b$。

(2) 比值比较法:

当 $a>0,b>0$ 时,

若 $a/b>1$ 则 $a>b$;

若 $a/b=1$ 则 $a=b$;

若 $a/b<1$ 则 $a<b$。

(3) 分部比较法:

已知:$A=a_1+a_2+\cdots+a_n$,$B=b_1+b_2+\cdots+b_n$,

若 $a_1>b_1,a_2>b_2,\cdots,a_n>b_n$,则 $A>B$。

或 $A=a_1\cdot a_2\cdot\cdots\cdot a_n$,$B=b_1\cdot b_2\cdot\cdots\cdot b_n$,

若 $a_1>b_1\geqslant 0,a_2>b_2\geqslant 0,\cdots,a_n>b_n\geqslant 0$,则 $A>B$。

上述概括的一般方法,可以用于解决不等式证明,我们不妨任举一例说明。

例如,求证:$\frac{1}{2}\times\frac{3}{4}\times\frac{5}{6}\times\cdots\times\frac{99}{100}<\frac{1}{10}$。

证明 可以用部分比较法:

因为$\frac{1}{2}<\frac{2}{3},\frac{3}{4}<\frac{4}{5},\cdots,\frac{97}{98}<\frac{98}{99},\frac{99}{100}<1$,令

$$A=\frac{1}{2}\times\frac{3}{4}\times\frac{5}{6}\times\cdots\times\frac{97}{98}\times\frac{99}{100},\quad B=\frac{2}{3}\cdot\frac{4}{5}\times\cdots\times\frac{98}{100},$$

显然,$A^2<AB=\frac{1}{100}$,故 $A<\frac{1}{10}$。

习题 3

1. 通过观察得到方程 $x-\frac{1}{x}=\frac{3}{2}$ 的解是什么？

2. 什么是抽象？

3. 什么是弱抽象？什么是强抽象？举例说明。

4. 欧拉解决哥尼斯堡七桥问题，是运用了（　　）。

   A. 等价抽象　　B. 理想化抽象　　C. 可能性抽象　　D. 符号化抽象

5. 自然数是无限多个的采用了（　　）。

   A. 等价抽象　　B. 理想化抽象　　C. 可能性抽象　　D. 符号化抽象

6. 在“列方程解应用题”的教学中采用了（　　）。

   A. 等价抽象　　B. 理想化抽象　　C. 可能性抽象　　D. 符号化抽象

第4章 数学方法之灵魂

“哲学家也要学数学，因为他必须跳出浩如烟海的万变现象而抓住真正的实质。又因为这是使灵魂过渡到真理和永存的捷径。”

——柏拉图

常用的很多数学方法其实质就是化归的方法。化归法是数学方法之灵魂。

4.1 化归法的含义

化归法是把未解决的或较难解决的问题，通过转化，归结为一类已解决或比较容易解决的问题，以此得到解决问题的方法。

化难为易，化繁为简，化隐为显，化未知为已知，化抽象为具体，化一般为特殊，化非基本为基本，均在化归的含义中，也是人们解决问题之所在，数学问题的解决过程就是一系列化归的过程。

应用化归法解决数学问题的过程，就是有意识地对所研究的问题从一种对象在一定条件下转化为另一对象的思维过程。未知——已知，复杂——简单，抽象——具体，一般——特殊，综合——单一，高维——低维，多元——一元，困难——容易，以及数学表现形式之间的转化、将实际问题转化为数学问题等都是数学化归法的具体应用。

匈牙利著名数学家P.罗莎在她的名著《无穷的玩艺》一书中曾对“化归法”作过生动的比拟。她写道：“假设在你面前有煤气灶、水龙头、水壶和火柴，现在的任务是要烧水，你应当怎样去做?”。正确的回答是：“在水壶中倒入水，点燃煤气，再把水壶放到煤气灶上。”接着罗莎又提出第二个问题：“假设所有的条件都不变，只是水壶中已有了足够的水，这时你应该怎样去做?”。对此，人们往往回答说：“点燃煤气，再把壶放到煤气灶上。”但罗莎认为这并不是最好的回答，因为“只有物理学家才这样做，而数学家则会倒去壶中的水，并且声称我已经把后一问题化归成先前的问题了。”

罗莎的比喻道出了化归的根本特征：把所要解决的问题，经过某种变化，使之归结为另一个新问题，再通过新问题的求解，把解得结果作用于原有问题，从而使原有问题得解。利用化归法解决问题的过程可以用图4.1中的框图表示。

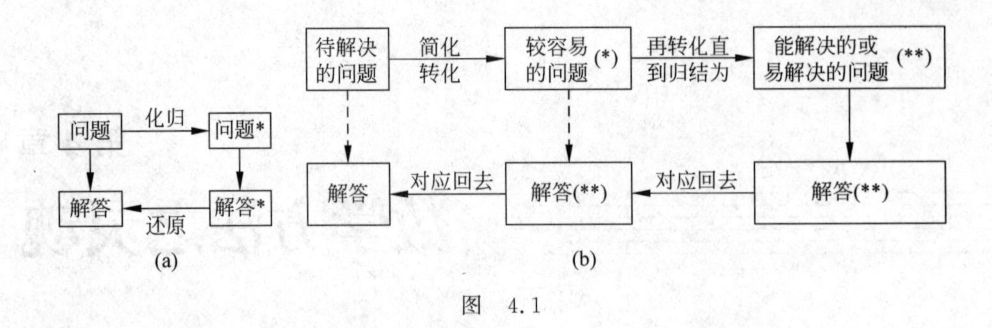

图 4.1

数学化归思想包括三要素：化归的对象、化归的原则、化归的方法。本节概述一下化归的对象，后两节介绍化归的原则与化归的方法。

1. 化归对象可以是在同一学科的不同知识模块

比如数学学科中常见的化归：数与式的互相转换、数与形的互相转换、文字语言与符号语言的互相转换。

比如，函数、方程、不等式是代数中的三大重要问题，而它们之间完全可以用三个知识模块的不同方法解决其他模块的各类问题。不等式恒成立问题可以转换到用函数图像解决，或者是二次方程根的分布，也可以转换到二次函数与 x 轴的交点问题。比如，数列问题用函数观点来解释。

例 4.1 已知：$a\sqrt{1-b^2}+b\sqrt{1-a^2}=1$，求证：$a^2+b^2=1$。

分析 这是一个纯粹的代数证明问题，可以用代数方法来解答，但仔细观察本题的条件、结论中所出现的形式，加以联想，想到：$\sqrt{1-a^2}$，$\sqrt{1-b^2}$，$a^2+b^2=1$ 这些特殊形式在另一知识模块——三角函数中经常出现，它们呈现出完全类似的规律性。

证明 由题意可得 $|a|\leqslant 1$，$|b|\leqslant 1$，则可设 $a=\sin\alpha$，$b=\cos\beta$，$-\dfrac{\pi}{2}\leqslant\alpha\leqslant\dfrac{\pi}{2}$，$0\leqslant\beta\leqslant\pi$，于是 $a\sqrt{1-b^2}+b\sqrt{1-a^2}=1$ 转化为 $\sin\alpha\sqrt{1-\cos^2\beta}+\cos\beta\sqrt{1-\sin^2\alpha}=1$。化简得

$$\sin\alpha\mid\sin\beta\mid+\cos\beta\mid\cos\alpha\mid=1,$$

注意到，$|\sin\beta|=\sin\beta$，$|\cos\alpha|=\cos\alpha$，进一步化简得 $\cos(\alpha-\beta)=1$，所以 $\alpha=\beta$，则

$$a^2+b^2=\sin^2\alpha+\cos^2\alpha=1。$$

例 4.2 已知二次函数 $f(x)=ax^2+2x-2a-1$，其中 $x=2\sin\theta\left(0<\theta\leqslant\dfrac{7\pi}{6}\right)$。若二次方程 $f(x)=0$ 恰有两个不相等的实根 x_1 和 x_2，求实数 a 的取值范围。

分析 因为 $0<\theta\leqslant\dfrac{7\pi}{6}$，则 $-1\leqslant 2\sin\theta\leqslant 2$，即 $-1\leqslant x\leqslant 2$，问题转化为二次方程根的分布问题，根据图像得出等价的不等式组。

解 二次方程 $ax^2+2x-2a-1=0$ 在区间 $[-1,2]$ 上恰有两个不相等的实根，由 $y=f(x)$ 的图像（如图 4.2 所示），得等价不等式组：

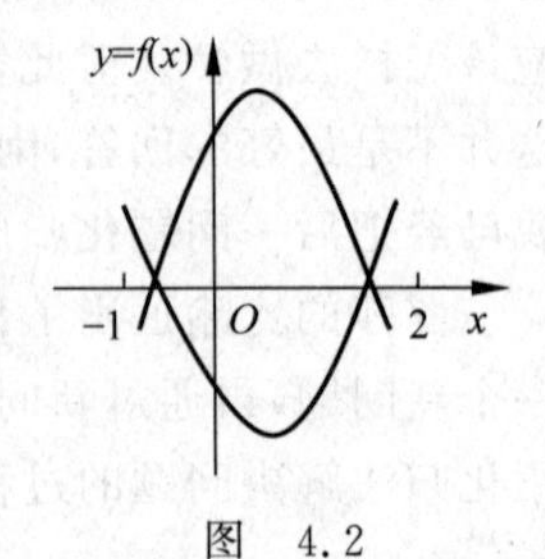

图 4.2

$$\begin{cases}\Delta=4+4a(2a+1)>0,\\ -1<-\dfrac{2}{2a}<2,\\ af(-1)=a(-a-3)\geqslant 0,\\ af(2)=a(2a+3)\geqslant 0。\end{cases}$$

解得实数 a 的取值范围为 $\left[-3,-\dfrac{3}{2}\right]$。

注 本题体现了函数与方程的转化、数与形的转化，直观明了。

例 4.3 对任意函数 $f(x)$，$x\in D$，可按图 4.3 所示构造一个数列发生器，其工作原理如下：

① 输入数据 $x_0\in D$，经数列发生器输出 $x_1=f(x_0)$；

② 若 $x_1\notin D$，则数列发生器结束工作；若 $x_1\in D$，则将 x_1 反馈回输入端，再输出 $x_2=f(x_1)$，并依此规律继续下去。现定义 $f(x)=\dfrac{4x-2}{x+1}$。

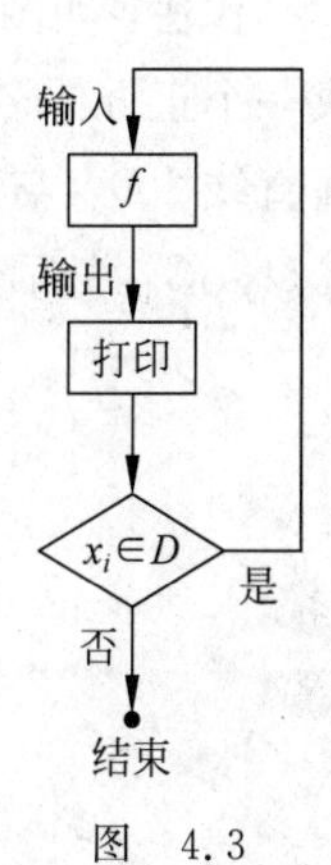

图 4.3

(1) 若输入 $x_0=\dfrac{49}{65}$，则由数列发生器产生数列 $\{x_n\}$，请写出 $\{x_n\}$ 的所有项；

(2) 若要数列发生器产生一个无穷的常数列，试求输入的初始数据 x_0 的值；

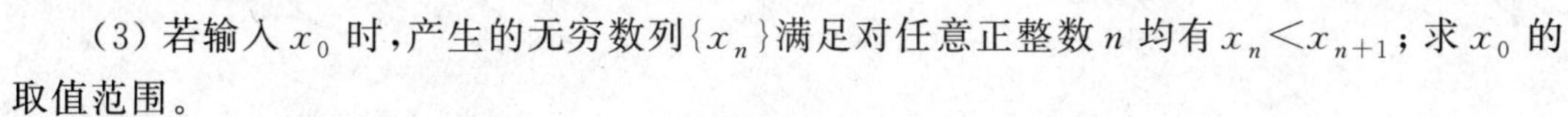
(3) 若输入 x_0 时，产生的无穷数列 $\{x_n\}$ 满足对任意正整数 n 均有 $x_n<x_{n+1}$；求 x_0 的取值范围。

分析 此题属于富有新意，综合性、抽象性较强的题目，解题的关键就是应用转化思想将题意条件转化为数学语言。

解 (1) 因为 $f(x)$ 的定义域 $D=(-\infty,-1)\cup(-1,+\infty)$，所以数列 $\{x_n\}$ 只有三项，$x_1=\dfrac{11}{19}$，$x_2=\dfrac{1}{5}$，$x_3=-1$。

(2) 因为 $f(x)=\dfrac{4x-2}{x+1}=x$，即 $x^2-3x+2=0$，所以 $x=1$ 或 $x=2$，即 $x_0=1$ 或 2 时，$x_{n+1}=\dfrac{4x_n-2}{x_n+1}=x_n$，故当 $x_0=1$ 时，$x_n=1$，当 $x_0=2$ 时，$x_n=2(n\in\mathbb{N}^*)$。

(3) 解不等式 $x<\dfrac{4x-2}{x+1}$，得 $x<-1$ 或 $1<x<2$。

要使 $x_1<x_2$，则 $x_2<-1$ 或 $1<x_1<2$。

对于函数 $f(x)=\dfrac{4x-2}{x+1}=4-\dfrac{6}{x+1}$，若 $x_1<-1$，则 $x_2=f(x_1)>4$，$x_3=f(x_2)<x_2$；若 $1<x_1<2$，则 $x_2=f(x_1)>x_1$ 且 $1<x_2<2$。

依此类推可得数列 $\{x_n\}$ 的所有项均满足 $x_{n+1}>x_n(n\in\mathbb{N}^*)$。

综上所述，$x_1\in(1,2)$。由 $x_1=f(x_0)$，得 $x_0\in(1,2)$。

注 本题主要考查学生的阅读审题和综合理解的能力，涉及函数求值的简单运算、方程思想的应用、解不等式及化归思想的应用。

正方体 $ABCD\text{-}A_1B_1C_1D_1$ 是我们研究的典型空间图形之一，它内部各种面对角线、体对角线与各表面、对角面形成的线线距离、线面距离、面面距离我们都作了深入研究，所以涉及正方体中的各种距离问题我们就尽量向上述距离问题化归。

例 4.4 如图 4.4 所示，直三棱柱 $ABC\text{-}A_1B_1C_1$，$\angle BCA=90°$，点 D_1，F_1 分别是棱 A_1B_1，A_1C_1 的中点，若 $BC=CA=CC_1$，求异面直线 BD_1 与 AF_1 所成的角。

分析 直线 BD_1 与 AF_1 是三维空间内的异面直线，常用的化归方法就是把直线经过平移变为二维空间内两条相交直线，即在平面内求两条直线所成的角。

作法：如图 4.5 所示，沿平面 BCB_1C_1 补出一个与 $ABC\text{-}A_1B_1C_1$ 全等的图形，最终构成一个正方体 $ABCE\text{-}A_1B_1C_1E_1$，取 B_1E_1 的中点 G_1，连接 BG_1，则 $AF_1 /\!/ BG_1$。所以，异面直线 BD_1 与 AF_1 所成的角即为平面 BD_1G_1 内两条相交直线 BD_1 与 BG_1 所成角 $\angle D_1BG_1$，然后在 $\triangle D_1BG_1$ 中求此角。

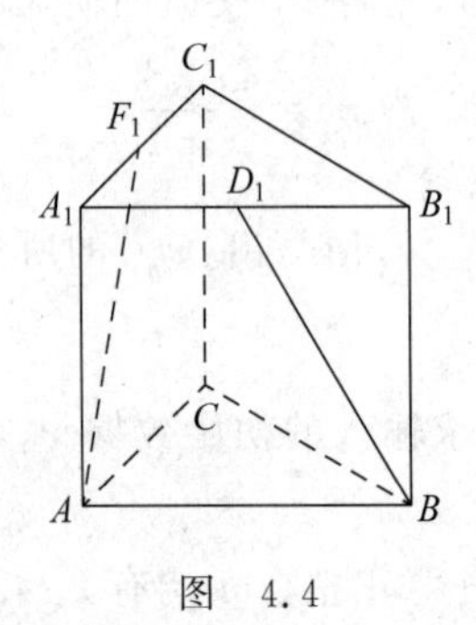

图 4.4

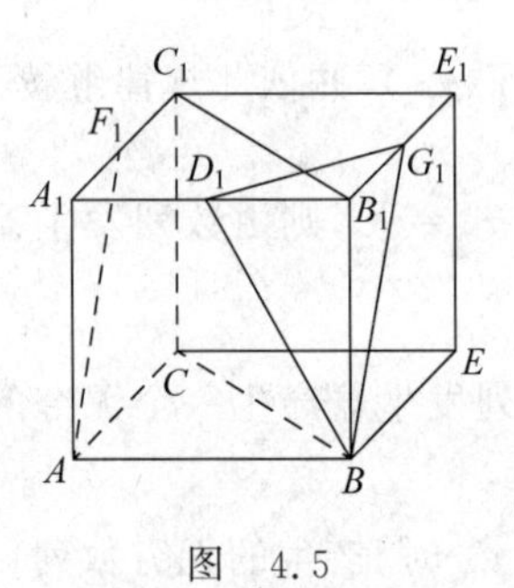

图 4.5

这是把三维空间内的问题降维化归到二维平面内的问题来解决，是立体几何中常用的化归思想。

2. 化归对象也可以是在同一学习领域的不同学科的对象

比如解决数学问题时，可以在代数与几何之间互相转换，另外，物理中的行程问题、化学中的浓度问题都可以转换到数学模型来解决。

化学中典型的浓度问题：

a 克糖溶于水中形成 b 克糖水，其浓度为$\frac{a}{b}$；若加入 m 克溶质糖，虽然溶质、溶液的质量同时增加，但可以得到加糖后的浓度$\frac{a+m}{b+m}$必然要大于原来溶液的浓度$\frac{a}{b}$。

不等式知识：

设 $b>a>0, m>0$，则

$$\frac{a+m}{b+m}-\frac{a}{b}=\frac{ab+bm-ab-am}{b(b+m)}=\frac{(b-a)m}{b(b+m)}。$$

因为 $b>a>0, m>0$，所以

$$\frac{a+m}{b+m}-\frac{a}{b}=\frac{ab+bm-ab-am}{b(b+m)}=\frac{(b-a)m}{b(b+m)}>0, \quad 即 \quad \frac{a+m}{b+m}>\frac{a}{b}。$$

同样，物理中的匀加速运动：

物体初始速度为 v_0 米/秒,加速度为 a 米/秒^2,则经过 t 秒后的即时速度为

$$v_t = v_0 t + \frac{1}{2}at^2。$$

数学中的函数 $v_t = \left(\frac{1}{2}a\right)t^2 + v_0 t$,当 $a=0$ 时,它是一次函数,图像为一条直线,当 $a\neq 0$ 时,它是二次函数,图像为一条抛物线,完全可以脱离物理,用研究函数的方法来研究物体的即时速度 v_t 什么时刻最大,是怎样变化的。

3. 化归在各个学科内部,在各模块内部都有体现和运用,在模块内部应用更是有多向性、层次性、重复性

例 4.5 已知 $x+y+z=xyz$,求证

$$\frac{2x}{1-x^2}+\frac{2y}{1-y^2}+\frac{2z}{1-z^2}=\frac{2x}{1-x^2}\cdot\frac{2y}{1-y^2}\cdot\frac{2z}{1-z^2}。$$

分析 左端每一个分式与二倍角的正切公式 $\tan 2A=\frac{2\tan A}{1-\tan^2 A}$ 的右端相似。又由于当 $A+B+C=k\pi$(k 为整数)时,有 $\tan(A+B)=\tan(k\pi-C)$,即 $\tan A+\tan B+\tan C=\tan A\cdot\tan B\cdot\tan C$ 成立,于是联想到可用三角函数换元法证。

证明 由已知 $x+y+z=xyz$,可设 $x=\tan A$,$y=\tan B$,$z=\tan C$,$A+B+C=\pi$,则 $2A+2B+2C=2\pi$,且等式

$$\begin{aligned}
\text{左端} &= \frac{2\tan A}{1-\tan^2 A}+\frac{2\tan B}{1-\tan^2 B}+\frac{2\tan C}{1-\tan^2 C}\\
&= \tan 2A+\tan 2B+\tan 2C\\
&= \tan 2A\cdot\tan 2B\cdot\tan 2C\\
&= \frac{2x}{1-x^2}\cdot\frac{2y}{1-y^2}\cdot\frac{2z}{1-z^2}=\text{右端}。
\end{aligned}$$

所以等式成立。

4.2 化归原则

数学化归法包括的三要素之化归的原则,可能会仁者见仁、智者见智,会有不同观点,但基本原则是相同的。

1. 熟悉化原则

化归的熟悉化是指将陌生的问题化归为熟悉的问题,以利于我们运用熟悉的知识、经验和问题来解决。

例如:

(1) 用绝对值将两个负数大小比较化归为两个算术数(即小学学的数)的大小比较。

(2) 用绝对值将有理数加法、乘法化归为两个算术数的加法、乘法。

(3) 用相反数将有理数的减法化归为有理数的加法。

(4) 用倒数将有理数除法化归为有理数的乘法。

(5) 把有理数的乘方化归为有理数的乘法。

(6) 解一元二次方程是通过降次化归成一元一次方程。

(7) 解二元一次方程组或三元一次方程组是通过消元化归成一元一次方程或二元一次方程组。

(8) 解分式方程是化归成整式方程；异分母分数的加减法，通过通分化归成同分母分数的加减法。

(9) 多边形的内角和问题转化为三角形的内角和来解决；梯形的中位线问题化归为三角形的中位线问题来解决。

以上这些问题都是通过化新问题为熟悉的问题，运用自己熟悉的知识、经验和问题，从而使问题得以解决。

例 4.6 证明不等式：$(x_1x_2+y_1y_2+z_1z_2)^2\leqslant(x_1^2+y_1^2+z_1^2)(x_2^2+y_2^2+z_2^2)$。

分析 从不等式的形式上可以观察出 $x_1^2+y_1^2+z_1^2$，$x_2^2+y_2^2+z_2^2$ 是空间两点分别到原点的距离的平方，$x_1x_2+y_1y_2+z_1z_2$ 则具备了空间两向量内积的形式，这二者之间能否挂上钩呢？

解 设向量 $\boldsymbol{a}=(x_1,y_1,z_1)$，$\boldsymbol{b}=(x_2,y_2,z_2)$，$\boldsymbol{a}$ 与 $\boldsymbol{b}$ 的夹角为 α，又

$$\boldsymbol{a}\cdot\boldsymbol{b}=|\boldsymbol{a}|\cdot|\boldsymbol{b}|\cdot\cos\alpha=\sqrt{x_1^2+y_1^2+z_1^2}\cdot\sqrt{x_2^2+y_2^2+z_2^2}\cdot\cos\alpha,$$

则得

$$\begin{aligned}(x_1x_2+y_1y_2+z_1z_2)^2&=(x_1^2+y_1^2+z_1^2)(x_2^2+y_2^2+z_2^2)\cdot\cos^2\alpha\\&\leqslant(x_1^2+y_1^2+z_1^2)(x_2^2+y_2^2+z_2^2)。\end{aligned}$$

这里通过构造两个空间向量把问题转化为向量的内积运算使问题顺利解决。

例 4.7 已知 λ 是非零常数，对 $x\in\mathbb{R}$，有 $f(x+\lambda)=\dfrac{1+f(x)}{1-f(x)}$成立，问：$f(x)$是否为周期函数？若是，求出它的一个周期，若不是，请说明理由。

分析 周期函数使我们联想起熟知的三角函数，由 $f(x+\lambda)=\dfrac{1+f(x)}{1-f(x)}$发现与三角等式 $\tan\left(x+\dfrac{\pi}{4}\right)=\dfrac{1+\tan x}{1-\tan x}$相类似，而 $\tan x$ 是周期函数，它的最小正周期是 π，是 $\tan\left(x+\dfrac{\pi}{4}\right)=\dfrac{1+\tan x}{1-\tan x}$中$\dfrac{\pi}{4}$的 4 倍，由此猜想 $f(x)$是周期函数，一个周期为 4λ。

解 $f(x+2\lambda)=f(x+\lambda+\lambda)=\dfrac{1+f(x+\lambda)}{1-f(x+\lambda)}=\dfrac{1+\dfrac{1+f(x)}{1-f(x)}}{1-\dfrac{1+f(x)}{1-f(x)}}=-\dfrac{1}{f(x)}$，

$$f(x+4\lambda)=f(x+2\lambda+2\lambda)=-\frac{1}{f(x+2\lambda)}=-\frac{1}{-\dfrac{1}{f(x)}}=f(x),$$

所以 $f(x)$是周期函数。

例 4.8 已知 x 为正数，求证：$x+\frac{27}{x^3}\geqslant 4$。

分析 如果直接证明此题，没有现成的公式、法则可用，但仔细分析一下，要证明的是两个正数的和大于或等于一个常数，联想到不等式：

$$\frac{b}{a}+\frac{a}{b}\geqslant 2,$$

所以可得证明方法：

$$x+\frac{27}{x^3}=\frac{x}{3}+\frac{x}{3}+\frac{x}{3}+\frac{27}{x^3}\geqslant 4\sqrt[4]{\frac{x}{3}\cdot\frac{x}{3}\cdot\frac{x}{3}\cdot\frac{27}{x^3}}=4$$

例 4.9 如图 4.6 所示，梯形 $ABCD$ 中，$AD/\!/BC$，$AB=CD$，对角线 AC，BD 相交于 O 点，且 $AC\perp BD$，$AD=3$，$BC=5$，求 AC 的长。

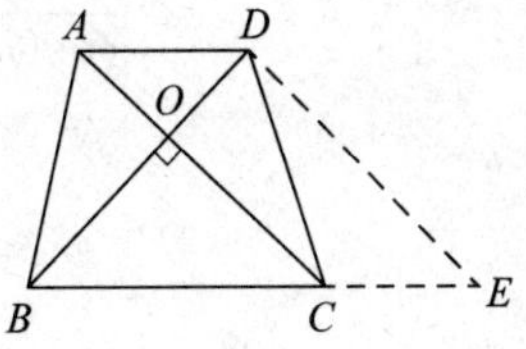

图 4.6

分析 此题是根据梯形对角线互相垂直的特点，通过平移对角线将等腰梯形转化为直角三角形和平行四边形，使问题得以解决。

解 过 D 作 $DE/\!/AC$ 交 BC 的延长线于点 E，则得 $AD=CE$，$AC=DE$，所以 $BE=BC+CE=8$。因为 $AC\perp BD$，所以 $BD\perp DE$。又因为 $AB=CD$，所以 $AC=BD$，故 $BD=DE$。

又因为在 $\mathrm{Rt}\triangle BDE$ 中，$BD^2+DE^2=BE^2$，所以 $BD=4\sqrt{2}$，即 $AC=4\sqrt{2}$。

例 4.10 设 A 是坐标平面上的点集，f 是 $A\to A$ 的映射，使

$$f:\{(x,y)\}\to\{(x+y),(-x+y)\},$$

求点(1,2)的像，像(1,2)的原像。

分析 像、原像、映射是三个较为抽象的概念，该题的问题情境比较陌生，而“当 $x=1$，$y=2$ 时，求 $x+y$，$y-x$ 的值”“当 $x+y=1$，且 $y-x=2$ 时求 x，y”则是熟悉的“求值”与“解线性方程组”问题。

解决该题，主要思路是将一个映射问题“化归”为已学过的初中代数问题。

通过分析，(1)求(1,2)像的问题可化归为“当 $x=1$，$y=2$ 时，求 $x+y$，$y-x$ 的值”的问题。(2)求(1,2)的原像，可化归为“当 $x+y=1$，且 $y-x=2$ 时求 $x=?$，$y=?$”，该问题为解线性方程组：$\begin{cases}x+y=1,\\ y-x=2。\end{cases}$

例 4.11 求函数 $y=\sin x+\sqrt{3}\cos x$ 的周期、最大值和最小值。

分析 本题直接求其相应的值，有一定的困难，若利用三角恒等变换，将其化归为熟悉的 $y=A\sin(\omega x+\varphi)$ 的模式，再求相应的值，则显得轻松自如，其化归过程为

$$y=\sin x+\sqrt{3}\cos x\xrightarrow{\text{由公式 }\sin\alpha\cos\beta+\cos\alpha\sin\beta=\sin(\alpha+\beta)\text{ 化归}}y=2\sin\left(x+\frac{\pi}{3}\right)。$$

解
$$\begin{aligned}y&=\sin x+\sqrt{3}\cos x=2\left(\frac{1}{2}\sin x+\frac{\sqrt{3}}{2}\cos x\right)\\&=2\left(\sin x\cos\frac{\pi}{3}+\cos x\sin\frac{\pi}{3}\right)\end{aligned}$$

$$=2\sin\left(x+\frac{\pi}{3}\right),$$

所以，所求的周期为 2π，最大值为 2，最小值为 -2。

例 4.12 求证：$\dfrac{\sin 1}{\cos 0\cos 1}+\dfrac{\sin 1}{\cos 1\cos 2}+\cdots+\dfrac{\sin 1}{\cos(n-1)\cos n}=\tan n$。

分析 此题左式与下式的结构相似

$$\frac{1}{1\times 2}+\frac{1}{2\times 3}+\cdots+\frac{1}{n(n+1)}。$$

类比熟知的拆项求和法可以进行拆分试探。由于

$$\begin{aligned}\frac{\sin 1}{\cos(n-1)\cos n}&=\frac{\sin[n-(n-1)]}{\cos(n-1)\cos n}\\&=\frac{\sin n\cos(n-1)-\cos n\sin(n-1)}{\cos(n-1)\cos n}\\&=\tan n-\tan(n-1),\end{aligned}$$

故得

原式左边 $=(\tan 1-\tan 0)+(\tan 2-\tan 1)+\cdots+[\tan n-\tan(n-1)]=\tan n$。

2. 简单化原则

化归的简单化是指将复杂的问题化归为简单问题，通过对简单问题的解决，达到解决复杂问题的目的，或获得某种解题的启示和依据。简单化包括问题结构形式简单化与问题处理方式简单化。

例 4.13 作函数 $y=\sqrt{(x-1)^2}+|x+4|-9$ 的图像。

分析 画函数图像的常规方法是将复杂函数转化成简单函数(一次函数、二次函数、幂函数、指数、对数函数、三角函数)，本题函数可转化为

$$y=|x-1|+|x+4|-9=\begin{cases}-2x-12, & x\leqslant -4,\\ -4, & -4<x<1,\\ 2x-6, & x\geqslant 1。\end{cases}$$

这样将复杂函数化成一次函数，其图像容易画出，如图 4.7 所示。

图 4.7

例 4.14 已知 $x^2+x-1=0$，求 x^3+2x^2+2009 的值。

分析 此题通过“化零散为整体”或利用降次来转化，可使问题得以解决。

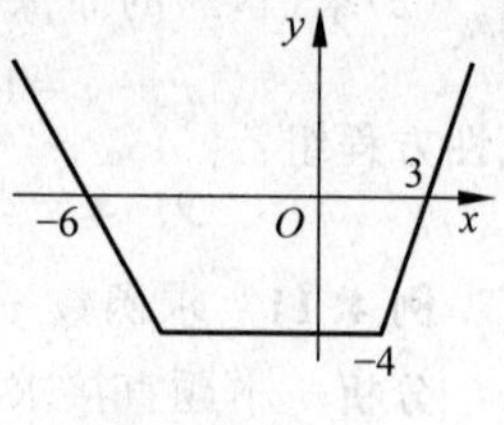

解法 1 因为 $x^2+x-1=0$，所以 $x^2=1-x$，故

$$\begin{aligned}x^3+2x^2+2009&=x(1-x)+2(1-x)+2009\\&=-x^2-x+2011=-(x^2+x-1)+2010\\&=2010。\end{aligned}$$

解法 2 原式 $=x(x^2+x-1)+(x^2+x-1)+1+2009=2010$。

例 4.15 已知 $af(2x^2-1)+bf(1-2x^2)=4x^2$，$a^2-b^2\neq 0$，求 $f(x)$。

分析 根据题设等式结构的特点，遵循简单化原则，予以简化。令 $2x^2-1=y$，条件等式就可化为 $af(y)+bf(-y)=2y+2$，在此条件下求 f，关系就明朗许多。由新条件等式

中 $f(y)$ 与 $f(-y)$ 的特殊关系，我们可想到在等式中用 $-y$ 代 y，仍会得到一个关于 $f(y)$，$f(-y)$ 的等式，这样，问题就化归为求解这两个等式组成的关于 $f(y)$，$f(-y)$ 的线性方程组

$$\begin{cases} af(y)+bf(-y)=2y+2, \\ af(-y)+bf(y)=-2y+2。\end{cases}$$

这是一个简单问题。

例 4.16 对任何实数 x，有 $ax^2+bx+c\geqslant 0$，$px^2+2qx+r\geqslant 0$，其中 $a,b,c,p,q,r\in\mathbb{R}$，求证：对任何实数 x，有 $apx^2+2bqx+cr\geqslant 0$。

分析 根据二次函数的性质，从所要证明的不等式可知，问题可转化为证明 $ap>0$，$b^2q^2-acpr\leqslant 0$；或 $ap=0$，$bq=0$，$cr\geqslant 0$ 成立。由已知条件可得

$$\begin{cases} a>0, & b^2-ac\leqslant 0, \\ p>0, & q^2-pr\leqslant 0, \end{cases} \text{或} \begin{cases} a=0, & b=0, & c\geqslant 0, \\ p=0, & q=0, & r\geqslant 0。\end{cases}$$

显然，上两式作简单运算即可得到所要证明的结论。这样，一个看来比较难的问题，就转化成了一个比较容易的问题。

例 4.17 已知 $x+y+z=\dfrac{1}{x}+\dfrac{1}{y}+\dfrac{1}{z}=1$，求证 x,y,z 三个数中至少有一个为 1。

分析 本题须证 $x=1,y=1,z=1$ 中至少有一个成立。很容易想到，本题可化归为证明 $(x-1)(y-1)(z-1)=0$ 成立，即证

$$xyz-(xy+yz+zx)+(x+y+z)-1=0。\tag{4.1}$$

由已知可得 $x+y+z=1$ 及 $xyz=xy+yz+zx$，因此，(4.1)式成立，从而结论成立。

解答本题的关键在于将原问题化归为证明 $(x-1)(y-1)(z-1)=0$ 成立。

例 4.18 直线 L 的方程为 $x=-\dfrac{p}{2}$，其中 $p>0$，椭圆 E 的中心为 $O'\left(2+\dfrac{p}{2},0\right)$，焦点在 x 轴上，长半轴为 2，短半轴为 1，它的一个顶点为 $A\left(\dfrac{p}{2},0\right)$，问 p 在什么范围内取值时，椭圆上有四个不同的点，它们中的每一个点到点 A 的距离等于该点到 L 的距离。

分析 从题目的要求及解析几何知识可知，四个不同的点应在抛物线

$$y^2=2px \tag{4.2}$$

上。又从已知条件可得椭圆 E 的方程为

$$\left[x-\left(2+\frac{p}{2}\right)\right]^2\Big/4+y^2=1。\tag{4.3}$$

因此，问题转化为当方程组(4.2)、(4.3)有四个不同的实数解时，求 p 的取值范围。将方程(4.3)代入方程(4.2)得

$$x^2+(7p-4)x+\frac{p^2}{4}+2p=0。\tag{4.4}$$

确定 p 的范围，实际上是求方程(4.4)有两个不等正根的充分条件，解不等式组

$$\begin{cases}(7p-4)^2-4\left(\dfrac{p^2}{4}+2p\right)>0,\\ \dfrac{p^2}{4}+2p>0,\\ 7p-4<0,\end{cases}$$

在 $p>0$ 的条件下，得 $0<p<13$。

本题在解题过程中，不断地把问题化归为标准问题：解方程组和不等式组的问题。

例 4.19 已知△ABC 的两边 a,b 是方程 $x^2-4x+m=0$ 的两根，这两边夹角的余弦是方程 $5x^2-6x-8=0$ 的根，求这三角形面积的最大值。

分析 这个问题可以化归为 3 个基本问题：

(1) 由方程 $x^2-4x+m=0$ 求 a,b 的值，这里 m 为参变量，故 a,b 随 m 的变化而变化，因 $a>0,b>0$，故 $m=ab>0$。

(2) 由方程 $5x^2-6x-8=0$ 求 $\cos C$。这里方程已定，所以 $\cos C$ 是定值，因而 $\sin C$ 也是定值。

(3) 由三角形面积公式 $S=ab\sin C/2$，求 S 的最大值。这里因 $\sin C$ 已定，所以，实质上是求 ab 的最大值。

解 由条件可知 $a>0,b>0,a+b=4$，所以 $\sqrt{ab}\leqslant\dfrac{a+b}{2}$，$ab\leqslant\left(\dfrac{a+b}{2}\right)^2=\left(\dfrac{4}{2}\right)^2=4$，当且仅当 $a=b=2$ 时，ab 取最大值 4。

方程 $5x^2-6x-8=0$ 的两根为 $x_1=2,x_2=-\dfrac{4}{5}$，因为 $|\cos C|\leqslant 1$，所以取 $\cos C=-\dfrac{4}{5}$。由于 C 是三角形的内角，故知 C 是钝角，所以

$$\sin C=\sqrt{1-\cos^2 C}=\sqrt{1-\left(-\frac{4}{5}\right)^2}=\frac{3}{5},$$

$$S_{最大}=(ab)_{最大}\ \sin C/2=\frac{1}{2}\times 4\times\frac{3}{5}=\frac{6}{5},$$

故所求三角形面积的最大值为$\dfrac{6}{5}$。

例 4.20 设 $f(x)=\dfrac{x}{a(x+2)}$，且 $x=f(x)$ 有唯一解，$f(0)=\dfrac{1}{997}$，$f(x_{n-1})=x_n$，$n=1,2,\cdots$，求 x_{1993}。

分析 本题条件多，而且比较复杂，但将条件逐个仔细分析，可以化归为简单的问题。

分式方程$\dfrac{x}{a(x+2)}=x$ 有唯一解，即方程 $ax^2+(2a-1)x=0$ 有唯一解，因此，由判别式 $\Delta=(2a-1)^2=0$，得 $a=\dfrac{1}{2}$，所示 $f(x)=\dfrac{2x}{x+2}$。

由条件 $f(x_{n-1})=x_n$，$n=1,2,\cdots$，得

$$\frac{2x_{n-1}}{x_{n-1}+2}=x_n,\quad 即\quad \frac{1}{x_n}=\frac{1}{x_{n-1}}+\frac{1}{2},$$

这表明$\frac{1}{x_1},\frac{1}{x_2},\frac{1}{x_3},\cdots,\frac{1}{x_n},\cdots$为等差数列，其公差为$\frac{1}{2}$，首项$\frac{1}{x_1}=\frac{1}{f(0)}=997$。

所以$\frac{1}{x_{1993}}=\frac{1}{x_1}+(1993-1)\times\frac{1}{2}=997+996=1993$。

化归朝"已知、容易、简单、基本"的方向转化，有时不能只从形式上看，必须具体问题具体分析。有些问题，转化之后，从形式上看好像复杂了，但是它是已知的；有些方法，表面上看，好像麻烦了，实质上处理有关的问题时它显得很简单。因此，我们必须牢牢地掌握一点：化归的方向是未知转化为已知。

例 4.21 在圆内或圆上任取 8 个点，证明：在这 8 个点中，必有两个点的距离小于圆的半径。

分析 先把所讨论的点都假定为圆上的点。设圆心为 O，圆内异于圆心的任意两点为 A 和 B，连 OA，OB 并延长得两半径 OA'，OB'。显然 $AB<A'B'$，或 AB 小于圆的半径。问题转化为只须证明 A'，B'，…8 个点必有两点的距离小于半径即可。这样条件虽然加强了，但是，问题化归后，便于利用弧、弦、圆心角、半径等关系，可能更容易解决。然后再考虑这 8 个点中至多有一个点是圆心，故按以上方法至少会得到圆上的 7 个点，因此只证其中必有一条弦小于半径即可。这样，条件又有所加强，但并未影响证明，经过这样的转化分析之后，现在只须证明，过这 7 个点的每相邻的两条半径之间的夹角不都大于 60°即可。无论用反证法，或把圆周等分成六等份运用抽屉原理，都可很快得到证明。

本题的解答过程，表面上看，越转化越难，但实质上它是越来越向已知靠拢。

化归法是解数学题常用的重要方法，但它也有一定的局限性。具体地说，首先，并不是所有问题都可以通过化归法得到解决。其次，由前面的例子可以看出，具体应用化归法去解决问题时，关键在于我们能否找到正确的化归方向与方法，而寻找正确的化归方向与方法，往往不是单向的、完全确定的过程，而是一种包含了多次反复与尝试的复杂探索过程。因此，在实际解题过程中，我们应注意化归与前面讲述的观察、联想、归纳、类比的密切联系，它们往往是互相渗透、相互依赖的，观察、联想、归纳、类比常常为化归指明方向，而化归则为观察、联想、归纳、类比的猜测提供必要的证明。

例 4.22 在空间内有 n 个平面，其中任意两个不平行，任意三个不过同一直线，求交线的条数。

分析 我们考虑平面内 n 条一般位置的直线（无两线平行，无三线交于同一点）的交点数。两条直线只有一个交点；三条直线有 $1+2=3$ 个交点，这是因为第三条直线与前两条直线相交增加了两个交点；四条直线有 $1+2+3=6$ 交点，其规律是：第四条直线与前三条直线相交，增加了三个交点，……。因此，由归纳推理，容易发现：n 条直线的交点数

$$f(n)=1+2+3+\cdots+(n-1)=\frac{1}{2}n(n-1)。$$

用类比的方法，很容易把空间问题化归成平面问题，从而得到 n 个平面的交线数

$$f(n)=\frac{1}{2}n(n-1)。$$

3. 具体化原则

化归的具体化原则是指化归的方向一般应由抽象到具体，即分析问题和解决问题时，应

着力将问题向较具体的问题转化,以使其中的数量关系更易把握,如尽可能将抽象的式用具体的形来表示;将抽象的语言描述用具体的式或形表示,以使问题中的各种概念以及概念之间的相互关系具体、明确。

例 4.23 已知直线 $y_1=2x+4$ 与 x 轴,y 轴的交点分别是 B,A,直线 $y_2=x-3$ 与 x 轴,y 轴的交点分别是 D,C。求四边形 $ABCD$ 的面积。

分析 欲求四边形 $ABCD$ 的面积,先在同一坐标系中把它的图像画出,如图 4.8 所示,由于直接求不易得出,可把四边形 $ABCD$ 分成$\triangle ABD$ 和$\triangle BCD$ 来求。

解 因为在直线 $y_1=2x+4$ 中,当 $x=0$ 时,$y_1=4$,当 $y_1=0$ 时,$x=-2$,所以 A 点坐标为$(0,4)$,B 点的坐标为$(-2,0)$。

同理,在直线 $y_2=x-3$ 中,当 $x=0$ 时,$y_2=-3$,当 $y_2=0$ 时,$x=6$,所以 C 点坐标为$(0,-3)$,D 点的坐标为$(6,0)$。于是

$$S_{\text{四边形}ABCD}=S_{\triangle ABD}+S_{\triangle BCD}=\frac{1}{2}BD\cdot AO+\frac{1}{2}BD\cdot CO=28。$$

例 4.24 求函数 $y=(a-b)^2+\left(\sqrt{3-a^2}+\frac{1}{2}\sqrt{b^2-4}\right)^2$ 的最小值。

分析 本题是关于函数的最值问题,如单纯用代数方法求解难以完成,由具体化原则,通过观察,发现 y 是两动点 $A\left(a,\sqrt{3-a^2}\right)$ 与 $B\left(b,-\frac{1}{2}\sqrt{b^2-4}\right)$ 距离的平方,即 $y=|AB|^2$,因此问题化归为 A,B 两点之间的最短距离。而点 A 在半圆 $x^2+y^2=3(y\geqslant 0)$ 上,点 B 在双曲线$\frac{x^2}{4}-y^2=1(y\leqslant 0)$上,参见图 4.9。由图像可知$|AB|$的最小值$=|A_1B_1|$,$A_1(\sqrt{3},)$,$B_1(2,0)$,所以$|A_1B_1|=2-\sqrt{3}$,$y_{\min}=|A_1B_1|^2=7-4\sqrt{3}$。

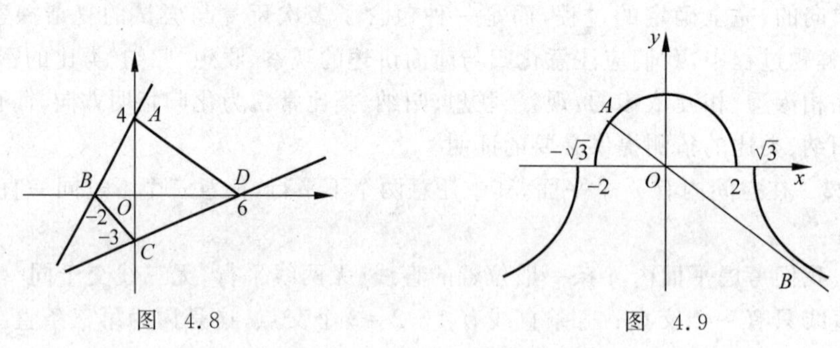

图 4.8　　图 4.9

例 4.25 求函数 $y=\sqrt{x^2+6x+18}+\sqrt{x^2-10x+26}$ 的最小值。

分析 此题如果按常规解法:两次平方后,再求 y 的最小值,因为出了四次方,用初等方法求最值难度较大。

我们将原式变形为 $y=\sqrt{(x+3)^2+(0-3)^2}+\sqrt{(x-5)^2+(0-1)^2}$。

设 M,N,Q 三点的坐标分别为 $M(-3,3)$,$N(5,1)$,$Q(x,0)$。把原问题转化为在 x 轴上求一点 Q,使得 MQ 和 NQ 的距离和最小,取 M 关于 x 轴的对称点 $M'(-3,-3)$,如图 4.10 所示。

因为$|MQ|+|QN|=|M'Q|+|QN|=|M'N|$,所以

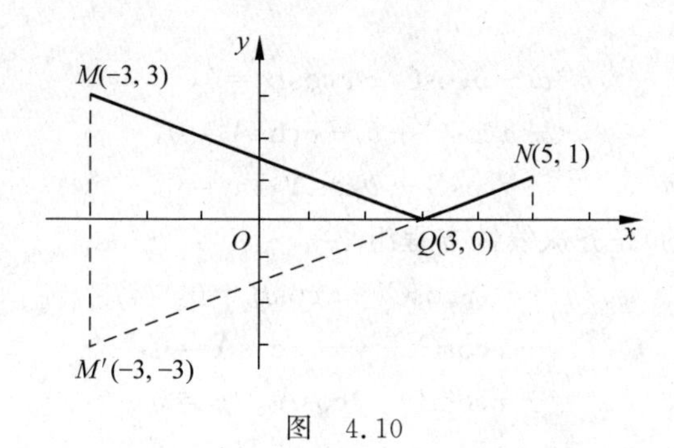

图 4.10

$$y_{\min}=|M'N|=\sqrt{(5+3)^2+(1+3)^2}=4\sqrt{5}。$$

例 4.26 已知$(2x-1)^5=a_5x^5+a_4x^4+a_3x^3+a_2x^2+a_1x+a_0$。求$a_1+a_3+a_5$的值。

分析 一般解法是：先把$(2x-1)^5$用二项式定理展开，然后比较各项的系数求出a_1，a_3，a_5，进而求出$a_1+a_3+a_5$的值。

符合规律的解答应该是：

在已知式中分别令$x=1$和$x=-1$，得

$$a_5+a_4+a_3+a_2+a_1+a_0=1, \tag{4.5}$$

$$-a_5+a_4-a_3+a_2-a_1+a_0=-243。 \tag{4.6}$$

((4.5)式−(4.6)式)÷2，得$a_1+a_3+a_5=122$。

注 用此法还能求出$a_0+a_2+a_4$，并且可以把此法进行推广。

4. 和谐化原则

化归的和谐统一性原则是指化归应朝着使待解决的问题在表现形式上趋于和谐，在量、形、关系方面趋于统一的方面进行，使问题的条件与结论表现得更匀称和恰当，亦即化归问题的条件或结论，使其表现形式更符合数与形内部所表示的和谐的形式，或者转化命题，使其推演有利于运用某种数学方法或其方法符合人们的思维规律。

化归问题时，既可以转化问题的条件，也可以转化问题的结论；既可以施行等价转化，也可以施行非等价转化。所谓恰当地化归问题，是指通过所施行的转化，所得到的新问题较易解决，最终能达到解决问题的目的。在解析几何中，圆锥曲线的定义不仅是推导方程的基础，而且是解决问题的一把金钥匙，因为它的表现形式更符合数与形内部所表示的和谐的形式，因此，常常将问题化归为用定义来解决。

例 4.27 在$\triangle ABC$中，证明：$\cos^2A+\cos^2B+\cos^2C+2\cos A\cos B\cos C=1$。

分析 由三角形的射影定理得

$$\begin{cases}a=b\cos C+c\cos B,\\b=a\cos C+c\cos A,\\c=a\cos B+b\cos A。\end{cases}$$

这反映了三角形中边角之间所固有的和谐统一，正是这种和谐统一性的启发，将原问题化归为齐次线性方程组的解的讨论问题：

将射影定理写成

$$\begin{cases} a - b\cos C - c\cos B = 0, \\ -a\cos C + b - c\cos A = 0, \\ -a\cos B - b\cos A + c = 0。\end{cases}$$

由此可知，a,b,c（非零的）是齐次线性方程组

$$\begin{cases} x - y\cos C - z\cos B = 0, \\ -x\cos C + y - z\cos A = 0, \\ -x\cos B - y\cos A + z = 0 \end{cases}$$

的一组非零解。

根据齐次线性方程组有非零解的充要条件是其系数行列式等于零，即

$$\begin{vmatrix} 1 & -\cos C & -\cos B \\ -\cos C & 1 & -\cos A \\ -\cos B & -\cos A & 1 \end{vmatrix} = 0,$$

所以 $$\cos^2 A + \cos^2 B + \cos^2 C + 2\cos A\cos B\cos C = 1。$$

例 4.28 已知$\triangle ABC$中，$A=\dfrac{C}{2}$，求证：$\dfrac{b}{3}<c-a<\dfrac{b}{2}$。

分析 为使问题简单化，先证

$$c - a < \frac{b}{2}。\tag{4.7}$$

已知条件给的是角的关系，要证的结论是边的关系，为使条件和结论更为接近，联系更为紧密，应设法将二者统一起来（和谐化），由正弦定理把要证的结论等价地转化为

$$2(\sin C - \sin A) < \sin B。\tag{4.8}$$

而(4.8)式中角太多，再想办法化成同名角，由 $C=2A$，则 $B=\pi-(A+C)=\pi-3A$。

(4.8)式可化归为

$$2(\sin 2A - \sin A) < \sin 3A。\tag{4.9}$$

再把(4.9)式中的复角统一为单角，(4.9)式可化归为

$$2(2\sin A\cos A - \sin A) < 3\sin A - 4\sin^3 A \Leftrightarrow 4\cos A - 2 < 3 - 4\sin^2 A。\tag{4.10}$$

再将(4.10)式统一成同名三角函数（和谐化），(4.10)式化归为 $4\cos^2 A-4\cos A+1>0$ $\Leftrightarrow 4\left(\cos A-\dfrac{1}{2}\right)^2>0$，因为此式成立，所以与之等价的(4.7)式成立。

同理可证：$\dfrac{b}{3}<c-a$ 成立。

例 4.29 已知 F_1, F_2 为双曲线$\dfrac{x^2}{a^2}-\dfrac{y^2}{b^2}=1(a>0,b>0$ 且 $a\neq b)$的两个焦点，P 为双曲线右支异于顶点的任意一点，O 为坐标原点。下列 4 个命题：

① $\triangle PF_1F_2$ 的内切圆的圆心必在直线 $x=a$ 上；

② $\triangle PF_1F_2$ 的内切圆的圆心必在直线 $x=b$ 上；

③ $\triangle PF_1F_2$ 的内切圆的圆心必在直线 OP 上；

④ $\triangle PF_1F_2$ 的内切圆必通过点$(a,0)$。

其中真命题的代号是________(写出所有真命题的代号)。

分析 如图 4.11 所示,本题若依据圆心 M 是 $\angle F_1PF_2$ 平分线与 $\angle PF_1F_2$ 平分线的交点,通过求两直线的交点坐标来解决问题,则运算较烦琐,最后是无功而返。想直接求解,有困难,若我们换一个角度看问题,易知所求的圆心 M 与切点 N 的横坐标相同,所以确定切点 N 的坐标是解题的关键。而求 N 坐标的关键又在于求切点 N 到两焦点距离之差。根据从圆外一点所引的两条切线长相等这一结论,化归为 $|PF_1|$ 与 $|PF_2|$ 的差,这和双曲线的第一定义有机结合起来,问题就显得简单了。

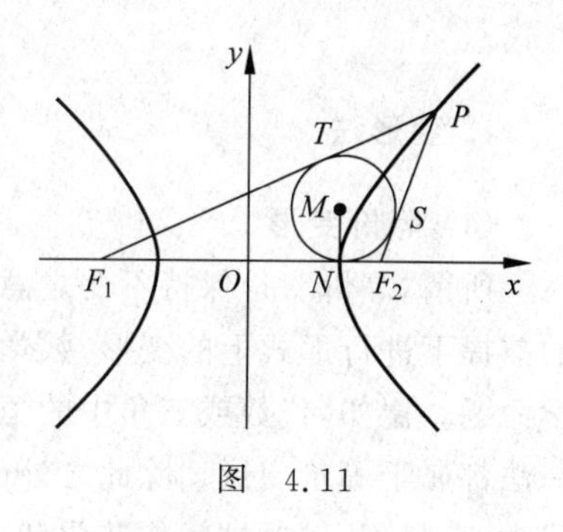

图 4.11

解 根据从圆外一点到圆的两切线长相等及双曲线的第一定义得

$$|NF_2|=\frac{|F_1F_2|+|PF_2|-|PF_1|}{2}=c-a,\quad |ON|=|OF_2|-|NF_2|=a,$$

所以 $N(a,0)$。因此,所有正确命题的代号是①④。

4.3 化归的主要方法

化归法在数学中应用特别多,化归法的核心就是简化和转化,也可理解为变换。通过变换把这一问题归结为另一问题,以便求得解答。把高次的化为低次的,把多元的化为一元的,把高维的化为低维的,把指数运算化为乘法运算。把乘法变为加法,把几何问题化为代数问题,把微分方程问题变为代数方程问题。把偏微分方程问题变为常微分方程问题。化无理为有理,化连续为离散。化离散为连续,等等,这都是化归法在数学中的具体应用。

体现化归思想的方法有:换元法(如利用“换元”将无理式化为有理式,高次问题化为低次问题)、待定系数法(通过引入参数,转化问题的形式,便于问题的解决)、建模法(构造数学模型,把实际问题转化为数学问题)、坐标法(建立直角坐标系,实现“数”“形”的对应、转化)、数形结合法(通过数形互补、互换获得问题的解题思路)、特殊元素法(将一般问题特殊化,从特殊问题的解决中解决一般问题)、等价命题法(通过原命题的等价命题运用或证明,达到解决问题的目的)、反证法(肯定题设而否定结论,从而得出矛盾),等等。

在数学中通常的作法是:将一个非基本的问题通过分解、变形、代换……,或平移、旋转、伸缩……等多种方式,将它化归为一个熟悉的基本的问题,从而求出解答。如学完一元一次方程、因式分解等知识后,学习一元二次方程我们就是通过因式分解等方法,将它化归为一元一次方程来解的。后来我们学到特殊的一元高次方程时,又是化归为一元一次和一元二次方程来解的。对一元不等式也有类似的作法。又如在平面几何中我们在学习了三角形的内角和、面积计算等有关定理后,对 n 边形的内角和、面积的计算,也是通过分解、拼合为若干个三角形来加以解决的。再如在解析几何中,当我们学完了最基本、最简单的圆锥曲线知识以后,对一般圆锥曲线的研究,我们也是通过坐标轴平移或旋转,化归为基本的圆锥曲线(在新坐标系中)来实现的。其他如几何问题化归为代数问题,立体几何问题化归为平面几何问题,任意角的三角函数问题化归为锐角三角函数问题来表示。

化归是一种重要的解题思想，也是一种最基本的思维策略，更是一种有效的数学思维方式。

1. 变形法

(1) 等价变形

所谓"等价"，是保持不变之意，所谓"变形"是发生改变之意。等价变形是在实质"不变"的前提下进行形式上的变形，数学中的等价变形是把待解的数学命题等价地化归为另一数学命题。比如，代数或三角中的恒等变形，方程(组)、不等式(组)的同解变换以及反证法、同一法都属于等价变形。除此之外的另一种常用手法，是将命题结论的形式加以适当改变，如代数、三角、几何领域间作转化和本领域内的转化。

在初等数学中常利用变量替换、换元、增量替换等方法解题，关键在于根据问题的结构特征，适当选取能够以简驭繁、化难为易的变换，以实现问题的化归。

例 4.30 解方程$\sqrt{x^2+3x+12}-\sqrt{x^2-x+4}=2$。

分析 换元：令$\sqrt{x^2+3x+12}=1+a$，则$\sqrt{x^2-x+4}=a-1$，所以，方程化简为

$$\begin{cases}x^2+3x+12=1+2a+a^2,\\ x^2-x+4=1-2a+a^2\end{cases} \Rightarrow \begin{cases}4x+8=4a, & (4.11)\\ x^2-x+4=1-2a+a^2。 & (4.12)\end{cases}$$

由(4.11)式得$x=a-2$，代入(4.12)式得$(a-2)^2-(a-2)+4=1-2a+a^2$，即$3a=9$，故$a=3$，从而$x=1$。

经检验知$x=1$是原方程的解。

由以上例子可以看出，利用各种代换法解题，一方面要分析问题的结构特征，对已知条件作适当的变形；另一方面要善于发现问题中的特殊条件、结构，挖掘问题中所隐含的特殊关系，以便于由这些特殊条件提出各种可能的代换。这样可在作出这些代换后减少变量的个数，降低次数，使问题结构简单，常收到出人意料的效果。

例 4.31 解不等式$x^2+3x-4<0$。

分析 这是一个一元二次不等式。在此之前，学过了一元一次不等式和一元一次不等式组。化归法的思想，就是把二次不等式转化为已知的一元一次不等式来求解。为此，我们把原不等式变形成$(x+4)(x-1)<0$，它等价于不等式组

$$\begin{cases}x+4>0,\\ x-1<0,\end{cases} \tag{4.13}$$

或

$$\begin{cases}x+4<0,\\ x-1>0,\end{cases} \tag{4.14}$$

解不等式组(4.13)得$-4<x<1$；不等式组(4.14)无解。

所以原不等式的解为$-4<x<1$。

例 4.32 已知$\log_{18}9=a$，$18^b=5$，求$\log_{36}45$。

分析 此题利用对数恒等式化归，达到化未知为已知的目的。

因为$18^b=5$，所以$\log_{18}5=b$，于是

$$\log_{36}45=\frac{\log_{18}45}{\log_{18}36}=\frac{\log_{18}(9\times5)}{\log_{18}\frac{18^2}{9}}=\frac{\log_{18}9+\log_{18}5}{\log_{18}18^2-\log_{18}9}=\frac{a+b}{2-a}。$$

例 4.33 关于 z 的方程 $z+a|z+1|+\mathrm{i}=0$ 在复数集内总有解，求实数 a 的范围。

分析 复数方程有解的条件不易研究，但将复数方程化为实数方程可将问题化难为易、化暗为明。

设 $z=x+y\mathrm{i}$，代入方程：$x+y\mathrm{i}+a\sqrt{(x+1)^2+y^2}+\mathrm{i}=0$，由复数相等的定义，命题等价于 $x+a\sqrt{(x+1)^2+y^2}=0,y=-1\Leftrightarrow x+a\sqrt{(x+1)^2+1}=0\Leftrightarrow a=-\dfrac{x}{\sqrt{(x+1)^2+1}}$ 在 $\mathbb{R}$ 上有解，又等价于求函数 $y=-\dfrac{x}{\sqrt{(x+1)^2+1}}$ 的值域。

设 $x+1=\tan\alpha,\alpha\in\left(-\dfrac{\pi}{2},\dfrac{\pi}{2}\right)$，代入得 $y=-\dfrac{\tan\alpha-1}{\sec\alpha}$，又转化为三角函数求值域。通过化简得 $y=\cos\alpha-\sin\alpha=\sqrt{2}\cos\left(\alpha+\dfrac{\pi}{4}\right),y\in(-1,\sqrt{2}]$。

例 4.34 解下列方程：

① $2x^3+3x^2-2x=0$；

② $\cos x+\sin\dfrac{x}{2}+\cos^2\dfrac{x}{2}=\dfrac{7}{4}$；

③ $(1+\mathrm{i})^x=2(1-\mathrm{i})^{x-2}$（i 为虚数单位）。

分析 解上面 3 个方程，先利用恒等变形把它化为容易求解的方程。

① 可变为 $x(2x-1)(x+2)=0$。

② 可变为 $1-2\sin^2\dfrac{x}{2}+\sin\dfrac{x}{2}+\left(1-\sin^2\dfrac{x}{2}\right)=\dfrac{7}{4}$，进而变为 $12\sin^2\dfrac{x}{2}-4\sin\dfrac{x}{2}-1=0$。

③ 可变为 $\left(\dfrac{1+\mathrm{i}}{1-\mathrm{i}}\right)^x=\dfrac{2}{(1-\mathrm{i})^2}$，再变为 $\left(\dfrac{1+2\mathrm{i}+\mathrm{i}^2}{1-\mathrm{i}^2}\right)^x=\dfrac{2}{1-2\mathrm{i}+\mathrm{i}^2}$，进而变为 $(\mathrm{i})^x=\mathrm{i}$。

例 4.35 求证 $f(n)=n^3+6n^2+11n+12(n\in\mathbb{N})$ 能被 6 整除。

分析 把原式进行恒等变形，得到

$$f(n)=n^3+6n^2+11n+12=(n+1)(n+2)(n+3)+6,$$

从而，只需证明三个连续自然数之积能被 6 整除即可，而这个问题是大家熟知的。

（2）非等价变形

通过去分母将一个分式方程化归为整式方程，通过有理化将无理方程化归为有理方程，在这个过程中就有可能产生增根，引起解答失真，这样施行的就不是等价变形。这种对问题进行非等价变形，在解决数学问题时经常遇到，只要运用得当，注意防止"误差"，同样也可以取得成功，有时还能发挥等价变形所无法发挥的巧妙作用。

例 4.36 求证：$1+\sqrt{\dfrac{1}{2}}+\sqrt{\dfrac{1}{3}}+\sqrt{\dfrac{1}{4}}+\cdots+\sqrt{\dfrac{1}{n}}>2(\sqrt{n+1}-1)$。

分析 在不等式的证明中，常常用"舍掉一些正(负)项"而使不等式的各项之和变小(大)，或在分式中放大或缩小分式的分子与分母而达到化归的目的。这种化归方法是依据

不等式的传递性 $a\leqslant b,b\leqslant c\Rightarrow a\leqslant c$ 而发展出来的，是不等价的转化思想的体现。

因为 $\sqrt{k+1}-\sqrt{k}=\dfrac{1}{\sqrt{k+1}+\sqrt{k}}<\dfrac{1}{2\sqrt{k}}$，故 $\dfrac{1}{\sqrt{k}}>2(\sqrt{k+1}-\sqrt{k})(k=1,2,\cdots,n)$。将上述 n 个不等式相加，即得求证式。

2. 分割法

(1) 整体分割法

法国著名数学家笛卡儿说：“把你所考虑的每一个问题按照可能的需要分成若干部分，使它们更易于求解。”这种把要解决的问题分成若干个小问题，然后逐一求解的方法，叫做分割法。这种化归方法是“化整为零”“化大为小，化繁为简”这一化归思想的体现。

把问题本身作为分割的对象，可以把问题分解成几个局部之和，也可以把问题分解成整体与局部之差。例如，在掌握了扇形和三角形这些基本图形的面积计算以后，可以用形体分割法求出比较复杂的图形的面积。如求弓形的面积

$$S_{\text{弓形}}=S_{\text{扇形}}-S_{\text{三角形}}。$$

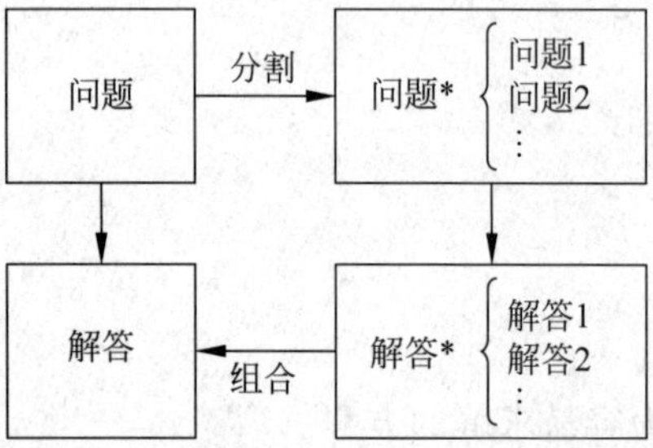

问题 —分割→ 问题* {问题1, 问题2, ⋮}

解答 ←组合— 解答* {解答1, 解答2, ⋮}

图 4.12

用整体分割法解决问题的过程可以归结为如图 4.12 所示的框图。

例 4.37 计算(凸)多边形的内角和。

分析 如图 4.13 所示，由于四边形可以分割成两个三角形。因此，它的内角和为 2×180；五边形可以分割成三个三角形，它的内角和为 $3\times180,\cdots$，一般地，(凸)n 多边形可以分割成 $n-2$ 个三角形，它的内角和为 $(n-2)\times180$。

对这一解题过程进行分析，容易看出其中的关键在于把多边形分割成(若干个)三角形，而这实质上也就是把原来求取多边形内角和的问题化归为求取三角形内角和的问题。由于后一问题在中学平面几何教材中已经解决，从而原来的问题通过化归也就得到解决。

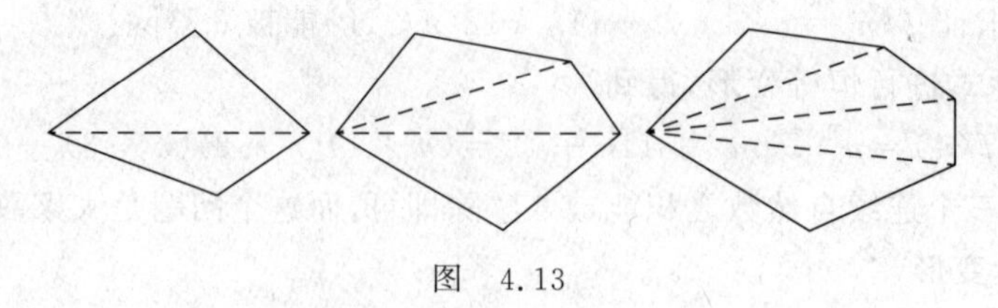

图 4.13

例 4.38 如图 4.14 所示，在三棱锥 $P\text{-}ABC$ 中，其棱长 $AC=6$，其余各棱长均为 5，求该三棱锥的体积。

分析 本题如果按一般计算棱锥体积分式

$$V=\frac{1}{3}\times\text{高}\times\text{底面积}$$

来计算其体积，甚为烦琐。如用分解法，把原三棱锥分解成两个易求体积的小三棱锥，然后再相加就得原三棱锥的体积。

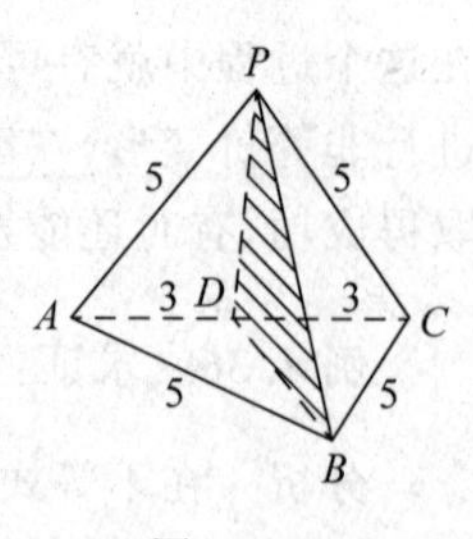

图 4.14

在图 4.14 中,设 AC 的中点为 D,连接 BD,PD,则易证 $AC\perp$ 平面 PBD,于是

$$\begin{aligned}V_{P\text{-}ABC}&=V_{A\text{-}PBD}+V_{C\text{-}PBD}\\&=\frac{1}{3}\cdot AD\cdot S_{\triangle PBD}+\frac{1}{3}\cdot CD\cdot S_{\triangle PBD}\\&=\frac{1}{3}(AD+CD)\cdot S_{\triangle PBD}=\frac{1}{3}\times 6\cdot S_{\triangle PBD},\end{aligned}$$

在$\triangle PBD$ 中,$AB=5$,$BD=PD=4$,可以计算得 $S_{\triangle PBD}=\frac{5\sqrt{39}}{4}$,因此

$$V_{P\text{-}ABC}=\frac{1}{3}\times 6\times\frac{5\sqrt{39}}{4}=\frac{5\sqrt{39}}{2}。$$

例 4.39 在$\triangle ABC$ 中,AD 是 BC 边上的中线,$\angle CAD>\angle BAD$,求证:$AB>AC$。

分析 构造一个三角形,使$\angle CAD$ 和$\angle BAD$ 包含在其中,且两角的对边应分别等于 AB 和 AC。利用中线性质产生$\triangle ABE$(如图 4.15)就正好符合要求。这相当于把$\triangle ABC$ 沿中线分解成$\triangle ABD$ 和$\triangle ADC$,然后搬迁$\triangle ADC$(绕 D 点逆时针旋转 180°)组合成$\triangle ABE$(下略)。

例 4.40 将已知四边形 $ABCD$ 变为与它面积相等的三角形。

分析 如图 4.16 所示,先把四边形分解成两个三角形$\triangle ABD$ 和$\triangle BCD$,再把$\triangle BCD$ 作等面积变换,使它的一边仍为 BD,但顶点 C 应移到 AB 的延长线上。过 C 作 BD 的平行线交 AB 的延长线于 C',这样$\triangle ADC'$即为所求。

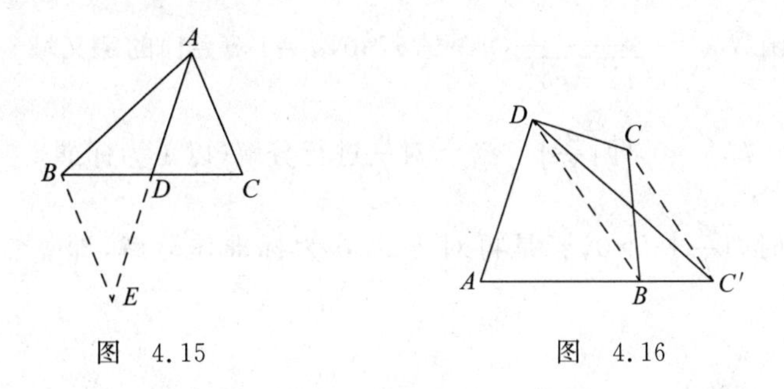

图 4.15　　　　图 4.16

通过分解与组合法进行化归,不仅是几何图形变换的基本方法,而且在数、式的运算中也有着广泛和重要的应用。如因式分解中的拆项分组法;等比定理 $\frac{a}{b}=\frac{c}{d}=\frac{e}{f}=\cdots=\frac{a+c+e}{b+d+f}$;分式的通分化简;部分分式;三角中的积化和差与和差化积等都可视为"分解与组合"。

例 4.41 化简 $\frac{1+2\sqrt{3}+\sqrt{5}}{(1+\sqrt{3})(\sqrt{3}+\sqrt{5})}+\frac{\sqrt{5}+2\sqrt{7}+3}{(\sqrt{5}+\sqrt{7})(\sqrt{7}+3)}$。

分析 把两项的分子分别写成对应的分母中的两个因式之和,即得

$$原式=\frac{1}{1+\sqrt{3}}+\frac{1}{\sqrt{3}+\sqrt{5}}+\frac{1}{\sqrt{5}+\sqrt{7}}+\frac{1}{\sqrt{7}+3}$$

$$=\frac{1}{2}(\sqrt{3}-1+\sqrt{5}-\sqrt{3}+\sqrt{7}-\sqrt{5}+3-\sqrt{7})=1。$$

例 4.42 设 A 和 G 分别是正系数二次方程 $ax^2+bx+c=0$ 的二根的等差中项与等比中项，且 $AG>0$，试比较 A 与 G 的大小。

分析 由题设条件及韦达定理有 $A=-\frac{b}{2a}<0, G=\pm\sqrt{\frac{c}{a}}$。因为 $AG>0$，所以 $G<0$。

如何分解？对谁分解？考虑特殊情形：当 $A=G$ 时，有 $-\frac{b}{2a}=-\sqrt{\frac{c}{a}}$，所以 $\frac{b^2}{4a^2}=\frac{c}{a}$，即 $b^2-4ac=0$。可见，应对 $\Delta=b^2-4ac$ 进行分解。

以下按 $\Delta=0$，$\Delta>0$ 和 $\Delta<0$ 分解，每一种情形都化归为基本问题，对应的答案分别是 $A=G$，$G<A$ 和 $G>A$。

例 4.43 设 α 是方程 $ax^2+bx+c=0$ 的根，$a>b>c>0$，试证 $|\alpha|<1$。

分析 α 可能为实数，也可能为虚数，故应对 Δ 分解讨论。

① $\Delta\geqslant 0$ 时，$\alpha\in\mathbb{R}$，另一根 $\beta\in\mathbb{R}$，且由 $\alpha\beta=\frac{c}{a}>0$，知 α,β 同号，所以

$$|\alpha+\beta|=|\alpha|+|\beta|=\left|-\frac{b}{a}\right|=\frac{b}{a}<1,$$

因此，$|\alpha|<1$。

② $\Delta<0$ 时，α,β 为共轭二虚根，即 $\beta=\bar{\alpha}$，由 $|\alpha|^2=\alpha\cdot\bar{\alpha}=\alpha\cdot\beta=\frac{c}{a}<1$，所以 $|\alpha|<1$。

例 4.44 求函数 $y=\frac{1}{\sqrt{a^x-kb^x}}(a>0,b>0,a\neq 1,b\neq 1)$ 的定义域。

解 应有 $a^x-kb^x>0$，即 $\left(\frac{a}{b}\right)^x>k$。对 $\frac{a}{b}$ 进行分解(以 1 为标准)：

① 当 $\frac{a}{b}>1$ 时，$\left(\frac{a}{b}\right)^x>0$，于是再对 k 以 0 为标准作分解，即 $k\leqslant 0, x\in\mathbb{R}$；$k>0$，$x>\log_{\frac{a}{b}}k$。

② 当 $\frac{a}{b}=1$ 时，$\left(\frac{a}{b}\right)^x=1$，于是再对 k 以 1 为标准分解，即

$$k<1, x\in\mathbb{R};\quad k\geqslant 1,\quad x\in\varnothing。$$

③ 当 $\frac{a}{b}<1$ 时，于是再对 k 以 0 为标准作分解，即

$$k\leqslant 0, x\in\mathbb{R};\quad k>0,\quad x<\log_{\frac{a}{b}}k。$$

例 4.45 如图 4.17 所示，在三棱锥 P-ABC 中，已知：$PA\perp BC$，$PA=BC=l$，PA，BC 的公垂线 $ED=h$。求证：三棱锥 P-ABC 的体积 $V=\frac{1}{6}l^2h$。

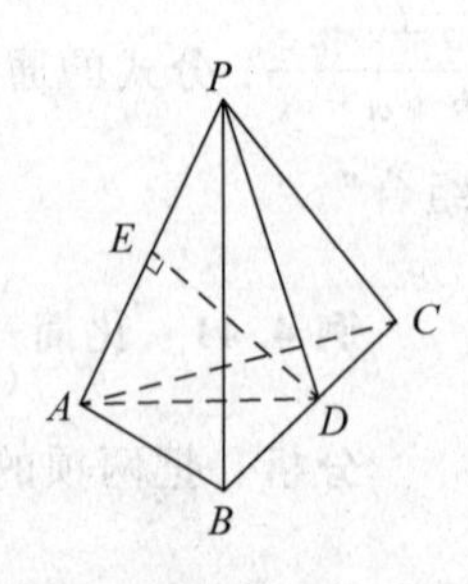

图 4.17

分析 当连接 AD，PD 后，就把三棱锥 P-ABC 分成两个三棱锥 B-PAD 和 C-PAD。于是

$$
\begin{aligned}
V_{P\text{-}ABC} &= V_{B\text{-}PAD} + V_{C\text{-}PAD} \\
&= \frac{1}{3}\left(\frac{1}{2}lh\right)\cdot BD + \frac{1}{3}\left(\frac{1}{2}lh\right)\cdot CD \\
&= \frac{1}{6}lh(BD+CD) = \frac{1}{6}l^2h。
\end{aligned}
$$

例 4.46 求作定半径的圆，使其与定圆及定直线均相切。

如图 4.18 所示，已知定圆 $O(R)$，定直线 l 及定长线段 r。求作一圆，使其半径为 r，且与$\odot O(R)$及直线 l 均相切。

分析 假定 $P(r)$为所求的圆，由于$\odot P(r)$与$\odot O(R)$相切，则 $PO=R+r$ 或 $PO=|R-r|$，可知点 P 应在以 O 为圆心，$R+r$ 或$|R-r|$为半径的圆周上；又由于$\odot P(r)$与直线 l 相切，则 P 到 l 的距离为 r，可知点 P 应在与 l 平行且距离为 r 的两条直线上。于是点 P 即为它们的交点，点 P 既可求出，则所求作的圆可以作出。

利用此法解题的过程可用如图 4.19 所示的框图表示。

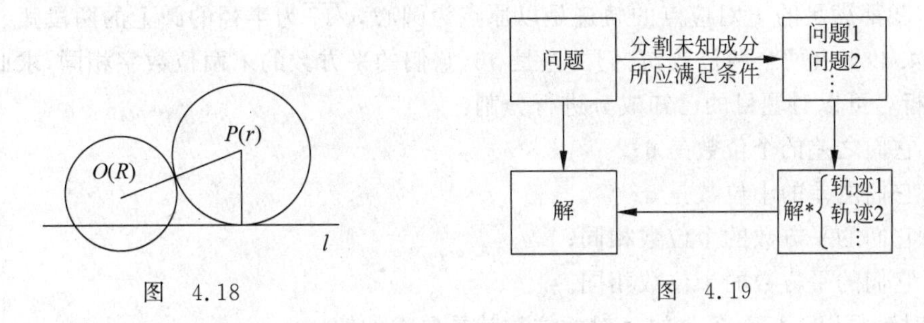

图 4.18　　图 4.19

例 4.47 已知直三棱柱 $ABC\text{-}A_1B_1C_1$，用一个平面去截它，得截面$\triangle A_2B_2C_2$，且 $AA_2=h_1$，$BB_2=h_2$，$CC_2=h_3$ 如图 4.20 所示，若$\triangle ABC$ 的面积为 S，求证：介于截面与下底面之间的几何体体积 $V=\frac{1}{3}S(h_1+h_2+h_3)$。

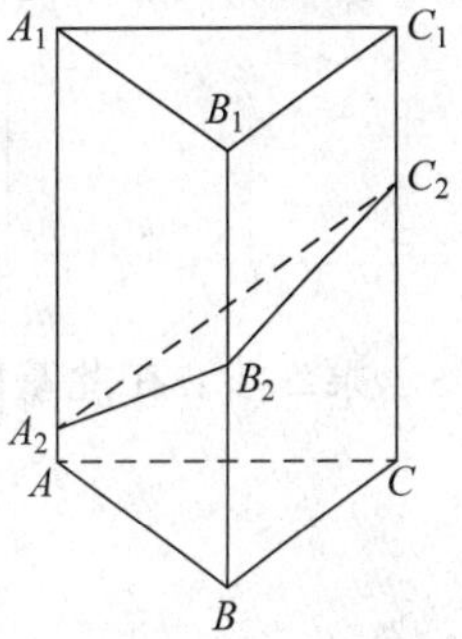

分析 直接求 V 比较困难，注意到 $V=\frac{1}{3}S(h_1+h_2+h_3)$的结构，应把几何体 $ABC\text{-}A_2B_2C_2$ 分割成三个棱锥。连接 A_2B，A_2C，CB_2，所以

图 4.20

$$V=V_{A_2\text{-}ABC}+V_{A_2\text{-}B_2BC}+V_{A_2\text{-}B_2CC_2}。$$

因为 $V_{A_2\text{-}ABC}=\frac{1}{3}Sh_1$，$V_{A_2\text{-}B_2BC}=V_{A\text{-}B_2BC}=V_{B_2\text{-}ABC}=\frac{1}{3}Sh_2$，

$$V_{A_2\text{-}B_2CC_2}=V_{A\text{-}B_2CC_2}=V_{B_2\text{-}ACC_2}=V_{B\text{-}ACC_2}=V_{C_2\text{-}ABC}=\frac{1}{3}Sh_3，$$

故 $$V=\frac{1}{3}S(h_1+h_2+h_3)。$$

(2) 条件分割法

把问题的条件作为分割的对象，其作用在于能暂时解除它们之间的制约关系，能更自由地分别探求只满足部分条件的对象，或使制约关系清晰，有利于化归。

例 4.48 复数 z 满足 $0<z+\frac{17}{z}\leqslant 8$，求 z 在复平面内对应点的轨迹。

分析 要求轨迹应先求出 z 满足的方程，怎样才能得到方程呢？只要把条件分割成两部分列方程就很简单了。

$0<z+\frac{17}{z}\leqslant 8\Leftrightarrow$①：$z+\frac{17}{z}$为实数 a，②：$0<a\leqslant 8$。

$z+\frac{17}{z}$为实数$\Leftrightarrow z+\frac{17}{z}=\bar{z}+\frac{17}{\bar{z}}\Leftrightarrow z^2\bar{z}+17\bar{z}=\overline{z^2}z+17z\Leftrightarrow(z-\bar{z})(|z|^2-17)=0$。

所以 z 为实数或 $|z|=\sqrt{17}$，这是满足条件(1)的方程。

再研究②：当 z 为实数时，由基本不等式：$z+\frac{17}{z}\geqslant 2\sqrt{17}>8$，所以 z 为实数应舍掉。当 $|z|=\sqrt{17}$ 时，$z+\frac{17}{z}=z+\bar{z}=2\mathrm{Re}z\in(0,8]$，$\mathrm{Re}z\in(0,4]$。

①，②都满足的 z 对应点的轨迹是以原点为圆心，$\sqrt{17}$ 为半径的圆上的两段弧。

例 4.49 有两个两位数，它们的差是 56，它们的平方数的末两位数字相同，求此两数。

分析 可以对题目的已知成分进行分割：

① 它们之差的个位数是 6；

② 它们之差的十位数是 5；

③ 它们的平方数的个位数相同；

④ 它们的平方数的十位数相同。

同时满足以上四个条件的一对两位数就是要求的解。

第一步：先考虑①，满足①的所有两位数的个位数有如下几种搭配情况：

6	7	8	9
0	1	2	3

或

0	1	2	3	4	5
4	5	6	7	8	9

第二步：在此基础上考虑③，满足③的各对两位数，其个位数只剩下以下两种：

8
2

或

3
7

第三步：再考虑②，则同时满足①、②、③的两个两位数只有以下几对：

68	78	88	98
12	22	32	42

或

73	83	93
17	27	37

第四步：又满足④的，只剩下 78、22 这一对。

（检验：$78^2=6084$，$22^2=484$）

(3) 过程分割法

把问题的解答“过程”分割为几个阶段，每一个阶段都有一个小目标，每个小目标形成一个台阶，沿着这些台阶一步一步地逼近总目标，这种化归方法就是过程分割法，也叫逐步逼近法。

解决一个数学问题，首先从与该问题的实质内容有着本质联系的某些容易着手的条件或某些减弱的条件出发，再逐步地扩大(或缩小)范围，逐步逼近，最后达到问题所要求的解。

基本上可分为两类：一类是问题序列的逐步逼近法，另一类是问题解序列逐步逼近法。

哥德巴赫猜想提出已有两个多世纪，200 多年来，中外许多数学家为它绞尽脑汁，但这个问题迄今仍未得到彻底解决，从其论证过程来看，就是一个运用问题序列的逐步逼近法的典型例子。为了叙述方便先引入一个概念和两个符号。

如果对于一个固定的整数 $n>0$，当自然数 m 的素因数不超过 n 个时，称 m 为素因数不超过 n 个的殆素数。例如，$15=3\times5$，$21=3\times7$ 都是不超过 2 的殆素数；30 是素因数超过 3 的殆素数。

如果对于每个充分大的偶数都可表示为两个素因数分别不超过 a 与 b 的殆素数之和时，记为 $a+b$；

如果对于每一个充分大的偶数都可表示为一个素数与一个素因数不超过 c 的殆素数之和时，记为 $1+c$。

直接证明 $1+1$ 很难，人们就去考虑证明 $a+b$。

1920 年，挪威数学家布朗用一种古老的筛选法证明了 $9+9$；

1924 年，德国数学家拉德马哈尔证明了 $7+7$；

1932 年，英国数学家麦斯特曼证明了 $6+6$；

1938 年，苏联数学家布赫斯塔勃证明了 $5+5$，事隔两年，1940 年，他又证明了 $4+4$；

1956 年，苏联数论专家维诺格拉托夫证明了 $3+3$；

1957 年，我国数学家王元证明了 $2+3$。

从 1920 年到 1957 年，经过 37 年的努力，数学家不断改进其结果，由 $9+9$ 推进到了 $2+3$，但最终目标是 $1+1$，毕竟是接近了些。但是上述的所有结果都有一个共同的不足之处，即只是把每一个充分大的偶数表示为两殆素数之和(其中的两个数还没有一个可以肯定为素数)。

1948 年，匈牙利数学家兰恩依证明了 $1+6$；

1962 年，我国数学家潘承洞证明了 $1+5$，同年，潘承洞和王元又证明了 $1+4$；

1965 年，布赫斯塔勃、维诺格拉托夫和意大利数学家庞皮艾黎证明了 $1+3$；

1966 年，我国数学家陈景润证明了 $1+2$，这是至今距离 $1+1$ 最近的优秀成果。

下面再通过几个具体例子来说明逐步逼近法的运用。

例 4.50 在平面内有 100 条不相重合的直线，它们的交点恰好是 1988 个，试给出这样的直线的一种作法。

分析 若这 100 条直线处于一般位置，则有交点 $C_{100}^2=4950$ 个。因此可考虑从这种状态出发、经过适当调整一些直线的位置，使交点数下降，从而达到要求。可考虑使一些直线共点而成为直线束。

将上述状态下的直线进行移动，得到 k 个直线束，设每个直线束的条数分别为 $n_1,n_2,\cdots,n_k(n_i\geqslant3,i=1,2,\cdots,k)$，且 $n_1+n_2+\cdots+n_k\leqslant100$，这样调整后，则每束直线的交点数减少了 $C_{n_i}^2-1$ 个$(i=1,2,\cdots,k)$，应减少的交点总数为 $C_{100}^2-1988=2962$ 个。

先估计一下 n_1：因为 $C_{77}^2-1=2925$ 最接近 2962，故 $n_1=77$，即通过移动，把 77 条直线

变为一个直线束,则交点的几个数减少了 2925 个。这样只须再作调整,使交点的个数减少 37 个即可。

再估计 n_2：又 $C_9^2-1=35$ 最接近 37,故 $n_2=9$,即通过移动,把剩下的直线中的 9 条变为一个直线束,则交点的个数又减少 35 个。再调整使交点的个数减少 2 个即可。

因为 $C_3^2-1=2$,故 $n_3=3$,即把剩下的 14 条直线中的 3 条变为一个直线束,而其余 11 条直线位置不变。这样,经过调整后的 100 条直线就恰好只有 1988 个交点。

例 4.51 把 $1^2,2^2,3^2,\cdots,81^2$ 这 81 个数分成三部分,使其和相等。

分析 因为 $S=1^2+2^2+3^2+\cdots+81^2=180441$,所以 $\frac{1}{3}S=60147$。目标是把 81 个数分成 3 份,每份的和为 60147。取哪些数作和,需经过几次探索：

取先取和：

$$1^2+2^2+3^2+\cdots+57^2=63365。\tag{4.15}$$

这比 $\frac{1}{3}S$ 多出 $63365-60147=3218$。

再在(4.15)式中取和：

$$1^2+2^2+3^2+\cdots+21^2=3311。$$

这又少了 $3311-3218=93$。而 $93=2^2+5^2+8^2$,故

$$S_1=\frac{1}{3}S=2^2+5^2+8^2+22^2+23^2+\cdots+57^2=60147。$$

另外,因为

$$1^2+2^2+3^2+\cdots+71^2=121836,$$

而 $121836-\frac{2}{3}S=121836-120294=1542$,即比 $\frac{2}{3}S$ 多取 1542。又 $18^2+19^2+20^2+21^2=1526$,且 $1542-1526=16=4^2$,故

$$S_2=1^2+3^2+6^2+7^2+9^2+10^2+\cdots+17^2+58^2+59^2+\cdots+71^2=\frac{1}{3}S。$$

最后 $S_3=4^2+18^2+19^2+20^2+21^2+72^2+73^3+\cdots+81^2=\frac{1}{3}S$。

上两例所用到的方法称为逐步调整法,它是逐步逼近法的具体应用形式。

例 4.52 已知 a,b 为正整数,$ab+1$ 整除 a^2+b^2。证明：$\frac{a^2+b^2}{ab+1}$是完全平方数。

证明 设$\frac{a^2+b^2}{ab+1}=q$ 则

$$a^2+b^2=q(ab+1)。$$

因而(a,b)是不定方程

$$x^2+y^2=q(xy+1)\tag{4.16}$$

的一组整数解。

如果 q 不是完全平方,那么方程(4.16)的整数解中 x,y 均不为 0,因而

$$q(xy+1)=x^2+y^2>0,$$

则 $xy>-1$,推出 $xy\geqslant 0$,所以 x,y 同号。

现在设 a_0,b_0 是方程(4.16)的正整数解中,使 a_0+b_0 为最小的一组解,$a_0 \geqslant b_0$,那么 a_0 是方程

$$x^2-qb_0x+(b_0^2-q)=0 \tag{4.17}$$

的解。

由韦达定理,方程(4.17)的另一解

$$a_1=qb_0-a_0,$$

a_1 是整数,而且(a_1,b_0)也是(4.16)的解,所以 a_1 与 b_0 同为正整数。但由韦达定理得

$$a_1=\frac{b_0^2-q}{a_0}<\frac{b_0^2}{a_0}\leqslant a_0,$$

与 a_0+b_0 为最小矛盾。这说明 q 一定是完全平方。

这种解法就是所谓无穷递降法:如果在 q 不是完全平方时,不定方程(4.16)有正整数解(a_0,b_0),那么它一定还有另一组正整数解(a_1,b_1),并且 $a_1+b_1<a_0+b_0$。这样下去,将有无穷多组正整数解(a_n,b_n)满足方程(4.16),并且

$$a_0+b_0>a_1+b_1>\cdots>a_n+b_n>\cdots$$

但这是不可能的,因为一个严格递减的正整数序列,只有有限多项(这与上述解法中,存在一个"最小解"是等价的)。这种方法是17世纪的数学家费尔马特别钟爱的。他用这种方法证明了许多不定方程的问题。例如 $x^4+y^4=z^4$ 没有正整数解。

还有一种称为逐步淘汰逼近的方法,以一定的限定条件为依据,对所研究的对象进行考察,把符合条件的对象选上,把不符合条件的对象淘汰,最后得到所需求解的结果。

公元前3世纪希腊数学家爱拉托斯芬对质数的探求:他先把大于2的2的倍数划去,再把大于3的3的倍数划去,接着又把大于5的5的倍数划去……,如此划去,直至划去了在一定范围内的所有合数,再划去1。正是利用这种近乎"笨拙"的朴素的逐步淘汰筛选造出了十万以内的质数。

集合论中的容斥原理其实也是逐步淘汰逼近法的具体应用。

例 4.53 已知等差数列$\{a_n\}$的公差 $d>0$,首项 $a_1>0$,$S_n=\sum\limits_{i=1}^{n}\frac{1}{a_ia_{i+1}}$,求 $\lim\limits_{n\to\infty}S_n$。

分析 将求解过程分为4个阶段:

(1) 将无限化有限即先求 S_n,

(2) 将 S_n 转化为 $\frac{1}{d}\left[\left(\frac{1}{a_1}-\frac{1}{a_2}\right)+\left(\frac{1}{a_2}-\frac{1}{a_3}\right)+\cdots+\left(\frac{1}{a_n}-\frac{1}{a_{n+1}}\right)\right]=\frac{1}{d}\left(\frac{1}{a_1}-\frac{1}{a_{n+1}}\right)$ 的形式,

(3) 将(2)再转化为 $\frac{n}{a_1^2+nda_1}=\frac{1}{\frac{a_1^2}{n}+da_1}$,

(4) 将有限化为无限,$\lim\limits_{n\to\infty}S_n=\frac{1}{a_1d}$。

3. 参数变异法

引例 一元三次方程求解公式的推导。

由于一元二次方程 $ax^2+bx+c=0(a\neq 0)$ 的求解公式早已得出。因此，容易想到，如果能把三次方程转化为二次方程来求解，一元三次方程的问题也就解决了。

对于一般三次方程

$$ay^3+by^2+cy+d=0 \quad (a\neq 0), \tag{4.18}$$

引进参数 k，使得 $y=x+k$，则有 $a(x+k)^3+b(x+k)^2+c(x+k)+d=0$，即

$$ax^3+(3ak+b)x^2+(3ak^2+2bk+c)x+(ak^3+bk^2+ck+d)=0。$$

令 $3ak+b=0$，即 $k=-\frac{b}{3a}$，方程(4.18)化归为特殊形式

$$x^3+px+q=0。 \tag{4.19}$$

再引进参数 u 和 v，令 $x=u+v$，则方程(4.19)就可变形为 $(u+v)^3+p(u+v)+q=0$，即

$$u^3+3u^2v+3uv^2+v^3+pu+pv+q=0,$$

$$亦即\ u^3+(3uv+p)u+(3uv+p)v+v^3+q=0。$$

因此，如果取 $3uv=-p$，对这样选取的 u 和 v 就有

$$\begin{cases} u^3+v^3+q=0, & (4.20)\\ 3uv+p=0。 & (4.21)\end{cases}$$

由方程(4.21)可变形为 $uv=-\frac{p}{3}$，即 $u^3v^3=-\frac{p^3}{27}$。

因此，由二次方程的有关知识就可知道，u^3，v^3 就是二次方程 $z^2+qz-\frac{p^3}{27}=0$ 的根。于是，由二次方程的求根公式即可求得

$$u^3=-\frac{q}{3}+\sqrt{\frac{q^2}{4}+\frac{p^3}{27}},\quad v^3=-\frac{q}{2}-\sqrt{\frac{q^2}{4}+\frac{p^3}{27}}。$$

因此，方程(4.19)的解为

$$x=\sqrt[3]{-\frac{p}{2}+\sqrt{\frac{q^2}{4}+\frac{p^3}{27}}}+\sqrt[3]{-\frac{q}{2}-\sqrt{\frac{q^2}{4}+\frac{p^3}{27}}}。$$

以上解题过程可以表示为如图 4.21 所示的框图。

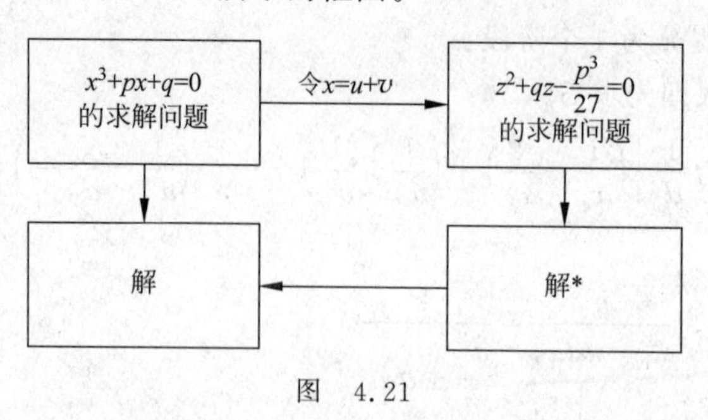

图 4.21

上例表明，为了达到由未知到已知、由难到易、由繁到简的化归，往往引进适当的参数，从而使问题的表现形式或解的结构处于可变可控的状态之中，这种化归的方法称作参数变异法。

引进参数的方式方法较多，以问题的结构特征为根据，比如利用变量替换、增量替换，以

实现减少变量的个数，降低次数，使问题结构简单的目的，实现问题的化归与解决。

(1) 对称代换

例 4.54 解方程 $(x+b+c)(x+c+a)(x+a+b)+abc=0$。

分析 展开括号得一个不易求解的三次方程。于是设 $y=x+a+b+c$，原方程变形为 $(y-a)(y-b)(y-c)+abc=0$。展开括号可得一无常数项的三次方程，这就可使问题获解。

例 4.55 已知 $|a|\leqslant 1,|b|\leqslant 1$。求证：$ab+\sqrt{(1-a^2)(1-b^2)}\leqslant 1$。

分析 待证式的左边是关于 a,b 的对称式，且问题的已知、待证式与三角公式均有类似之处，故可设想作三角代换。

因 $|a|\leqslant 1,|b|\leqslant 1$，令 $a=\sin\alpha,b=\cos\beta$，则

$$\begin{aligned}ab+\sqrt{(1-a^2)(1-b^2)}&=\sin\alpha\cos\beta+\sqrt{(1-\sin^2\alpha)(1-\cos^2\beta)}\\&=\sin\alpha\cos\beta+|\cos\alpha\sin\beta|\\&=\sin(\alpha\pm\beta)\leqslant 1。\end{aligned}$$

对于含 $b+c-a,c+a-b,a+b-c$ 这类关于 a,b,c 的轮换式的问题，一般可作代换 $s=a+b+c$。

例 4.56 证明：

$$(a+b+c)^3+(b+c-a)(a+b-c)(c+a-b)+8abc=4(a+b+c)(ab+bc+ca)。$$

证明 令 $s=a+b+c$，则

$$\begin{aligned}左边&=s^3+(s-2a)(s-2b)(s-2c)+8abc\\&=s^3+s^3-2(a+b+c)s^2+4(ab+bc+ca)s-8abc+8abc\\&=4(ab+bc+ca)s\\&=4(a+b+c)(ab+bc+ca)=右边。\end{aligned}$$

(2) 增量代换

例 4.57 设 $x,y,z\in\mathbb{R}$，$x+y+z=1$。求证：$x^2+y^2+z^2\geqslant 1/3$。

分析 设 $x=\frac{1}{3}+\alpha,y=\frac{1}{3}+\beta,z=\frac{1}{3}-(\alpha+\beta)$，则

$$\begin{aligned}x^2+y^2+z^2&=\left(\frac{1}{3}+\alpha\right)^2+\left(\frac{1}{3}+\beta\right)^2+\left[\frac{1}{3}-(\alpha+\beta)\right]^2\\&=\frac{1}{9}+\frac{2\alpha}{3}+\alpha^2+\frac{1}{9}+\frac{2\beta}{3}+\beta^2+\frac{1}{9}-\frac{2(\alpha+\beta)}{3}+(\alpha+\beta)^2\\&=\frac{1}{3}+\alpha^2+\beta^2+(\alpha+\beta)^2\geqslant\frac{1}{3}。\end{aligned}$$

例 4.58 设 $x,y,z\geqslant 0$，且 $x+y+z=1$，求证：$xy+yz+zx-2xyz\leqslant\frac{7}{27}$。

分析 由 $x+y+z=1$，取其平均值 $\frac{1}{3}$ 为标准量，进行如下增量替换：$a=x-\frac{1}{3},b=y-\frac{1}{3},c=z-\frac{1}{3}$，则 $a+b+c=0$，且 $b\geqslant-\frac{1}{3}$，于是，令

$$f=3\left(xy+yz+zx-2xyz-\frac{7}{27}\right)$$

$$=ab+bc+ca-6abc$$
$$=ab+c(a+b)-6abc$$
$$=-(a+b)^2+ab+6ab(a+b)\quad(\text{利用 }a+b+c=0\text{,减少变量个数})$$
$$=(6b-1)a^2+(6b^2-b)a-b^2。$$

因为 a,b,c 不全为正,不妨设 $b\leqslant 0$,但 $b\geqslant -\frac{1}{3}$,所以 $6b-1\leqslant 0$,于是

$$\Delta_f=(6b^2-b)^2-4(6b-1)(-b^2)=(6b-1)(6b+3)b^2\leqslant 0,$$

故 $f\leqslant 0$,即 $xy+yz+zx-2xyz\leqslant\frac{7}{27}$。

(3) 插值代换

运用拆分思想,把 $a\pm b$ 变形为 $a-c+c\pm b$,这种变形富于创造性,对某些问题特别有效。

例 4.59 分解因式 $ab(a+b)-bc(b+c)-ac(c-a)$。

分析 作变形 $b+c=(b+a)+(c-a)$,则

$$\begin{aligned}\text{原式}&=ab(a+b)-bc(a+b)-bc(c-a)-ac(c-a)\\&=b(a+b)(a-c)-c(c-a)(b+a)\\&=(a+b)(a-c)(b+c)。\end{aligned}$$

注 将原式中的 $a+b$ 变形为 $a+c-c+b$,也可达到目的。

例 4.60 解方程 $(a-x)^3+(x-b)^3=(a-b)^3\ (a\neq b)$。

分析 作变形 $a-b=(a-x)+(x-b)$,则原方程变形为

$$3(a-x)^2(x-b)+3(a-x)(x-b)^2=0,\quad\text{即}\quad(a-x)(x-b)(a-b)=0。$$

由此求出 $x_1=a,x_2=b$。

(4) 和差代换

对某些问题,作变换 $x=a+b,y=a-b$,也可使问题得到简化。

例 4.61 已知 $x+y+z=0$。求证:$x^3+y^3+z^3=3xyz$。

分析 令 $x=a+b,y=a-b$。由 $x+y+z=0$,得 $z=-2a$,故

$$\begin{aligned}x^3+y^3+z^3&=(a+b)^3+(a-b)^3+(-2a)^3\\&=a^3+3a^2b+3ab^2+b^3+a^3-3a^2b+3ab^2-b^3-8a^3\\&=-6a^3+6ab^2=3(a+b)(a-b)(-2a)\\&=3xyz。\end{aligned}$$

4. 降维化归

降维包括降次和降元等方法,比较而言,低维、低次和少元问题是较简单和较熟悉的问题,例如,把立体几何问题化归为平面几何问题,把式的问题化归为数的问题,把多因素问题化归为单因素问题,等等。

例 4.62 若 $A+B+C+D$ 是定值 θ,且 $A,B,C,D\in\left(0,\frac{\pi}{2}\right)$,求 $u=\sin A\sin B\sin C\sin D$ 的最大值。

分析 降元化归为两个角(相对于原题来说是较低层次的),即 $A+B=\theta$ 是定值,且

A、$B\in\left(0,\frac{\pi}{2}\right)$，则有

$$u_0=\sin A\sin B=\frac{1}{2}[\cos(A-B)-\cos(A+B)],$$

当且仅当 $\cos(A-B)=1$，即 $A=B$ 时，u_0 取得最大值。

由此猜想，当 $A=B=C=D=\frac{\theta}{4}$ 时，$u_{\max}=\sin^4\frac{\theta}{4}$。驳倒其反面，问题即可证出，而这是较容易的。事实上，若 A,B,C,D 中至少有两个不等，不妨设如 $A\neq B$，而此时 u 的值为 $u_1=u_{\max}$，不妨暂固定 C,D 不变，则可视 $A+B=\theta-(C+D)$ 为定值，而当 $A=B$ 时，u 的值设为 u_2，显然 $u_2>u_1$，这是一个矛盾。由此可得，当 $A=B=C=D$ 时，u 取得最大值。

例 4.63 给定函数 $y=ax^3+bx^2+cx+d\,(a\neq0)$，求证这个函数的图像是中心对称图形。

分析 降次考虑二次函数 $y=ax^2+bx+c\,(a\neq0)$，它可通过配方、平移，化为 $y_1=ax_1^2\left(\text{其中 }x_1=x+\frac{b}{2a},y_1=y+\frac{b^2-4ac}{4a}\right)$，由 $y_1=ax_1^2$ 关于 y_1 轴对称，知原函数关于直线 $x=-\frac{b}{2a}$ 为对称。

由此对原题所给的三次函数也施行配方和平移，则有

$$y=a\left(x+\frac{b}{3a}\right)^3+\frac{3ac-b^2}{3a}\left(x+\frac{b}{3a}\right)-\frac{9abc-27a^2d-2b^3}{27a^2}。\tag{4.22}$$

若令

$$\begin{cases}x_1=x+\dfrac{b}{3a},\\ y_1=y+\dfrac{9ac-27a^2d-2b^3}{27a^2},\end{cases}$$

则(4.22)式化为

$$y_1=ax_1^3+\frac{3ac-b^2}{3a}x_1,\tag{4.23}$$

显见(4.23)式是关于新坐标系原点 O' 为中心对称的，故(4.22)式的图像是以点 $\left(-\frac{b}{3a},-\frac{9ac-27a^2d-2b^3}{27a^2}\right)$ 为中心对称的图像。

例 4.64 如图 4.22 所示，a,b 是两条已知的空间直线，X,Y 分别是直线 a 和 b 上的动点，试求 $d=|XY|$ 的最小值，即直线 a,b 的距离。

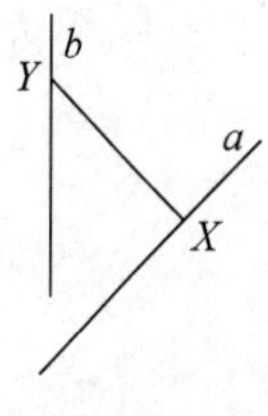

图 4.22

分析 为解这一问题，让我们暂时固定一个动点 Y，而单独研究 X 变化的情况。这时，问题就化归为如何求取直线外一定点 Y 到直线 a 的距离。显然，过 Y 作直线 XY 垂直于 a，垂足为 X，这时，XY 就是定点 Y 到直线 a 的距离。

交换 X 与 Y 的位置，即固定 X 而让 Y 单独变化，同样分析可知，当直线 b 上的动点 Y 位于使 YX 垂直于 b 的位置时，相应的 YX 就是定点 X 到直线 b 的距离。

最后，由于 X,Y 都是动点，因此，只有当 X,Y 位于使 XY 同时垂直于 a 和 b 的位置时，

$d=|XY|$才可能是最小值,换句话说,$d=|XY|$的最小值,就是直线 a,b 的公垂线。

5. 横向化归

横向化归包括数学各科间进行交叉化归,如代数、几何问题的三角解法,几何问题的解析法和三角法,代数、三角问题的几何解法等。

例 4.65 设有$\frac{1}{a^2}=1-\frac{1}{a}$,$b^4=1-b^2$,且$1-ab^2\neq 0$,求$\frac{b^2}{a}$的值。

解 因为$\frac{1}{a^2}+\frac{1}{a}-1=0$,$b^4+b^2-1=0$,且$b^2\neq\frac{1}{a}$,逆用方程根的概念,问题就化归为:$\frac{1}{a}$和$b^2$是方程$x^2+x-1=0$的不等二根。因此$\frac{b^2}{a}=b^2\cdot\frac{1}{a}=-1$。

例 4.66 已知a,b为小于1的正数,求证:

$$\sqrt{a^2+b^2}+\sqrt{(1-a)^2+b^2}+\sqrt{a^2+(1-b)^2}+\sqrt{(1-a)^2+(1-b)^2}\geqslant 2\sqrt{2}。$$

证法 1 利用算术-几何平均这一重要不等式,可得$\sqrt{\frac{a^2+b^2}{2}}\geqslant\frac{a+b}{2}$,于是,

$$\begin{aligned}左边&\geqslant\frac{\sqrt{2}}{2}(a+b)+\frac{\sqrt{2}}{2}(a+1-b)+\frac{\sqrt{2}}{2}(1-a+b)+\frac{\sqrt{2}}{2}(1-a+1-b)\\&=\frac{\sqrt{2}}{2}\times 4=2\sqrt{2}。\end{aligned}$$

证法 2 用复数法。由于左端各式的内部都是两个平方项之和,可将它们视为复数的模,这样左端可解释为4个复数的模之和。

令$z_1=a+b\mathrm{i}$,$z_2=(1-a)+b\mathrm{i}$,$z_3=a+(1-b)\mathrm{i}$,$z_4=(1-a)+(1-b)\mathrm{i}$,则

$$左边=|z_1|+|z_2|+|z_3|+|z_4|\geqslant|z_1+z_2+z_3+z_4|=|2+2\mathrm{i}|=2\sqrt{2}。$$

证法 3 数形结合法。由左边各项的特征,容易想到平面上两点间的距离,从而把它转化为点(a,b)到$(0,0)$,$(1,0)$,$(0,1)$,$(1,1)$四点的距离之和。由于$0<a<1$和$0<b<1$,所以,原不等式化归为:“证明在单位正方形内的任一点到四项点的距离之和不小于$2\sqrt{2}$”,这是可以解决的。

如图4.23(a),在单位正方形$O(0,0)$,$A(1,0)$,$B(1,1)$,$C(0,1)$内,任取一点$P(a,b)$,连PO,PA,PB,PC和OB,AC,则有

$$左边=|PO|+|PA|+|PC|+|PB|\geqslant|OB|+|AC|=2\sqrt{2}。$$

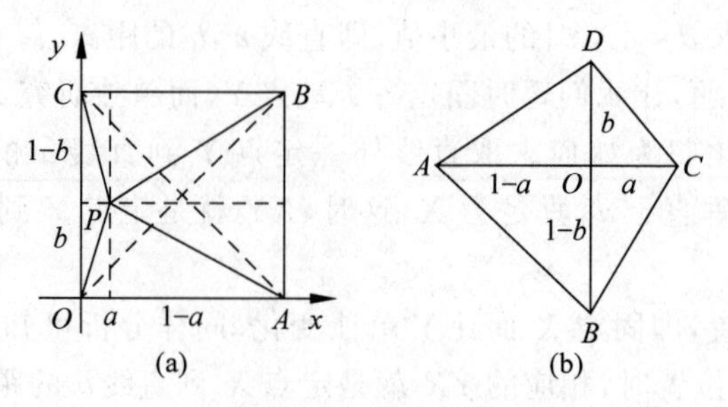

图 4.23

证法 4 几何法。原不等式可看成求某四边形的周长的最小值。为此，作对角线互相垂直且等于 1 的四边形 $ABCD$，对角线 AC，BD 交于 O(图 4.23(b)所示)，令 $CO=a$，$OD=b$，则 $AO=1-a$，$BO=1-b$。因为面积一定的四边形以正方形周长为最小，而 $S_{ABCD}=\frac{1}{2}AC\cdot BD=\frac{1}{2}$是定值，所以，当 $ABCD$ 为正方形即 $a=b=\frac{1}{2}$时，周长为 $4AB=4\times\frac{\sqrt{2}}{2}=2\sqrt{2}$，是最小值。

例 4.67 如图 4.24 所示，AD，BE，CF 是锐角$\triangle ABC$ 三边上的高，a，b，c 分别为$\angle A$，$\angle B$，$\angle C$ 的对边长，H 是垂心且 $AH=m$，$BH=n$，$CH=p$。求证：$\frac{a}{m}+\frac{b}{n}+\frac{c}{p}=\frac{abc}{mnp}$。

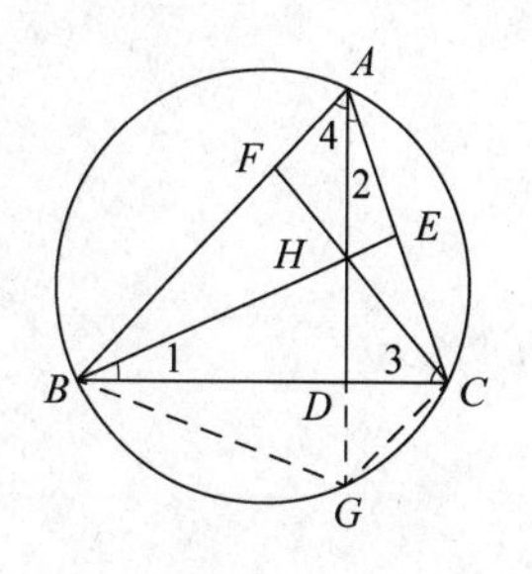

图 4.24

分析 1 待证式可变为 $anp+bmp+cmn=abc$。

由 $S_{\triangle ABC}=\frac{1}{2}bc\sin A=\frac{abc}{4R}$，联想$\frac{a}{m}$，$\frac{b}{n}$，$\frac{c}{p}$与面积有关，可类比用面积证法。

$$结论\Leftarrow\frac{anp}{4R}+\frac{bmp}{4R}+\frac{cmn}{4R}=\frac{abc}{4R}。\tag{4.24}$$

(注意 $S_{\triangle ABC}=S_{\triangle HBC}+S_{\triangle HAC}+S_{\triangle HAE}$。)

(4.24)式中左边三项为三个外接圆半径为 R 的三角形的面积。我们仅分析其一，其余可类推。

延长 HD 到 G 有 $DG=HD$ 并连接 BG，CG，易证$\triangle HBC\cong\triangle GBC$。

$\triangle GBC$ 的外接圆半径为 R，A，B，C，G 四点共圆证$\angle BGC+\angle BAC=180°$，$\angle BHC+\angle BAC=180°$，$\angle 1=\angle 2$，$\angle 3=\angle 4$。

由三条高可证。

上述方法具有一定的难度，不易想到。考虑能否找到类似的结论进行类比。

分析 2 参见例 3.6。

例 4.68 m 为何值时，关于 x 的二次方程 $2(m+1)x^2-4mx+3(m-1)=0$ 至少有一个正根？

分析 直接解法。原题可分解为三个简单的问题：(1)有两正根；(2)有一正根和一负根；(3)一正根和一根为零。但此时证明过程稍繁。

间接解法。原问题的反面是：(1)两负根；(2)一负根和一根为零。而后者显然不可能(因为此时 $x=0$，$m=1$，而另一根是 $x=1>0$)。两负根经计算也不可能。故问题的解为

$$\Delta\geqslant 0\Rightarrow m\in[-\sqrt{3},\sqrt{3}]。$$

例 4.69 已知 a，b，c 是互不相等的实数，且 $abc\neq 0$，解关于 x，y，z 的方程组

$$\begin{cases}\frac{x}{a^3}-\frac{y}{a^2}+\frac{z}{a}=1,\\ \frac{x}{b^3}-\frac{y}{b^2}+\frac{z}{b}=1,\\ \frac{x}{c^3}-\frac{y}{c^2}+\frac{z}{c}=1。\end{cases}$$

分析 把 x,y,z 看作"常量",上述三个方程可化归为方程

$$xt^3-yt^2+xt-1=0$$

有三个不同的实根$\frac{1}{a},\frac{1}{b},\frac{1}{c}$。由韦达定理知

$$\begin{cases}\frac{1}{a}+\frac{1}{b}+\frac{1}{c}=\frac{y}{x},\\ \frac{1}{ab}+\frac{1}{bc}+\frac{1}{ca}=\frac{z}{x},\\ \frac{1}{abc}=\frac{1}{x},\end{cases}$$

所以

$$\begin{cases}x=abc,\\ y=ab+bc+ca,\\ z=a+b+c。\end{cases}$$

例 4.70 已知方程 $ax^2-2(a-3)x+a-2=0$,其中的 a 为负整数,试求使 x 至少有一整数根的 a 的值。

分析 若按常规以 x 为未知量,则解得 $x_{1,2}=\frac{(a-3)\pm\sqrt{9-4a}}{a}$,要使其中至少有一个是整数,讨论将很复杂。

鉴于参数 a 在原方程中只含一次式,故考虑将主元 x 与参元 a 相对易位,是否可简化讨论。于是化原方程为

$$(x-1)^2a=2-6x。\tag{4.25}$$

要使(4.25)式的解是负整数,其必要条件是:

① $x\neq1$;② $2-6x<0$;③ $|2-6x|\geqslant(x-1)^2$。

解得 $4-\sqrt{13}\leqslant x\leqslant4+\sqrt{13}$ 且 $x\neq1$。

因而 x 的可能整数值是 $2,3,\cdots,7$,这些值中,使 $a=\frac{2-6x}{(x-1)^2}$为负整数的只有 $x_1=2$ 或 $x_2=3$,对应地 $a_1=-10,a_2=-4$ 即为所求 a 的值。

例 4.71 证明曲线系 $y=ax^2+(3a-1)x-(10a+3)$必过两定点。

分析 本题有多种证法,这里只考虑主变量 x,y 与参变量 a 相对易位的一种证法。化原方程为

$$(x^2+3x-10)a+(-x-y-3)=0,\tag{4.26}$$

依题意知,对任意的 a 值,(4.26)式永远成立(或关于 a 的方程(4.26)有无穷多解),故有

$$\begin{cases}x^2+3x-10=0,\\ x+y+3=0,\end{cases}\quad 解得\quad\begin{cases}x_1=-5,\\ y_1=2,\end{cases}\quad 或\quad\begin{cases}x_2=2,\\ y_2=-5,\end{cases}$$

即抛物线系过定点 $P_1(-5,2)$和 $P_2(2,-5)$。

4.4 RMI 方法

4.4.1 RMI 方法的含义

RMI 是关系(relationship)、映射(mapping)反演(inversion)的简称。RMI 方法的实质是寻求适当的映射来实现化归,因此 RMI 方法是特殊的化归法。换句话说,如果原问题“化归”为一个新问题后,新问题与原问题,只是形式不同,数学结构完全相同,这种“化归”在数学上又称为“RMI”方法。RMI 方法是分析和处理问题的普遍方法,它不仅在数学中,而且几乎在一切应用科学中,发挥作用并解决实际问题,它属于一般科学方法论中高效能的工作准则,它既可以用来引导数学的发现,推进数学研究在理论上作出新的成果,又能用于处理具体数学问题,通过映射多角度地开拓灵活的解题思路。

从思维科学的观点看,数学思维对数(或形)的关系和转化的反映,最根本的方法就是提炼数学模型。所以,数学模型方法是 RMI 思想方法的体现。

数学是研究关系结构模式的科学。数学上的模式是指理想化的或经过量化的形式结构。所谓数学问题就是存在于关系结构中的某种未知对象,这种未知对象可以是数量、函数、性状或关系,等等,解决数学问题的任务就是把未知变为已知,RMI 方法就是借助于应用各种有效的映射变换手段去实现解题任务的普遍方法。

把各个具体数学理论中所涉及的数学概念,如数、量、数列、向量、变数、函数、方程、泛函、点、线、面、几何图形、空间、集合、运算、映射、概率、测度、级数、导数、微分、积分、群、环、域、数学模型,等等,叫做数学对象。数学对象的一个共同特点是高度的抽象性。数学对象并非孤立地存在,彼此间具有制约关系,如代数关系、序关系、函数关系、拓扑关系,等等。一个数学问题是由一些已知的数学对象、数学关系和未知的数学对象与数学关系组成的。我们把存在着某种或某些数学关系的数学对象的集合称为关系结构。凡是在两类数学对象或两个数学集合的元素之间建立了一种“对应关系”,就定义了一个映射。代数中的线性变换,几何中的射影变换,分析学中的变数代换、函数变换、数列变换、积分变换以及拓扑学中的拓扑变换等都是映射。

关系映射反演方法的基本含义可以用图 4.25(a)表示。

比如曹冲称象就是用关系映射反演法解决问题的(见图 4.25(b))。

4.4.2 RMI 方法的运用

运用 RMI 方法时,重要的是寻求适当的映射来实现由未知(难、复杂)到已知(易、简单)的化归。

“映射”作广义上来理解,就是指化难为易的某种对应方法或手段,而“反演”就是把变换后求得的解答再转换成原来问题所要求的答案。直接体现数学中的映射法有坐标法,复数

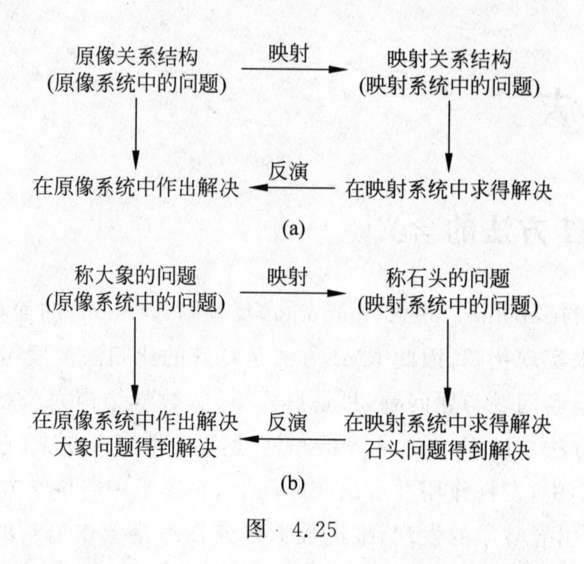

图 4.25

法,函数法,换元法,构造法,数形结合等。如立体几何问题用向量解决,解析几何问题用复数解决,方程或不等式问题用函数、几何解决。

1. 解析法

直角(或极)坐标面上点 P 的集合与有序实数(x,y)为元素的集合是一一映射关系。这样,点、线、面等的几何关系结构便和数对及包含数对的方程等代数关系结构,在一定条件下,可以互相转化。即在研究图形的性质问题时,若能恰当地借助数量关系的定理、公式等,通过定量分析和处理,则往往易获得解题思路;反之,在研究数量关系的问题时,若能恰当地借助图形的性质,作定性分析和讨论,则往往可使问题得到直观形象而简便的解决。

笛卡儿通过建立坐标体系的方法,把几何问题转化为代数问题,通过代数结论去获得几何结论,他由此提出解决问题的一个一般模式——万能方法:

第一,把任何问题化归为数学问题;

第二,把任何数学问题化归为代数问题;

第三,把任何代数学问题化归为代数方程的求解。

由于求解方程的问题可以被看成已能解决的问题,这样一来,利用笛卡儿的上述"万能方法"就可以解决各种各样的问题。显然,笛卡儿这一结论是不完全正确的,因为任何方法都有一定的适用范围,不能绝对化。但笛卡儿在这里所提出的化归思想还是有启发性的。一个问题不能解决或者不易解决,可以把这个问题化归为能够解决或者较易解决的新问题。笛卡儿所创立的解析几何正是这种化归原则的具体应用。如果我们将笛卡儿解决几何问题的过程用框图表示(如图 4.26 所示),就更加看清楚了这一点。

例如,为了证明"三角形的三条高交于一点",可以采取"计算方法":

以 BC 边为 x 轴,BC 边上的高 AD 为 y 轴建立坐标系。不失一般性,可设 A,B,C 三点的坐标分别为 $A(0,a)$,$B(b,0)$,$C(c,0)$,依据解析几何的有关知识可以立即求得$\triangle ABC$ 三边所在的直线的斜率:

$$k_{AB}=-\frac{a}{b},\quad k_{AC}=-\frac{a}{c},\quad k_{BC}=0。$$

进而,三条高所在的直线的方程分别为

$$AD:x=0,$$
$$DE:cx-ay-bc=0,$$
$$CF:bx-ay-bc=0。$$

这三个方程显然有公共解:$x=0,y=-\dfrac{bc}{a}$。从而就证明了三角形的三条高交于一点。

例 4.72 在$\triangle ABC$中,已知AD是BC边上的高,P是AD上任一点,BP,CP延长线交AC,AB于E,F。求证:$\angle ADE=\angle ADF$。

分析 用解析法来证明比用几何法证明较容易。

图 4.27 所示的直角坐标系,则只须证明DE,DF的斜率互为相反数。

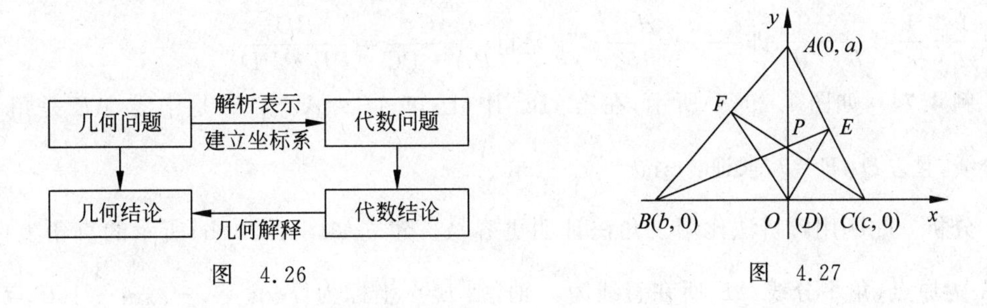

图 4.26　　　　图 4.27

设A,B,C,P四点坐标分别为$(0,a)$,$(b,0)$,$(c,0)$,$(0,p)$,由截距式可求出AB,CP,AC,BP的直线方程分别为

$$AB:\frac{x}{b}+\frac{y}{a}=1,\tag{4.27}$$

$$CP:\frac{x}{c}+\frac{y}{p}=1,\tag{4.28}$$

$$AC:\frac{x}{c}+\frac{y}{a}=1,\tag{4.29}$$

$$BP:\frac{x}{b}+\frac{y}{p}=1。\tag{4.30}$$

联立方程(4.29)、(4.30),求出E点坐标为$\left(\dfrac{bc(a-p)}{ab-cp},\dfrac{ap(b-c)}{ab-cp}\right)$;联立方程(4.27)、(4.28),求出$F$点的坐标为$\left(\dfrac{bc(a-p)}{ac-bp},\dfrac{ap(b-c)}{bp-ac}\right)$。所以直线$DE$的斜率$k_{DE}=\dfrac{ap(b-c)}{bc(a-p)}$,直线$DF$的斜率$k_{DF}=-\dfrac{ap(b-c)}{bc(a-p)}$。由此得$k_{DE}=-k_{DF}$。所以$\angle ADE=\angle ADF$。

例 4.73 过$\angle P$的平分线上一点E,任作两条直线AD,BC分别与$\angle P$的两边相交于A,D和C,B。求证:$\dfrac{AC}{PA\cdot PC}=\dfrac{BD}{PB\cdot PD}$。

证明 如图 4.28 所示,以P为极点,PE为极轴,建立极坐标系。设$A(a,\alpha)$,$B(b,-\alpha)$,

$C(c,\alpha),D(d,-\alpha),E(e,0)$。

因为 A,E,D 三点共线,所以

$$\frac{\sin(\alpha-0)}{d}+\frac{\sin(0+\alpha)}{a}+\frac{\sin(-\alpha-\alpha)}{e}=0,$$

即

$$\frac{\sin 2\alpha}{e}=\frac{\sin\alpha}{d}+\frac{\sin\alpha}{a}。\tag{4.31}$$

同理可得

$$\frac{\sin 2\alpha}{e}=\frac{\sin\alpha}{c}+\frac{\sin\alpha}{b}。\tag{4.32}$$

方程(4.31)-方程(4.32)得

$$\frac{\sin\alpha}{a}-\frac{\sin\alpha}{c}+\frac{\sin\alpha}{d}-\frac{\sin\alpha}{b}=0,$$

所以 $\frac{1}{a}-\frac{1}{c}=\frac{1}{b}-\frac{1}{d}$,即 $\frac{c-a}{ac}=\frac{d-b}{bd}$,于是得 $\frac{AC}{PA\cdot PC}=\frac{BD}{PB\cdot PD}$。

例 4.74 如图 4.29(a)所示,在△ABC 中,已知 $AB<AC$,AD 是中线,AE 是角 A 的平分线,且∠$DAE=\theta$,求证:$\tan\theta=\frac{b-c}{b+c}\tan\frac{A}{2}$。

分析 此题用解析法比用三角法证明更容易。建立如图 4.29(b)所示的直角坐标系,以 A 为原点,角平分线 AE 所在直线为 x 轴,则 B 点坐标为 $\left(c\cos\frac{A}{2},-c\sin\frac{A}{2}\right)$,$C$ 点坐标为 $\left(b\cos\frac{A}{2},b\sin\frac{A}{2}\right)$。$D$ 为 BC 中点,所以 D 点坐标为 $\left(\frac{b+c}{2}\cos\frac{A}{2},\frac{b-c}{2}\sin\frac{A}{2}\right)$。所以

$$\tan\theta=\frac{\frac{b-c}{2}\sin\frac{A}{2}}{\frac{b+c}{2}\cos\frac{A}{2}}=\frac{b-c}{b+c}\tan\frac{A}{2}。$$

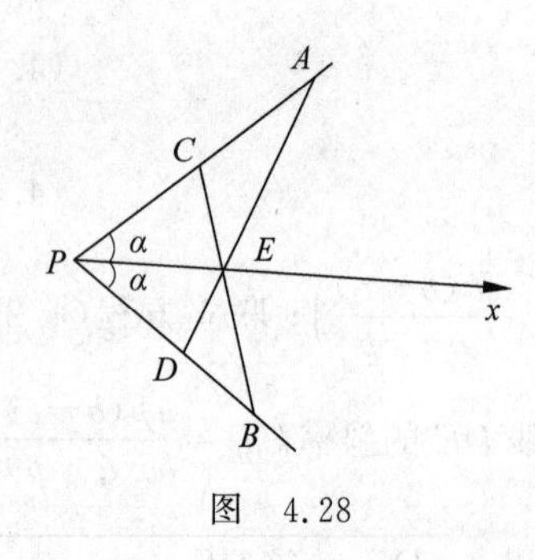

图 4.28

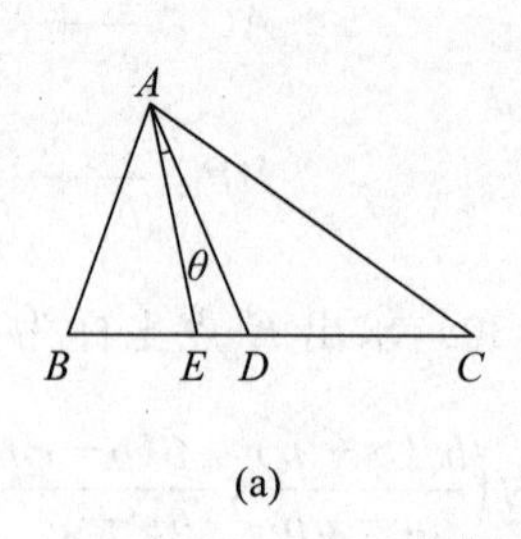

(a)

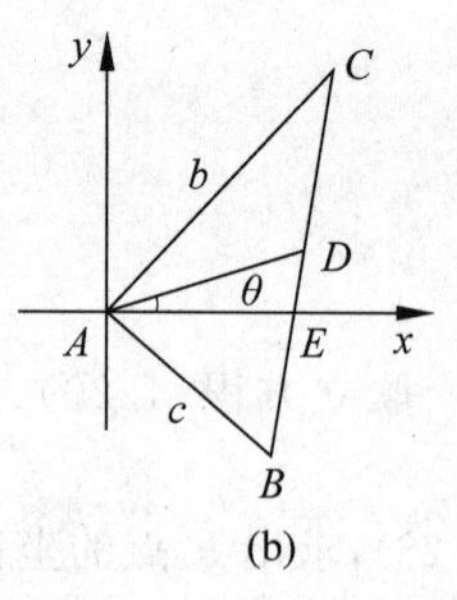

(b)

图 4.29

2. 复数法和向量法

坐标平面内的点 $M(a,b)$ 与复数 $z=a+b\mathrm{i}$ 及二维向量,三维空间中的点与三维向量都有一一映射关系。因此,可以利用复数理论或向量的有关知识解决有关代数、平面几何及三

角等问题。

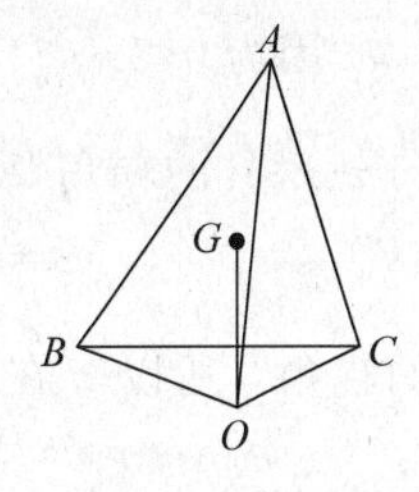

图 4.30

例 4.75 已知 G 是 $\triangle ABC$ 的重心，O 是任意一点。求证：

$$AB^2+BC^2+CA^2+9OG^2=3(OA^2+OB^2+OC^2)。$$

分析 用向量法比用几何法证明更容易。

证明 如图 4.30 所示，将其向量用 $\overrightarrow{OA},\overrightarrow{OB},\overrightarrow{OC}$ 表示，则 $\overrightarrow{AB}=\overrightarrow{OB}-\overrightarrow{OA},\overrightarrow{BC}=\overrightarrow{OC}-\overrightarrow{OB},\overrightarrow{CA}=\overrightarrow{OA}-\overrightarrow{OC}$。因为 G 是 $\triangle ABC$ 的重心，所以 $\overrightarrow{OG}=\frac{1}{3}(\overrightarrow{OA}+\overrightarrow{OB}+\overrightarrow{OC})$，由此得

$$\begin{aligned}
&AB^2+BC^2+CA^2+9OG^2\\
=&\overrightarrow{AB}^2+\overrightarrow{BC}^2+\overrightarrow{CA}^2+9\overrightarrow{OG}^2\\
=&(\overrightarrow{OB}-\overrightarrow{OA})^2+(\overrightarrow{OC}-\overrightarrow{OB})^2+(\overrightarrow{OA}-\overrightarrow{OC})^2+9\left[\frac{1}{3}(\overrightarrow{OA}+\overrightarrow{OB}+\overrightarrow{OC})\right]^2\\
=&3(\overrightarrow{OA}^2+\overrightarrow{OB}^2+\overrightarrow{OC}^2)\\
=&3(OA^2+OB^2+OC^2)。
\end{aligned}$$

例 4.76 求 $\cos5°+\cos77°+\cos149°+\cos221°+\cos293°$。

解 设 $z_1=\cos5°+\mathrm{i}\sin5°,z=\cos72°+\mathrm{i}\sin72°$，故 $z^5=\cos360°+\mathrm{i}\sin360°=1$，于是

$$\begin{aligned}
原式&=\mathrm{Re}(z_1+z_1z+z_1z^2+z_1z^3+z_1z^4)=\mathrm{Re}[z_1(1+z+z^2+z^3+z^4)]\\
&=\mathrm{Re}\left(z_1\frac{1-z^5}{1-z}\right)=\mathrm{Re}(0)=0。
\end{aligned}$$

例 4.77 设 $ABCD$ 是平面上的任意四边形，求证：$AC\cdot BD\leqslant AB\cdot CD+AD\cdot BC$。

证明 设立复平面，令 A,B,C,D 对应的复数分别记为 $z_i(i=1,2,3,4)$，因为两点间的距离对应于两复数差的模，根据复数的运算有

$$\begin{aligned}
&(z_2-z_1)(z_4-z_3)+(z_4-z_1)(z_3-z_2)\\
=&z_2z_4-z_1z_4-z_2z_3+z_1z_3+z_4z_3-z_1z_3-z_2z_4+z_1z_2\\
=&z_3z_4-z_1z_4-z_2z_3+z_1z_2\\
=&(z_4-z_2)(z_3-z_1)。
\end{aligned}$$

所以 $$|(z_4-z_2)(z_3-z_1)|=|(z_2-z_1)(z_4-z_3)+(z_4-z_1)(z_3-z_2)|。$$

根据复数三角不等式，得

$$\begin{aligned}
&|(z_2-z_1)(z_4-z_3)+(z_4-z_1)(z_3-z_2)|\\
\leqslant&|(z_2-z_1)(z_4-z_3)|+|(z_4-z_1)(z_3-z_2)|\\
=&|z_2-z_1||z_4-z_3|+|z_4-z_1||z_3-z_2|,
\end{aligned}$$

且 $|(z_4-z_2)(z_3-z_1)|=|z_4-z_2||z_3-z_1|$，所以

$$|z_4-z_2|\cdot|z_3-z_1|\leqslant|z_2-z_1|\cdot|z_4-z_3|+|z_4-z_1|\cdot|z_3-z_2|,$$

即 $AC\cdot BD\leqslant AB\cdot CD+AD\cdot BC$。

例 4.78 已知 $0<x<1$，求证：$2\arctan\frac{1+x}{1-x}+\arcsin\frac{1-x^2}{1+x^2}=\pi$。

证明 设 $\arctan\frac{1+x}{1-x}=\alpha,\arcsin\frac{1-x^2}{1+x^2}=\beta$，则 $\tan\alpha=\frac{1+x}{1-x},\sin\beta=\frac{1-x^2}{1+x^2}$。

因为 $0<x<1$，所以 $0<2\alpha+\beta<\frac{3}{2}\pi$。而 α,β 分别是复数 $1-x+(1+x)\mathrm{i}$ 与 $2x+(1-x^2)\mathrm{i}$ 的辐角，所以 2α 是 $[1-x+(1+x)\mathrm{i}]^2$ 的辐角，于是 $2\alpha+\beta$ 是

$$z=[1-x+(1+x)\mathrm{i}]^2\cdot[2x+(1-x^2)\mathrm{i}]=-2(x^2+1)^2$$

的辐角。所以 z 在 $\left(0,\frac{3}{2}\pi\right)$ 内的辐角为 π，即 $2\alpha+\beta=\pi$，亦即

$$2\arctan\frac{1+x}{1-x}+\arcsin\frac{1-x^2}{1+x^2}=\pi。$$

例 4.79 计算 $\arctan\frac{1}{3}+\arctan\frac{1}{5}+\arctan\frac{1}{7}+\arctan\frac{1}{8}$。

分析 设复数 $z_1=3+\mathrm{i},z_2=5+\mathrm{i},z_3=7+\mathrm{i},z_4=8+\mathrm{i}$，则

$$\arg z_1=\arctan\frac{1}{3},\quad \arg z_2=\arctan\frac{1}{5},\quad \arg z_3=\arctan\frac{1}{7},\quad \arg z_4=\arctan\frac{1}{8},$$

且四个角均小于 $\frac{\pi}{4}$，所以

$$原式=\arg z_1+\arg z_2+\arg z_3+\arg z_4=\arg(z_1z_2z_3z_4)$$
$$=\arg[(3+\mathrm{i})(5+\mathrm{i})(7+\mathrm{i})(8+\mathrm{i})]=\arg 50(1+\mathrm{i})=\frac{\pi}{4}。$$

例 4.80 设 P 为椭圆 $\frac{x^2}{9}+\frac{y^2}{4}=1$ 上任一点，O 为坐标原点，以 $|OP|$ 为边长作矩形 $OPQR$（字母顺序按逆时针方向），使 $|OR|=2|OP|$，求动点 R 的轨迹。

分析 设点 P 对应复数 z，点 Q 对应复数 z_1，由复数乘法的几何意义知 $z_1=2z\mathrm{i}$，椭圆 $\frac{x^2}{9}+\frac{y^2}{4}=1$ 的复数方程为 $\left|z-\sqrt{5}\right|+\left|z+\sqrt{5}\right|=6$。

将 $z=\frac{z_1}{2\mathrm{i}}$ 代入方程 $\left|z-\sqrt{5}\right|+\left|z+\sqrt{5}\right|=6$，整理得 $\left|z_1+2\sqrt{5}\mathrm{i}\right|+\left|z_1-2\sqrt{5}\mathrm{i}\right|=12$，所以动点 R 的轨迹为以原点为中心，焦点为 $(0,-2\sqrt{5})$，$(0,2\sqrt{5})$ 且长轴长为 12 的椭圆。

3. 构造法

需要说明的是，这里讨论的构造法不同于构造性数学中的构造法。构造性数学中的构造法的含义可以由下面的例子来说明。

例如，求 525，231 的最大公约数。

$525=231\times2+63,$

$231=63\times3+42,$

$63=42\times1+21,$

$42=21\times2+0。$

最后的非零余数为 21，所以，525，231 的最大公约数为 21。

求上述两个数的最大公约数是经过有限个程序化步骤而得到，这是构造性的方法。

这里讨论的构造法是数学中的一种基本方法，它是指当某些数学问题使用通常办法或按定势思维去解决有困难的时候，根据问题的条件和结论的特征、性质，从新的角度，用新的

观点去观察、分析、解释对象，抓住反映问题的条件与结论之间的内在联系，把握问题的数量、结构等关系的特征，构造出满足条件或结论的新的数学对象，或构造出一种新的问题形式，使原问题中隐晦不清的关系和性质在新构造的数学对象（或问题形式）中清楚地展现出来，从而借助该数学对象（或问题形式）简捷地解决问题的方法。

构造方法作为一种数学方法，不同于一般的逻辑方法，它属于非常规思维，其本质特征是"构造"，其关键是借助对问题特征的敏锐观察，展开丰富的联想、实施正确的转化。这就要求主体具备良好的知识结构和发散性的直觉能力。

历史上不少著名的数学家都曾经采用构造方法成功地解决过数学上的难题，例如，欧几里得在《几何原本》中证明"素数的个数是无限的"就是一个典型的范例。具体证明参阅例 6.34。

又例如，微分学中著名的拉格朗日中值定理与柯西中值定理，在证明过程中就分别构造了辅助函数：

$$F(x)=f(x)-\left[f(a)+\frac{f(b)-f(a)}{b-a}(x-a)\right]$$

与

$$F(t)=\psi(t)-\left\{\psi(a)+\frac{\psi(b)-\psi(a)}{\varphi(b)-\varphi(a)}[\varphi(t)-\varphi(a)]\right\}$$

把问题化归为已证明的罗尔定理（或拉格朗日定理）。

在解决某些数学问题时，若能抓住问题中的数量关系上的特征，构造出与之适当的式、数、函数、方程、等价命题、辅助命题、反例等，常能使问题巧妙地获得解决。下面举例说明。

(1) 构造式

例 4.81 若 $n>1$，且 $n\in\mathbb{N}$，求证：

$$\left(1+\frac{1}{3}\right)\left(1+\frac{1}{5}\right)\left(1+\frac{1}{7}\right)\cdot\cdots\cdot\left(1+\frac{1}{2n-1}\right)>\frac{\sqrt{2n+1}}{2}。$$

分析 不等式的左边设为 x，并加以变形得

$$x=\frac{4}{3}\cdot\frac{6}{5}\cdot\frac{8}{7}\cdot\cdots\cdot\frac{2n}{2n-1}。$$

现巧妙地构造一个辅助式

$$y=\frac{5}{4}\cdot\frac{7}{6}\cdot\frac{9}{8}\cdot\cdots\cdot\frac{2n+1}{2n},$$

易知 $xy=\frac{2n+1}{3}$，且 $x>y$，所以 $x^2>xy=\frac{2n+1}{3}>\frac{2n+1}{4}$，两边开平方，便得结论。

例 4.82 求证：$C_n^1\cdot 1^3+C_n^2\cdot 2^3+\cdots+C_n^n\cdot n^3=n^2(n+3)\cdot 2^{n-3}$。

分析 原式等价于

$$C_n^1\cdot(C_1^1)^3+C_n^2\cdot(C_2^1)^3+\cdots+C_n^n\cdot(C_n^1)^3=n^2(n+3)\cdot 2^{n-3}。$$

左边为 n 项之和，表示有 n 类方法，其中每项恰为四个数之积，表示任一类方法均需分 4 步进行，故可构造如下一个计数模型。

从 n 个学生中任选 m 个（$1\leqslant m\leqslant n,m\in\mathbb{N}^*$）学生参加教学座谈会，并从中确定一人汇报语文，一人汇报数学，一人汇报外语的学习情况（可以兼职），问有多少种不同的选法。

一方面，我们可以从 n 个学生中先选出参加座谈的学生，再从中确定汇报者。则有

$N=C_n^1\cdot(C_1^1)^3+C_n^2\cdot(C_2^1)^3+\cdots+C_n^n\cdot(C_n^1)^3$ 种选法。

另一方面,我们可以先选出汇报者,再选出其他参加座谈的学生。

(1) 若均由一人汇报,则选出汇报者有 C_n^1 种方法。再在 $n-1$ 个学生中逐个选出出席座谈者有 2^{n-1} 种方法。由乘法原理,得 $N_1=C_n^1\cdot 2^{n-1}$。

(2) 若由两人汇报,则需分步考虑:①由哪两人汇报?②谁汇报两门课程?③汇报哪两门课程?④其他人如何选?由乘法原理,可得 $N_2=C_n^2\cdot C_2^1\cdot C_3^2\cdot 2^{n-2}$。

(3) 若由三人汇报,则需分步考虑:①由哪三人汇报?②各汇报什么课程?③其他人如何选?由乘法原理,可得 $N_3=C_n^3\cdot P_3^3\cdot 2^{n-3}$。

再由加法原理,得

$$N=N_1+N_2+N_3=n^2(n+3)2^{n-3}。$$

由于解唯一,所以求证式得证。

(2) 构造数

例 4.83 设 $n\in\mathbb{N}^*$,求证:$\left(1+\frac{1}{n}\right)^n\leqslant\left(1+\frac{1}{n+1}\right)^{n+1}$。

分析 根据问题中所给出的数量关系,我们可构造如下 $n+1$ 个数:

$$1,1+\frac{1}{n},1+\frac{1}{n},\cdots,1+\frac{1}{n}。$$

易知,这组数的算术平均数为 $1+\frac{1}{n+1}$,几何平均数为 $\left(1+\frac{1}{n}\right)^{\frac{n}{n+1}}$。由均值不等式便可得到求证式。

利用均值不等式或其他重要不等式(如柯西不等式,排序不等式)来证明不等式,是不等式证明中一种主要而又常用的方法,但所需的一组(或两组)数往往不是现成的。是需要把它们构造出来的。

例 4.84 已知正整数 $a_0,a_1,\cdots,a_n$ 满足 $a_0<a_1<a_2<\cdots<a_n<2n$,证明一定可以从中选出 3 个数,使其中两个之和等于第三个。

证明 构造 n 个新数 $b_i=a_i-a_0(i=1,2,\cdots,n)$,则有

$$0<b_1<b_2<\cdots<b_n<2n。$$

考虑 $a_1,a_2,\cdots,a_n$ 和 $b_1,b_2,\cdots,b_n$ 这 $2n$ 个正整数,显然它们都小于 $2n$,把这 $2n$ 个数放进 $1,2,\cdots,2n-1$ 这 $2n-1$ 个抽屉里,必有两个数在同一抽屉里,即必有两个数相等,由于 $a_1,a_2,\cdots,a_n$ 彼此不等,$b_1,b_2,\cdots,b_n$ 彼此不等,所以相等的两个数必为 a_i 中的一个与 b_i 中的一个,不妨设 $a_k=b_t=a_t-a_0$,则 $a_t=a_k+a_0$,即存在 a_0,a_k,a_t 满足要求。

例 4.85 已知 10 个互不相等的正数 $a_1,a_2,\cdots,a_{10}$,证明:在这些数及这些数的所有可能的和数所组成的数中,必定存在 55 个互不相等的数。

分析 除了 $a_1,a_2,\cdots,a_{10}$ 这 10 个数之外,我们从它们的和数中构造 45 个互不相等的数,怎样做呢?当然需要遵循一定的规律。

不妨设 $a_1<a_2<\cdots<a_9<a_{10}$,先考虑两个数组成的和数,其中包含最大数 a_{10},有

$$a_{10}+a_1<a_{10}+a_2<\cdots<a_{10}+a_9,$$

于是得到 $a_{10}+a_1,a_{10}+a_2,\cdots,a_{10}+a_9$ 共 9 个数;

再考虑 3 个数组成的和数,其中包含最大的两个数 a_{10} 与 a_9,有

$$a_{10}+a_9+a_1<a_{10}+a_9+a_2<\cdots<a_{10}+a_9+a_8,$$

于是得到 $a_{10}+a_9+a_1,a_{10}+a_9+a_2,\cdots,a_{10}+a_9+a_8$ 共 8 个数，把这些数中的最小的一个，和前面的数中最大的一个相比较，有 $a_{10}+a_9+a_1>a_{10}+a_9$，这就保证了我们所得到的 $9+8=17$ 个数是互不相等的；

依此做下去得

$$a_{10}+a_9+a_8+a_1<a_{10}+a_9+a_8+a_2<\cdots<a_{10}+a_9+a_8+a_7,$$

$$a_{10}+a_9+a_8+a_7+a_1<a_{10}+a_9+a_8+a_7+a_2<\cdots<a_{10}+a_9+a_8+a_7+a_6,$$

$$\vdots$$

$$a_{10}+a_9+\cdots+a_4+a_3+a_1<a_{10}+a_9+\cdots+a_4+a_3+a_2,$$

$$a_{10}+a_9+\cdots+a_2+a_1,$$

分别得到 $7+6+\cdots+2+1=28$ 个数，与前面一起共得到 $28+17=45$ 个和数。这样就证明了本题。

(3) 构造函数

例 4.86 已知实数 $x_1,x_2,\cdots,x_m$ 满足

$$x_1+x_2+\cdots+x_n=a(a>0),\quad x_1^2+x_2^2+\cdots+x_n^2=\frac{a^2}{n-1},\quad (n\geqslant 2,n\in\mathbb{N}),$$

求证：$0\leqslant x_i\leqslant\frac{2a}{n}(i=1,2,\cdots,n)$。

证明 构造以 y 为自变量的二次函数

$$f(y)=(n-1)y^2+2(x_2+x_3+\cdots+x_n)y+(x_x^2+x_x^2+\cdots+x_n^2),$$

即 $f(y)=(y+x_2)^2+(y+x_3)^2+\cdots+(y+x_n)^2$。因为对于任意实数 y 有 $f(y)\geqslant 0$，所以

$$\begin{aligned}\Delta_f&=4(x_2+x_3+\cdots+x_n)^2-4(n-1)(x_2^2+x_3^2+\cdots+x_n^2)\\&=4(a-x_1)^2-4(n-1)\left(\frac{a^2}{n-1}-x^2\right)\leqslant 0,\end{aligned}$$

解此不等式，得 $0\leqslant x_1\leqslant\frac{2a}{n}$。

同理可证：$0\leqslant x_i\leqslant\frac{2a}{n}(i=1,2,\cdots,n)$。

例 4.87 设 $a,b\in\mathbb{R}$，求证：$\frac{|a+b|}{1+|a+b|}\leqslant\frac{|a|+|b|}{1+|a|+|b|}$。

分析 如直接对上式进行处理，可能会复杂，如采用构造函数的方法，对问题进行转化，使之成为求函数的单调性问题，证明将迎刃而解。

设 $f(x)=\frac{x}{1+x}$。因为 $f(x)=\frac{x}{1+x}$ 在 $(-1,\infty)$ 上是增函数，且 $0\leqslant|a+b|\leqslant|a|+|b|$，所以 $f(|a+b|)\leqslant f(|a|+|b|)$，即

$$\frac{|a+b|}{1+|a+b|}\leqslant\frac{|a|+|b|}{1+|a|+|b|}。$$

例 4.88 已知 $x,y\in\left[-\frac{\pi}{4},\frac{\pi}{4}\right]$，$x^3+\sin x=-8y^3-\sin 2y$，求 $\cos(x+2y)$ 的值。

解 构造函数 $f(t)=t^3+\sin t$，则 $f(t)$ 在 $\left[-\frac{\pi}{2},\frac{\pi}{2}\right]$ 上严格单调递增，由题意得 x，$-2y\in\left[-\frac{\pi}{2},\frac{\pi}{2}\right]$，且 $f(x)=f(-2y)$，则 $x=-2y$，所以 $\cos(x+2y)=1$。

(4) 构造方程

例 4.89 设 $x,y,z\in\mathbb{R}$，且 $xy+yz+xz=1$，求证 $xyz=x+y+z$ 一定不成立。

分析 依根与系数的关系：$x+y+z$，$xy+yz+xz$，xyz 恰好是一个三次方程的三个系数，因此，设 $xyz=x+y+z=k$，k 为常数。构造一个三次方程，来推出矛盾，从而证明本题结论。

证明 设 $xyz=x+y+z=k$（k 为常数），则由 $xy+yz+zx=1$，构造方程

$$t^3-kt^2+t-k=0。\tag{4.33}$$

x,y,z 应该是此三次方程的三个实根。方程(4.33)可改为 $t^2(t-k)+t-k=0$，即

$$(t^2+1)(t-k)=0。\tag{4.34}$$

很明显，方程(4.34)只有一个实根 k，没有三个实根，这与 $x,y,z\in\mathbb{R}$ 相矛盾，所以 $xyz=x+y+z=k$ 不成立。

例 4.90 已知 $a^2\sin\theta+a\cos\theta=1$，$b^2\sin\theta+b\cos\theta=1(a\neq b)$，$f$ 是过点 (a,a^2)，(b,b^2) 的直线。求证；f 在 θ 变化时，恒与一定圆相切。

分析 由于题给条件中的两个方程结构相同，故可作辅助方程为 $t^2\sin\theta+t\cos\theta-1=0$，则 a,b 是该方程的两根($a\neq b$，$\sin\theta\neq 0$)，所以

$$a+b=-\frac{\cos\theta}{\sin\theta},\quad ab=-\frac{1}{\sin\theta}。\tag{4.35}$$

而过点 (a,a^2)，(b,b^2) 的直线方程为

$$y=(a+b)x-ab。\tag{4.36}$$

将方程(4.35)代入方程(4.36)，并整理得

$$x\cos\theta+y\sin\theta-1=0。$$

又原点到此直线的距离为 $d=\left|\frac{-1}{\sqrt{\cos^2\theta+\sin^2\theta}}\right|=1$，故当 θ 变化时，直线 f 恒与一定圆(单位圆)相切。

(5) 构造图形

例 4.91 若 $x>0,y>0,z>0$，求证：$\sqrt{x^2-xy+y^2}+\sqrt{y^2-yz+z^2}>\sqrt{z^2-xz+x^2}$。

分析 这是一个代数不等式的证明问题，直接用代数方法相当繁杂，但是，考虑到 x，y，z 均为正数，$xy=2xy\cos 60^\circ$，则可构造四面体 $O\text{-}ABC$，如图 4.31 所示，使 $\angle AOB=\angle BOC=\angle COA=60^\circ$。设 $OA=x$，$OB=y$，$OC=z$，由余弦定理，$AB=\sqrt{x^2-xy+y^2}$，$BC=\sqrt{y^2-yz+z^2}$，$CA=\sqrt{z^2-xz+x^2}$。

在 $\triangle ABC$ 中，恒有 $AB+BC>AC$，故原不等式成立。

例 4.92 求 $\sin 15^\circ$ 的值。

解 如图 4.32 所示，构造 $\text{Rt}\triangle ABC$，使 $\angle C=90^\circ$，$\angle B=15^\circ$，在 BC 上取一点 D，使 $\angle ADC=30^\circ$，则 $AD=DB$。不妨设 $AC=1$，则 $AD=BD=2$，$CD=\sqrt{3}$，于是 $AB=$

$\sqrt{AC^2+BC^2}=\sqrt{1+(2+\sqrt{3})^2}=\sqrt{6}+\sqrt{2}$，所以 $\sin15°=\sin B=\dfrac{AC}{AB}=\dfrac{\sqrt{6}-\sqrt{2}}{4}$。

同理，还可以求 $\cos15°$，$\sin7.5°$，…若干三角函数值。

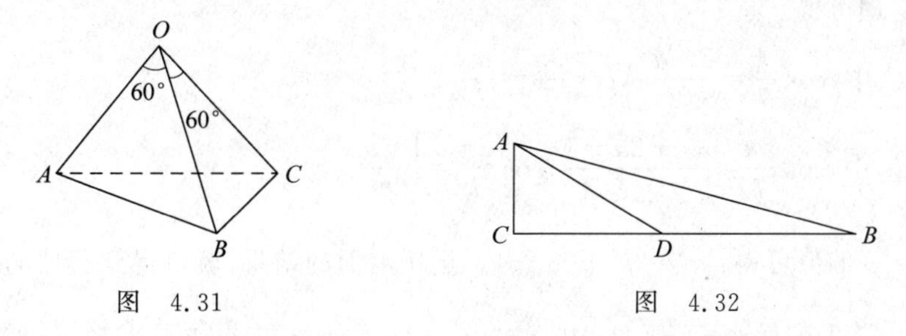

图 4.31　　　　图 4.32

例 4.93　设 a,b,c,d 都是正数，证明：以 $\sqrt{b^2+c^2}$，$\sqrt{a^2+c^2+d^2+2cd}$，$\sqrt{a^2+b^2+d^2+2ab}$ 为三边的三角形的面积是有理式。

分析　构造一个如图 4.33 所示的长方形，$\triangle ABC$ 的面积为长方形面积（有理式）减去三个小直角三角形面积（有理式）。

例 4.94　已知 $0<x<1$，$0<y<1$，$0<z<1$，求证：

$$x(1-y)+y(1-z)+z(1-x)<1。$$

证法 1　构造一个如图 4.34 所示的等边三角形，由 $\triangle CFD$ 的面积 $+\triangle ADE$ 的面积 $+\triangle BFE$ 的面积 $<\triangle ABC$ 的面积可得结论。

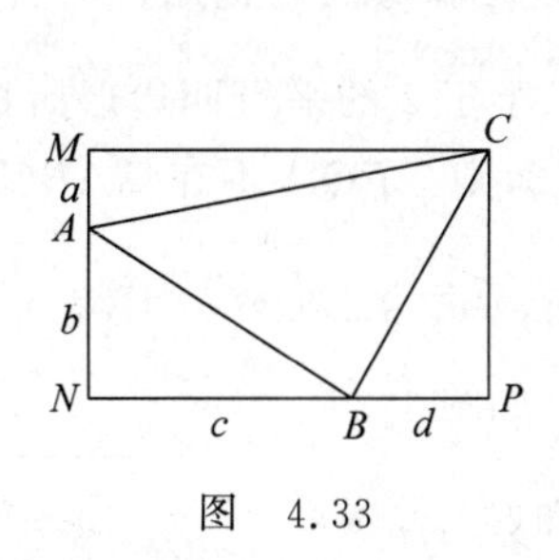

图 4.33

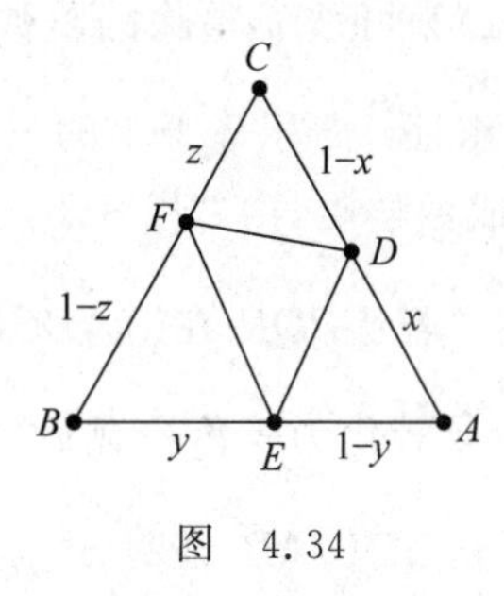

图 4.34

证法 2　构造函数 $f(x)=1-[x(1-y)+y(1-z)+z(1-x)]$，这是 x 的一次函数，即

$$f(x)=(y+z-1)x+(yz+1-y-z)。$$

由 $f(0)=(y-1)(z-1)>0$，$f(1)=yz>0$，可得结论。

例 4.95　求证：$\cos\dfrac{\pi}{7}-\cos\dfrac{2\pi}{7}+\cos\dfrac{3\pi}{7}=\dfrac{1}{2}$。

分析　由角的特殊性，我们注意到，在一个等腰三角形中，如果顶角为 $\dfrac{\pi}{7}$，则底角为 $\dfrac{3\pi}{7}$；如果顶角为 $\dfrac{3\pi}{7}$，则底角为 $\dfrac{2\pi}{7}$。因此，构造一个如图 4.35 所示的三角形。

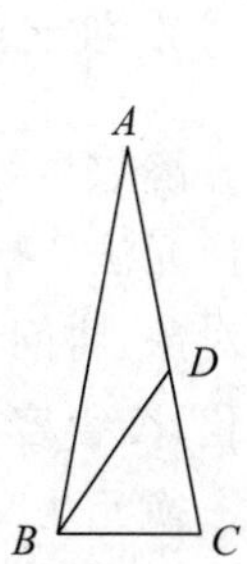

图 4.35

在 $\triangle ABC$ 中，$AB=AC$，$\angle A=\dfrac{\pi}{7}$，D 为 AC 上一点，$CB=CD$，则有 $\angle C=$

$\angle ABC=\frac{3\pi}{7}$，$\angle DBA=\angle A\ \frac{\pi}{7}$。

令 $AB=1$，$BC=a$，则有 $BD=AD=AC-CD=1-a$，然后通过图形来探求所需的结论。由余弦定理可得

在$\triangle ABC$ 中，$\cos\frac{\pi}{7}=\frac{2-a^2}{2}$，$\cos\frac{3\pi}{7}=\frac{a}{2}$。

在$\triangle CDB$ 中，$\cos\frac{3\pi}{7}=\frac{a^2+2a-1}{2a^2}$，$\cos\frac{2\pi}{7}=\frac{1-a}{2a}$。

利用 $\cos\frac{3\pi}{7}$的值可得：$a^3=a^2+2a-1$。运用上面的结果，就可得到所证的结论。

例 4.96 设正奇数 $n\geqslant 3$，而 $a_1,a_2,\cdots,a_{n^2-2n+2}$ 是 n^2-2n+2 个整数，证明：必能从上述 n^2-2n+2 个数中选出 n 个数来，使它们的和能被 n 整除。

分析 把这些数按模 n 的剩余类来分类。

若没有数属于其中一类，则这 n^2-2n+2 个数就属于其余的 $n-1$ 类。由于 $n^2-2n+2=(n-1)^2+1$，由抽屉原理知，必有某一类至少包含其中的 n 个数，则在这一类中取 n 个数，它们的和就能被 n 整除。

若每一类都有数，则第一类都取出一个数来，这样得到的 n 个数被 n 除的余数分别为 $0,1,2,\cdots,n-1$。它们的和被 n 除的余数为 $0+1+2+\cdots+n-1=\frac{1}{2}n(n-1)$。又 n 为奇数，故$\frac{1}{2}n(n-1)$为可被 n 整除的整数。即所取 n 个数之和可被 n 整除。

例 4.97 求证：面积等于 1 的三角形不能被面积小于 2 的平行四边形所覆盖。

将命题译成数学语言："若 $S_{\triangle PQR}=1$，$S_{\square ABCD}<2$，则$\triangle PQR$ 不在$\square ABCD$ 内部"显然其等价命题是："若$\triangle PQR$ 在$\square ABCD$ 内部，则 $S_{\triangle PQR}\leqslant\frac{1}{2}S_{\square ABCD}$"。

这样，原命题转化为等价命题后，问题就简化了。如图 4.36 所示，只要过 P 作 $MN /\!/ AB$，证明 $S_{\triangle PQE}\leqslant\frac{1}{2}S_{\square ABMN}$ 和 $S_{\triangle PER}\leqslant\frac{1}{2}S_{\square MCDN}$，那么这一等价命题就不难得证，从而原命题获证。

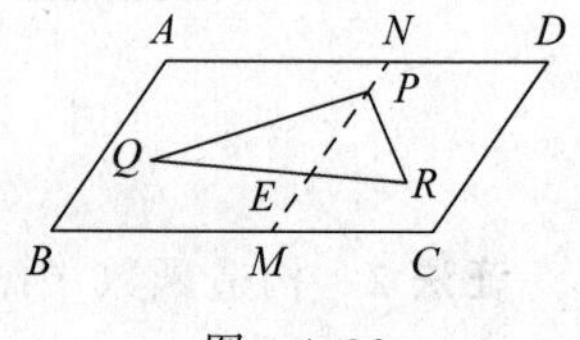

图 4.36

构造法中有一种是构造反例，这在第 2 章已有介绍。

4. 换元法

解数学题时，把某个式子看成一个整体，用一个变量去代替它，从而使问题得到简化，这叫换元法。换元的实质是转化，关键是构造元和设元，理论依据是等量代换，目的是变换研究对象，将问题移至新对象的知识背景中去研究，从而使非标准型问题标准化、复杂问题简单化，变得容易处理。

换元法又称辅助元素法、变量代换法。通过引进新的变量，可以把分散的条件联系起来，隐含的条件显露出来，或者把条件与结论联系起来，或者变为熟悉的形式，把复杂的计算和推证简化。它可以化高次为低次、化分式为整式、化无理式为有理式、化超越式为代数式，

在研究方程、不等式、函数、数列、三角等问题中有广泛的应用。

换元的方法有：局部换元、均值换元和倒数换元等。初中数学最常用的换元法是局部换元。下面列举换元法在初中数学的运用。

(1) 局部换元

例 4.98 已知$(x^2+y^2+1)(x^2+y^2+3)=8$，则x^2+y^2的值为(　　)。

分析 解题时把x^2+y^2当成一个整体考虑，再求解就比较简单。

解 设$x^2+y^2=t\,(t\geqslant 0)$，则原方程变形为$(t+1)(t+3)=8$，整理得$(t+5)(t-1)=0$，解得$t_1=-5$，$t_2=1$。因为$t\geqslant 0$，所以$t=1$，即$x^2+y^2$的值是1。

例 4.99 解方程$(x^2+2x)^2-3x^2-6x=0$。

分析 观察可知，方程整理后$(x^2+2x)^2-3(x^2+2x)=0$，可用换元法降次。

解 方程整理后得$(x^2+2x)^2-3(x^2+2x)=0$。

设$x^2+2x=y$，则原方程变为$y^2-3y=0$，解得$y_1=0$，$y_2=3$。

由$y_1=0$，得$x^2+2x=0$，解得$x_1=0$，$x_2=-2$；由$y_2=3$，得$x^2+2x=3$，解得$x_3=-3$，$x_4=1$。所以原方程的解是$x_1=0$，$x_2=-2$，$x_3=-3$，$x_4=1$。

例 4.100 解方程$(x^2+1)^2=x^2+3$。

分析 (1) 以x^2+1为一个整体换元，因此要对方程进行变形使其含有x^2+1；

(2) 把方程展开成标准的双次方程，再对x^2进行换元。

解法1 原方程可化为$(x^2+1)^2-(x^2+1)-2=0$。设$x^2+1=y$，得$y^2-y-2=0$，解得$y_1=2$，$y_2=-1$。

由$x^2+1=2$，解得$x_1=1$，$x_2=-1$；

由$x^2+1=-1$，即$x^2=-2$无实根，所以方程的解是：$x_1=1$，$x_2=-1$。

解法2 由方程得$x^4+x^2-2=0$。设$x^2=y$，得$y^2+y-2=0$，解得$y_1=1$，$y_2=-2$(舍去)。

由$x^2=1$，解得$x_1=1$，$x_2=-1$，所以方程的解是：$x_1=1$，$x_2=-1$。

注 换元的关键是善于发现或构造方程中表达形式相同的部分作为换元对象。在解方程的过程中换元的方法常常不是唯一的，解高次方程时，只要能达到降次目的的换元方法都可以应用。

例 4.101 解方程$\dfrac{6}{x^2+x}=x^2+x+1$。

分析 方程左边分式分母为x^2+x，可将右边x^2+x看成一个整体，然后用换元法解。

解 设$x^2+x=y$，则原方程变形为$\dfrac{6}{y}=y+1$，整理得$y^2+y-6=0$，解得$y_1=-3$，$y_2=2$。

当$y_1=-3$时，$x^2+x=-3$，$\Delta<0$，此方程无实根；

当$y_2=2$时，$x^2+x=2$，解得$x_1=-2$，$x_2=1$。

经检验，$x_1=-2$，$x_2=1$都是原方程的根，所以方程的解是$x_1=-2$，$x_2=1$。

例 4.102 解方程$x(x+2)=\dfrac{2}{(x+1)^2}$。

分析 整理后发现$x(x+2)=x^2+2x$，故$x(x+2)+1=(x+1)^2$，就可换元解题了。

解 方程整理后变为 $x^2+2x=\frac{2}{(x+1)^2}$，两边加 1 得 $(x+1)^2=\frac{2}{(x+1)^2}+1$。设 $(x+1)^2=y$，则原方程变为 $y=\frac{2}{y}+1$，整理得 $y^2-y-2=0$，解得 $y_1=2,y_2=-1$(舍去)。

由 $y_1=2$ 得 $(x+1)^2=2$，解得 $x_1=-1-\sqrt{2},x_2=-1+\sqrt{2}$。

经检验 $x_1=-1-\sqrt{2},x_2=-1+\sqrt{2}$ 是原方程的解，所以方程的解是 $x_1=-1-\sqrt{2}$，$x_2=-1+\sqrt{2}$。

例 4.103 解方程 $\frac{x^2+x+1}{x^2+1}+\frac{2x^2+x+2}{x^2+x+1}=\frac{19}{6}$。

分析 观察到 $\frac{2x^2+x+2}{x^2+x+1}=\frac{(x^2+x+1)+x^2+1}{x^2+x+1}=1+\frac{x^2+1}{x^2+x+1}$。

设 $\frac{x^2+x+1}{x^2+1}=y$，原方程可化为 $y+\frac{1}{y}+1=\frac{19}{6}$，由繁变简，可解。

解 原方程变形得 $\frac{x^2+x+1}{x^2+1}+\frac{x^2+1}{x^2+x+1}+1=\frac{19}{6}$，即 $\frac{x^2+x+1}{x^2+1}+\frac{x^2+1}{x^2+x+1}=\frac{13}{6}$。

设 $\frac{x^2+x+1}{x^2+1}=y$，则原方程变为 $y+\frac{1}{y}=\frac{13}{6}$，整理得 $6y^2-13y+6=0$，解得 $y_1=\frac{3}{2}$，$y_2=\frac{2}{3}$。

由 $y_1=\frac{3}{2}$ 得 $\frac{x^2+x+1}{x^2+1}=\frac{3}{2}$，解得 $x_1=x_2=1$；

由 $y_2=\frac{2}{3}$ 得 $\frac{x^2+x+1}{x^2+1}=\frac{2}{3}$，解得 $x_3=\frac{-3+\sqrt{5}}{2}$，$x_4=\frac{-3-\sqrt{5}}{2}$。

经检验 $x_1=x_2=1,x_3=\frac{-3+\sqrt{5}}{2},x_4=\frac{-3-\sqrt{5}}{2}$ 都是原方程的解，所以原方程的解是：$x_1=x_2=1,x_3=\frac{-3+\sqrt{5}}{2},x_4=\frac{-3-\sqrt{5}}{2}$。

例 4.104 解方程 $2x^2+\frac{2}{x^2}-7x+\frac{7}{x}+2=0$。

分析 观察可发现 $2x^2+\frac{2}{x^2}-7x+\frac{7}{x}+2=2\left(x^2+\frac{1}{x^2}\right)-7\left(x-\frac{1}{x}\right)+2$，而 $x^2+\frac{1}{x^2}=\left(x-\frac{1}{x}\right)^2+2$，故设 $x-\frac{1}{x}$ 为辅助元，可得解。

解 将原方程转化为 $2\left[\left(x-\frac{1}{x}\right)^2+2\right]-7\left(x-\frac{1}{x}\right)+2=0$。

设 $x-\frac{1}{x}=y$，则原方程转化为 $2y^2-7y+6=0$，解得 $y_1=2,y_2=\frac{3}{2}$。

当 $y_1=2$ 时，$x-\frac{1}{x}=2$，解得 $x_1=1+\sqrt{2},x_2=1-\sqrt{2}$；

当 $y_2=\frac{3}{2}$时，$x-\frac{1}{x}=\frac{3}{2}$，解得 $x_3=-\frac{1}{2}$，$x_4=2$。

经检验 $x_1=1+\sqrt{2}$，$x_2=1-\sqrt{2}$，$x_3=-\frac{1}{2}$，$x_4=2$ 都是原方程的解。所以，原方程的解是：$x_1=1+\sqrt{2}$，$x_2=1-\sqrt{2}$，$x_3=-\frac{1}{2}$，$x_4=2$。

例 4.105 解方程 $\frac{2x}{3x^2-2}+\frac{3x^2-2}{2x}=2$。

分析 这个方程左边两个分式互为倒数关系，抓住这一特点，可设 $y=\frac{2x}{3x^2-2}$。

解 设 $y=\frac{2x}{3x^2-2}$，则原方程可化为 $y+\frac{1}{y}=2$，即 $y^2-2y+1=0$，解得 $y=1$。

由$\frac{2x}{3x^2-2}=1$，得 $3x^2-2x-2=0$，解得 $x_1=\frac{1+\sqrt{7}}{3}$，$x_2=\frac{1-\sqrt{7}}{3}$。

经检验 $x_1=\frac{1+\sqrt{7}}{3}$，$x_2=\frac{1-\sqrt{7}}{3}$都是原方程的根。

注 解有倒数关系的分式方程时，常把原方程中的一个分式作为整体进行换元，换元时要注意分子、分母互换时分式可以用一个新元和它的倒数来表示。

例 4.106 解方程$\frac{1}{x^2+2x-7}+\frac{2}{x^2+2x-2}=\frac{2}{x^2+2x-1}$。

分析 观察方程的分母，发现各分母均是关于 x 的二次三项式，仅常数项不同，抓住这一特点，可设 $y=x^2+2x$。

解 设 $y=x^2+2x$，原方程可化为

$$\frac{1}{y-7}+\frac{2}{y-2}=\frac{2}{y-1},\quad 即\frac{1}{y-7}=\frac{-2}{(y-2)(y-1)},\quad 即\ y^2-y-12=0,$$

解得：$y_1=4$，$y_2=-3$。

由 $x^2+2x=4$，解得 $x_1=-1+\sqrt{5}$，$x_2=-1-\sqrt{5}$；

由 $x^2+2x=-3$，$\Delta<0$，方程无解。

经检验 $x_1=-1+\sqrt{5}$，$x_2=-1-\sqrt{5}$，都是原方程的解，所以方程的解是：$x_1=-1+\sqrt{5}$，$x_2=-1-\sqrt{5}$。

例 4.107 解方程$\frac{1}{x^2+11x+10}+\frac{1}{x^2+2x+10}+\frac{1}{x^2-13x+10}=0$。

分析 观察方程的分母，发现三个分母都是关于 x 的二次三项式，仅一次项不同，抓住这一特点，可设 $y=x^2+2x+10$。

解 设 $y=x^2+2x+10$，则原方程可化为$\frac{1}{y+9x}+\frac{1}{y}+\frac{1}{y-15x}=0$，整理得 $y^2-4xy-45x^2=0$，解得 $y_1=9x$，$y_2=-5x$。

由 $x^2+2x+10=9x$，解得 $x_1=5$，$x_2=2$；

由 $x^2+2x+10=-5x$，解得 $x_3=-5$，$x_4=-2$。

经检验知，它们都是原方程的解。

注 以上3个例子可以看出，换元时必须对原方程仔细观察、分析，抓住方程的特点，恰当换元，化繁为简，达到解方程的目的。

例 4.108 解方程$\sqrt{x+2}+\sqrt{x+1}=1$。

分析 解无理方程的基本思想是将其转化为有理方程，通常是设根式为元，本题的两根式存在$(x+1)+1=(x+2)$的关系，故设一个辅助元即可。

解 设$y=\sqrt{x+1}$，则$x+1=y^2$，即$x+2=y^2+1$，原方程可化为$\sqrt{y^2+1}+y=1$，变形为$\sqrt{y^2+1}=1-y$。

两边平方，并整理得$y=0$。由$\sqrt{x+1}=0$，解得$x=-1$。

经检验$x=-1$是原方程的解，所以方程的解是$x=-1$。

注 解无理方程时，常把方程中的一个含有未知数的根式作为整体换元，达到化去根号转化为可解的方程的目的。

例 4.109 解方程组

$$\begin{cases}x+y=18,\\ \sqrt{x-3}-\sqrt{y+2}=3。\end{cases}$$

分析 此题是整式方程与无理方程合并的方程组，解题时应从无理方程出发，将其化为有理方程求解。

解 设$\sqrt{x-3}=u$，$\sqrt{y+2}=v$，则原方程组可化为

$$\begin{cases}u^2+v^2=17, & (4.37)\\ u-v=3。 & (4.38)\end{cases}$$

由(4.38)式得

$$u=3+v, \tag{4.39}$$

将(4.39)式代入(4.37)式，得$(3+v)^2+v^2=17$，解得，$v_1=1$，$v_2=-4$（$\sqrt{y+2}$不能为负，舍去），所以$u=4$，故得

$$\begin{cases}\sqrt{x-3}=4,\\ \sqrt{y+2}=1,\end{cases} \text{解得}\begin{cases}x=19,\\ y=-1。\end{cases}$$

经检验，知$\begin{cases}x=19\\ y=-1\end{cases}$是原方程组的解，所以原方程组的解为$\begin{cases}x=19,\\ y=-1。\end{cases}$

注 妙用换元法，将无理方程组化为有理方程组，从而把繁杂而生疏的问题转化为简单而熟悉的问题。

例 4.110 解方程$2x^2-6x-5\sqrt{x^2-3x-1}-5=0$。

分析 由于根号里面x^2-3x与根号外面$2x^2-6x$，对应系数成比例，故可以将其变形$2(x^2-3x-1)-5\sqrt{x^2-3x-1}-3=0$，不难找到辅助元。

解 设$\sqrt{x^2-3x-1}=y$，则原方程可以化为$2y^2-5y-3=0$，解得$y_1=-\frac{1}{2}$（舍去），

$y_2=3$，即$\sqrt{x^2-3x-1}=3$，解得$x_1=5,x_2=-2$。

经检验$x_1=5,x_2=-2$是原方程的解，所以方程的解是$x_1=5,x_2=-2$。

注 以前学过的取平方去根号法解无理方程，是种普遍方法。现在的换元法必须构造出根号内外两个相同的式子才行。

(2) 均值换元

例 4.111 解方程$(x-2)(x+1)(x+4)(x+7)=19$。

分析 方程的左边是四个二项式乘积，故展开求解不可取，应通过观察找突破口，左边重组后，$[(x-2)(x+7)][(x+1)(x+4)]=(x^2+5x-14)(x^2+5x+4)$，可设元求解。

解 原方程变形后$[(x-2)(x+7)][(x+1)(x+4)]=19$，整理后得

$$(x^2+5x-14)(x^2+5x+4)=19。$$

设$y=\dfrac{(x^2+5x-14)+(x^2+5x+4)}{2}=x^2+5x-5$，则方程可变为$(y-9)(y+9)=19$，即$y^2=100$，解得$y_1=10,y_2=-10$。

由$y_1=10$得$x^2+5x-5=10$，解得$x_1=\dfrac{-5+\sqrt{85}}{2},x_2=\dfrac{-5-\sqrt{85}}{2}$；

由$y_2=-10$得$x^2+5x-5=-10$，解得$x_3=\dfrac{-5+\sqrt{5}}{2},x_4=\dfrac{-5-\sqrt{5}}{2}$。

所以方程的解是$x_1=\dfrac{-5+\sqrt{85}}{2},x_2=\dfrac{-5-\sqrt{85}}{2},x_3=\dfrac{-5+\sqrt{5}}{2},x_4=\dfrac{-5-\sqrt{5}}{2}$。

注 本题也可设x^2+5x为辅助元，但没有均值法计算快捷，恰当的重组变形得到$[(x-2)(x+7)][(x+1)(x+4)]$是解本题的关键。

例 4.112 解方程$(6x+7)^2(3x+4)(x+1)=6$。

分析 方程左边四个一次项的乘积，显然展开求解不可取，可尝试变形后

$$(6x+7)^2(6x+8)(6x+6)=72,$$

取均值，将其由繁变简。

解 方程变形为$(6x+7)^2(6x+8)(6x+6)=72$。

设$y=\dfrac{(6x+7)+(6x+7)+(6x+8)+(6x+6)}{4}=6x+7$，则原方程变成

$$y^2(y+1)(y-1)=72,\quad 整理得\ y^4-y^2-72=0,$$

解得$y^2=9$或$y^2=-8$(舍去)，所以$y_1=3,y_2=-3$，即$6x+7=3$或$6x+7=-3$，解得$x_1=-\dfrac{2}{3},x_2=-\dfrac{5}{3}$。

(3) 倒数换元

例 4.113 解方程$2x^4+3x^3-16x^2+3x+2=0$。

分析 此题符合倒数方程的特点：按x降幂排列后，与中间项等距离的项的系数相等，两边同时除以x^2，可构造$x+\dfrac{1}{x}$为元得解。

解 因为这是个倒数方程，且知$x\neq0$，两边除以x^2，并整理得

$$2\left(x^2+\frac{1}{x^2}\right)+3\left(x+\frac{1}{x}\right)-16=0。$$

设 $x+\frac{1}{x}=y$，则 $x^2+\frac{1}{x^2}=y^2-2$，原方程化为 $2y^2+3y-20=0$，解得 $y_1=-4, y_2=\frac{5}{2}$。

由 $y_1=-4$ 得 $x+\frac{1}{x}=-4$，解得 $x_1=-2+\sqrt{3}, x_2=-2-\sqrt{3}$；

由 $y_2=\frac{5}{2}$ 得 $x+\frac{1}{x}=\frac{5}{2}$，解得 $x_3=2, x_4=\frac{1}{2}$。

所以方程的解是：$x_1=-2+\sqrt{3}, x_2=-2-\sqrt{3}, x_3=2, x_4=\frac{1}{2}$。

例 4.114 解方程 $(5+2\sqrt{6})^y+(5-2\sqrt{6})^y=98$。

分析 此题无法用通常的方法解决，但注意到 $5+2\sqrt{6}$ 与 $5-2\sqrt{6}$ 互为倒数且指数均为 y，因此，利用换元法换元后再利用根与系数的关系就可以顺利解决此题了。

解 设 $a=(5+2\sqrt{6})^y, b=(5-2\sqrt{6})^y$，则 $\begin{cases} a+b=98, \\ ab=1。\end{cases}$

a, b 可看作 $t^2-98t+1=0$ 的根，解得 $t_1=49+20\sqrt{6}, t_2=49-20\sqrt{6}$，则

$$\begin{cases} a=49+20\sqrt{6}, \\ b=49-20\sqrt{6} \end{cases} \text{或} \begin{cases} a=49-20\sqrt{6}, \\ b=49+20\sqrt{6}, \end{cases}$$

所以 $a=(5+2\sqrt{6})^y=49\pm20\sqrt{6}=(5\pm2\sqrt{6})^2=(5+2\sqrt{6})^{\pm2}$，故 $y=\pm2$。

注 本题是指数方程，不是中考考点，但解法巧妙，可用来拓展思路，不妨试试！

将非标准型问题，通过换元变成相对标准型问题，得出相对标准型问题的解，反演即可得到非标准型问题的解。

例 4.115 解方程 $8x^3-6x-1=0$。

分析 这个三次方程经变形可改写成 $4x^3-3x=\frac{1}{2}$，它的形式很像余弦三倍角公式，于是想到用三角变换。

易证 $|x|<1$，令 $x=\cos\theta(0<\theta<\pi)$，逆用余弦三倍角公式，方程变形为 $\cos3\theta=\frac{1}{2}$，解出 θ 即可得 x。

例 4.116 求 $\int\frac{\mathrm{d}x}{x\sqrt{4-x^2}}$。

解 令 $x=2\sin t$，则 $t=\arcsin\frac{x}{2}$，$\mathrm{d}x=2\cos t\,\mathrm{d}t$，所以

$$\int\frac{\mathrm{d}x}{x\sqrt{4-x^2}}=\int\frac{2\cos t\,\mathrm{d}t}{2\sin t\cdot2\cos t}=\int\frac{\mathrm{d}t}{2\sin t}=\frac{1}{2}\int\frac{\mathrm{d}t}{2\sin\frac{t}{2}\cos\frac{t}{2}}$$

$$=\frac{1}{2}\int\frac{\mathrm{d}\left(\tan\frac{t}{2}\right)}{\tan\frac{t}{2}}=\frac{1}{2}\ln\left|\tan\frac{t}{2}\right|+C$$

$$=\frac{1}{2}\ln\left|\tan\left(\frac{1}{2}\arcsin\frac{x}{2}\right)\right|+C。$$

此法用框图表示如图 4.37(a)所示。还可以采用其他的换元方式，具体就不写出了，其框图可分别参考图 4.37(b),(c),(d)。

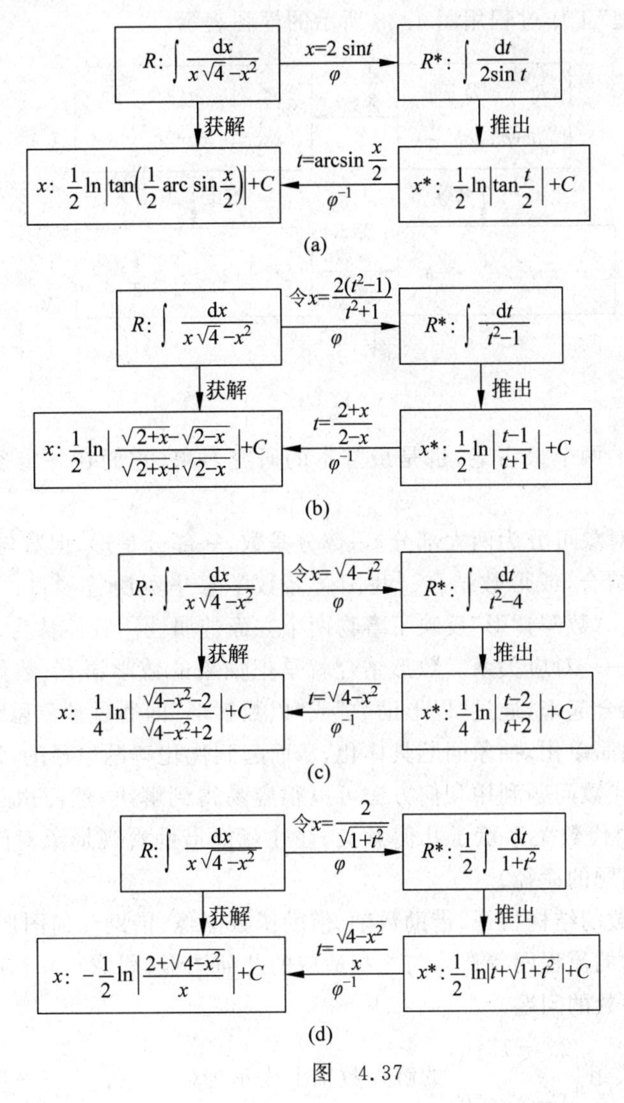

图 4.37

注 解中所给出的方法是基本代换方法，其余的解法是无理函数的一般代换方法。

例 4.117 设实数 a,b 满足 $0<a<b$，且：$a+b=1$，试比较 $a^2+b^2, 2ab, \frac{1}{2}$ 的大小。

解 由 $0<a<b$ 及 $a+b=1$ 可知，$a\leqslant\frac{1}{2}, b\geqslant\frac{1}{2}$，设 $a=\frac{1}{2}-t, b=\frac{1}{2}+t$（$t$ 为参数），且 $0<t<\frac{1}{2}$，则

$$a^2+b^2=\left(\frac{1}{2}-t\right)^2+\left(\frac{1}{2}+t\right)^2=\frac{1}{2}+2t^2>\frac{1}{2},$$

$$2ab=2\left(\frac{1}{2}-t\right)\left(\frac{1}{2}+t\right)=\frac{1}{2}-2t^2<\frac{1}{2}。$$

所以 $a^2+b^2>\frac{1}{2}>2ab$。

此过程"RMI 原理"工作过程用图 4.38 所示的框图表示。

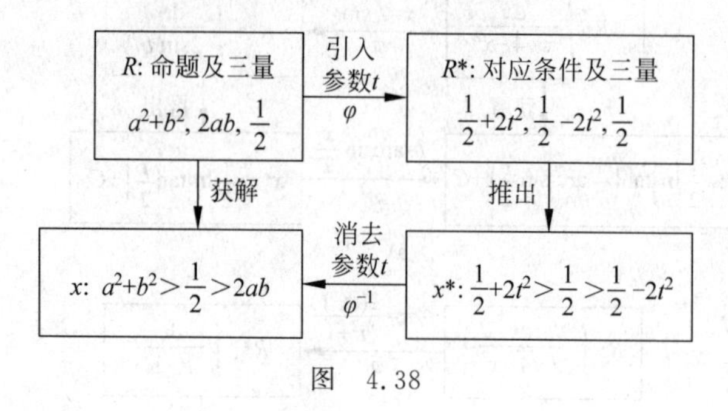

图 4.38

5. 数形结合

数与形是数学中的两个最古老,也是最基本的研究对象,它们在一定条件下可以相互转化。

中学数学研究的对象可分为两大部分,一部分是数,一部分是形,但数与形是有联系的,这个联系称之为数形结合,或形数结合。我国著名数学家华罗庚曾说过:"数形结合百般好,隔裂分家万事非"。"数"与"形"反映了事物两个方面的属性。我们认为,数形结合,主要指的是数与形之间的一一对应关系。数形结合就是把抽象的数学语言、数量关系与直观的几何图形、位置关系结合起来,通过"以形助数"或"以数解形"即通过抽象思维与形象思维的结合,可以使复杂问题简单化,抽象问题具体化,从而起到优化解题途径的目的。

以形助数。许多代数问题利用几何方法可以很容易得到解决,然而由于代数关系比较抽象,若能结合问题中代数关系赋予几何意义,往往就能借助直观形象对问题做出透彻分析,从而探求出解决问题的途径。

以形助数是根据数的结构特征,借助数轴、借助函数图像、借助几何图形、借助数式的结构特征、借助算法数学的流程图等造出与之相适应的几何图形(图像),并利用图形(图像)的特性和规律,解决有关数的问题。

例 4.118 不等式组 $\begin{cases}2x-1>0,\\4-2x\leqslant 0\end{cases}$ 的解在数轴上表示为(　　)。

A. 0 1 2　　　　B. 0 1 2

C. 0 1 2　　　　D. 0 1 2

分析 先解每一个不等式,再根据结果判断数轴表示的正确方法。

解 由第 1 个不等式,得 $2x>2$,解得 $x>1$;由第 2 个不等式,得 $-2x\leqslant -4$,解得 $x\geqslant 2$。所以数轴表示的正确方法为 C,故选 C。

例 4.119 计算 $\frac{1}{2}+\frac{1}{4}+\frac{1}{8}+\frac{1}{16}+\frac{1}{32}+\frac{1}{64}+\frac{1}{128}$。

分析 如图 4.39 所示,构造面积为 1 的正方形,则由图形可得结果。

解

$$\text{原式}=1-\frac{1}{128}=\frac{127}{128}$$

例 4.120 求方程组 $\begin{cases}x^2+3x-y-1=0,\\2x-y+1=0\end{cases}$ 的解的个数？

分析 把两个方程分别变形为 $y=x^2+3x-1$ 和 $y=2x+1$，则方程组的解的个数就变成了抛物线和直线的交点个数了。

解 函数 $y=x^2+3x-1$ 与函数 $y=2x+1$ 的图像如图 4.40 所示，根据图像的交点个数就可以判定方程组的解的个数为 2。

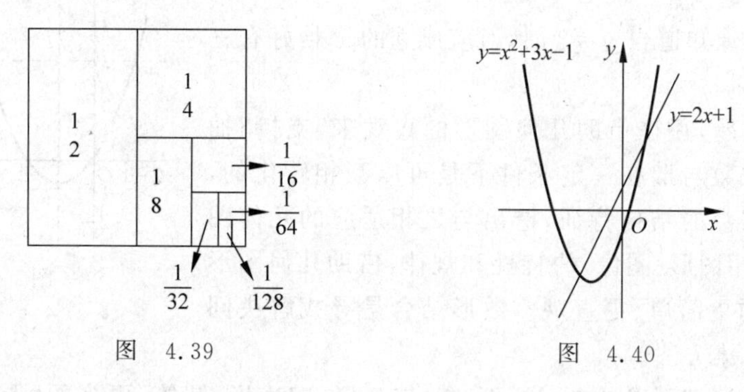

图 4.39　　　　图 4.40

例 4.121 A 城有肥料 200t，B 城有肥料 300t，现要把这些肥料全部运往 C，D 两乡，从 A 城往 C，D 两乡运肥料的费用分别为每吨 20 元和 25 元；从 B 城往 C，D 两乡运肥料的费用分别为每吨 15 元和 24 元，现 C 乡需要肥料 240t，D 乡需要肥料 260t，怎样调动总运费最少？

分析 此题涉及的已知数据较多，学生容易张冠李戴，造成数据上的混乱，借助图 4.41 形进行处理，就可避免这一点。

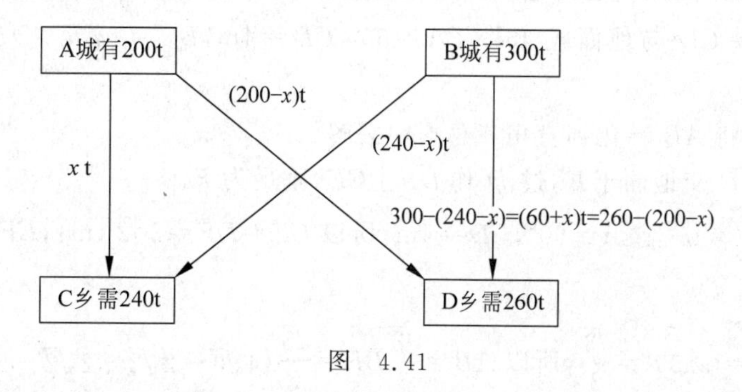

图 4.41

解 设由 A 城运往 C 乡肥料 xt，则运往 D 乡 $(200-x)$t，从 B 城运往 C 乡 $(240-x)$t，运往 D 乡 $(60+x)$t，总运费为 y 元。依题意得

$$y=20x+25(200-x)+15(240-x)+24(x+60)=4x+10040,\quad 0\leqslant x\leqslant 200。$$

因为一次函数的值是随着 x 的增大而增大，所以当 $x=0$ 时，y 的值最小，此时 $y=10040$（元），所以从 A 城运往 C 乡 0t，运往 D 乡 200t，从 B 城运往 C 乡 240t，运往 D 乡 260t 时运费最少，最少运费是 10040 元。

例 4.122 已知函数 $y=\begin{cases}(x-1)^2-1,\\(x-5)^2-1,\end{cases}$ 若使 $y=k$ 成立的 x 值恰好有三个，则 k 的值为？

分析 利用二次函数的图像解决交点，在坐标系中画出已知函数 $y=\begin{cases}(x-1)^2-1,\\(x-5)^2-1\end{cases}$ 的图像，利用数形结合的方法即可找到使 $y=k$ 成立的 x 值恰好有三个的 k 值。

解 函数 $y=\begin{cases}(x-1)^2-1,\\(x-5)^2-1\end{cases}$ 的图像如图 4.42 所示。

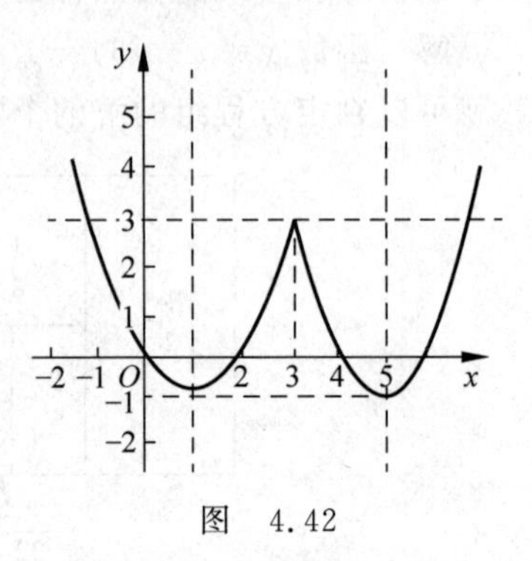

图 4.42

因为根据图像知道当 $y=3$ 时，对应成立的 x 恰好有三个，所以 $k=3$。

对于代数问题，往往借助几何图形的直观来"支持"抽象的思维过程。数与形在一定条件下是可以互相转化的，由数化形是根据数的结构特征，造出与之相适应的几何图形(图像)，并利用图形(图像)的特性和规律，借助几何图形可以使代数问题更简单、更直观。数形结合是寻找解决问题途径的一种思维方法。

以数助形。"形"可以是点、线、面、角、三角形、四边形、圆等，更多的"形"体现在函数图像方面。几何问题代数化是将图形信息部分或全部转换成代数信息，削弱或清除图形的推理部分，使要解决的形的问题转化为数量关系的讨论。

借用代数方法解决，解题方法就易于寻找，解题过程也变得比较简便，因为几何题显然由形较直观，但若遇到已知和结论之间相距较远的问题，解题途径常常不易找到，因而用代数方法解题，思维就比较明确，有规律，因此也就容易找到解题方法。

例 4.123 如图 4.43，已知电线杆 AB 垂直于地面，它的影子恰好在土坡的坡面 CD 和地面 BC 上，如果 CD 与地面成 $45°$，$\angle A=60°$，$CD=4\text{m}$，$BC=(4\sqrt{6}-2\sqrt{2})\text{m}$，求电线杆 AB 的长。

分析 设法将 AB 转化到直角三角形中去解。

解 延长 AD 交地面于 E，过 D 作 $DF\perp CE$，垂足为 F。

因为 $\angle DCF=45°$，$\angle A=60°$，$CD=4\text{m}$，所以 $CF=DF=2\sqrt{2}(\text{m})$，$EF=DF\cdot\tan60°=2\sqrt{6}(\text{m})$。

又因为 $\dfrac{AB}{BE}=\tan30°=\dfrac{\sqrt{3}}{3}$，所以 $AB=\dfrac{\sqrt{3}}{3}BE=\dfrac{\sqrt{3}}{3}(4\sqrt{6}-2\sqrt{2}+2\sqrt{2}+2\sqrt{6})=6\sqrt{2}(\text{m})$。

例 4.124 如图 4.44，正方形 $OPQR$ 内接于 $\triangle ABC$，已知 $\triangle AOR$，$\triangle OBP$，$\triangle CRQ$ 的面积分别是 $S_1=1$，$S_2=3$，$S_3=1$，求正方形 $OPQR$ 的边长。

分析 正方形 $OPQR$ 的边 OR 与 $\triangle ABC$ 的边 BC 平行，OP，RQ 都与 BC 边上的高 AD 平行，这都可以构成相似三角形，从而用比例来解题，但是本题利用面积列方程会更加简单点。

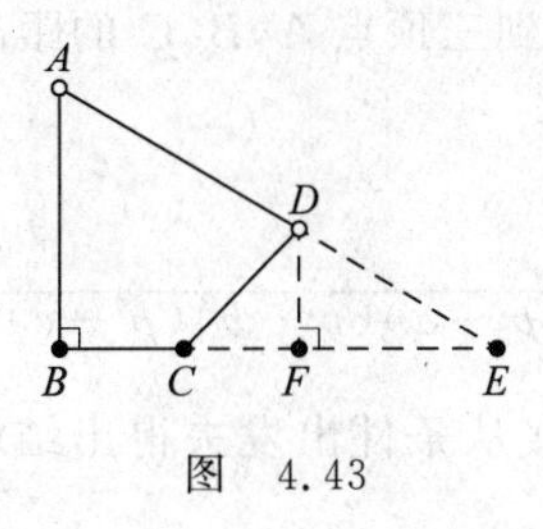

图 4.43

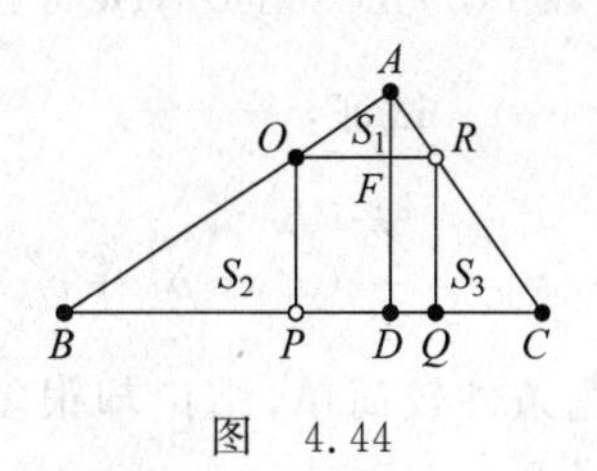

图 4.44

解 设正方形 $OPQR$ 的边长为 x，作$\triangle ABC$ 的 BC 边上的高 AD，交 OR 于 F。在$\triangle AOR$ 中，由 $S_1=1, OR=x$，得 $AF=\dfrac{2}{x}$。

同理可得，$BP=\dfrac{6}{x}$，$QC=\dfrac{2}{x}$。由 $S_{\triangle ABC}=S_1+S_2+S_3+S_{\text{正方形}OPQR}$，得 $\dfrac{1}{2}\left(\dfrac{6}{x}+x+\dfrac{2}{x}\right)\left(x+\dfrac{2}{x}\right)=1+3+1+x^2$，所以 $x=2$。

例 4.125 如图 4.45 所示，点 C 为 AB 的中点，以 BC 为一边作正方形 $BCDE$，以 BD 为半径，点 B 为圆心作圆，与 AB 及其延长线相交于 H,K。求证：$AH\cdot AK=2AC^2$。

分析 本题用几何方法当然可以证明，但是比较麻烦，若把它转化成代数问题来解决，就显得简捷了。

证明 设 $BC=AC=x$，则 $BD=\sqrt{2}x$。因为 $AH=2x-\sqrt{2}x, AK=2x+\sqrt{2}x$，所以

$$AH\cdot AK=(2x-\sqrt{2}x)\cdot(2x+\sqrt{2}x)=2x^2=2AC。$$

例 4.126 如图 4.46 所示，$\odot O$ 的直径 AB 与弦 CD 相交于点 P，且 $PA=5, PB=1$，$\angle APC=60^\circ$，求弦 CD 的长。

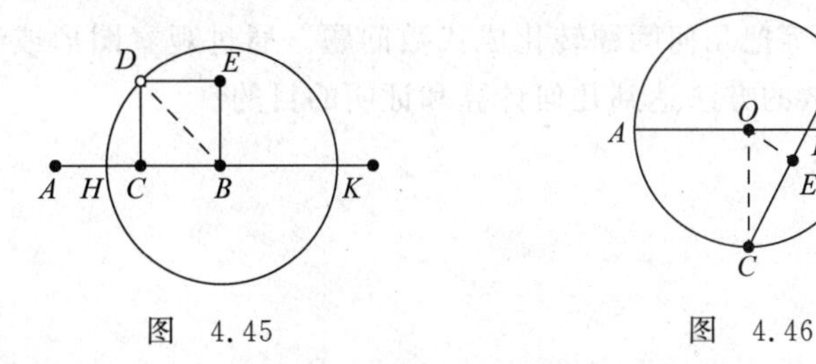

图 4.45　　图 4.46

分析 根据图形的特点，把有关数据集中到直角三角形中，借助勾股定理或三角函数，把几何计算转化为代数运算。

解 过点 O 作 $OE\perp CD$ 于点 E，则 $CE=ED$，连接 OC。因为

$PA=5, PB=1$，所以 $AB=5+1=6$，且 $OC=\dfrac{AB}{2}=3$，因此，

$$OP=\frac{AB}{2}-PB=3-1=2。$$

在 $\text{Rt}\triangle OPE$ 中，$OE=OP\cdot\sin60^\circ=\sqrt{3}$。在 $\text{Rt}\triangle OCE$ 中，$CE=\sqrt{6}$，所以 $CD=2CE=2\sqrt{6}$。

例 4.127 设 P 为正三角形 ABC 内任一点，其到三顶点 A,B,C 的距离分别是 a,b,c，设 $p=\frac{1}{2}(a+b+c)$。试证：

$$S_{\triangle ABC}=\frac{\sqrt{3}}{8}(a^2+b^2+c^2)+\frac{3}{2}\sqrt{p(p-a)(p-b)(p-c)}。$$

分析 此题条件较简单，结论却很复杂，若直接从条件出发去得出结论，则相当渺茫。然而若将结论写成

$$S_{\triangle ABC}=\frac{1}{2}\left[\frac{\sqrt{3}}{4}a^2+\frac{\sqrt{3}}{4}b^2+\frac{\sqrt{3}}{4}c^2+3\sqrt{p(p-a)(p-b)(p-c)}\right]$$

的形式，便可发现，要证明的结论是△ABC 的面积等于分别以 a,b,c 为边的三个正三角形面积及一个以 a,b,c 为三边的三角形面积三倍之和的一半。那么就要设法找出这些三角形，但原图形上不存在这样的三角形。要使以 a,b,c 为长的三线段组成一个三角形，只有旋转图形中的某一部分，比如将△PAC 以 A 为中心顺时针旋转 60°，到△DAB 位置(如图 4.47 所示)，连 PD，便出现了以 a 为边长的正三角形 APD 及以 a,b,c 为三边的△BPD。再将△PAB 以 B 为中心顺时针旋转 60°到△EBC 位置，将△PBC 以 C 为中心顺时针旋转 60°到△FAC 位置，连 PE,PF，于是得到

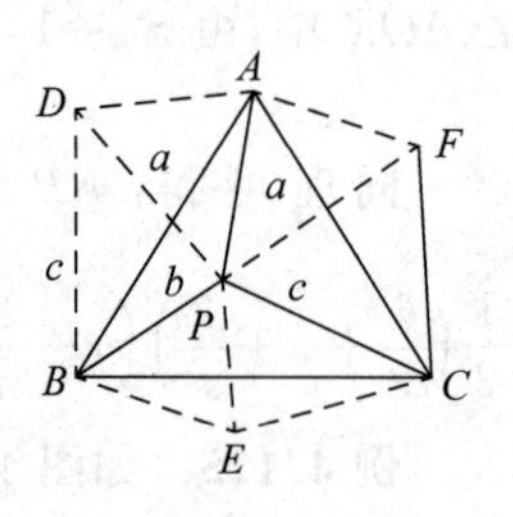

图 4.47

$$S_{\triangle ABC}=\frac{1}{2}S_{ADBECF}=\frac{1}{2}\left[\frac{\sqrt{3}}{4}(a^2+b^2+c^2)+3\sqrt{p(p-a)(p-b)(p-c)}\right]$$

$$=\frac{\sqrt{3}}{8}(a^2+b^2+c^2)+\frac{3}{2}\sqrt{p(p-a)(p-b)(p-c)}。$$

对于几何问题，利用数理的严谨性，利用数轴、坐标系、不等式、面积、距离、角度、勾股定理、三角函数、线段比例等把几何问题转化成代数问题。通过观察图形或绘制，挖掘图形中蕴含的数量关系，用代数的方法达到几何计算和证明的目的。

习题 4

1. 利用化归方法解命题时把要证的命题化归为(　　)。

A. 与原命题具有下位关系的新命题　　B. 与原命题具有上位关系的新命题

C. 与原命题具有组合关系的新命题　　D. 以上三者都存在

2. 用解析法和向量法证明：三角形的三条高交于一点。

3. 若下列方程：$x^2+4ax-4a+3=0$，$x^2+(a-1)x+a^2=0$，$x^2+2ax-2a=0$ 至少有一个方程有实根。试求实数 a 的取值范围。

4. 二次函数 $y=f(x)$，与 $x=2$ 时，函数 $y=f(x)$ 取值 -3，且 $y=f(x)$ 的图像与 x 轴的两交点的横坐标的乘积为 3。求 $y=f(x)$ 的解析式。

5. 设 $x,y,z\in\mathbb{R}^+$，且 $x^2+xy+y^2=19(1)$，$y^2+yz+z^2=37(2)$，$z^2+zx+x^2=28(3)$，求 $x+y+z$ 的值。

6. 已知 a,b 满足 $ab=1$，求 $\frac{1}{a^2+1}+\frac{1}{b^2+1}$ 的值。

7. 求函数 $y=\frac{2-\cos x}{\sin x}(0<x<\pi)$ 的最小值。

8. 若 $(z-x)^2-4(x-y)(y-z)=0$，求证：x,y,z 成等差数列(用多种方法)。

9. 已知 m,n,p 都是正数，且 $m^2-p^2+n^2=0$，求 $\frac{m+n}{p}$ 的最大值。

10. 已知 $x,y\geqslant 0$ 且 $x+y=1$，求 x^2+y^2 的取值范围。

11. 什么是化归法？举例说明。

12. 化归的原则有哪些？举例说明。

13. 什么是 RMI 方法？举例说明。

第5章 数学知识体系建立的基本方法

"上帝创造了整数，所有其余的数都是人造的。"

——克罗内克

"数学的本质在于它的自由。"

——康托尔

5.1 数学公理化方法

所谓公理化方法，就是从尽可能少的不加定义的原始概念（基本概念）和不加证明的原始命题（公理或公设）出发，运用逻辑规则推导出其余命题或定理，建立整个理论体系的一种方法。

在一个理论体系中，并不是所有的概念都下定义，一切命题都证明。在一个理论体系中，选出一些不定义的概念和不证明的命题作为出发点。这些不定义的概念称为初始概念。由初始概念来定义的概念，称为被定义概念；不证明的命题称为公理或公设，从公理出发推演出来的命题称为定理。公理是一切科学所公认的真理，而公设则只是为某一门科学所接受的第一性原理。

公元前3世纪问世的欧几里得《几何原本》是古代数学公理化方法的一个辉煌成就。

《几何原本》共13卷，内容包括直边形和圆的性质、比例论、相似形、数论、不可公度的分类、立体几何和穷竭法等。第一卷开始就给出书中第一部分所用的概念的23个定义，其中最重要的有：

(1) 点是没有部分的那种东西。

(2) 线是没有宽度的长度。线这个字指曲线。

(3) 一线的两端是点。

这定义明确指出一线或一曲线总是有限长度的。《几何原本》里没有伸展到无穷远的一根曲线。

(4) 直线是同其中各点看齐的线。

定义(4)与定义(3)精神一致，欧几里得的直线是我们所说的线段。

(5) 面是那种只有长度和宽度的东西。

(6) 面的边缘是线。(所以面也是有界的图形)

(7) 圆是包含在一(曲)线里的那种平面图形,使从其内某一点连到该线的所有直线都彼此相等。

(16) 于是那个点便叫圆的中心(简称圆心)。

(17) 圆的一直径是通过圆心且两端终于圆周的任意一条直线,而且这样的直线也把圆平分。

(23) 平行直线是这样的一些直线,它们在同一平面内,而且往两个方向无限延长后在两个方向上都不会相交。

接着欧几里得列出5个公设和5个公理。他采用了亚里士多德对公设与公理的区别,即公理是适用于一切科学的真理,而公设则只适用于几何。

5个公设为:

(1) 从任一点到任一点作直线[是可能的]。

(2) 把有限直线不断循环直线延长[是可能的]。

(3) 以任一点为中心和任一距离[为半径]作一圆[是可能的]。

(4) 所有直角彼此相等。

(5) 若一直线与两直线相交,且若同侧所交两内角之和小于两直角,则两直线无限延长后必相交于该侧的一点。

5个公理为:

(1) 跟同一件东西相等的一些东西,它们彼此也是相等的。

(2) 等量加等量,总量仍相等。

(3) 等量减等量,余量仍相等。

(4) 彼此重合的东西是相等的。

(5) 整体大于部分。

欧几里得从上述的5个公设和5个公理出发,推出了465个命题。

欧几里得《几何原本》还只是公理化方法的一个雏型,人们发现欧几里得几何公理系统还有许多不够完善的地方,主要有以下几个方面:(1)有些定义使用了一些还未确定含义的概念。(2)有些定理证明中的论述只是靠图形的直观性。(3)有的公理(即平行公理)是否可用其他公理来证明或代替。这些问题成为后来许多数学家研究的课题,并通过这些问题的研究,使公理化方法不断完善,并促进了数学科学的发展。

1899年数学泰斗希尔伯特(Hilbert)出版了他的著作《几何基础》,并于30多年间不断地修正和精炼,于1930年出了第7版,是近代公理化方法的代表作。《几何基础》一书给出了点、线、面、关联、顺序、合同这些原始概念的准确定义,为欧几里得几何补充了完整的公理体系。

我国数学界的前辈傅种孙教授于1924年与韩桂丛合作,将《几何基础》第1版的英译本译成中文,取名《几何原理》。1958年江泽涵教授的中译本《几何基础》是根据第7版的俄译本和1956年第8版的一些补充译成的。文化大革命后,征得江泽涵教授的同意,朱鼎勋教授根据德文第12版,对1958年的中译本进行增补、修订,1987年《几何基础》中译本第2版问世。

《几何基础》将公理体系分为下述五类。第一类叫做关联公理,由两点确定一条直线;

一条直线上至少有两个点,至少有三个点不在一条直线上,等 8 个公理组成。

第二类叫做顺序公理,由下述四个公理组成。①若一点 B 在一点 A 和一点 C 之间,则 A,B 和 C 是一条直线上的不同的三点,而且 B 也在 C 和 A 之间。②对于两点 A 和 C,直线 AC 上恒有一点 B,使得 C 在 A 和 B 之间。③一条直线上的任意三点中,至少有一点在其他两点之间(可参考图 5.1(a))。④设 A,B 和 C 是不在同一直线上的三点,设 a 是平面 ABC 中的一直线,但不通过 A,B,C 这三点中的任一点,若直线 a 通过线段 AB 的一点,则它必定也通过线段 AC 中的一点,或 BC 中的一点(参考图 5.1(b))。

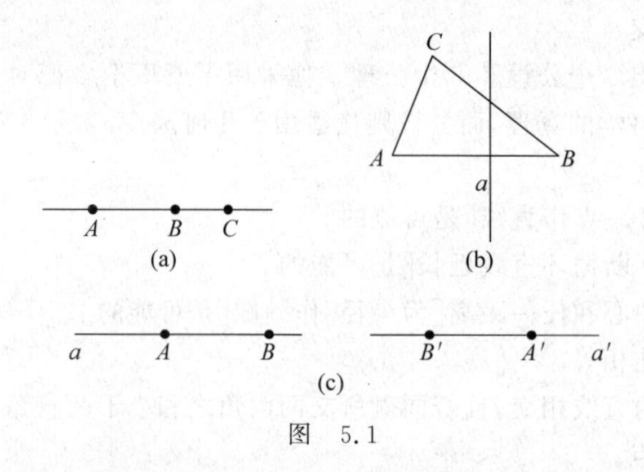

图 5.1

第三类是合同公理(或全等公理)。①设 A 和 B 是一直线 a 上的两点,A'是这条直线或另一直线 a'上的一点,而且给定了直线 a'上 A'的一侧,则在 a'上点 A'的这一侧,恒有一点 B',使得线段 AB 和线段 $A'B'$合同或相等。记作 $AB=A'B'$(参考图 5.1(c))。②若 $A'B'=AB$,且 $A''B''=AB$,则 $A'B'=A''B''$。③关于两条线段的相加。④关于角的合同(或相等)。⑤若两个三角形$\triangle ABC$ 和$\triangle A'B'C'$有下列合同式:$AB=A'B'$,$AC=A'C'$,$\angle BAC=\angle B'A'C'$,则也恒有合同式$\angle ABC=\angle A'B'C'$,且$\angle ACB=\angle A'C'B'$。(此处没有提 $BC=B'C'$,故有别于三角形全等的判定边角边)。

第四类中只有一个公理,即著名的平行公理:设 a 是一条直线,A 是 a 外的任意一点。在 a 和 A 所决定的平面上,至多有一条直线通过 A,且不和 a 相交。与《几何原本》的叙述稍有不同,后者的表述是:两条直线被第三条直线所截,若某一侧同旁内角之和小于两个直角,则两直线在该侧相交。

第五类是连续公理,包括阿基米德度量公理和直线的完备性两条。

《几何基础》发展了模型的方法。这种方法可证明公理的相对相容性,也可以证明某一公理对其他公理的独立性。《几何基础》问世以后,形式公理化方法得到了进一步发展,数理逻辑和数学各个分支的公理化形式系统相继得到建立。

19 世纪俄国年轻的数学家罗巴切夫斯基基于前人试证第五公设屡遭失败的教训,从问题的反面考虑问题,给出一个新的公理体系,这就是去掉第五公设保留欧几里得几何其余公理,再加进一个与第五公设相反的命题,可叙述为过平面上直线外的一点至少可以引两条直线与该直线不相交。这个新的几何系统就是非欧几何,它与欧几里得几何系统相并列。后来,数学家证明了欧几里得几何系统和非欧几何系统是相对相容的,即假定其中之一无矛盾,则另一个必定无矛盾。

非欧几何的建立在数学发展史上具有划时代的意义,它开拓了"空间"的概念,丰富了公理化方法的内容。它表明人们的认识已从直观空间上升到抽象空间。用模型方法证明非欧几何的相对相容性，表明一个公理系统不只有一个论域。所谓论域就是指在一个公理系统中所研究的对象、性质和关系。按照“一个公理系统只有一个论域”的观点建立起来的公理学，称为实质公理学。为了表明非欧几何发展的阶段性，我们称之为半形式化公理学。欧几里得几何为实质公理学。

公理的选取应符合三条要求：

一是相容性。相容性亦称和谐性或无矛盾性。这一要求是指在同一个公理系统内不能出现两个互相矛盾的命题。也就是说，同一公理系统中的公理不能自相矛盾，由这些公理推出的一切结果，也不能互相矛盾。这是一个基本要求。

二是独立性。这是要求在一个公理集合中不允许出现多余公理，要求公理的数目减少到最低限度。因为多余的公理可作为定理推证出来，因此列为公理就没有必要了。也就是说，同一公理系统中的公理不能互相推出。简单地说，公理要最少，而推出的结论要最多。

三是完备性。就是保证某一数学分支的全部命题都能从这一组公理推导出来，因此必要的公理不能少，否则就不完备。

一般来说，如果一个公理系统满足上述三条要求时，那么该公理系统就是令人满意的公理系统。但是一个公理系统要满足这三性的要求，并不是那么简单的，甚至至今还不能彻底实现。

公理化方法不仅在现代数学和数理逻辑中广泛应用，而且已经远远超出数学的范围，渗透到其他自然科学领域甚至某些社会科学部门，并在其中起着重要作用。

(1) 数学公理化方法具有分析、总结数学知识的作用。当一门科学积累了相当丰富的经验知识，需要按照逻辑顺序加以综合整理，使之条理化、系统化，上升到理性认识的时候，公理化方法便是一种有效的手段。

如近代数学中的群论，便经历了一个公理化的过程。当人们分别研究了许多具体的群结构以后，发现了它们具有基本的共同属性，就用一个满足一定条件的公理集合来定义群，形成一个群的公理系统，并在这个系统上展开群的理论，推导出一系列定理。

(2) 公理化方法作为数学知识体系建立的一个基本方法，不但对建立科学理论体系，训练人的逻辑推理能力，系统地传授科学知识，以及推广科学理论的应用等方面起到有益的作用，而且对于进一步发展科学理论也有独特的作用。

5.2 数学模型化方法

模型是通过抽象、概括和一般化，把要研究的对象或问题转化为本质(关系或结构)同一的另一对象或问题。要研究的对象或问题称为原型，而把转化后的相对定型模拟化或者理想化的对象或问题称为模型。

数学模型是将某种事物的特征和数量关系借助形式化数学语言而建立起来的一种数学结构，即数学模型是将事物或运动过程，用数学概念、公式以及逻辑关系在数量上加以描述。数学模型的广义理解包括一切数学概念、数学理论体系、各种数学公式、各种方程(代数方程、函数方程、差分方程、微分方程、积分方程、……)以及由公式系列构成的算法系统等。数学模型的狭义理解是只有那些反映特定的问题或特定的具体事物系统的数学关系结构才称为数学模型。

数学模型化方法是通过建立和研究客观对象的数学模型来揭示对象的本质特征和规律的一种科学方法。也就是说数学模型化方法是把研究的对象或问题化为数学问题,构造相应的数学模型,通过对数学模型的研究,使研究的对象或问题得到解决的一种数学方法。它是处理数学问题的一种经典方法。数学模型化方法的应用过程可以用图 5.2 简述。

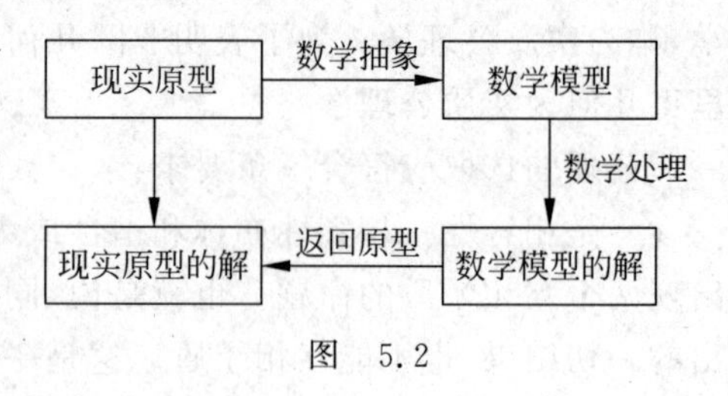

图 5.2

数学模型化方法是模型化方法中的一种特殊状态,它只是在数学的范围和意义上建立起来的模型。数学模型方法是处理数学理论问题的一种经典方法,也是目前在社会科学、自然科学中经常使用的处理各种实际问题的一般方法。例如,经济科学、军事科学、交通运输领域等,都大量地、创造性地利用数学模型方法。例如,在第 3 章已经介绍的哥尼斯堡七桥问题就是利用由 4 个结点 7 条边组成的图构成的数学模型解决能否从某地出发,通过每座桥恰好一次,回到原地的问题。例如航行问题:

甲乙两地相距 750km,船从甲到乙顺水航行需 30h,从乙到甲逆水航行需 50h,问船速、水速各为多少?

用 x,y 分别代表船速和水速,可以列出方程

$$\begin{cases}(x+y)30=750,\\(x-y)50=750。\end{cases}$$

此线性方程组就是航行问题的数学模型。

对某一实际问题应用数学语言和方法,通过抽象、简化、假设等对这一实际问题近似刻画所得的数学结构,称为此实际问题的一个数学模型。

例 5.1 对于任意给定的 17 个相异的正整数,其中必存在这样的 4 对数,它们中各对之差的积一定是 2000 的倍数。

分析 由题设可得,可以根据抽屉原理建立这样的模型,即从 17 个互异的正整数中寻找出 4 对数,它们之中各对之差应分别含有 2000 的所有 4 个因数之一。因 17 个数建立的抽屉数应少于 17,故 2000 分解成的每个因数都应小于 17,即

$$2000=2\times10\times10\times10=4\times5\times10\times10=5\times5\times8\times10=5\times5\times5\times16。$$

于是,设任给的 17 个相异正整数按从小到大的顺序为 $a_1,a_2,\cdots,a_{17}$。不妨按第一种分解形式,先用 2 除每个正整数,则其余数至少有两个是相同的,不妨设为 a_1,a_2,于是 a_2-a_1 可被 2 整除。再用 10 除 $a_3,a_4,\cdots,a_{17}$ 中每个正整数,则其余数至少有 3 对是分别相等的,不妨设为 a_{16},a_{17};a_{14},a_{15};a_{12},a_{13}。于是可知 $a_{17}-a_{16},a_{15}-a_{14},a_{13}-a_{12}$ 都可被 10 整除。因此可知,$(a_2-a_1)(a_{17}-a_{16})(a_{15}-a_{14})(a_{13}-a_{12})$ 一定是 $2\times10\times10\times10$ 即 2000 的倍数。

例 5.2 空间中有六个点,其中任意三点不共线。如果把这六个点两两用直线段连接起来,并且把它们涂以红色或蓝色。证明必存在一个三边是同种颜色的三角形。

分析 这样的问题可以根据抽屉原理来解决。

证明 在这六个点中，任意一点 P_1 与其他五点有 5 条连线，根据抽屉原理，这 5 条边中至少有 3 条有相同颜色，例如 P_1P_2，P_1P_3，P_1P_4 这三条边全是红色的。如果 P_2P_3，P_3P_4，P_4P_2 全为蓝色，则三角形 $P_2P_3P_4$ 就是三边同色的三角形；如果 P_2P_3，P_3P_4，P_4P_2 不全为蓝的，那么总有一条边为红的，例如 P_3P_4 为红的，于是三角形 $P_1P_3P_4$ 就是三边同色的三角形。

例 5.3 在某海滨城市附近海面有台风。据监测，当前台风中心位于城市 O(如图 5.3(a))的东偏南 $\theta\left(\cos\theta=\frac{\sqrt{2}}{10}\right)$方向 300km 的海面 P 处，并以 20km/h 的速度向西偏北 45°方向移动。台风侵袭的范围为圆形区域，当前半径为 60km，并以 10km/h 的速度不断增大。问几小时后该城市开始受到台风的侵袭？

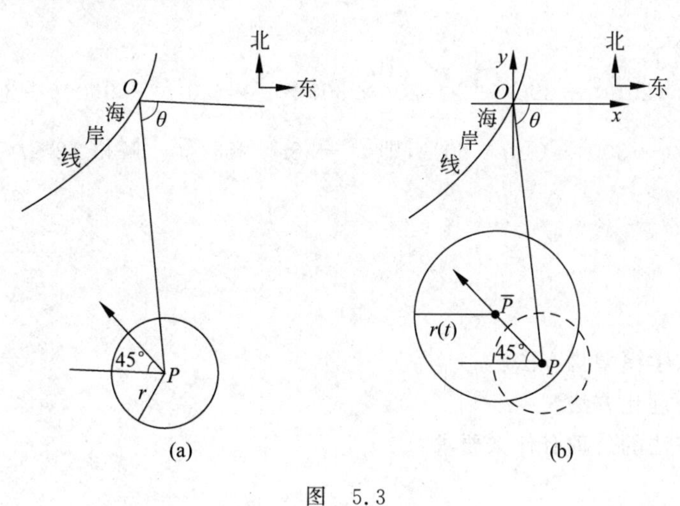

图 5.3

分析 (1) 根据问题解决目的：问几小时后该城市开始受到台风的侵袭，以及台风侵袭的范围为圆形的假设，只要求出以台风中心 $\bar{P}$(动点)为圆心的圆的半径 r，这个圆的半径划过的区域自然是侵袭范围。

(2) 台风中心是动的，移动方向为向西偏北 45°，速度为 20km/h，而当前半径为 60km，并以 10km/h 的速度不断增大，即半径的增加速度为 $r(t)=60+10t$，t 为时间。于是只要 $O\bar{P}\leqslant 10t+60$，便是城市 O 受到侵袭的开始。

模型 1 如图 5.3(b)所示建立坐标系：以 O 为原点，正东方向为 x 轴正向。

在时刻 t(h)台风中心 $\bar{P}(\bar{x},\bar{y})$的坐标为

$$\begin{cases}\bar{x}=300\times\dfrac{\sqrt{2}}{10}-20\times\dfrac{\sqrt{2}}{2}t,\\[2ex]\bar{y}=-300\times\dfrac{7\sqrt{2}}{10}+20\times\dfrac{\sqrt{2}}{2}t,\end{cases}$$

此时台风侵袭的区域是

$$(x-\bar{x})^2+(y-\bar{y})^2\leqslant[r(t)]^2,$$

其中 $r(t)=10t+60$。

若在 t 时刻城市 O 受到台风的侵袭，则有 $(0-\bar{x})^2+(0-\bar{y})^2\leqslant(10t+60)^2$，即

$$\left(300\times\frac{\sqrt{2}}{10}-20\times\frac{\sqrt{2}}{2}t\right)^2+\left(-300\times\frac{7\sqrt{2}}{10}+20\times\frac{\sqrt{2}}{2}t\right)^2\leqslant(10t+60)^2,$$

整理可得 $t^2-36t+288\leqslant 0$，由此解得 $12\leqslant t\leqslant 24$，即 12h 后该城市开始受到台风的侵袭。

模型 2 设在时刻 t(h)台风中心为 $\bar{P}$（如图 5.3(b)），此时台风侵袭的圆形半径为 $10t+60$，因此，若在时刻 t 城市 O 受到台风侵袭，应有 $O\bar{P}\leqslant 10t+60$。由余弦定理知

$$O\bar{P}^2=P\bar{P}^2+PO^2-2P\bar{P}\cdot PO\cdot\cos\angle OP\bar{P}。$$

注意到 $OP=300$，$P\bar{P}=20t$，则有

$$\begin{aligned}\cos\angle OP\bar{P}&=\cos(\theta-45°)=\cos\theta\cdot\cos 45°+\sin\theta\cdot\sin 45°\\&=\frac{\sqrt{2}}{10}\times\frac{\sqrt{2}}{2}+\sqrt{1-\frac{2}{10^2}}\times\frac{\sqrt{2}}{2}=\frac{4}{5},\end{aligned}$$

故

$$O\bar{P}^2=(20t)^2+300^2-2\times 20t\times 300\times\frac{4}{5}=20^2t^2-9600t+300^2。$$

因此 $20^2t^2-9600t+300^2\leqslant(10t+60)^2$，即 $t^2-36t+288\leqslant 0$。解得 $12\leqslant t\leqslant 24$。

习题 5

1. 什么是数学模型化方法？
2. 什么是公理化方法？
3. 公理化方法的公理有什么要求？

第6章

数学论证的基本方法

“精巧的论证常常不是一蹴而就的，而是人们长期切磋积累的成果。我也是慢慢学来的，而且还要继续不断地学习。”

——阿贝尔

就思维方向来说，数学论证的基本方法是分析法、综合法、反证法、数学归纳法。本章简单介绍这四种方法。分析法、综合法、数学归纳法属于直接证法，反证法属于间接证法。

6.1 分析与综合

对于分析与综合有哲学意义上的分析与综合与数学意义上的分析与综合。

哲学意义上的分析是将被研究对象的整体分解为部分、方面，把复杂的事物分解为简单要素分别加以研究的一种思维方法。分析的目的在于透过现象把握本质。综合则是将研究对象的各个部分、各个方面或各种因素连接起来考察，形成一个整体认识的一种思维方法。综合不是各种因素的简单堆砌，而是按照对象各部分间的有机联系从总体上把握事物。

数学上的分析及综合与哲学意义上的分析及综合有较大的区别和联系。前者是推理论证的方法，后者则是认识事物的思维方法。前者只能在数学推理中应用，后者除数学之外，还可以用于其他各类学科。前者是对已知的结论进行分析论证，不能产生新的知识，后者却可以导致科学上的重大发现。前者是属于数学上的特殊的方法，后者却归于哲学思维方法的层次。数学中的分析法与综合法可以看作是由哲学上的分析与综合演化而成的，是其某个侧面的特殊的表现形式。

在如何打开数学问题中从已知通向结论的逻辑通道的问题上，综合法与分析法提供了两种非常有效的思维方法。

6.1.1 分析法

分析法是从所需要证明的结论出发，以一系列已知定义、定理为依据逐步逆推或逆求，从而达到明显成立的条件，进而得到解决问题的方法。这个明显成立的条件可能是已知条件、定理、定义、公理或常识。

分析法也叫执果索因法，它是一种推理的方法，人们常用它来寻找解题思路。

分析法分为逆求法和逆推法两种。

当推理过程步步均可逆时，它又称逆推法。其思维过程可表示为

$$B \Leftrightarrow A_1 \Leftrightarrow A_2 \Leftrightarrow \cdots \Leftrightarrow A,$$

其中 B 是命题的结论，A 是条件。

如果每一步分析是从结论出发寻求其成立的充分条件，则称这种方法为逆求法。其思维过程可表示为

$$B \Leftarrow A_1 \Leftarrow A_2 \Leftarrow \cdots \Leftarrow A,$$

其中 B 是命题的结论，A 是条件。

用分析法证明命题特别要注意的是要理清逻辑关系，谁是条件，谁是结论，谁推出谁，每一步都要有“要证”或“只要证”等词语。

例如，求证不等式 $\dfrac{2}{\dfrac{1}{a}+\dfrac{1}{b}} \leqslant \sqrt{ab}\ (a>0,b>0)$ 成立。

证明 要证 $\dfrac{2}{\dfrac{1}{a}+\dfrac{1}{b}} \leqslant \sqrt{ab}$，只要证 $\dfrac{2ab}{a+b} \leqslant \sqrt{ab}$，只要证 $\dfrac{2\sqrt{ab}}{a+b} \leqslant 1$，只要证 $2\sqrt{ab} \leqslant a+b$，只要证 $\sqrt{ab} \leqslant \dfrac{a+b}{2}$，只要证 $\dfrac{a+b}{2} \geqslant \sqrt{ab}$。

而 $\dfrac{a+b}{2} \geqslant \sqrt{ab}$ 即为基本不等式，显然成立，因此原不等式成立。

又例如，已知：a,b 为正实数，且 $a \neq b$，求证：$a^3+b^3>a^2b+ab^2$。

证明 要证 $a^3+b^3>a^2b+ab^2$，即证 $(a+b)(a^2-ab+b^2)>ab(a+b)$。

因为 $a+b>0$，故只需证 $a^2-ab+b^2>ab$，即证 $a^2-2ab+b^2>0$，即证 $(a-b)^2>0$。

因为 $a \neq b$，所以 $(a-b)^2>0$ 成立，所以 $a^3+b^3>a^2b+ab^2$ 成立。

再例如，已知 $\triangle ABC$ 的三个内角 A,B,C 成等差数列，A,B,C 的对边分别为 a,b,c。求证：$\dfrac{1}{a+b}+\dfrac{1}{b+c}=\dfrac{3}{a+b+c}$。

证明 要证 $\dfrac{1}{a+b}+\dfrac{1}{b+c}=\dfrac{3}{a+b+c}$，即证 $\dfrac{a+b+c}{a+b}+\dfrac{a+b+c}{b+c}=3$，也就是 $\dfrac{c}{a+b}+\dfrac{a}{b+c}=1$，只需证 $c(b+c)+a(a+b)=(a+b)(b+c)$，这需证 $c^2+a^2=ac+b^2$。

又 $\triangle ABC$ 三内角 A,B,C 成等差数列，故 $B=60°$，由余弦定理，得 $b^2=c^2+a^2-2ac\cos 60°$，即 $b^2=c^2+a^2-ac$，故 $c^2+a^2=ac+b^2$ 成立。于是原等式成立。

分析法应用较广，下面作一些介绍。

(1) 在数列问题中的应用

例 6.1 几位大学生响应国家的创业号召，开发了一款应用软件。为激发大家学习数学的兴趣，他们推出了“解数学题获取软件激活码”的活动。这款软件的激活码为下面数学问题的答案：已知数列 1，1，2，1，2，4，1，2，4，8，1，2，4，8，16，…，其中第一项是 1，接下来的两项是 1，2，再接下来的三项是 1，2，4，依此类推。求满足如下条件的最小整数 $N(N>100)$ 且该数列的前 N 项和为 2 的整数幂。那么该款软件的激活码是什么？

分析 第 n 组的和为 $1+2^1+\cdots+2^{n-1}=2^n-1$,故前 n 组的和为

$$(2^1-1)+(2^2-1)+\cdots+(2^n-1)=2^{n+1}-(n+2),$$

为使和为 2 的整数幂,必须在 n 组之后添加若干项,添加项之和为 $n+2$。

另一方面,不管添加多少项,添加项之和应等于 2 的整数幂减 1,故 $n+2=3,7,15,31,\cdots$,从而 $n=1,5,13,29,\cdots$。

当 $n=13$ 时,13 组共有项数为 $1+2\cdots+13=91$,13 组之和为 $2^{15}-15$,再添加 $1,2^1,2^2,2^3$ 后和为 2^{15},但总项数只有 95 项,不合题意。

当 $n=29$ 时,29 组共有项数为 $1+2\cdots+29=435$,29 组之和为 $2^{30}-31$,再添加 $2^0,2^1,2^2,2^3,2^4$ 后和为 2^{30},总项数有 440 项,合题意。

例 6.2 已知 $a_1=2,a_{n+1}=4a_n-3n+1$,求数列 $\{a_n\}$ 的通项公式。

分析 数列 $\{a_n\}$ 明显不是等差数列,也不是等比数列,也不可能是裂项相消类型,那只能是想办法转化成一个新的等差数列或等比数列。由 $a_{n+1}=4a_n-3n+1$ 可知,若无一次因式 $-3n+1$,则 $\{a_n\}$ 是公比为 4 的等比数列。这个等比关系是下标的一次因式 $-3n+1$ 破坏的,故可考虑由下标的一次因式还原公比为 4 的等比关系。

设 $a_{n+1}+A(n+1)+B=4(a_n+An+B)$,则 $a_{n+1}=4a_n+3An+(3B-A)$,与已知条件下比较得

$$\begin{cases}3A=-3,\\3B-A=1,\end{cases}\Rightarrow\begin{cases}A=-1,\\B=0,\end{cases}$$

故 $a_{n+1}-(n+1)=4(a_n-n)$,所以数列 $\{a_n-n\}$ 为等比数列,首项为 $a_1-1=1$,公比为 4,从而 $a_n-n=1\times4^{n-1}=4^{n-1}$,故 $a_n=4^{n-1}+n$。

例 6.3 已知 $a_1=0,a_{n+1}=3a_n+2^n+4n$,求数列 $\{a_n\}$ 的通项公式。

分析 数列 $\{a_n\}$ 明显不是等差数列,也不是等比数列,但容易发现,若无后面的两项 2^n+4n,则 $\{a_n\}$ 是公比为 3 的等比数列,故可考虑由 2 的下标次幂和下标的一次多项式共同还原这个公比为 3 的等比关系。

设 $a_{n+1}+A2^{n+1}+B(n+1)+C=3(a_n+A2^n+Bn+C)$,则

$$a_{n+1}=3a_n+A2^n+2Bn+(2C-B),$$

与已知条件比较得 $\begin{cases}A=1,\\2B=4,\\2C-B=0,\end{cases}\Rightarrow\begin{cases}A=1,\\B=2,\\C=1,\end{cases}$

故 $a_{n+1}+2^{n+1}+2(n+1)+1=3(a_n+2^n+2n+1)$,数列 $\{a_n+2^n+2n+1\}$ 为等比数列,首项为 $a_1+2^1+2\times1+1=5$,公比为 3,从而 $a_n+2^n+2n+1=5\times3^{n-1}$,即

$$a_n=5\times3^{n-1}-2^n-2n-1。$$

(2) 在不等式中的应用

例 6.4 已知 $a_1=\frac{1}{2},a_{n+1}=a_n^2+a_n$,证明 $\frac{1}{1+a_1}+\frac{1}{1+a_2}+\cdots+\frac{1}{1+a_n}<2$。

分析 为证 $\frac{1}{1+a_1}+\frac{1}{1+a_2}+\cdots+\frac{1}{1+a_n}<2$,不等式的左边有 n 项,右边为 2。为证明原不等式成立,可设想将左边加起来,再证明左边加起来的结果小于 2,但左边是 n 个分式

之和，明显不是等差数列或等比数列求和的问题，在常用的求和方法中只能考虑裂项相消法了，因此必须将左边的每个分式化为两项之差的形式，由已知条件可得

$a_{n+1}=a_n^2+a_n=a_n(1+a_n)$，即$\frac{1}{a_{n+1}}=\frac{1}{a_n(1+a_n)}=\frac{1}{a_n}-\frac{1}{1+a_n}$，亦即$\frac{1}{1+a_n}=\frac{1}{a_n}-\frac{1}{a_{n+1}}$，于是

$$\begin{aligned}&\frac{1}{1+a_1}+\frac{1}{1+a_2}+\cdots+\frac{1}{1+a_n}\\&=\left(\frac{1}{a_1}-\frac{1}{a_2}\right)+\left(\frac{1}{a_2}-\frac{1}{a_3}\right)+\cdots\left(\frac{1}{a_n}-\frac{1}{a_{n+1}}\right)\\&=\frac{1}{a_1}-\frac{1}{a_{n+1}}=2-\frac{1}{a_{n+1}}。\end{aligned}$$

只要证 $2-\frac{1}{a_{n+1}}<2$，只要证$-\frac{1}{a_{n+1}}<0$，只要证 $a_{n+1}>0$。

由题设知原数列为正项数列，$a_{n+1}>0$ 成立，从而原不等式成立。

例 6.5 已知 a,b,c 为 Rt$\triangle ABC$ 的三边长，且 $a^2+b^2=c^2$，$n\in\mathbb{N}^*$，$n\geqslant 3$，证明

$$c^n>a^n+b^n。$$

分析 1 已知条件是三边之间的平方关系，要证的是三边之间的 n 次方关系，必须从 n 次方中分离出一个 2 次方。

由已知得 $a<c$，$b<c$，故

$$a^n+b^n=a^2\cdot a^{n-2}+b^2\cdot b^{n-2}<a^2\cdot c^{n-2}+b^2\cdot c^{n-2}=(a^2+b^2)c^{n-2}=c^2\cdot c^{n-2}=c^n。$$

分析 2 为证 $c^n>a^n+b^n$，只要证$\left(\frac{a}{c}\right)^n+\left(\frac{b}{c}\right)^n<1$。

设 $f(n)=\left(\frac{a}{c}\right)^n+\left(\frac{b}{c}\right)^n$。因为 $a<c$，$b<c$，所以 $0<\frac{a}{c}<1$，$0<\frac{b}{c}<1$，所以 $f(n)$ 为减函数，所以

$$f(n)<f(2)=\left(\frac{a}{c}\right)^2+\left(\frac{b}{c}\right)^2=\frac{a^2+b^2}{c^2}=\frac{c^2}{c^2}=1,$$

所以$\left(\frac{a}{c}\right)^n+\left(\frac{b}{c}\right)^n<1$ 成立，即 $c^n>a^n+b^n$ 成立。

例 6.6 若存在 $x>0$，$y>0$ 满足不等式$\sqrt{x+y}\leqslant a(\sqrt{x}+\sqrt{y})$，求 a 的最小值。

分析 依题意 $a\geqslant\frac{\sqrt{x+y}}{\sqrt{x}+\sqrt{y}}$有解。设 $u=\frac{\sqrt{x+y}}{\sqrt{x}+\sqrt{y}}$，则 $a\geqslant u_{\min}$。而

$$u^2=\frac{x+y}{x+y+2\sqrt{x+y}},\quad 即\ u^2(x+y)+2u^2\cdot\sqrt{xy}=x+y,\quad 亦即$$

$$(1-u^2)(x+y)=2u^2\sqrt{xy}\leqslant 2u^2\cdot\frac{x+y}{2}=u^2\cdot(x+y),$$

这等价于 $1-u^2\leqslant u^2$，即 $2u^2\geqslant 1$，亦即 $u^2\geqslant\frac{1}{2}$。

又因 $u>0$，所以 $u\geqslant\frac{\sqrt{2}}{2}$，$u_{\min}=\frac{\sqrt{2}}{2}$。所以 $a\geqslant\frac{\sqrt{2}}{2}$，$a_{\min}=\frac{\sqrt{2}}{2}$。

(3) 在函数中的应用

例 6.7 已知函数 $f(x)=\frac{x}{\ln x}-ax+b$ 在点$(\mathrm{e},f(\mathrm{e}))$处的切线方程为 $y=-ax+2\mathrm{e}$。

(1) 求实数 b 的值；

(2) 若存在 $x_0\in[\mathrm{e},\mathrm{e}^2]$，满足 $f(x_0)\leqslant\frac{1}{4}+\mathrm{e}$，求实数 a 的取值范围。

分析 第一问比较简单，可直接解答，第二问比较难，必须用分析法解答。

(1) 因为 $f(x)=\frac{x}{\ln x}-ax+b$，函数 $f(x)$的定义域为$(0,1)\cup(1,+\infty)$，且 $f(\mathrm{e})=\mathrm{e}-a\mathrm{e}+b$，故切点为$(\mathrm{e},\mathrm{e}-a\mathrm{e}+b)$。

又因为 $f'(x)=\frac{\ln x-1}{\ln^2 x}-a$，所以 $f'(\mathrm{e})=-a$，故切线方程为

$$y-(\mathrm{e}-a\mathrm{e}+b)=-a(x-\mathrm{e}),\quad 即\ y=-ax+\mathrm{e}+b。$$

由题设知函数 $f(x)$在点$(\mathrm{e},f(\mathrm{e}))$处的切线方程为 $y=-ax+2\mathrm{e}$，比较求得 $\mathrm{e}+b=2\mathrm{e}$，所以 $b=\mathrm{e}$。

(2) 依题意要求存在 $x_0\in[\mathrm{e},\mathrm{e}^2]$使 $f(x_0)\leqslant\frac{1}{4}+\mathrm{e}$ 成立，即$\frac{x_0}{\ln x_0}-ax_0+\mathrm{e}\leqslant\frac{1}{4}+\mathrm{e}$ 成立，亦即 $a\geqslant\frac{1}{\ln x_0}-\frac{1}{4x_0}$成立，所以只要 $a\geqslant\frac{1}{\ln x}-\frac{1}{4x}$在$[\mathrm{e},\mathrm{e}^2]$上有解即可。

设 $h(x)=\frac{1}{\ln x}-\frac{1}{4x}$，$x\in[\mathrm{e},\mathrm{e}^2]$，所以只要 $a\geqslant h(x)$有解，即只要 $a\geqslant h(x)_{\min}$。

$$h'(x)=\frac{1}{4x^2}-\frac{1}{x\ln^2 x}=\frac{\ln^2 x-4x}{4x^2\ln^2 x}=\frac{(\ln x+2\sqrt{x})(\ln x-2\sqrt{x})}{4x^2\ln^2 x}。$$

设 $p(x)=\ln x-2\sqrt{x}$，则当 $x\in[\mathrm{e},\mathrm{e}^2]$时，有 $p'(x)=\frac{1}{x}-\frac{1}{\sqrt{x}}=\frac{1-\sqrt{x}}{x}<0$，即函数 $p(x)$在区间$[\mathrm{e},\mathrm{e}^2]$上单调递减，所以 $p(x)<p(\mathrm{e})=\ln\mathrm{e}-2\sqrt{\mathrm{e}}<0$，所以 $h'(x)<0$，即 $h(x)$在区间$[\mathrm{e},\mathrm{e}^2]$上单调递减，所以 $h_{\min}(x)=h(\mathrm{e}^2)=\frac{1}{\ln\mathrm{e}^2}-\frac{1}{4\mathrm{e}^2}=\frac{1}{2}-\frac{1}{4\mathrm{e}^2}$，所以 $a\geqslant\frac{1}{2}-\frac{1}{4\mathrm{e}^2}$，所以实数 a 的取值范围为$\left[\frac{1}{2}-\frac{1}{4\mathrm{e}^2},+\infty\right)$。

例 6.8 已知函数 $f(x)=\frac{1}{x}-x+a\ln x$。

(1) 讨论 $f(x)$的单调性；

(2) 若 $f(x)$存在两个极值点 x_1,x_2，证明：$\frac{f(x_1)-f(x_2)}{x_1-x_2}<a-2$。

分析 第一问比较简单，可直接解，但第二问难度较大，必须用分析法解答。

(1) $f(x)$的定义域为$(0,+\infty)$，$f'(x)=-\frac{1}{x^2}-1+\frac{a}{x}=-\frac{x^2-ax+1}{x^2}=\frac{-x^2+ax-1}{x^2}$。

当 $a\leqslant0$ 时，显然 $f'(x)<0$；当 $0<a<2$ 时，$\Delta=a^2-4<0$，故 $f'(x)<0$。

① 若 $a\leqslant2$，则 $f'(x)\leqslant0$，当且仅当 $a=2,x=1$ 时 $f'(x)=0$，所以 $f(x)$在$(0,+\infty)$内

单调递减。

② 若$a>2$，令$f'(x)=0$得，$x=\frac{a-\sqrt{a^2-4}}{2}$或$x=\frac{a+\sqrt{a^2-4}}{2}$。

当$x\in\left(0,\frac{a-\sqrt{a^2-4}}{2}\right)\cup\left(\frac{a+\sqrt{a^2-4}}{2},+\infty\right)$时，$f'(x)<0$；

当$x\in\left(\frac{a-\sqrt{a^2-4}}{2},\frac{a+\sqrt{a^2-4}}{2}\right)$时，$f'(x)>0$。

所以$f(x)$在$\left(0,\frac{a-\sqrt{a^2-4}}{2}\right)$，$\left(\frac{a+\sqrt{a^2-4}}{2},+\infty\right)$内单调递减，在$\left(\frac{a-\sqrt{a^2-4}}{2},\frac{a+\sqrt{a^2-4}}{2}\right)$内单调递增。

(2) 由(1)知，$f(x)$存在两个极值点当且仅当$a>2$。

由于$f(x)$的两个极值点x_1,x_2满足$x^2-ax+1=0$，所以$x_1x_2=1$，不妨设$x_1<x_2$，则$x_2>1$。由于

$$\begin{aligned}\frac{f(x_1)-f(x_2)}{x_1-x_2}&=-\frac{1}{x_1x_2}-1+a\frac{\ln x_1-\ln x_2}{x_1-x_2}=-2+a\frac{\ln x_1-\ln x_2}{x_1-x_2}\\&=-2+a\frac{-2\ln x_2}{\frac{1}{x_2}-x_2}=-2+a\frac{2\ln x_2}{x_2-\frac{1}{x_2}},\end{aligned}$$

为证$\frac{f(x_1)-f(x_2)}{x_1-x_2}<a-2$，只要证$\frac{2\ln x_2}{x_2-\frac{1}{x_2}}<1$，只要证$2\ln x_2<x_2-\frac{1}{x_2}$，只要证$\frac{1}{x_2}-x_2+2\ln x_2<0$。

设函数$g(x)=\frac{1}{x}-x+2\ln x$，由(1)知，$g(x)$在$(0,+\infty)$内单调递减。又$g(1)=0$，从而当$x\in(1,+\infty)$时，$g(x)<0$，所以$\frac{1}{x_2}-x_2+2\ln x_2<0$，即$\frac{f(x_1)-f(x_2)}{x_1-x_2}<a-2$。

例 6.9 已知a,b满足$2a^2+b^2=3$，求$y=a\sqrt{b^2+1}$的取值范围。

分析 1 比较已知与所求之间的差别，容易发现可用基本不等式求解。由于a可正可负，故$y=a\sqrt{b^2+1}$可以取正值，也可以取负值。

$$y^2=a^2(b^2+1)=\frac{1}{2}\cdot 2a^2\cdot(b^2+1)\leqslant\frac{1}{2}\left(\frac{2a^2+b^2+1}{2}\right)^2=\frac{1}{2}\left(\frac{3+1}{2}\right)^2=2,$$

故$|y|\leqslant\sqrt{2}$，即$-\sqrt{2}\leqslant y\leqslant\sqrt{2}$。

令$\begin{cases}2a^2=b^2+1,\\2a^2+b^2=3,\end{cases}\Rightarrow\begin{cases}a^2=1,\\b^2=1,\end{cases}\Rightarrow\begin{cases}a=\pm1,\\b=\pm1。\end{cases}$

当$a=1,b=\pm1$时，$y_{\max}=\sqrt{2}$；当$a=-1,b=\pm1$时，$y_{\min}=-\sqrt{2}$。所以$a\sqrt{b^2+1}\in$

$[-\sqrt{2},\sqrt{2}]$。

分析 2 已知条件 $2a^2+b^2=3$ 与椭圆方程类似，可以考虑利用椭圆的参数方程表示 a，b，再求解。

由 $2a^2+b^2=3$ 得 $\frac{b^2}{3}+\frac{a^2}{\frac{3}{2}}=1$。设 $b=\sqrt{3}\cos\theta$，$a=\frac{\sqrt{6}}{2}\sin\theta$，则由 $y=a\sqrt{b^2+1}$，得

$$y^2=a^2(b^2+1)=\frac{3}{2}\sin^2\theta\cdot(3\cos^2\theta+1)=\frac{9}{2}\cdot\sin^2\theta\cdot\left(\cos^2\theta+\frac{1}{3}\right)\leqslant\frac{9}{2}\left(\frac{2}{3}\right)^2=2。$$

令 $\begin{cases}\sin^2\theta=\cos^2\theta+\frac{1}{3},\\ \sin^2\theta+\cos^2\theta=1,\end{cases}\Rightarrow\begin{cases}\sin^2\theta=\frac{2}{3},\\ \cos^2\theta=\frac{1}{3},\end{cases}\Rightarrow\begin{cases}a^2=1,\\ b^2=1,\end{cases}\Rightarrow\begin{cases}a=\pm1,\\ b=\pm1。\end{cases}$

从而得 $-\sqrt{2}\leqslant y\leqslant\sqrt{2}$，即 $y\in[-\sqrt{2},\sqrt{2}]$，所以 $a\sqrt{b^2+1}\in[-\sqrt{2},\sqrt{2}]$。

6.1.2 综合法

综合法是从题设条件出发，以一系列已知定义、定理为依据，逐步推演从而导致所证明的结论成立的方法。

综合法又叫由因导果法。

综合法是数学中表达求解、论证过程的基本方法。

在数学解题中，综合法与分析法并不是截然分开的，而是相辅相成的，分析与综合是思维过程中相互补充、相互渗透、辩证统一的两个方面。

例如，已知 a,b,c 为整数，其中 $1<a<b<c$，又 $(ab-1)(bc-1)(ac-1)$ 能被 abc 整除，试确定 a,b,c 的值。

解答过程是，(分析)因为 $ab-1$ 不能被 ab 整除，$bc-1$ 不能被 bc 整除，$ac-1$ 不能被 ac 整除，而 abc 整除 $(ab-1)(bc-1)(ac-1)$，(综合) 所以 c 整除 $ab-1$，a 整除 $bc-1$，b 整除 $ac-1$。

(分析) 因为 $(ab-1)(bc-1)(ac-1)=abc(abc-a-b-c)+ab+bc+ac-1$。

(综合) 所以 abc 整除 $ab+bc+ac-1$。

(再分析) 设 $ab-1=kc$，则 $ab>kc$，又 $b<c$，故 $a>k$。

又 $ab+bc+ac-1=c(a+b+k)$，由 $a+b+k$ 可被 b 整除，得到 $a+k$ 能被 b 整除。

设

$$a+k=pb, \tag{6.1}$$

再由 $k<a<b$，得

$$a+k<2b。 \tag{6.2}$$

(再综合) 由(6.1)式及(6.2)式得 $pb<2b$，得 $p<2$，故 $p=1$。

所以 $a+k=b$，则 $a+b+k=2b$，由 ab 整除 $a+b+k$ 得，ab 整除 $2b$，故 $a=2$，进而得 $k=1$，$b=3$，$c=5$。

实际解题时，要根据问题的特点灵活运用这两种基本方法。思考的过程重在探索和分

析,表述的过程则需要整理和综合。但更多场合是交替地使用分析和综合。

综合法应用广泛,下面作些简单介绍。

1. 在数列中的应用

例 6.10 在等差数列$\{a_n\}$中,$a_3+a_4=4$,$a_5+a_7=6$。

(1) 求$\{a_n\}$的通项公式;(2)设$b_n=[a_n]$,求数列$\{b_n\}$的前 10 项和,其中$[x]$表示不超过 x 的最大整数,如$[0.9]=0$,$[2.6]=2$。

分析 (1) 设数列$\{a_n\}$的公差为 d,由题意有 $2a_1+5d=4$,$2a_1+10d=6$,解得 $a_1=1$,$d=\frac{2}{5}$,所以$\{a_n\}$的通项公式为 $a_n=\frac{2n+3}{5}$。

(2) 由(1)知 $b_n=\left[\frac{2n+3}{5}\right]$。当 $n=1,2,3$ 时,$1\leqslant\frac{2n+3}{5}<2$,$b_n=1$;当 $n=4,5$ 时,$2\leqslant\frac{2n+3}{5}<3$,$b_n=2$;当 $n=6,7,8$ 时,$3\leqslant\frac{2n+3}{5}<4$,$b_n=3$;当 $n=9,10$ 时,$4\leqslant\frac{2n+3}{5}<5$,$b_n=4$。

所以数列$\{b_n\}$的前 10 项和为 $1\times3+2\times2+3\times3+4\times2=24$。

例 6.11 等差数列$\{a_n\}$的前 n 项和为 S_n,已知 $a_1=13$,$S_3=S_{11}$,当 S_n 最大时,求 n 的值。

分析 1 由 $S_3=S_{11}$ 得 $a_4+a_5+\cdots+a_{11}=0$,根据等差数列的性质,可得 $a_7+a_8=0$。根据首项等于 13 可推知这个数列递减,从而得到 $a_7>0$,$a_8<0$,故 $n=7$ 时 S_n 最大。

分析 2 由 $S_3=S_{11}$ 得 $3a_1+3d=11a_1+55d$,把 $a_1=13$ 代入,得 $d=-2$,故 $S_n=13n-n(n-1)=-n^2+14n$。根据二次函数的性质得,当 $n=7$ 时 S_n 最大。

例 6.12 已知数列$\{a_n\}$满足 $a_1=1$,$na_{n+1}=2(n+1)a_n$,设 $b_n=\frac{a_n}{n}$。

(1) 求 b_1,b_2,b_3;

(2) 判断数列$\{b_n\}$是否为等比数列,并说明理由;

(3) 求$\{a_n\}$的通项公式。

分析 (1) 由条件可得 $a_{n+1}=\frac{2(n+1)}{n}a_n$。

将 $n=1$ 代入得,$a_2=4a_1=4$;将 $n=2$ 代入得,$a_3=3a_2=12$。从而,$b_1=1$,$b_2=2$,$b_3=4$。

(2) 由条件可得$\frac{a_{n+1}}{n+1}=\frac{2a_n}{n}$,即 $b_{n+1}=2b_n$,所以,$\{b_n\}$是首项为 1,公比为 2 的等比数列。

(3) 由(2)可得$\frac{a_n}{n}=2^{n-1}$,所以 $a_n=n\cdot2^{n-1}$。

2. 在三角函数中的应用

例 6.13 已知函数 $f(x)=\cos^2\left(\omega x-\frac{\pi}{6}\right)+\sqrt{3}\sin\left(\omega x-\frac{\pi}{6}\right)\cos\left(\omega x-\frac{\pi}{6}\right)-\frac{1}{2}(\omega>0)$,满足 $f(\alpha)=-1$,$f(\beta)=0$,且$|\alpha-\beta|$的最小值为$\frac{\pi}{4}$。

(1) 求函数 $f(x)$的解析式；

(2) 求函数 $f(x)$在 $\left[0,\frac{\pi}{2}\right]$ 上的单调区间和最大值、最小值。

分析 可根据有关的三角函数概念和公式直接解答。

(1)
$$f(x)=\frac{1+\cos\left(2\omega x-\frac{\pi}{3}\right)}{2}+\frac{\sqrt{3}}{2}\sin\left(2\omega x-\frac{\pi}{3}\right)-\frac{1}{2}$$
$$=\frac{\sqrt{3}}{2}\sin\left(2\omega x-\frac{\pi}{3}\right)+\frac{1}{2}\cos\left(2\omega x-\frac{\pi}{3}\right)$$
$$=\sin\left(2\omega x-\frac{\pi}{3}+\frac{\pi}{6}\right)=\sin\left(2\omega x-\frac{\pi}{6}\right)。$$

又 $f(\alpha)=-1, f(\beta)=0$，且 $|\alpha-\beta|$ 的最小值为 $\frac{\pi}{4}$，则 $\frac{T}{4}=\frac{\pi}{4}$，所以周期 $T=\frac{2\pi}{2\omega}=\pi$，则 $\omega=1$，从而得 $f(x)=\sin\left(2x-\frac{\pi}{6}\right)$。

(2) 因为 $0\leqslant x\leqslant\frac{\pi}{2}$，所以 $-\frac{\pi}{6}\leqslant 2x-\frac{\pi}{6}\leqslant\frac{5\pi}{6}$。

令 $-\frac{\pi}{6}\leqslant 2x-\frac{\pi}{6}\leqslant\frac{\pi}{2}$，得 $0\leqslant x\leqslant\frac{\pi}{3}$；令 $\frac{\pi}{2}\leqslant 2x-\frac{\pi}{6}\leqslant\frac{5\pi}{6}$，得 $\frac{\pi}{3}\leqslant x\leqslant\frac{\pi}{2}$。所以 $f(x)$的递增区间为 $\left[0,\frac{\pi}{3}\right]$，递减区间为 $\left[\frac{\pi}{3},\frac{\pi}{2}\right]$，且 $f(x)_{\max}=f\left(\frac{\pi}{3}\right)=1$。

又因为 $f(0)=-\frac{1}{2}, f\left(\frac{\pi}{2}\right)=\frac{1}{2}$，所以 $f(x)_{\min}=f(0)=-\frac{1}{2}$。

3. 在曲线与方程中的应用

例 6.14 在直角坐标系 xOy 中，已知曲线 C_1, C_2 的参数方程分别为

$$C_1:\begin{cases}x=2\cos\theta,\\ y=\sqrt{3}\sin\theta\end{cases}(\theta\text{ 为参数})；\quad C_2:\begin{cases}x=1+t\cos\theta,\\ y=t\sin\theta\end{cases}(t\text{ 为参数})。$$

(1) 求曲线 C_1, C_2 的普通方程；

(2) 已知点 $P(1,0)$，若曲线 C_1 与曲线 C_2 交于 A, B 两点，求 $|PA|+|PB|$ 的取值范围。

分析 第一问只要消去参数即可，第二问要用到直线参数方程中参数 t 的几何意义和韦达定理。

解 (1) 曲线 C_1 的普通方程为 $\frac{x^2}{4}+\frac{y^2}{3}=1$。

当 $\theta\neq\frac{\pi}{2}+k\pi, k\in\mathbb{Z}$ 时，曲线 C_2 的普通方程为 $y=x\tan\theta-\tan\theta$；

当 $\theta=\frac{\pi}{2}+k\pi, k\in\mathbb{Z}$ 时，曲线 C_2 的普通方程为 $x=1$(或曲线 C_2：$x\sin\theta-y\cos\theta-\sin\theta=0$)。

(2) 将 $C_2:\begin{cases}x=1+t\cos\theta,\\ y=t\sin\theta\end{cases}$ (t 为参数)代入 C_1：$\frac{x^2}{4}+\frac{y^2}{3}=1$ 化简整理得

$$(\sin^2\theta+3)t^2+6t\cos\theta-9=0。$$

设 A,B 对应的参数分别为 t_1,t_2，则 $t_1+t_2=\dfrac{-6\cos\theta}{\sin^2\theta+3}$，$t_1t_2=\dfrac{-9}{\sin^2\theta+3}$，且 $\Delta=36\cos^2\theta+36(\sin^2\theta+3)=144>0$ 恒成立，于是

$$|PA|+|PB|=|t_1|+|t_2|=|t_1-t_2|=\sqrt{(t_1+t_2)^2-4t_1t_2}=\frac{12}{\sin^2\theta+3}。$$

因为 $\sin^2\theta\in[0,1]$，所以 $|PA|+|PB|\in[3,4]$。

4. 在概率统计中的应用

例 6.15 由于当前学生课业负担较重，造成青少年视力普遍下降，现从某中学随机抽取16名学生，经校医用视力表检查得到每个学生的视力状况的茎叶图(以小数点前的一位数字为茎，小数点后的一位数字为叶)如图6.1所示。

	学生视力测试结果
4	3 5 6 6 6 7 7 7 8 8 9 9
5	0 1 1 2

图 6.1

(1) 指出这组数据的众数和中位数；

(2) 若视力测试结果不低于5.0，则称为“好视力”，求校医从这16人中选取3人，至多有1人是“好视力”的概率；

(3) 以这16人的样本数据来估计整个学校的总体数据，若从该校(人数很多)任选3人，记 ζ 表示抽到“好视力”学生的人数，求 ζ 的分布列及数学期望。

分析 可根据有关的统计概念和公式直接解答。

(1) 众数：4.6和4.7；中位数：4.75。

(2) 设 A_i 表示所取3人中有 i 个人是“好视力”，A 表示至多有1人是“好视力”，则

$$P(A)=P(A_0)+P(A_1)=\frac{C_{12}^3}{C_{16}^3}+\frac{C_4^1C_{12}^2}{C_{16}^3}=\frac{121}{140}。$$

(3) 一个人是“好视力”的概率为 $\frac{1}{4}$，ζ 的可能取值为0,1,2,3，且

$$P(\zeta=0)=\left(\frac{3}{4}\right)^3=\frac{27}{64},\quad P(\zeta=1)=C_3^1\frac{1}{4}\times\left(\frac{3}{4}\right)^2=\frac{27}{64},$$

$$P(\zeta=2)=C_3^2\left(\frac{1}{4}\right)^2\times\frac{3}{4}=\frac{9}{64},\quad P(\zeta=3)=\left(\frac{1}{4}\right)^3=\frac{1}{64},$$

于是 ζ 的分布列为

ζ	0	1	2	3
P	$\frac{27}{64}$	$\frac{27}{64}$	$\frac{9}{64}$	$\frac{1}{64}$

$$E(\zeta)=0\times\frac{27}{64}+1\times\frac{27}{64}+2\times\frac{9}{64}+3\times\frac{1}{64}=\frac{3}{4}。$$

5. 在函数中的应用

例 6.16 若 $x>0,y>0,2x+8y-xy=0$，求 $u=x+y$ 的最小值。

分析 由 $2x+8y-xy=0$ 可得 $y=\dfrac{2x}{x-8}$，由 $y>0,x>0$ 可得 $x-8>0$，于是

$$u=x+y=x+\frac{2x}{x-8}=x+\frac{2(x-8)+16}{x-8}=x+2+\frac{16}{x-8}$$

$$=(x-8)+\frac{16}{x-8}+10\geqslant 2\times 4+10=18,$$

当 $x-8=\frac{16}{x-8}$ 时，即 $x=12,y=6$ 时，$u_{\min}=18$。

6. 在立体几何中的应用

例 6.17 如图 6.2 所示，在四棱锥 $P\text{-}ABCD$ 中，$AD/\!/BC$，$\angle BAD=\angle ABC=\angle PAD=90°$，$PA=AB=BC=2$，$AD=1$，$M$ 是棱 PB 中点且 $AM=\sqrt{2}$。

(1) 求证：$AM/\!/$平面 PCD；

(2) 设点 N 是线段 CD 上一动点，且 $DN=\lambda DC$，当直线 MN 与平面 PAB 所成的角最大时，求 λ 的值。

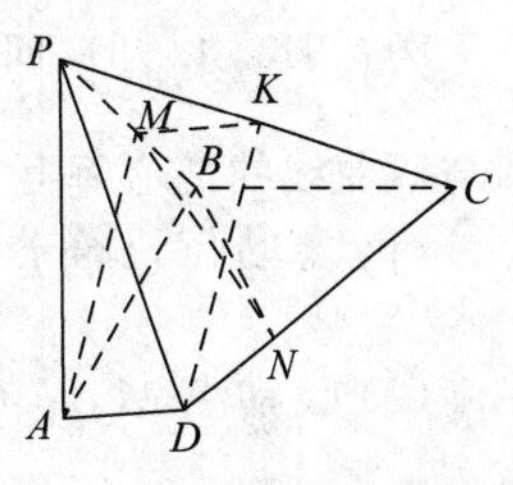

图 6.2

分析 本题是坐标法解立几题的常见题型，第一问只需根据线面平行的判定定理证明即可，第二问要建立空间直角坐标系用坐标法求解，要把求线面角的正弦的问题转化为求线与平面法向量的夹角的余弦的绝对值问题。

解 (1) 取 PC 中点 K，连接 MK，KD。因为 M 为 PB 的中点，所以 $MK/\!/BC/\!/AD$，且 $MK=\frac{1}{2}BC=AD$，所以四边形 $AMKD$ 为平行四边形，故 $AM/\!/DK$。

又因为 $DK\subset$平面 PDC，$AM\not\subset$平面 PDC，所以 $AM/\!/$平面 PCD。

(2) 因为 M 为 PB 的中点，可设 $PM=MB=x$。在$\triangle PAB$ 中，因为$\angle PMA+\angle AMB=\pi$，设$\angle PMA=\theta$，则$\angle AMB=\pi-\theta$，所以 $\cos\angle PMA+\cos\angle AMB=0$，由余弦定理得

$$\frac{PM^2+AM^2-PA^2}{2PM\cdot AM}+\frac{BM^2+AM^2-AB^2}{2BM\cdot AM}=0,$$

即$\frac{x^2+2-4}{2\sqrt{2}\cdot x}+\frac{x^2+2-4}{2\sqrt{2}\cdot x}=0$，所以 $x=\sqrt{2}$，则 $PB=2\sqrt{2}$，所以 $PA^2+AB^2=PB^2$，所以 $PA\perp AB$。

因为 $PA\perp AD$，$AP\perp AB$ 且 $AB\cap AD=A$，所以 $PA\perp$平面 $ABCD$，且$\angle BAD=\angle ABC=90°$，以点 A 为坐标原点，AD 为 x 轴，AB 为 y 轴，AP 为 z 轴建立空间直角坐标系，则 $A(0,0,0)$，$D(1,0,0)$，$B(0,2,0)$，$C(2,2,0)$，$P(0,0,2)$，$M(0,1,1)$。

因为点 N 是线段 CD 上一点，可设 $\overrightarrow{DN}=\lambda\overrightarrow{DC}=\lambda(1,2,0)$，于是

$$\begin{cases}\overrightarrow{AN}=\overrightarrow{AD}+\overrightarrow{DN}=(1,0,0)+\lambda(1,2,0)=(1+\lambda,2\lambda,0),\\ \overrightarrow{MN}=\overrightarrow{AN}-\overrightarrow{AM}=(1+\lambda,2\lambda,0)-(0,1,1)=(1+\lambda,2\lambda-1,-1)。\end{cases}$$

又面 PAB 的法向量为$(1,0,0)$，设 MN 与平面 PAB 所成角为 θ，则

$$\sin\theta=\left|\frac{(1+\lambda,2\lambda-1,-1)\cdot(1,0,0)}{\sqrt{(1+\lambda)^2+(2\lambda-1)^2+1}}\right|=\left|\frac{1+\lambda}{\sqrt{5\lambda^2-2\lambda+3}}\right|$$

$$=\left|\frac{1+\lambda}{\sqrt{5(1+\lambda)^2-12(1+\lambda)+10}}\right|=\left|\frac{1}{\sqrt{5-\frac{12}{1+\lambda}+10\left(\frac{1}{1+\lambda}\right)^2}}\right|$$

$$=\left|\frac{1}{\sqrt{10\left(\frac{1}{1+\lambda}-\frac{3}{5}\right)^2+\frac{7}{5}}}\right|,$$

所以当$\frac{1}{1+\lambda}=\frac{3}{5}$，即$5=3+3\lambda$，$\lambda=\frac{2}{3}$时，$\sin\theta$ 取得最大值。所以 MN 与平面 PAB 所成的角最大时$\lambda=\frac{2}{3}$。

7. 在解析几何中的应用

例 6.18 已知双曲线$\frac{x^2}{5}-y^2=1$的焦点是椭圆 C：$\frac{x^2}{a^2}+\frac{y^2}{b^2}=1(a>b>0)$的顶点，且椭圆与双曲线的离心率互为倒数。

(1) 求椭圆 C 的方程；

(2) 设动点 M，N 在椭圆 C 上，且$|MN|=\frac{4\sqrt{3}}{3}$，记直线 MN 在 y 轴上的截距为 m，求 m 的最大值。

分析 本题可根据椭圆和双曲线的有关概念、性质和韦达定理直接求解。

(1) 双曲线$\frac{x^2}{5}-y^2=1$的焦点坐标为$(\pm\sqrt{6},0)$，离心率为$\frac{\sqrt{30}}{5}$。

因为双曲线$\frac{x^2}{5}-y^2=1$的焦点是椭圆 C：$\frac{x^2}{a^2}+\frac{y^2}{b^2}=1(a>b>0)$的顶点，且椭圆与双曲线的离心率互为倒数，所以 $a=\sqrt{6}$，且$\frac{\sqrt{a^2-b^2}}{a}=\frac{\sqrt{30}}{6}$，解得 $b=1$。

故椭圆 C 的方程为 $\frac{x^2}{6}+y^2=1$。

(2) 因为$|MN|=\frac{4\sqrt{3}}{3}>2$(椭圆竖轴长度)，所以直线 MN 的斜率存在。因为直线 MN 在 y 轴上的截距为 m，所以可设直线 MN 的方程为 $y=kx+m$。

代入椭圆方程$\frac{x^2}{6}+y^2=1$得$(1+6k^2)x^2+12kmx+6(m^2-1)=0$。

因为$\Delta=(12km)^2-24(1+6k^2)(m^2-1)=24(1+6k^2-m^2)>0$，所以 $m^2<1+6k^2$。

设 $M(x_1,y_1)$，$N(x_2,y_2)$，根据根与系数的关系得 $x_1+x_2=\frac{-12km}{1+6k^2}$，$x_1x_2=\frac{6(m^2-1)}{1+6k^2}$，则

$$|MN|=\sqrt{1+k^2}\,|x_1-x_2|=\sqrt{1+k^2}\sqrt{(x_1+x_2)^2-4x_1x_2}$$
$$=\sqrt{1+k^2}\sqrt{\left(-\frac{12km}{1+6k^2}\right)^2-\frac{24(m^2-1)}{1+6k^2}}。$$

因为$|MN|=\frac{4\sqrt{3}}{3}$，即$\sqrt{1+k^2}\sqrt{\left(-\frac{12km}{1+6k^2}\right)^2-\frac{24(m^2-1)}{1+6k^2}}=\frac{4\sqrt{3}}{3}$，整理得

$$m^2=\frac{-18k^4+39k^2+7}{9(1+k^2)}。$$

令 $k^2+1=t$,则 $k^2=t-1$,所以

$$m^2=\frac{-18t^2+75t-50}{9t}=\frac{1}{9}\left[75-\left(18t+\frac{50}{t}\right)\right]\leqslant\frac{75-2\times 30}{9}=\frac{5}{3},$$

等号成立的条件是 $t=\frac{5}{3}$,此时 $k^2=\frac{2}{3}$,$m^2=\frac{5}{3}$,满足 $m^2<1+6k^2$,符合题意。

故 m 的最大值为$\frac{\sqrt{15}}{3}$。

实际证题过程中,分析法与综合法往往是结合起来运用的,把分析法和综合法孤立起来运用是比较少的。问题仅在于,在构建命题的证明路径时,有时分析法居主导地位,综合法伴随着它;有时却刚好相反,综合法居主导地位,而分析法伴随着它。

特别是,对于那些较为复杂的数学命题,不论是从"已知"推向"未知",或者是由"未知"靠拢"已知",都有一个比较长的过程,单靠分析法或综合法显得较为困难。为保证探索方向准确及过程快捷,人们又常常把分析法与综合法两者并列起来使用,即常采取同时从已知和结论出发,寻找问题的一个中间目标。从已知到中间目标运用综合法思索,而由中间目标到结论运用分析法思索,以中间目标为桥梁沟通已知与结论,构建出证明的有效路径。上面所言的思维模式可概括为如图 6.3 所示的结构。

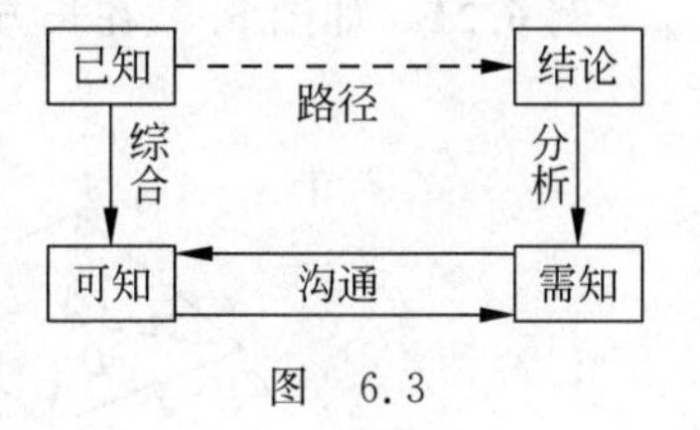

图 6.3

综合法与分析法是逻辑推理的思维方法,它对于培养思维的严谨性极为有用。把分析法与综合法两者并列起来进行思考,寻求问题的解答途径方式,就是人们通常所说的分析、综合法。

下面举一具体例子加以说明:

例 6.19 若 a,b,c 是不全相等的正数,求证:

$$\lg\frac{a+b}{2}+\lg\frac{b+c}{2}+\lg\frac{c+a}{2}>\lg a+\lg b+\lg c。$$

证明 要证 $\lg\frac{a+b}{2}+\lg\frac{b+c}{2}+\lg\frac{c+a}{2}>\lg a+\lg b+\lg c$,只需证

$$\lg\frac{a+b}{2}\cdot\frac{b+c}{2}\cdot\frac{c+a}{2}>\lg(abc),\quad 即只需证\frac{a+b}{2}\cdot\frac{b+c}{2}\cdot\frac{c+a}{2}<abc。$$

由于,$\frac{a+b}{2}\geqslant\sqrt{ab}>0$,$\frac{b+c}{2}\geqslant\sqrt{bc}>0$,$\frac{c+a}{2}\geqslant\sqrt{ca}>0$,且上述三式中的等号不全成立,所以$\frac{a+b}{2}\cdot\frac{b+c}{2}\cdot\frac{c+a}{2}>abc$。因此 $\lg\frac{a+b}{2}+\lg\frac{b+c}{2}+\lg\frac{c+a}{2}>\lg a+\lg b+\lg c$。

注 这个证明中的前半部分用的是分析法,后半部分用的是综合法。

例 6.20 如图 6.4,在四面体 A-VBC 中,$VA=VB=VC$,$\angle AVB=\angle AVC=60°$,$\angle BVC=90°$,求证:平面 $VBC\perp$平面 ABC。

分析 要证面面垂直需通过线面垂直来实现,可是哪一条直线是我们所需要的与平面垂直的直线呢?

我们假设两平面垂直已经知道，则根据两平面垂直的性质定理，在平面 VBC 内作 $VD\perp BC$，则 $VD\perp$平面 ABC，所以 VD 即为我们所要寻找的直线。

要证明 $VD\perp$平面 ABC，除了已知的 $VD\perp BC$ 之外，还需要在平面 ABC 内找一条直线与 VD 垂直，哪一条呢？

假设已知知道 $VD\perp$平面 ABC，则 VD 与平面 ABC 内的任意直线均垂直，即必有 $VD\perp AB$，$VD\perp AC$，但这两个垂直的证明较难入手，还有其他的直线吗？

连接 AD 呢？假设已经知道 $VD\perp$平面 ABC，则必有 $VD\perp AD$。通过计算可得到 $\angle VDA=90°$，原题得证。

证明 设 BC 的中点为 D，连接 VD，AD，因为 $VB=VC$，所以 $VD\perp BC$。

设 $VA=VB=VC=1$，因为 $\angle AVB=\angle AVC=60°$，$\angle BVC=90°$，所以 $AB=AC=1$，$BC=\sqrt{2}$，$VD=AD=\dfrac{\sqrt{2}}{2}$，所以$\angle VDA=90°$，即 $VD\perp AD$。又已知 $AD\cap BC=D$，所以 $VD\perp$平面 ABC，又 $VD\subset$平面 VBC，所以平面 $VBC\perp$平面 ABC。

例 6.21 如图 6.5，在长方体 $ABCD\text{-}A_1B_1C_1D_1$ 中，证明平面 A_1BD∥平面 CB_1D_1。

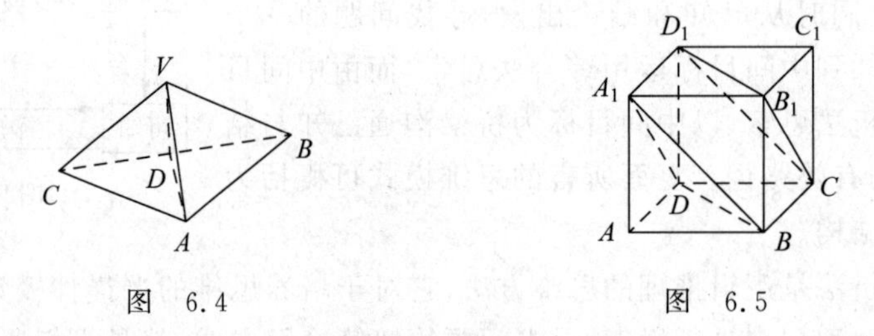

图 6.4　　图 6.5

分析 要证明两平面平行，需在一平面内寻找两条相交直线与另一平面平行。

假设两平面平行已知，则一个平面内的任意直线均与另一个平面平行，所以有 A_1B，A_1D，BD 均与平面 CB_1D_1 平行，选择任意两条均可，不妨选择 A_1B，A_1D。

要想证明 A_1B，A_1D 与平面 CB_1D_1 平行，需在平面 CB_1D_1 内寻找两条直线分别与 A_1B，A_1D 平行，假设 A_1B，A_1D 与平面 CB_1C_1 平行已知，则根据线面平行的性质定理，过 A_1B 的平面 A_1BCD_1 与平面 CB_1D_1 相交所得的交线 CD_1 与 A_1B 平行；过 A_1D 的平面 A_1DCB_1 与平面 CB_1D_1 相交所得的交线 B_1C 与 A_1D 平行。CD_1，B_1C 即为所要寻找的直线。从而易知 CD_1，B_1C 分别与 A_1B，A_1D 平行，原题得证。

证明 因为 $ABCD\text{-}A_1B_1C_1D_1$ 为长方体，所以有 $A_1D_1 \underline{\parallel} BC$，即四边形 A_1BCD_1 为平行四边形，从而有 $A_1B\parallel CD_1$。又已知 $A_1B\not\subset$平面 CB_1D_1，$CD_1\subset$平面 CB_1D_1，进而有 $A_1B\parallel$平面 CB_1D_1；同理有 $A_1D\parallel B_1C$。从而有 $A_1D\parallel$平面 CB_1D_1；又已知 $A_1B\cap A_1D=A_1$，所以有平面 $A_1BD\parallel$平面 CB_1D_1。

从上面的两例可以看出，分析法的基本思路是：从“未知”看“需知”，逐步靠拢“已知”，其逐步推理，实际上是要寻找它的充分条件。同学们可以在学习过程中，沿着这样的解题思路，亲自体验一下分析法在立体几何证明中的妙用。

6.2 反证法

6.2.1 反证法概述

反证法是一种间接证法,假设原命题不成立,经过正确的推理,最后得出矛盾,因此说明假设错误,从而证明原命题成立。

反证法的步骤是：先反设、再归谬、最后得出结论,即先肯定命题的条件而否定命题的结论,经过正确推理达到新的否定,从而形成一个否定之否定,即肯定的过程,简单地说就是否定—推理—否定之否定。

关于反证法,牛顿说："反证法是数学家最精当的武器之一。"这就充分肯定了这一方法的积极作用和不可动摇的重要地位。反证法的核心是从求证结论的反面出发,导出矛盾的结果,因此如何导出矛盾,就成了反证法的关键所在。出现矛盾的方式通常有：与公理定义矛盾；与已知条件或临时假设矛盾；与显然的事实矛盾；自相矛盾,等等。

法国数学家J.阿达玛曾说过："这种方法在于表明：若肯定定理的假设而否定其结论,就会导致矛盾。"这段话可以理解为：假设命题的结论不正确,并运用此判断,在正确的逻辑推证下导致逻辑矛盾,从而知该相反判断的错误性,进而知道判断本身的正确性。

由此可知,反证法的理论依据可概括成形式逻辑中的两个基本规律——矛盾律和排中律。所谓"矛盾律"是说：在同一论证过程中两个互相反对或互相否定的论断,其中至少有一个是假的。而所谓"排中律"则是说：任何一个判断或者为真或者为假,二者必居其一。也就是说结论"p 真"与"非 p 真"中有且只有一个是正确的。

由此可见,证明原命题的逆否命题只是反证法的一种具体形式。

从逻辑角度看,命题"若 p 则 q"的否定,是"p 且非 q",由此进行推理,如果发生矛盾,那么"p 且非 q"为假,因此可知"若 p 则 q"为真。像这样证明"若 p 则 q"为真的证明方法,称为反证法。

如上所述,用反证法证明命题"若 p 则 q",是把"p 且非 q"作为假设,利用正确的推理推出矛盾,得出"p 且非 q"为假,从而得出"若 p 则 q"为真；而证明命题"若 p 则 q"的逆否命题"若非 q 则非 p",是将非 q 作为条件,用正确的推理推出非 p 成立,根据"若 p 则 q"和"若非 q 则非 p"的等价性得出"若 p 则 q"成立。比较可知,不论从思路方面还是从方法方面来讲,反证法与证逆否命题是有着本质的不同的。因而"反证法就是证逆否命题"这一说法的不妥之处便是非常清楚的了。

用反证法证明命题"若 p 则 q"时,归谬中可能出现以下三种情况：

(1) 导出非 p 为真,即与原命题的条件矛盾；

(2) 导出 q 为真,即与假设"非 q 为真"矛盾；

(3) 导出一个恒假命题。

例 6.22 如果 a 是大于 1 的整数,而所有不大于 $a-1$ 的素数都不能整除 a,则 a 是素数。

证明 假设 a 是合数,记 $a=bc(b,c\in\mathbb{Z},b,c>1)$,由于 a 不能被大于 1 且不大于 $a-1$

的素数整除，所以 $b>a$，$c>a$，从而 $bc>a$，这与假设 $a=bc$ 矛盾，故 a 是素数。

从最优选择的角度考虑，反证法的适用场合是：命题的结论以否定的形式出现时；命题的结论以"至多""至少"的形式出现时；命题的结论以无限的形式出现时；命题的结论以"唯一""共点""共面"的形式出现时；关于存在性的命题；逆命题；从已知出发能推出什么结论所知甚少时；一个学科开始形成或建立的时候。总之，正难则反，直接的东西较少、较抽象、较困难时，其反面往往会较多、较具体、较容易。

1. 在立体几何中的应用

例 6.23 已知 A,B,C,D 为空间四点，且直线 AB,CD 为异面直线，证明直线 AD,BC 也为异面直线。

分析 这是一个证异面关系的问题，可以用反证法。

假设直线 AD,BC 不是异面直线，则存在平面 α，使 $AD\in\alpha$，$BC\in\alpha$。

$$AD\in\alpha\Rightarrow A\in\alpha,D\in\alpha,\qquad BC\in\alpha\Rightarrow B\in\alpha,C\in\alpha。$$

$$\begin{cases}A\in\alpha,B\in\alpha\Rightarrow AB\in\alpha,\\ C\in\alpha,D\in\alpha\Rightarrow CD\in\alpha,\end{cases}$$

与已知条件 AB,CD 为异面直线相矛盾，故假设错误，所以直线 AD,BC 为异面直线。

2. 在方程中的应用

例 6.24 已知 $a\neq 0$，证明关于 x 的方程 $ax=b$ 有且只有一个根。

分析 "有且只有"包含两层意思：存在性和唯一性，因此要分两步证明。

存在性：由于 $a\neq 0$，故方程至少有一个根 $x=\dfrac{b}{a}$。

唯一性：假设方程不止一个根，则至少有两个根，不妨设 x_1,x_2 是它的两个不同根，则

$$\begin{cases}ax_1=b,\\ ax_2=b,\end{cases}\Rightarrow a(x_1-x_2)=0。$$

因为 $x_1\neq x_2$，则 $x_1-x_2\neq 0$，所以 $a=0$，与已知矛盾，故假设不成立。

所以当 $a\neq 0$ 时，方程 $ax=b$ 有且仅有一个根。

例 6.25 已知 p,q,r 都是正数，求证关于 x 的三个方程

$$8x^2-8\sqrt{p}x+q=0,$$

$$8x^2-8\sqrt{q}x+r=0,$$

$$8x^2-8\sqrt{r}x+p=0,$$

至少有一个方程有两个不等实根。

分析 假设这三个方程都没有两个不等实根，则

$$\Delta_1=32(2p-q)\leqslant 0,$$

$$\Delta_2=32(2q-r)\leqslant 0,$$

$$\Delta_3=32(2r-p)\leqslant 0,$$

从而 $\Delta_1+\Delta_2+\Delta_3=32(p+q+r)\leqslant 0$，这与 p,q,r 都是正数矛盾，所以假设不成立，由此得出这三个方程至少有一个方程有两个不等实根。

3. 在数列中的应用

例 6.26 证明$\sqrt{2}$，$\sqrt{3}$，$\sqrt{5}$不可能成等差数列。

分析 假设$\sqrt{2}$，$\sqrt{3}$，$\sqrt{5}$成等差数列，则 $2\sqrt{3}=\sqrt{2}+\sqrt{5}$，两边平方得 $12=7+2\sqrt{10}$，从而 $5=2\sqrt{10}$，再两边平方得 $25=40$。这是不可能的，所以假设不成立。由此得出$\sqrt{2}$，$\sqrt{3}$，$\sqrt{5}$不可能成等差数列。

4. 在实数性质中的应用

例 6.27 证明$\sqrt{2}$为无理数。

分析 假设$\sqrt{2}$为有理数，则存在正整数 a_1,b_1，且 a_1,b_1 互素，使得$\sqrt{2}=\frac{a_1}{b_1}$，从而 $2=\frac{a_1^2}{b_1^2}$，$a_1^2=2b_1^2$。因为 $2b_1^2$ 为偶数，所以 a_1^2 也为偶数。

又因为奇数的平方为奇数，偶数的平方为偶数，所以 a_1 为偶数。设 $a_1=2a_2$，则$(2a_2)^2=2b_1^2$，从而 $b_1^2=2a_2^2$。

因为 $2a_2^2$ 为偶数，所以 b_1^2 也为偶数，从而 b_1 为偶数。这样 a_1,b_1 都为偶数，与 a_1,b_1 互素相矛盾，所以假设不成立。由此得到$\sqrt{2}$为无理数。

例 6.28 证明对任意的自然数 n，分数$\frac{21n+4}{14n+3}$不可约。

分析 设$\frac{21n+4}{14n+3}$可约，则 $21n+4$ 与 $14n+3$ 的最大公约数 $d>1$，这时存在正整数 p,q 使得

$$\begin{cases}21n+4=pd,\\14n+3=qd,\end{cases}\Rightarrow\begin{cases}42n+8=2pd,\\42n+9=3qd。\end{cases}$$

两式相减得 $1=(3q-2p)d$，从而 $d=1$，与 $d>1$ 相矛盾，故假设错误，所以分数$\frac{21n+4}{14n+3}$不可约。

5. 在集合中的应用

例 6.29 有 12 个互不相等的正整数，它们都大于等于 1，小于等于 36，证明这 12 个正整数两两相减所得的差的绝对值中至少有 3 个相等。

分析 设这 12 个正整数两两相减所得的差的绝对值中没有 3 个相等，那么最多有 2 个相等。

对这 12 个数作有序化处理，设 $1\leqslant a_1\leqslant a_2\leqslant\cdots\leqslant a_{12}\leqslant 36$，则

$$35=36-1=(36-a_{12})+(a_{12}-a_{11})+\cdots+(a_2-a_1)+(a_1-1)$$

$$\geqslant (a_{12}-a_{11})+(a_{11}-a_{10})+\cdots+(a_2-a_1)$$
$$\geqslant 2(1+2+3+4+5)+6=36。$$

这一矛盾说明假设是错误的，所以这12个正整数两两相减所得的差的绝对值中至少有3个相等。

6. 在不等式中的应用

例 6.30 已知 $0<a<1, 0<b<1, 0<c<1$，证明在 $(1-a)b, (1-b)c, (1-c)a$ 三个式子中至少有一个不大于 $\frac{1}{4}$。

分析 1 这是一种包含“至少”字样的命题，可以用反证法证明。

设 $(1-a)b>\frac{1}{4}, (1-b)c>\frac{1}{4}, (1-c)a>\frac{1}{4}$，则

$$\frac{(1-a)+b}{2}\geqslant\sqrt{(1-a)b}>\frac{1}{2},$$
$$\frac{(1-b)+c}{2}\geqslant\sqrt{(1-b)c}>\frac{1}{2},$$
$$\frac{(1-c)+a}{2}\geqslant\sqrt{(1-c)a}>\frac{1}{2}。$$

三式相加得 $\frac{3}{2}>\frac{3}{2}$，矛盾，故假设不成立，所以在 $(1-a)b, (1-b)c, (1-c)a$ 三个式子中至少有一个不大于 $\frac{1}{4}$。

分析 2 设 $(1-a)b>\frac{1}{4}, (1-b)c>\frac{1}{4}, (1-c)a>\frac{1}{4}$，则

$$\sqrt{(1-a)a(1-b)b(1-c)c}=\sqrt{(1-a)b\cdot(1-b)c\cdot(1-c)a}>\sqrt{\frac{1}{4}\times\frac{1}{4}\times\frac{1}{4}}=\frac{1}{8}。$$

另一方面 $\sqrt{(1-a)a(1-b)b(1-c)c}\leqslant\frac{(1-a)+b}{2}+\frac{(1-b)+c}{2}+\frac{(1-c)+a}{2}=\frac{1}{8}$。

两式相矛盾，故假设不成立，所以在 $(1-a)b, (1-b)c, (1-c)a$ 三个式子中至少有一个不大于 $\frac{1}{4}$。

7. 在函数中的应用

例 6.31 设函数 $f(x)$ 为 $\mathbb{R}$ 上的增函数，令 $F(x)=f(x)-f(2-x)$。

(1) 证明 $F(x)$ 在 $\mathbb{R}$ 上为增函数；

(2) 若 $F(x_1)+F(x_2)>0$，求证：$x_1+x_2>0$。

分析 这是一种隐函数题，没有具体的函数表达式，不能通过求导法解题，第一问可根据两个增函数之和为增函数证明，第二问直接证明难度大，可以用反证法证明。

(1) 因 $f(x)$ 为增函数，故 $f(2-x)$ 为减函数，从而 $-f(2-x)$ 为增函数。

又因为两增函数之和为增函数，故 $F(x)=f(x)-f(2-x)$ 为 $\mathbb{R}$ 上的增函数。

(2) 假设 $x_1+x_2\leqslant 2$,则 $x_1\leqslant 2-x_2$。因 $F(x)$在$\mathbb{R}$上为增函数,故

$$F(x_1)\leqslant F(2-x_2),\quad 即\ f(x_1)-f(2-x_1)\leqslant f(2-x_2)-f(2-(2-x_2)),$$

亦即

$$f(x_1)-f(2-x_1)\leqslant f(2-x_2)-f(x_2),$$

从而 $F(x_1)\leqslant -F(x_2)$,即 $F(x_1)+F(x_2)\leqslant 0$,与已知条件 $F(x_1)+F(x_2)>0$ 相矛盾,所以假设不成立,由此得出 $x_1+x_2>2$。

例 6.32 已知函数 $f(x)=(x-2)e^x+a(x-1)^2$ 有两个零点。

(1) 求 a 的取值范围;

(2) 设 x_1,x_2 是 $f(x)$的两个零点,证明 $x_1+x_2<2$。

分析 第一问可根据已知条件直接求解,但第二问用反证法证明比较方便。

(1) $f'(x)=(x-1)e^x+2a(x-1)=(x-1)(e^x+2a)$。

① 设 $a=0$,则 $f(x)=(x-2)e^x$,$f(x)$只有一个零点,不合题意。

② 设 $a>0$,则当 $x\in(-\infty,1)$时,$f'(x)<0$;当 $x\in(1,+\infty)$时,$f'(x)>0$。所以 $f(x)$在$(-\infty,1)$上单调递减,在$(1,+\infty)$上单调递增。又 $f(1)=-e$ 为负值,$f(2)=a$ 为正值,取 b 满足 $b<0$ 且 $b<\ln\frac{a}{2}$,则

$$f(b)>\frac{a}{2}(b-2)+a(b-1)^2=a\left(b^2-\frac{3}{2}b\right)>0,$$

故 $f(x)$存在两个零点。(实际上,当 $x\to-\infty$时,$f(x)\to-\infty$,可进一步说明 $f(x)$至少有三个零点)。

③ 设 $a<0$,由 $f'(x)=0$ 得 $x=1$ 或 $x=\ln(-2a)$。

若 $a\geqslant-\frac{e}{2}$,则 $\ln(-2a)\leqslant 1$,故当 $x\in(1,+\infty)$时,$f'(x)>0$,因此 $f(x)$在$(1,+\infty)$内单调递增。又当 $x\leqslant 1$ 时,$f(x)<0$,所以 $f(x)$不存在两个零点。

若 $a<-\frac{e}{2}$,则 $\ln(-2a)>1$,故

当 $x\in(1,\ln(-2a))$时,$f'(x)<0$;当 $x\in(\ln(-2a),+\infty)$时,$f'(x)>0$。因此 $f(x)$在$(1,\ln(-2a))$单调递减,在$(\ln(-2a),+\infty)$单调递增。$f(1)=-e$ 为负值。又当 $x\leqslant 1$ 时,$f(x)<0$,所以 $f(x)$不存在两个零点。

综上,a 的取值范围为$(0,+\infty)$。

(2) 不妨设 $x_1<x_2$,由(1)知 $x_1\in(-\infty,1)$,$x_2\in(1,+\infty)$,$2-x_2\in(-\infty,1)$,且 $f(x)$在$(-\infty,1)$内单调递减。

为证 $x_1+x_2<2$,用反证法证明,假设 $x_1+x_2\geqslant 2$,则 $x_1\geqslant 2-x_2$,$f(x_1)\leqslant f(2-x_2)$。

因为 x_1 为零点,即 $f(x_1)=0$,故有 $f(2-x_2)\geqslant 0$。

另一方面,由于 $f(2-x_2)=-x_2e^{2-x_2}+a(x_2-1)^2$,而

$$f(x_2)=(x_2-2)e^{x_2}+a(x_2-1)^2=0,\quad 所以\ f(2-x_2)=-x_2e^{2-x_2}-(x_2-2)e^{x_2}。$$

设 $g(x)=-xe^{2-x}-(x-2)e^x$,则 $g'(x)=(x-1)(e^{2-x}-e^x)$。

所以当 $x>1$ 时,$g'(x)<0$,而 $g(1)=0$,故当 $x>1$ 时,$g(x)<0$。从而 $f(2-x_2)=g(x_2)<0$,矛盾,故假设 $x_1+x_2\geqslant 2$ 错误,从而 $x_1+x_2<2$ 成立。

6.2.2 运用反证法应注意的问题

(1) 运用反证法证明命题的第一步是：假设命题的结论不成立，即假设结论的反面成立。在这一步骤中，必须注意正确地"否定结论"，这是正确运用反证法的前提，否则，如果错误地"否定结论"，即使推理、论证再好也都会前功尽弃。

在否定命题的结论之前，首先要弄清命题的结论是什么，当命题的结论的反面非常明显并且只有一种情形时是比较容易做出否定的，但命题的结论的反面是多种情形或者比较隐晦时，就不太容易做出否定。这时必须认真分析、仔细推敲，在提出"假设"后，再回过头来看看"假设"的对立面是否恰是命题的结论。

例如：① 结论：至少有一个 S 是 P。

错误假设：至少有两个或两个以上 S 是 P。

正确假设：没有一个 S 是 P。

② 结论：最多有一个 S 是 P。

错误假设：最少有一个 S 是 P。

正确假设：至少有两个 S 是 P。

③ 结论：全部 S 都是 P。

错误假设：全部的 S 都不是 P。

正确假设：存在一个 S 不是 P。

现将一些常用词的否定形式列表如下：

原结论词	假设词	原结论词	假设词
是	不是	存在	不存在
都是	不都是	至少有 n 个	至多有 $n-1$ 个
大(小)于	不大(小)于	至多有一个	至少有两个

(2) 运用反证法证明命题的第二步是：从假设出发，经过推理论证，得出矛盾。在这一步骤中，整个推理过程必须准确无误，这样导致的矛盾才是有效的。对于一个用反证法证明的命题，能够推出什么样的矛盾结果，事先一般很难估计到，也没有一个机械的标准，有时甚至是捉摸不定的。一般总是在命题的相关领域里考虑。例如，立体几何问题往往联系到相关的公理、定义、定理等。

(3) 对于"若 p 则 q"型的数学命题，一般都能用反证法证明，但难易程度会有所不同。因此，尽管反证法是一种重要的证明命题的方法，也不能把所有的命题都用反证法来证明。在证明命题时，要首先使用直接证法，若有困难时再使用反证法。

例如，若 a,b 为任意实数，则 $|a|-|b|\leqslant|a+b|\leqslant|a|+|b|$。

错证：设原不等式不成立，则 $|a|-|b|>|a+b|>|a|+|b|\geqslant 0$。将此式不等号的每项平方，得

$$a^2-2|ab|+b^2>a^2+b^2+2ab>a^2+b^2+2|ab|,$$

即 $-|ab|>ab>|ab|$。

对任意实数 a,b，$-|ab|>ab>|ab|$ 显然不成立，因此原不等式成立。

上述证明是错误的，因为$|a|-|b|\leqslant|a+b|\leqslant|a|+|b|$的否定不是$|a|-|b|>|a+b|>|a|+|b|\geqslant 0$。

也就是说对任意的三个实数 x,y,z 的大小关系有多种可能：

① $x\leqslant y\leqslant z$；② $x\leqslant z\leqslant y$；③ $y\leqslant x\leqslant z$；

④ $y\leqslant z\leqslant x$；⑤ $z\leqslant x\leqslant y$；⑥ $z\leqslant y\leqslant x$。

6.2.3 适于应用反证法证明的命题

1. 基本命题

即学科中的起始性命题，此类命题由于已知条件及能够应用的定理、公式、法则较少，或由题设条件所能推得的结论很少，因而直接证明入手较难，此时应用反证法容易奏效。如平面几何、立体几何等，在按照公理化方法来建立起它的科学体系时，最初只是提出少量的定义、公理。因此，起始阶段的一些性质和定理很难直接推证，它们多数宜于用反证法来证明。

例 6.33 直线 PO 与平面 α 相交于 O，过点 O 在平面 α 内引直线 OA,OB,OC，$\angle POA=\angle POB=\angle POC$。求证：$PO\perp\alpha$。

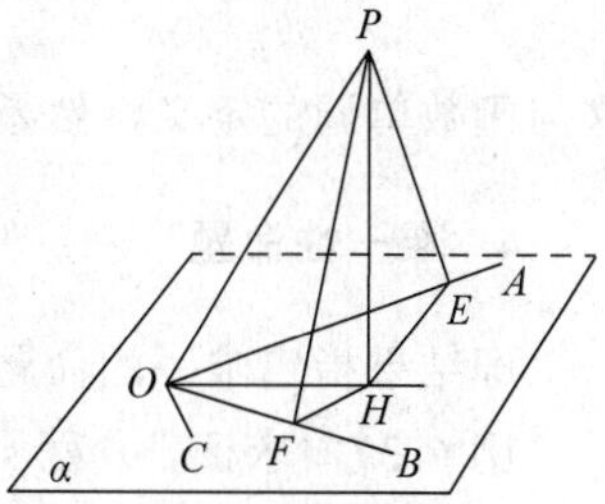

图 6.6

证明 假设 PO 不垂直平面 α。如图 6.6 所示，作 $PH\perp\alpha$ 并与平面 α 相交于 H，此时 H,O 不重合，连接 OH。

由 P 作 $PE\perp OA$ 于 E，$PF\perp OB$ 于 F，根据三垂线定理可知，$HE\perp OA$，$HF\perp OB$。

因为$\angle POA=\angle POB$，PO 是公共边，所以 $\mathrm{Rt}\triangle POE\cong\mathrm{Rt}\triangle POF$，故 $OE=OF$。

又 $OH=OH$，所以 $\mathrm{Rt}\triangle OFH\cong\mathrm{Rt}\triangle OEH$，故$\angle FOH=\angle EOH$，因此，$OH$ 是$\angle AOB$ 的平分线。

同理可证，OH 是$\angle AOC$ 的平分线。

但是，OB 和 OC 是两条不重合的直线，OH 不可能同时是$\angle AOB$ 和$\angle AOC$ 的平分线，产生矛盾。

例 6.34 证明：素数有无穷多个。

证明 假设命题不真，则只有有限多个素数，由此可设所有的素数是 $2=a_1<a_2<\cdots<a_n$。

令 $N=a_1a_2a_3\cdots a_n+1$，那么所有的 $a_i(i=1,2,\cdots,n)$显然都不是 N 的因子，那么有两个可能：或者 N 有另外的素数真因子，或者 N 本身就是一个素数，但是显然有 $N>a_i(i=1,2,\cdots,n)$，无论是哪种情况，都将和假设矛盾。这个矛盾就完成了我们的证明，所以确实有无穷多个素数！

2. 否定式命题

即结论中含有“不是”“不可能”“不存在”等词语的命题。此类命题的反面比较具体，适于应用反证法。

例 6.35 在一个三角形中,不能有两个角是钝角。

问题可以表述为:已知$\angle A,\angle B,\angle C$是$\triangle ABC$的三个内角。求证$\angle A,\angle B,\angle C$中不能有两个角是钝角。

分析 根据钝角的定义和三角形内角和为180°,不妨通过反证法,假设存在有两个角是钝角的三角形,思考会出现的情况,是否与已知的某些定理相矛盾。

证明 假设$\angle A,\angle B,\angle C$中有两个角是钝角。设$\angle A>90°,\angle B>90°$,则$\angle A+\angle B+\angle C>180°$。因为三角形内角和度数为180°,所得结论与已知定理相矛盾。因此$\angle A,\angle B,\angle C$中不能有两个角是钝角。

3. 限定式命题

即结论中含有“至少”“最多”等词语的命题。

例 6.36 已知函数$f(x)$是单调函数,则方程$f(x)=0$最多只有一个实数根。

证明 假设方程至少有两个根$x_1,x_2(x_1<x_2)$,则有

$$f(x_1)=f(x_2)\quad(x_1<x_2)。$$

这与函数单调的定义显然矛盾,故命题成立。

4. 唯一性命题

即结果指定唯一的命题。

例 6.37 求证:方程$\sin x=x$的解是唯一的。

证明 显然,$x=0$是方程的一个解。以下用反证法证明方程的解是唯一的。

由已知结论,有

$$|\sin x|\leqslant|x|,x\in\mathbb{R},\quad \text{当且仅当 } x=0 \text{ 时等式成立。}\tag{6.3}$$

假设α,β为方程的两个根,且$\alpha\neq\beta$,则有

$$\sin\alpha=\alpha,\quad \sin\beta=\beta。$$

两式相减得

$$\sin\alpha-\sin\beta=2\cos\frac{\alpha+\beta}{2}\sin\frac{\alpha-\beta}{2}=\alpha-\beta,$$

则$\left|\cos\frac{\alpha+\beta}{2}\sin\frac{\alpha-\beta}{2}\right|=\left|\frac{\alpha-\beta}{2}\right|$。而

$$\left|\cos\frac{\alpha+\beta}{2}\sin\frac{\alpha-\beta}{2}\right|\leqslant\left|\sin\left|\frac{\alpha-\beta}{2}\right|\right|\leqslant\left|\frac{\alpha-\beta}{2}\right|。$$

由(6.3)式知$\frac{\alpha-\beta}{2}=0$,即$\alpha=\beta$,这与假设$\alpha\neq\beta$相矛盾,所以方程$\sin x=x$的解是唯一的。

反证法证明问题均是两面性的问题,即一个问题只有正反两个方面的结论,若否定了其中一个方面,就能肯定另一个方面。证明的方法不是直接地证明,而是首先假设问题的反面,然后根据假设进行推理、论证,从而得到与事实或条件不相符合的结论,从而证明原命题的正确性。

例 6.38 证明：如果 a^2 能被 2 整除，则 a 能被 2 整除。

分析 待证命题是蕴涵式命题：若 a^2 被 2 整除，则 a 被 2 整除。运用反证法，改证命题：若 a^2 被 2 整除，且 a 不能被 2 整除，则推出矛盾。

证明 假设 a 不能被 2 整除，则 $a=2n+1$，n 是整数，于是

$$a^2=4n^2+4n+1=4n(n+1)+1, \quad 即\ 1=a^2-4n(n+1)。$$

因为 a^2 能被 2 整除，所以，$1=a^2-4n(n+1)$的右端能被 2 整除，与 1 不能被 2 整除矛盾，所以，原命题得证。

6.3 数学归纳法

可能大家听说过骨牌游戏(参见图 6.7)，推倒第一个后，一个接一个倒下。

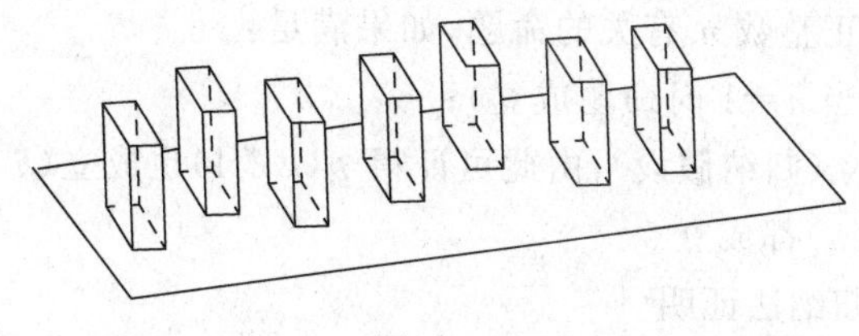

图 6.7

当然骨牌游戏需要满足条件：(1)推倒第一个；(2)任意一个倒下，能确保下一个倒下。这就是数学归纳法的思想。

数学归纳法思想萌芽于古希腊时代。欧几里得在证明素数有无穷多个时，使用了反证法，通过反设“假设有有限多个”，使问题变成“有限”的命题，其中证明里隐含着：若有 n 个素数，就必然存在第 $n+1$ 个素数，因而自然推出素数有无限多个，这是一种是用有限处理无限的做法，是人们通过有限和无限的最初尝试。

欧几里得之后，直到 16 世纪，在意大利数学家莫洛克斯的《算术》一书中明确提出一个“递归推理”原则，并用它证明了 $1+2+3+\cdots+(2n-1)=n^2$，对任何正整数 n 都成立。不过他并没有对这原则做出清晰的表述。

对数学归纳法首次作出明确而清晰阐述的是法国数学家和物理学家帕斯卡，他发现了一种被后来称为“帕斯卡三角形”的数表。他在研究证明有关这个“算术三角形”的一些命题时，最先准确而清晰地指出了证明过程且只需的两个步骤，称之为第一条引理和第二条引理：

第一条引理 该命题对于第一底(即 $n=1$)成立，这是显然的。

第二条引理 如果该命题对任意底(对任意 n)成立，它必对其下一底(对 $n+1$)也成立。

由此可得，该命题对所有 n 值成立。

因此，在数学史上，认为帕斯卡是数学归纳法的创建人，因其所提出的两个引理从本质上讲就是数学归纳法的两个步骤，在他的著作《论算术三角形》中对此作了详尽的论述。

19 世纪，意大利数学家皮亚诺建立正整数的公理体系时，提出归纳公理，为数学归纳法奠

定了理论基础。即：对于正整数$\mathbb{N}^*$的子集$\mathbb{M}$，如果满足：①$1\in M$；②若$a\in M$，则$a+1\in M$；则$M=\mathbb{N}^*$。

归纳法是由特殊事例得出一般结论的归纳推理方法，一般性结论的正确性依赖于各个个别论断的正确性。数学归纳法是解决与正整数有关命题的一种行之有效的方法。由于它在本质上是与数的概念联系在一起的，所以数学归纳法运用很广。例如：可以应用于证明等式、不等式，三角函数，数的整除，几何问题等。

中学阶段学习了第一数学归纳法和第二数学归纳法，在此基础上，这里给出数学归纳法的另外的变式，其中包括双基归纳法、多基归纳法、二重归纳法、螺旋式归纳法、跳跃归纳法、反向归纳法等。

6.3.1 第一数学归纳法

设$p(n)$是一个跟正整数n有关的命题，如果满足：

(1) $p(1)$成立（即当$n=1$时命题成立）；

(2) 假设$p(k)$成立（归纳假设），由此可证得$p(k+1)$也成立（k是正整数），则：对于任意的正整数n，命题$p(n)$都成立。

例 6.39 用数学归纳法证明

$$1\times 2+2\times 3+3\times 4+\cdots+n(n+1)=\frac{1}{3}n(n+1)(n+2)。$$

证明 (1) 当$n=1$时，左边$=1\times 2=2$，右边$=\frac{1}{3}\times 1\times 2\times 3=2$，因此等式成立。

(2) 假设$n=k$时成立，即

$$1\times 2+2\times 3+3\times 4+\cdots+k(k+1)=\frac{1}{3}k(k+1)(k+2)$$

成立。当$n=k+1$时，有

$$\begin{aligned}左边&=1\times 2+2\times 3+3\times 4+\cdots+k(k+1)+(k+1)(k+2)\\&=\frac{1}{3}k(k+1)(k+2)+(k+1)(k+2)\\&=\frac{1}{3}(k+1)(k+2)(k+3)\\&=右边。\end{aligned}$$

因此，当$n=k+1$时等式也成立。故原命题成立。

例 6.40 用数学归纳法证明：$3^{2n+2}-8n-9(n\in\mathbb{N}^*)$能够被64整除。

证明 (1) 当$n=1$时，原式$=3^{2+2}-8-9=64$能够被64整除。

(2) 设$n=k$时，$3^{2k+2}-8k-9$能被64整除。当$n=k+1$时，有

$$\begin{aligned}3^{2(k+1)+2}-8(k+1)-9&=3^2\cdot 3^{2k+2}-8(k+1)-9\\&=3^2(3^{2k+2}-8k-9)+(3^2\times 8-8)k+(3^2-1)9-8\\&=3^2(3^{2k+2}-8k-9)+64(k+1)。\end{aligned}$$

由归纳法假设，$3^{2k+2}-8k-9$能够被64整除，所以当$n=k+1$时，$3^{2n+2}-8n-9$能够

被 64 整除。

由(1)、(2)两步可知,n 为一切自然数,原式都能被 64 整除。

例 6.41 设 $a_0,a_1,a_2,\cdots$ 是一个正数列,对一切 $n=0,1,2,\cdots$,都有 $a_n^2\leqslant a_n-a_{n+1}$,证明,对一切 $n=1,2,\cdots$,都有 $a_n<\frac{1}{n+1}$。

分析 由不等式 $a_0^2\leqslant a_0-a_1$ 得知 $a_1\leqslant a_0-a_0^2=a_0(1-a_0)$。由于 $a_0>0,a_1>0$,知 $1-a_0>0$,再结合平均不等式,即得 $a_1\leqslant a_0(1-a_0)\leqslant\frac{1}{4}<\frac{1}{2}$。知当 $n=1$ 时,所证不等式成立。

假设当 $n=k$ 时,不等式成立,即有 $a_k<\frac{1}{k+1}$,要证 $n=k+1$ 时不等式也成立。分两种情况讨论:

(1) 若 $\frac{1}{k+2}\leqslant a_k<\frac{1}{k+1}$,则 $a_{k+1}\leqslant a_k(1-a_k)<\frac{1}{k+1}\left(1-\frac{1}{k+2}\right)=\frac{1}{k+2}$;

(2) 若 $a_k<\frac{1}{k+2}$,显然有 $0<1-a_k<1$,所以 $a_{k+1}\leqslant a_k(1-a_k)\leqslant a_k<\frac{1}{k+2}$。无论任何情况,所证不等式都对 $n=k+1$ 成立。故根据数学归纳法原理,对一切正整数 n,不等式均成立。

需要引起注意的是,应用数学归纳法证题的时候,缺步骤(1)不可;缺步骤(2)不可;缺步骤(1)(2)的联系不可。

例如,能够用步骤(2)证明假命题:

$$1+2+3+\cdots+n=\frac{n(n+1)}{2}+1。$$

例如,能够用步骤(1)证明假命题:当 n 为任意正整数时,$n^2+n+72491$ 都是素数。

事实上,当 $n=72490$ 时,$n^2+n+72491=72491^2$,不是素数。

例如,缺步骤(1)(2)的联系时好像能够证明假命题:任何 n 个人都一样高。

证明:(1) 当 $n=1$ 时,命题为"任何一个人都一样高",结论显然成立。

(2) 设 $n=k$ 时,结论成立,即"任何 k 个人都一样高",

那么,当 $n=k+1$ 时,将 $k+1$ 个人记为 $A_1,A_2,\cdots,A_k,A_{k+1}$,

由归纳假设,$A_1,A_2,\cdots,A_k$ 都一样高,而 $A_2,\cdots,A_k,A_{k+1}$ 也都一样高,故 $A_1,A_2,\cdots,A_k,A_{k+1}$ 都一样高。

根据数学归纳法,任何 n 个人都一样高。

这里的错误在于缺步骤(1)(2)的联系,在(2)设 $n=k$ 时,应该是 $k\geqslant 1$。

通常所讨论的命题不都全是与全体正整数有关,而是从某个正整数 a 开始的,因此,将第一类数学归纳法修改为:

设 $p(n)$ 是一个含有正整数 n 的命题($n\geqslant n_0,n\in\mathbf{N}^*$),如果

(1) $p(n_0)$ 成立;

(2) 假设当 $n=k(k\geqslant n_0,k\in\mathbf{N}^*)$ 时命题成立,证明当 $n=k+1$ 时命题也成立。则 $p(n)(n\geqslant n_0,n\in\mathbf{N}^*)$ 成立。

例 6.42 求证：对任意正整数 n 均有 $2^n+2>n^2$。

分析 当 $n=1$ 时，不等式显然成立。

再设 $2^k+2>k^2$，此时由于

$2^{k+1}+2-(k+1)^2=2(2^k+2)-k^2-2k-3$，把 $2^k+2>k^2$，代入后得

$$2^{k+1}+2-(k+1)^2>k^2-2k-3=(k-1)^2-4。$$

只需再证 $(k-1)^2-4\geqslant 0$ 即可。这就必须要有 $k\geqslant 3$，因此在证明时，奠基步骤中可取 $n=1,2,3$ 分别加以验证，则递推就能成立。

应用第一归纳法时，应注意灵活选取起始数。

第一数学归纳法科学性的证明。用反证法证明如下：

假设第一数学归纳法不正确，即存在某命题 $p(n)$，它满足两个条件：① $p(n_0)$ 成立，② 假设 $p(k)$ 成立，则可推出 $p(k+1)$ 成立。但存在正整数 n 使 $p(n)$ 不成立。

设使 $p(n)$ 不成立的所有正整数构成集合 M，则 M 是正整数集 $\mathbf{N}^*$ 的一个非空子集，M 中必有最小数 m，即 $p(m)$ 不成立，显然 $m\geqslant n_0+1$。

由于 m 是使 $p(n)$ 不成立的最小数，故 $p(m-1)$ 成立，记 $m-1=k$，则 $m=k+1$，从而有 $p(k)$ 成立，而 $p(k+1)$ 不成立，这样与条件"假设 $p(k)$ 成立，则可推出 $p(k+1)$ 成立"相矛盾，所以数学归纳法是合理的推理方法。

6.3.2 第一数学归纳法的应用

1. 在不等式证明中的应用

例 6.43 用数学归纳法证明 $S_n=1+\frac{1}{2}+\frac{1}{4}+\cdots+\frac{1}{2^{n-1}}<2$。

分析 当 $n=1$ 时，不等式显然成立。

假设当 $n=k$ 时不等式成立，即 $S_k=1+\frac{1}{2}+\cdots+\frac{1}{2^{k-1}}<2$ 成立，则 $S_{k+1}=S_k+\frac{1}{2^k}<2+\frac{1}{2^k}$，并未证到 $S_{k+1}<2$。

要证 $1+\frac{1}{2}+\frac{1}{4}+\cdots+\frac{1}{2^k}<2$，只要证 $\frac{1}{2}+\frac{1}{4}+\cdots+\frac{1}{2^k}<1$，即 $1+\frac{1}{2}+\frac{1}{4}+\cdots+\frac{1}{2^{k-1}}<2$。这正是归纳假设。

证明 (1) 当 $n=1$ 时，$1<2$ 显然成立。

(2) 假设当 $n=k$ 时成立，即 $S_k<2$，则

$$S_{k+1}=1+\frac{1}{2}+\frac{1}{4}+\cdots+\frac{1}{2^k}=1+\frac{1}{2}S_k<1+\frac{1}{2}\times 2=2,$$

即 $n=k+1$ 时也成立。

由(1)(2)知，原不等式成立。

注 不用数学归纳法证明，方法 2：

$$S_n=\frac{1\times\left[1-\left(\frac{1}{2}\right)^n\right]}{1-\frac{1}{2}}=2\left[1-\left(\frac{1}{2}\right)^n\right]=2-\frac{1}{2^{n-1}}<2。$$

例 6.44 证明 $1+\frac{1}{2^2}+\frac{1}{3^2}+\cdots+\frac{1}{n^2}<2(n\geqslant 1)$。

分析 直接用数学归纳法证明是做不到的，若设 $n=k$ 时命题成立，即

$$1+\frac{1}{2^2}+\frac{1}{3^2}+\cdots+\frac{1}{k^2}<2,$$

则有 $1+\frac{1}{2^2}+\frac{1}{3^2}+\cdots+\frac{1}{k^2}+\frac{1}{(k+1)^2}<2+\frac{1}{(k+1)^2}$，无法推出 $n=k+1$ 时成立。

当 $n=1$ 时可直接验证原命题成立，当 $n\geqslant 2$ 时可将原命题加强为一个新命题：

$$1+\frac{1}{2^2}+\frac{1}{3^2}+\cdots+\frac{1}{n^2}<2-\frac{1}{n}\quad(n\geqslant 2)。$$

(1) 当 $n=2$ 时，$1+\frac{1}{2^2}<2-\frac{1}{2}$ 成立。

(2) 假设当 $n=k$ 时成立，即 $1+\frac{1}{2^2}+\frac{1}{3^2}+\cdots+\frac{1}{k^2}<2-\frac{1}{k}$，则当 $n=k+1$ 时，有

$$1+\frac{1}{2^2}+\frac{1}{3^2}+\cdots+\frac{1}{k^2}+\frac{1}{(k+1)^2}<2-\frac{1}{k}+\frac{1}{(k+1)^2}=2-\frac{k^2+k+1}{k(k+1)^2}$$

$$<2-\frac{k(k+1)}{k(k+1)^2}=2-\frac{1}{k+1},$$

即 $n=k+1$ 时也成立。

由(1)(2)知加强命题 $1+\frac{1}{2^2}+\frac{1}{3^2}+\cdots+\frac{1}{n^2}<2-\frac{1}{n}(n\geqslant 2)$ 成立，所以

$$1+\frac{1}{2^2}+\frac{1}{3^2}+\cdots+\frac{1}{n^2}<2(n\geqslant 1)\text{也成立。}$$

2. 在数列问题中的应用

例 6.45 设数列 $\{a_n\}$ 的各项为正数，$a_1=1$，S_n 为该数列的前 n 项和，并且对所有正整数 n，a_{n+1} 是 $S_{n+1}+S_n$ 与 1 的等比中项，证明 $S_n=\frac{n(n+1)}{2}$。

分析 (1) 当 $n=1$ 时，$S_1=a_1=1$，$\frac{1\times(1+1)}{2}=1$，故 $S_1=\frac{1\times(1+1)}{2}$ 成立。

(2) 假设当 $n=k$ 时命题成立，即 $S_k=\frac{k(k+1)}{2}$，当则 $n=k+1$ 时，依题意有 a_{k+1} 是 $(S_{k+1}+S_k)$ 与 1 的等比中项

$$S_{k+1}+S_k=a_{k+1}^2,$$

$$S_{k+1}+S_k=(S_{k+1}-S_k)^2,$$

$$S_{k+1}^2-(2S_k+1)S_{k+1}+(S_k^2-S_k)=0,$$

$$S_{k+1}^2-(k^2+k+1)S_{k+1}+\left[\frac{k^2(k+1)^2}{4}-\frac{k(k+1)}{2}\right]=0,$$

$$S_{k+1}^2-(k^2+k+1)S_{k+1}+\frac{(k-1)k(k+1)(k+2)}{4}=0,$$

$$\left[S_{k+1}-\frac{(k+1)(k+2)}{2}\right]\left[S_{k+1}-\frac{(k-1)k}{2}\right]=0。$$

因为$\{a_n\}$为正项数列，则$S_{k+1}>S_k$，所以

$$S_{k+1}=\frac{(k+1)(k+2)}{2}=\frac{(k+1)[(k+1)+1]}{2},$$

即$n=k+1$时也成立。

由(1)(2)知$S_n=\dfrac{n(n+1)}{2}$成立。

例 6.46 证明对于正整数n有$1^2+2^2+\cdots+n^2=\dfrac{n(n+1)(2n+1)}{6}$。

分析 这个求和问题不能用等差数列和等比数列的求和公式证明，作为一个与自然数n有关的命题，适合于用数学归纳法。

(1) 当$n=1$时，$1^2=\dfrac{1\times(1+1)(2\times1+1)}{6}$成立。

(2) 假设当$n=k$时命题成立，即$1^2+2^2+\cdots+k^2=\dfrac{k(k+1)(2k+1)}{6}$，则当$n=k+1$时，有

$$\begin{aligned}1^2+2^2+\cdots+k^2+(k+1)^2&=\frac{k(k+1)(2k+1)}{6}+(k+1)^2\\&=\frac{k(k+1)(2k+1)+6(k+1)^2}{6}\\&=\frac{(k+1)(2k^2+7k+6)}{6}\\&=\frac{(k+1)(k+2)(2k+3)}{6}\\&=\frac{(k+1)[(k+1)+1][2(k+1)+1]}{6},\end{aligned}$$

即当$n=k+1$时成立。

由(1)(2)知原命题成立。

例 6.47 证明对于正整数n有$1^3+2^3+\cdots+n^3=\dfrac{n^2(n+1)^2}{4}$。

分析 等差数列和等比数列的求和公式用不上，作为一个与自然数n有关的命题，适合于用数学归纳法。

(1) 当$n=1$时，$1^3=\dfrac{1^2\times(1+1)^2}{4}$成立。

(2) 假设当$n=k$时命题成立，即$1^3+2^3+\cdots+k^3=\dfrac{k^2(k+1)^2}{4}$，则当$n=k+1$时，有

$$
\begin{aligned}
1^3+2^3+\cdots+k^3+(k+1)^3 &= \frac{k^2(k+1)^2}{4}+(k+1)^3 \\
&= \frac{k^2(k+1)^2+4(k+1)^3}{4} \\
&= \frac{(k+1)^2(k^2+4k+4)}{4} \\
&= \frac{(k+1)^2(k+2)^2}{4} \\
&= \frac{(k+1)^2[(k+1)+1]^2}{4},
\end{aligned}
$$

即当 $n=k+1$ 时成立。

由(1)(2)知原命题成立。

3. 在几何问题中的应用

例 6.48 平面内有 $n(n\geqslant 2)$个圆,其中每两个圆都相交于两点,每三个圆都无公共点,设 n 个圆的交点个数为 a_n,证明 $a_n=n^2-n$。

分析 (1) 当 $n=2$ 时,$a_2=2$,$2^2-2=2$,从而 $a_2=2^2-2$ 成立。

(2) 假设当 $n=k$ 时命题成立,即 $a_k=k^2-k$,则当 $n=k+1$ 时,第 $k+1$ 个圆与前 k 个圆相交共形成 $2k$ 个交点,故

$$a_{k+1}=a_k+2k=(k^2-k)+2k=k^2+k=(k+1)^2-(k+1),$$

即 $n=k+1$ 时命题也成立。

由(1)(2)知,原命题成立。

例 6.49 在圆内画 n 条线段,证明这 n 条线段彼此被分成最多 n^2 条线段,圆面被分成最多$\frac{1}{2}n(n+1)+1$ 个部分。

分析 先证明这 n 条线段彼此被分成最多 n^2 条线段。

(1) 当 $n=1$ 时,1 条线段也就是 1 个部分,结论成立。

(2) 假设当 $n=k$ 时命题成立,即 k 条线段彼此被分成最多 k^2 条线段,则当 $n=k+1$ 时,第 $k+1$ 条直线 l_{k+1} 与前 k 条直线 $l_1,l_2,\cdots,l_k$ 都相交,最多可有 k 个交点,这样前 k 条直线上各增加了一个部分,共增加 k 个部分,l_{k+1} 被分成了 $k+1$ 个部分,所以这 $k+1$ 条直线彼此被分成的总的部分数最多为 $k^2+k+(k+1)=(k+1)^2$ 个部分,即 $n=k+1$ 时也成立。

由(1)(2)知原命题成立。

再证明圆面被分成最多$\frac{1}{2}n(n+1)+1$ 个部分。

(1) 当 $n=1$ 时,圆面被分成了 2 部分,$\frac{1}{2}\times 1\times(1+1)+1=2$,结论成立。

(2) 假设当 $n=k$ 时命题成立,即圆面被 k 条线段分成最多$\frac{1}{2}k(k+1)+1$ 个部分。则当 $n=k+1$ 时,第 $k+1$ 条直线 l_{k+1} 与前 k 条直线 $l_1,l_2,\cdots,l_k$ 都相交,最多可有 k 个交

点，l_{k+1} 被分成最多 $k+1$ 段，每一段使圆增加一个部分，共增加了 $k+1$ 个部分，所以 $k+1$ 条直线分圆面最多形成

$$\frac{1}{2}(k+1)+1+(k+1)=\frac{1}{2}(k+1)(k+2)+1=\frac{1}{2}(k+1)[(k+1)+1]+1 \text{ 个部分，}$$

即 $n=k+1$ 时也成立。

由(1)(2)知原命题成立。

4. 在整除问题中的应用

例 6.50 用数学归纳法证明 $4^{2n+1}+3^{n+2}$ 能被 13 整除。

分析 (1) 当 $n=1$ 时，$4^{2\times1+1}+3^{1+2}=4^3+3^3=64+27=91=13\times7$，能被 13 整除。

(2) 假设当 $n=k$ 时命题成立，即 $4^{2k+1}+3^{k+2}$ 能被 13 整除，则当 $n=k+1$ 时，有

$$\begin{aligned}4^{2(k+1)+1}+3^{(k+1)+2}&=4^{2k+3}+3^{k+3}=4^2\times4^{2k+1}+3\times3^{k+2}\\&=4^2\times4^{2k+1}+4^2\times3^{k+2}-4^2\times3^{k+2}+3\times3^{k+2}\\&=4^2(4^{2k+1}+3^{k+2})-3^{k+2}(4^2-3)\\&=4^2(4^{2k+1}+3^{k+2})-13\times3^{k+2}\text{，也能被 13 整除。}\end{aligned}$$

由(1)(2)知，原命题成立。

5. 在实际问题中的应用

例 6.51 若有 $2n+1$ 个飞机场，每个机场都有一架飞机，各个机场之间的距离互不相等，现在让所有的飞机同时起飞，飞向最近的机场降落，求证：必定存在一个机场，没有飞机降落。

分析 (1) 当 $n=1$ 时，$2n+1=3$，设三个机场分别为 A,B,C(见图 6.8)，不妨设 $|BC|<|AB|$，$|BC|<|AC|$，则 B,C 之间飞机对飞，不论 A 机飞向 B，还是飞向 C，都使 A 机场没有飞机落。

(2) 假设当 $n=k$ 时命题成立，即对 $2k+1$ 个飞机场命题成立，则当 $n=k+1$ 时，$2n+1=2k+3$，由于机场之间的距离两两不等，故存在两个机场之间的距离是最近的，这两处的飞机对飞，现撤出这两个机场，则由归纳假设知，剩下的 $2k+1$ 个机场中，存在一个机场 P，没有飞机降落，再把撤出的机场放回，则 P 机场仍无飞机降落，可得 $n=k+1$ 时命题成立。

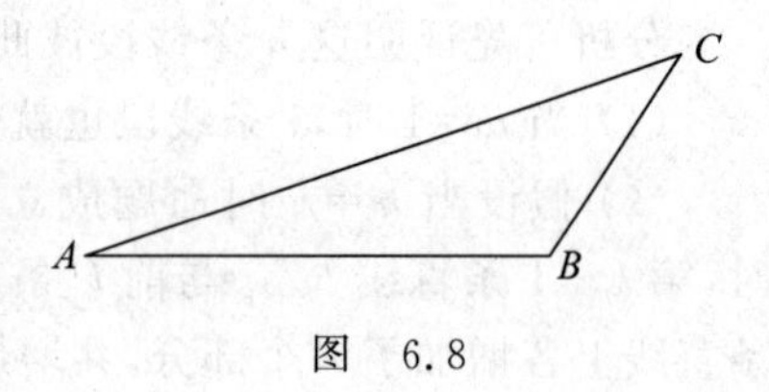

图 6.8

由(1)(2)可知，原命题成立。

例 6.52 有 2^n 个乒乓球分成了若干堆。任意选择 A,B 两堆，若 A 堆球数 a 大于等于 B 堆球数 b，则 A 堆中拿 b 个球到 B 堆中去，这样算挪动一次，证明可以经过有限次挪动将所有的球合并成一堆。

分析 (1) 当 $n=1$ 时，共有 2 个球，若两球已成一堆，则不必挪动，若两球分成了两堆，则只需要挪动一次即可。

(2) 假设当 $n=k$ 时成立，即对于 2^k 个球可以经过若干次挪动并成一堆。则当 $n=k+1$ 时，若每堆球的个数为偶数，则将 2 个粘合成一个，相当于 2^k 个球的情况，由归纳假设知可

以经过若干次挪动并成一堆。若存在球数为奇数的堆，因为总球数为偶数，所以有奇数个球的堆数为偶数，将奇数个球的球堆两两配对先挪动一次，于是每堆球数为偶数，由归纳假设知可以经过若干次挪动并成一堆。

由(1)(2)可知原命题成立。

6. 在涉及有理数的问题中的应用

例 6.53 一个定义在有理数数集上的实值函数 f，对一切有理数 x 和 y，都有 $f(x+y)=f(x)+f(y)$。求证：对一切有理数都有 $f(x)=kx$，其中 k 为实常数。

证明 k 究竟是什么数？不妨从 $x=0,1,2$ 等考察。在等式 $f(x+y)=f(x)+f(y)$ 中，令 $x=y=1$，就有 $f(2)=f(1)+(1)=2f(1)$；

若取 $x=y=0$，就有

$$f(0)=f(0)+f(0)=2f(0), \quad 即有\ f(0)=0=f(1)\cdot 0。$$

这使我们猜测 $k=f(1)$，即对一切有理数 x，有 $f(x)=f(1)x$。

下面来逐步逼近目标：

(1) 先考虑 x 为任意整数的情形。

若 x 为正整数 n，则当 $n=1$ 时，有 $f(1)=f(1)\cdot 1$。设当 $n=k$ 时，有 $f(k)=f(1)k$，那么当 $n=k+1$ 时，就有

$f(k+1)=f(k)+f(1)=f(1)(k+1)$，即对一切正整数 n 都有 $f(n)=f(1)n$。

又由 $0=f(0)=f(n+(-n))=f(n)+f(-n)$，知

$$f(-n)=-f(n)=f(1)\cdot(-n),$$

从而对一切整数 x，都有 $f(x)=f(1)x$。

(2) 再考虑 x 为整数的倒数的情形。

假设 n 为正整数。反复运用等式 $f(x+y)=f(x)+f(y)$，可得

$$f(1)=f\left(\frac{n}{n}\right)=f\left(\frac{1}{n}\right)+f\left(\frac{n-1}{n}\right)=2f\left(\frac{1}{n}\right)+f\left(\frac{n-2}{n}\right)=\cdots=nf\left(\frac{1}{n}\right),$$

即 $f\left(\frac{1}{n}\right)=f(1)\cdot\frac{1}{n}$。又由 $0=f(0)=f\left(\frac{1}{n}-\frac{1}{n}\right)=f\left(\frac{1}{n}\right)+f\left(-\frac{1}{n}\right)$，知

$$f\left(-\frac{1}{n}\right)=f(1)\cdot\left(-\frac{1}{n}\right),$$

故对一切整数的倒数 x，也都有 $f(x)=f(1)\cdot x$。

(3) 最后设 x 为任意有理数，记 $x=\frac{m}{n}$，其中 m 和 n 是互质的整数，$n>0$。

此时有

$$\begin{aligned} f\left(\frac{m}{n}\right) &= f\left(\frac{1}{n}\right)+f\left(\frac{m-1}{n}\right)=2f\left(\frac{1}{n}\right)+f\left(\frac{m-2}{n}\right) \\ &= \cdots = m\cdot f\left(\frac{1}{n}\right)=f(1)\cdot\frac{m}{n}, \end{aligned}$$

故对一切有理数 x，都有 $f(x)=f(1)\cdot x$。

6.3.3 第二数学归纳法

设 $p(n)$是一个跟正整数 n 有关的命题，且

(1) $p(n_0)$成立；

(2) 假设当 $n_0 \leqslant n \leqslant k(k \in \mathbb{N})$时命题成立，推得 $p(k+1)$也成立。

则：$p(n)(n \geqslant n_0, n \in \mathbb{N}^*)$成立

第二数学归纳法科学性的证明。用反证法证明如下：

假设第二数学归纳法不正确，即存在某命题 $p(n)$，它满足条件：①当 n 取第一个值 n_0 时命题成立，②假设当 $n_0 \leqslant n \leqslant k(n \in \mathbb{N})$时命题成立，可推出当 $n=k+1$ 时命题也成立。但存在自然数 n 使 $p(n)$不成立。

设使 $p(n)$不成立的所有正整数构成集合 M，则 M 是正整数集$\mathbb{N}^*$ 的一个非空子集，M 中必有最小数 m，即 $p(m)$不成立，显然 $m \geqslant n_0+1$。

由于 m 是使 $p(n)$不成立的最小数，故 $p(m-1)$成立，记 $m-1=k$，则 $m=k+1$，从而有 $p(n_0), p(n_0+1), \cdots, p(k)$成立，而 $p(k+1)$不成立，这样与条件"假设当 $n_0 \leqslant n \leqslant k$ $(k \in \mathbb{N})$时命题成立，可推出当 $n=k+1$ 时命题也成立"相矛盾，所以第二数学归纳法是合理的推理方法。

例 6.54 利用数学归纳法证明第 n 个质数 $p_n < 2^{2^n}$。

证明 (1) 当 $n=1$ 时，$p_1=2<2^{2^1}$，命题成立。

(2) 设 $1 \leqslant n \leqslant k$ 时命题成立，即 $p_1<2^{2^1}, p_2<2^{2^2}, \cdots, p_k<2^{2^k}$，于是

$$p_1 p_2 \cdots p_k < 2^{2^1} 2^{2^2} \cdots 2^{2^k}, \quad \text{则 } p_1 p_2 \cdots p_k + 1 \leqslant 2^{2^1+2^2+\cdots+2^k} = 2^{2^{k+1}-2} < 2^{2^{k+1}},$$

所以 $p_1 p_2 \cdots p_k + 1$ 的质因子 $p < 2^{2^{k+1}}$。

又 $p_1, p_2, \cdots, p_k$ 都不是 $p_1 p_2 \cdots p_k + 1$ 的质因子(相除时余 1)，故 $p > p_k$，即 $p \geqslant p_{k+1}$。因此，$p_{k+1} \leqslant p < 2^{2^{k+1}}$，即 $n=k+1$ 时命题也成立。

综上(1)(2)可知对于任何正整数 n 命题都成立。

6.3.4 多基归纳法

看一个错误案例：

若 $a_1=3, a_2=7$，并且对于任意一个正整数 $k(k \geqslant 3)$，有 $a_k=3a_{k-1}-2a_{k-2}$。证明：对于任意正整数 n，都有 $a_n=2^n+1$。

证明 当 $n=1$ 时，$a_1=3, 2^n+1=3$，故结论成立。

设当 $n<k$ 时结论成立。于是，根据归纳假设，有

$$a_k=3a_{k-1}-2a_{k-2}=3(2^{k-1}+1)-2(2^{k-2}+1)=2^k+1,$$

即 $n=k$ 时，结论也成立。

根据数学归纳原理，对于任意正整数 n，都有 $a_n=2^n+1$。

事实上，对 $a_2=7$ 就不满足结论。使用第二数学归纳法的人常会不知不觉地进入一个

误区,即不满足:假设 $p(m)$对所有适合 $a \leqslant m \leqslant k$ 的正整数 m 成立,推得 $p(k+1)$时命题也成立。

双基归纳法的步骤为:

(1) 验证当 $n=a$ 及 $n=a+1$ 时命题为真,a 是使命题成立的起始自然数。

(2) 假设 $n=k$ 及 $n=k+1$ 时命题为真,推出 $n=k+2$ 时命题亦为真。

例 6.55 若 $a_1=3, a_2=5$,并且对于任意一个正整数 $k(k \geqslant 3)$,有 $a_k=3a_{k-1}-2a_{k-2}$,求证:对于任意正整数 n,都有 $a_n=2^n+1$。

证明 当 $n=1$ 时,$a_1=3, 2^n+1=3$,故结论成立;当 $n=2$ 时,$a_2=5, 2^n+1=5$,故结论成立。

设当 $n<k$ 时结论成立。于是,根据归纳假设,有

$$a_k=3a_{k-1}-2a_{k-2}=3(2^{k-1}+1)-2(2^{k-2}+1)=2^k+1,$$

即 $n=k$ 时,结论也成立。

根据双基归纳法,对于任意正整数 n,都有 $a_n=2^n+1$。

如果归纳递推是由前三个命题推出后一个命题,那么归纳奠基必须作相应的变更。称这种归纳形式为"三基归纳法"。同样可以定义四基归纳法,这些归纳法都称为多基归纳法。

多基归纳法适用于递推时需要有多个归纳假设成立的数学命题。

6.3.5 跳跃归纳法

若一个命题 $p(n)$对正整数 $1,2,\cdots,l$ 都是正确的;如果由假定命题 $p(n)$对正整数 k 正确,就能推出命题 $p(n)$对正整数 $k+l$ 正确。则命题对一切正整数都正确。

证明 因为任意正整数 $n=lq+r(0 \leqslant r<l)$,由于命题对一切 $0<r<l$ 中的 r 都正确,所以命题对 $l, r+l, r+2l, \cdots, r+kl, \cdots$都正确,因而对一切 n 命题都正确。

例 6.56 求证用面值 3 分和 5 分的邮票可支付任何 $n(n \geqslant 8)$分邮资。

证明 显然当 $n=8, n=9, n=10$ 时,可用 3 分和 5 分邮票构成上面邮资($n=8$ 时,用一个 3 分邮票和一个 5 分邮票,$n=9$ 时,用 3 个 3 分邮票,$n=10$ 时,用 2 个 5 分邮票)。

下面假定 $k=n$ 时命题正确,这时对于 $k=n+3$,命题也正确,因为 n 分可用 3 分与 5 分邮票构成,再加上一个 3 分邮票,就使 $n+3$ 分邮资可用 3 分与 5 分邮票构成。由跳跃归纳法知命题对一切 $n \geqslant 8$ 都成立。

例 6.57 求证:任一正方形可以剖分成 n 个正方形,其中 n 是大于 5 的正整数。

证明 按图 6.9 所示方式将一个正方形剖分成 6 个正方形、7 个正方形或 8 个正方形,即 $n=6,7,8$ 时命题成立。

假设 $n=k$ 时命题成立,即一个正方形可剖分成 k 个正方形,我们将这 k 个正方形中的一个小正方形对边中点连接起来,剖分成 4 个更小的正方形,于是原来的正方形就可剖分成 $k+3$ 个正方形。这就是说,$n=k+3$ 时命题也成立。

根据数学归纳法,对于任意大于 5 的正整数 n,原命题都成立。

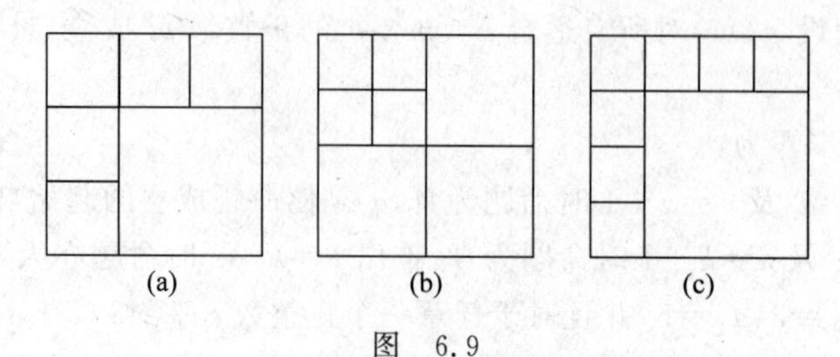

图 6.9

(a) 分成 6 个正方形；(b) 分成 7 个正方形；(c) 分成 8 个正方形

6.3.6 反向归纳法

反向归纳法也叫倒推归纳法。相应的两个步骤如下：

(1) 对于无穷多个正整数 n，命题成立。

(2) 假设 $p(k+1)$成立，可推导出 $p(k)$也成立。

则对于任意的正整数 n，$p(n)$都成立。

例 6.58 利用倒推归纳法证明，对于 n 个正数 $a_1,a_2,\cdots,a_n$ 有

$$\sqrt[n]{a_1a_2\cdots a_n}\leqslant\frac{a_1+a_2+\cdots+a_n}{n}。$$

证明 (1) 首先证明，当 $n=2^m$（m 为正整数）时，所证不等式成立。对 m 施行数学归纳法。

当 $m=1$ 时，即 $n=2$ 时，$\sqrt{a_1a_2}\leqslant\frac{a_1+a_2}{2}$（已证）。

当 $m=2$ 时，即 $n=4$ 时，有

$$\begin{aligned}\sqrt[4]{a_1a_2a_3a_4}&=\sqrt{\sqrt{a_1a_2}\ \sqrt{a_3a_4}}\leqslant\frac{\sqrt{a_1a_2}+\sqrt{a_3a_4}}{2}\leqslant\frac{\frac{a_1+a_2}{2}+\frac{a_3+a_4}{2}}{2}\\&=\frac{a_1+a_2+a_3+a_4}{4}。\end{aligned}$$

因此 $m=1,2$ 时，所证不等式都成立。

设当 $m=k$ 时，所证不等式成立，那么当 $m=k+1$ 时

$$\begin{aligned}\sqrt[2^{k+1}]{a_1a_2\cdots a_{2^k}a_{2^k+1}\cdots a_{2^{k+1}}}&=\sqrt{\sqrt[2^k]{a_1\cdots a_{2^k}}\ \sqrt[2^k]{a_{2^k+1}\cdots a_{2^{k+1}}}}\\&\leqslant\frac{1}{2}\left(\sqrt[2^k]{a_1\cdots a_{2^k}}+\sqrt[2^k]{a_{2^k+1}\cdots a_{2^{k+1}}}\right)\\&\leqslant\frac{1}{2}\left(\frac{a_1+\cdots+a_{2^k}}{2^k}+\frac{a_{2^k+1}+\cdots+a_{2^{k+1}}}{2^k}\right)\\&=\frac{a_1+\cdots+a_{2^k}+a_{2^k+1}+\cdots+a_{2^{k+1}}}{2^{k+1}}。\end{aligned}$$

由此可知，对于 $n=2^m$ 形状的正整数，所证不等式是成立的，即对无穷多个正整数 2，4，8，16，…，2^m，…，所证不等式是成立的。

(2) 下面再证倒推归纳法的第二步。

假设 $n=k+1$ 时,所证不等式成立。只要导出 $n=k$ 时所证不等式也成立就可以了。

为证 $\sqrt[k]{a_1a_2\cdots a_k}\leqslant\frac{a_1+a_2+\cdots+a_k}{k}$,设 $b=\frac{a_1+a_2+\cdots+a_k}{k}$,即 $a_1+a_2+\cdots+a_k=kb$。由假设

$$\sqrt[k+1]{a_1a_2\cdots a_kb}\leqslant\frac{a_1+a_2+\cdots+a_k+b}{k+1}=\frac{kb+b}{k+1}=b,$$

故 $a_1a_2\cdots a_kb\leqslant b^{k+1}$,即 $a_1a_2\cdots a_k\leqslant b^k$,于是

$$\sqrt[k]{a_2a_2\cdots a_k}\leqslant\frac{a_1+a_2+\cdots+a_k}{k}。$$

由(1)(2)可知,对于任意的正整数 n,所证不等式都成立。

6.3.7 二重归纳法

设 $p(n,m)$ 是一个含有两个独立正整数 n,m 的命题,如果:

(1) $p(1,m)$ 对任意正整数 m 成立,$p(n,1)$ 对任意正整数 n 成立;

(2) 在 $p(n+1,m)$ 与 $p(n,m+1)$ 成立的假设下,可以证明 $p(n+1,m+1)$ 成立。那么 $p(n,m)$ 对任意正整数 n 和 m 都成立。

例 6.59 设 m,n 为正整数,求证:$2^{mn}>m^n$。

分析 用二重归纳法,先验证,当 $m=n=1$ 时,有 $2^1>1^1$,命题为真。

再假设对任一 $k\geqslant1,t\geqslant1$,命题为真,即有 $2^{kt}>k^t$ 成立,只需要推出 $2^{(k+1)t}>(k+1)^t$ 及 $2^{k(t+1)}>k^{t+1}$ 即可。

事实上,$2^{(k+1)t}=2^{kt}\times2^t>k^t\times2^t=(2k)^t\geqslant(k+1)^t$,且 $2^{k(t+1)}=2^{kt}\times2^k>k^t\times2^k>k^{t+1}$。

综合上述,可知原不等式成立。此时由于 $2^{mn}=2^{nm}$,故还有 $2^{mn}>n^m$,其实质与前不等式相同。

6.3.8 螺旋式归纳法

现有两个与正整数 n 有关的命题 $A(n),B(n)$。如果满足:

(1) $A(1)$ 是正确的。

(2) 假设 $A(k)$ 成立,能导出 $B(k)$ 成立,假设 $B(k)$ 成立,能导出 $A(k+1)$ 成立。

这样就能断定对于任意的自然数 n,$A(n)$ 和 $B(n)$ 都正确。

例 6.60 数列 $\{a_n\}$ 满足 $a_{2l}=3l^2,a_{2l-1}=3l(l-1)+1$,其中 l 是正整数。又令 S_n 表示数列 $\{a_n\}$ 的前 n 项之和,求证:

$$S_{2l-1}=\frac{1}{2}l(4l^2-3l+1),\tag{6.4}$$

$$S_{2l}=\frac{1}{2}l(4l^2+3l+1)。\qquad (6.5)$$

证明 这里可把等式(6.4)：$S_{2l-1}=\frac{1}{2}l(4l^2-3l+1)$看作命题$A(l)$，把等式(6.5)：$S_{2l}=\frac{1}{2}l(4l^2+3l+1)$看作命题$B(l)$($l$为正整数)。

① $l=1$时，$S_1=1$，等式(6.4)成立。

② 假设$l=k$时，等式(6.4)成立，即$S_{2k-1}=\frac{1}{2}k(4k^2-3k+1)$，那么

$$S_{2k}=S_{2k-1}+a_{2k}=\frac{1}{2}k(4k^2-3k+1)+3k^2=\frac{1}{2}k(4k^2+3k+1),$$

即等式(6.5)也成立。这就是说，若$A(k)$成立可导出$B(k)$成立。

又假设$B(k)$成立，即$S_{2k}=\frac{1}{2}k(4k^2+3k+1)$，那么

$$\begin{aligned}S_{2k+1}&=S_{2k}+a_{2k+1}=\frac{1}{2}k(4k^2+3k+1)+[3(k+1)k+1]\\&=\frac{1}{2}[(24k^3+12k^2+12k+4)-(3k^2+6k+3)+(k+1)]\\&=\frac{1}{2}[4(k+1)^3-3(k+1)^2+(k+1)]\\&=\frac{1}{2}(k+1)[4(k+1)^2-3(k+1)+1]。\end{aligned}$$

这就是说，若命题$B(k)$成立，可以导出命题$A(k+1)$也成立。由①②可知，对于任意的自然数l等式(6.4)和(6.5)都成立。

显然，这种螺旋式归纳法也实用于多个命题的情形，在原有的基础上再加入$C(n)$也是成立的。

习题 6

1. 已知$a\sqrt{1-b^2}+b\sqrt{1-a^2}=1$，求证$a^2+b^2=1$。

2. 等差数列$\{a_n\}$的前m项的和为30，前$2m$项的和为100，求它的前$3m$项的和为多少？

3. 已知$\sin\alpha\neq 0$。用数学归纳法证明：

$$\cos\alpha+\cos3\alpha+\cos5\alpha+\cdots+\cos(2n-1)\alpha=\frac{\sin2n\alpha}{2\sin\alpha}。$$

4. 用数学归纳法证明：$1!\ 3!\ 5!\ \cdots(2n-1)!\geqslant(n!)^n(n\in\mathbf{N}^*)$。

5. 用第二数学归纳法证明：$4^n+1(n\in\mathbf{N}^*)$不是7的倍数。

6. 什么是分析法？什么是综合法？举例说明。

7. 什么是反证法？举例说明。

8. 什么是第一数学归纳法？举例说明。

9. 什么是第二数学归纳法？举例说明。

10. 什么是双基归纳法？举例说明。

11. 什么是二重归纳法？举例说明。

12. 什么是跳跃归纳法？举例说明。

13. 什么是反向归纳法？举例说明。

14. 什么是螺旋式归纳法？举例说明。

第7章 数学解题的基本方法

“感觉到数学的美，感觉到数与形的协调，感觉到几何的优雅，这是所有真正的数学家都清楚的真实的美的感觉。”

——庞加莱

“数无形时少直觉，形少数时难入微，数与形，本是相倚依，焉能分作两边飞。”

——华罗庚

7.1 换元法

7.1.1 换元法的基本思想

用新的未知量或变量替换原来的未知量或变量，求出新的未知量或变量，利用替换关系式求出原来的未知量或变量的方法，叫做辅助元素法，简称换元法，其中新的未知量叫做辅助元素，简称辅助元。基本步骤是设元(或构造元)、求解、回代、检验。

换元法是数学的重要解题方法之一，在解决代数式计算、解方程、三角函数、函数两个重要极限、求函数和微分、积分等题中起着重要的转化作用。当我们用一个新的字母代换题目中的一个“整体”时，可使原来题目隐藏的关系明朗化，给人以“柳暗花明”、化繁为简的感觉，使问题迎刃而解。利用换元法的关键在于适当地选择“新元”，引进适当的代换，找到较容易的解题思路，能使问题简化。使用换元法时要注意“新元”的范围，“新元”所受的限制条件还要注意根据题设条件验证结果。即新变元的取值范围与旧变元的取值范围的内在联系与转化。

换元法在因式分解、化简求值、恒等式证明、条件等式证明、方程、不等式、函数、数列、三角、解析几何等问题中有广泛的应用。

换元的常用策略有：整体代换(有理式代换，根式代换，指数式代换，对数式代换、复变量代换)、三角代换、均值代换等。

整体代换：在条件或者结论中，某个代数式反复出现，那么就可以用一个字母来代替它，当然有时候要通过变形才能发现。例如解不等式：$4^x+2^x-2\geqslant0$，先变形为设 $2^x=t(t>0)$，而变为熟悉的一元二次不等式求解和指数方程的问题。

三角代换：如果把代数式换成三角式更容易求解时，可以利用代数式中与三角知识的联系进行换元。例如求函数 $y=\sqrt{x}+\sqrt{1-x}$ 的值域时，易发现 $x\in[0,1]$，设 $x=\sin^2\alpha$，$\alpha\in\left[0,\frac{\pi}{2}\right]$，问题变成了熟悉的求三角函数值域。为什么会想到如此设，其中主要应该是发现值域的联系，又有去根号的需要。又如变量 x,y 适合条件 $x^2+y^2=r^2(r>0)$ 时，则可作三角代换 $x=r\cos\theta,y=r\sin\theta$ 化为三角问题。

均值代换：对两个类似的式子，可令其算术平均值为 t 进行换元；如果遇到形如 $x+y=S$ 或 $x^2+y^2=S$ 这样的对称结构，可设 $x=\frac{S}{2}+t,y=\frac{S}{2}-t$ 或 $x^2=\frac{S}{2}+t,y^2=\frac{S}{2}-t$，等等。

7.1.2 换元法在数学解题中的应用

1. 换元法在代数计算中的应用

例 7.1 计算 $\sqrt[3]{20+14\sqrt{2}}+\sqrt[3]{20-14\sqrt{2}}$。

解 设 $\sqrt[3]{20+14\sqrt{2}}+\sqrt[3]{20-14\sqrt{2}}=x$，两边立方得

$$20+14\sqrt{2}+20-14\sqrt{2}+3\sqrt[3]{(20+14\sqrt{2})^2}\sqrt[3]{20-14\sqrt{2}}+$$
$$3\sqrt[3]{20+14\sqrt{2}}\sqrt[3]{(20-14\sqrt{2})^2}=x^3,$$

即 $40+3\sqrt[3]{8}x=x^3$，从而得 $(x-4)(x^2+4x+10)=0$。

又 $x^2+4x+10=0$ 无实根，故得 $x=4$。

2. 换元法在解方程中的应用

在解方程过程中通过恰当的换元，将高次方程化为低次方程，复杂方程化为简单方程，也可将分式方程化为整式方程，无理方程化为有理方程，借此换元思想将大大降低解方程的难度。

例 7.2 解方程 $\sqrt{x^2+3x+7}-\sqrt{x^2+3x-9}=2$。

解 设 $\sqrt{x^2+3x+7}+\sqrt{x^2+3x-9}=y$，与题给式子

$$(\sqrt{x^2+3x+7}-\sqrt{x^2+3x-9})(\sqrt{x^2+3x+7}+\sqrt{x^2+3x-9})=2y,$$

解得 $y=8$。

两式相加得：$2\sqrt{x^2+3x+7}=y+2$，解得 $\sqrt{x^2+3x+7}=5$，易得 $x_1=3,x_2=-6$。

在构成方程组的方程里，有关未知数的代数式呈对称性，换元法可借此特点使方程组简单化，便于求出方程组的解。

例 7.3 解方程组 $\begin{cases}x^2-xy+y^2-13=0,\\ x^2+xy+y^2-6x-6y+9=0。\end{cases}$

分析 这是一个对称方程,解对称方程可以令$\begin{cases}x+y=u,\\xy=v\end{cases}$进行代换。

解 原方程组变形为

$$\begin{cases}(x+y)^2-3xy-13=0,\\(x+y)^2-6(x+y)-xy+9=0。\end{cases}$$

令$\begin{cases}x+y=u,\\xy=v,\end{cases}$则得到$\begin{cases}u^2-3v-13=0,\\u^2-6u-v+9=0。\end{cases}$解得

$$\begin{cases}u_1=5,\\v_1=4;\end{cases}\begin{cases}u_2=4,\\v_2=5。\end{cases}\quad 即\begin{cases}x+y=5,\\xy=4;\end{cases}\quad 或\begin{cases}x+y=4,\\xy=5。\end{cases}\Rightarrow$$

$$\begin{cases}x_1=1,\\y_1=4,\end{cases}\begin{cases}x_2=4,\\y_2=1;\end{cases}\quad 或\begin{cases}x_3=2+\mathrm{i},\\y_3=2-\mathrm{i},\end{cases}\begin{cases}x_4=2-\mathrm{i},\\y_4=2+\mathrm{i}。\end{cases}$$

解分式方程时一般用"去分母"的方法,把分式方程化成整式方程来解;解无理方程一般用"两边乘方"的方法,将无理方程化成有理方程来解。然而利用这些常规的变形方法解题,有时会产生高次方程,解起来相当烦琐,甚至有时难于解得结果。对于某些方程,我们可以用新的变量来替换原有的变量,把原方程化成一个易解的方程。

例 7.4 已知关于 x 的方程 $x^4+2x^2\cos\theta+\sin^2\theta=0$ 有相异的 4 个实根,求 θ 的范围。

分析 此题已知条件的形式比较陌生,先看看能不能把它转化为所熟悉的形式。

令 $x^2=t$,则原方程化为

$$t^2+2t\cos\theta+\sin^2\theta=0。\tag{7.1}$$

使原方程有相异的 4 个实根等价于使方程(7.1)有两个不等正根,由此得

$$\begin{cases}\Delta=4\cos^2\theta-4\sin^2\theta>0,\\-\cos\theta>0,\\\sin^2\theta>0,\end{cases}\quad 即\begin{cases}\cos2\theta>0,\\\cos\theta<0,\\\sin\theta\neq 0。\end{cases}$$

解之得 $2k\pi+\frac{3\pi}{4}<\theta<2k\pi+\frac{5\pi}{4}$ 且 $\theta\neq(2k+1)\pi(k\in\mathbf{Z})$。

3. 换元法在不等式中的应用

例 7.5 设对所于有实数 x,不等式 $x^2\log_2\frac{4(a+1)}{a}+2x\log_2\frac{2a}{a+1}+\log_2\frac{(a+1)^2}{4a^2}>0$ 恒成立,求 a 的取值范围。

分析 不等式中,$\log_2\frac{4(a+1)}{a}$,$\log_2\frac{2a}{a+1}$,$\log_2\frac{(a+1)^2}{4a^2}$三项有何联系?对它们进行变形后再实施换元法。

解 设 $\log_2\frac{2a}{a+1}=t$,则

$$\log_2\frac{4(a+1)}{a}=\log_2\frac{8(a+1)}{2a}=3+\log_2\frac{a+1}{2a}=3-\log_2\frac{2a}{a+1}=3-t,$$

$$\log_2 \frac{(a+1)^2}{4a^2} = 2\log_2 \frac{a+1}{2a} = -2t,$$

代入后原不等式简化为 $(3-t)x^2+2tx-2t>0$，它对一切实数 x 恒成立，所以

$$\begin{cases} 3-t>0, \\ \Delta = 4t^2+8t(3-t)<0。 \end{cases} \text{解之得} \begin{cases} t<3, \\ t<0 \text{ 或 } t>6。 \end{cases}$$

于是得 $t<0$ 即 $\log_2 \frac{2a}{a+1}<0$，$0<\frac{2a}{a+1}<1$，解之得 $0<a<1$。

点评 本题使用换元法解不等式。在解决不等式恒成立问题时，使用了"判别式法"。

4. 换元法在函数中的应用

例 7.6 已知 $f(x+1)$为奇函数，$f(x)=x(x+1)(x<1)$，求 $x>1$ 时函数 $f(x)$的解析式。

解 令 $x=t+1(t<0)$。因为 $f(x)=x(x+1)$ $(x<1)$，所以 $f(t+1)=(t+1)(t+2)$。

又 $f(x+1)$为奇函数，故 $f(t+1)$也为奇函数，所以

$$-f(t+1)=f(-t+1), \quad f(-t+1)=-(-t-1)(-t-2)。$$

令 $T=-t(T>0)$，则 $f(T+1)=-(T-1)(T-2)$，所以

$f(T)=-(T-2)(T-3)$，故 $f(x)=-(x-2)(x-3)=-x^2+5x-6$，$(x>1)$。

注 本题使用换元法求函数解析式。

5. 换元法在数列中的应用

例 7.7 已知数列$\{a_n\}$中，$a_1=-1$，$a_{n+1}a_n=a_{n+1}-a_n$，求数列通项 a_n。

解 已知式变形为 $\frac{1}{a_{n+1}}-\frac{1}{a_n}=-1$。设 $b_n=\frac{1}{a_n}$，则$\{b_n\}$为等差数列，所以

$$b_1=-1, \quad b_n=-1+(n-1)(-1)=-n,$$

于是 $a_n=-\frac{1}{n}$。

6. 换元法在三角中的应用

例 7.8 设 $a>0$，求 $f(x)=2a(\sin x+\cos x)-\sin x \cdot \cos x-2a^2$ 的最大值和最小值。

解 设 $\sin x+\cos x=t$，则 $t\in[-\sqrt{2},\sqrt{2}]$。

由 $(\sin x+\cos x)^2=1+2\sin x \cdot \cos x$ 得 $\sin x \cdot \cos x=\frac{t^2-1}{2}$，所以

$$f(x)=g(t)=-\frac{1}{2}(t-2a)^2+\frac{1}{2} \quad (a>0), t\in[-\sqrt{2},\sqrt{2}],$$

当 $t=-\sqrt{2}$ 时，$g(t)$取最小值 $-2a^2-2\sqrt{2}a-\frac{1}{2}$。

当 $2a\geqslant\sqrt{2}$ 时，$t=\sqrt{2}$，$f(x)$取最大值 $-2a^2+2\sqrt{2}a-\frac{1}{2}$；

当 $0<2a<\sqrt{2}$ 时，$t=2a$，$f(x)$取最大值$\frac{1}{2}$。

所以 $f(x)$ 的最小值为 $-2a^2-2\sqrt{2}a-\frac{1}{2}$，最大值为

$$\begin{cases}\frac{1}{2}\left(0<a<\frac{\sqrt{2}}{2}\right),\\ -2a^2+2\sqrt{2}a-\frac{1}{2}\left(a\geqslant\frac{\sqrt{2}}{2}\right)。\end{cases}$$

注 换元设 $\sin x+\cos x=t$ 后，抓住 $\sin x+\cos x$ 与 $\sin x\cdot\cos x$ 的内在联系，将三角函数的值域问题转化为二次函数在闭区间上的值域问题，使得容易求解。换元过程中一定要注意新的参数的范围（$t\in[-\sqrt{2},\sqrt{2}]$）与 $\sin x+\cos x$ 对应，否则将会出错。本题解法中还包含了含参问题时分类讨论的数学思想方法，即由对称轴与闭区间的位置关系而确定参数分两种情况进行讨论。

一般地，在遇到题目已知和未知中含有 $\sin x$ 与 $\cos x$ 的和、差、积等而求三角式的最大值和最小值的题型时，即函数为 $f(\sin x\pm\cos x)$，$g(\sin x\cos x)$，经常用到这样设元的换元法，转化为在闭区间上的二次函数或一次函数的研究。

例 7.9 $\triangle ABC$ 的三个内角 A,B,C 满足：$A+C=2B$，$\frac{1}{\cos A}+\frac{1}{\cos C}=-\frac{\sqrt{2}}{\cos B}$，求 $\cos\frac{A-C}{2}$ 的值。

分析 由已知 $A+C=2B$ 和"三角形内角和等于 $180°$"，可得 $\begin{cases}A+C=120°,\\ B=60°。\end{cases}$

对 $A+C=120°$ 进行均值换元，设 $\begin{cases}A=60°+\alpha\\ C=60°-\alpha\end{cases}$，再代入可求 $\cos\alpha$ 即 $\cos\frac{A-C}{2}$。

解法 1 因为 $A+C=2B$ 且 $A+B+C=180°$，所以 $\begin{cases}A+C=120°,\\ B=60°。\end{cases}$

设 $\begin{cases}A=60°+\alpha,\\ C=60°-\alpha,\end{cases}$ 代入已知等式得

$$\begin{aligned}\frac{1}{\cos A}+\frac{1}{\cos C}&=\frac{1}{\cos(60°+\alpha)}+\frac{1}{\cos(60°-\alpha)}\\ &=\frac{1}{\frac{1}{2}\cos\alpha-\frac{\sqrt{3}}{2}\sin\alpha}+\frac{1}{\frac{1}{2}\cos\alpha+\frac{\sqrt{3}}{2}\sin\alpha}\\ &=\frac{\cos\alpha}{\frac{1}{4}\cos^2\alpha-\frac{3}{4}\sin^2\alpha}=\frac{\cos\alpha}{\cos^2\alpha-\frac{3}{4}}=-2\sqrt{2},\end{aligned}$$

解之得 $\cos\alpha=\frac{\sqrt{2}}{2}$，即 $\cos\frac{A-C}{2}=\frac{\sqrt{2}}{2}$。

解法 2 由 $A+C=2B$，得 $A+C=120°$，$B=60°$，所以

$$\frac{1}{\cos A}+\frac{1}{\cos C}=-\frac{\sqrt{2}}{\cos B}=-2\sqrt{2}。$$

设 $\frac{1}{\cos A}=-\sqrt{2}+m$，$\frac{1}{\cos C}=-\sqrt{2}-m$，则

$$\cos A=\frac{1}{-\sqrt{2}+m},\quad \cos C=\frac{1}{-\sqrt{2}-m}。$$

两式分别相加、相减得

$$\cos A+\cos C=2\cos\frac{A+C}{2}\cos\frac{A-C}{2}=\cos\frac{A-C}{2}=\frac{2\sqrt{2}}{m^2-2},$$

$$\cos A-\cos C=-2\sin\frac{A+C}{2}\sin\frac{A-C}{2}=-\sqrt{3}\sin\frac{A-C}{2}=\frac{2m}{m^2-2},$$

即
$$\sin\frac{A-C}{2}=-\frac{2m}{\sqrt{3}(m^2-2)},\quad \cos\frac{A-C}{2}=-\frac{2\sqrt{2}}{m^2-2},$$

代入 $\sin^2\frac{A-C}{2}+\cos^2\frac{A-C}{2}=1$ 整理得 $3m^4-16m^2-12=0$，解之得 $m^2=6$，代入

$$\cos\frac{A-C}{2}=\frac{2\sqrt{2}}{m^2-2},\quad 得\ \cos\frac{A-C}{2}=\frac{\sqrt{2}}{2}。$$

注 本题两种解法由“$A+C=120°$”“$\frac{1}{\cos A}+\frac{1}{\cos C}=-2\sqrt{2}$”分别进行均值换元，随后结合三角形角的关系与三角公式进行运算，除由已知想到均值换元外，还要求对三角公式的运用相当熟练。假如未想到进行均值换元，也可由三角运算直接解出：

由 $A+C=2B$，得 $A+C=120°$，$B=60°$，所以

$$\frac{1}{\cos A}+\frac{1}{\cos C}=-\frac{\sqrt{2}}{\cos B}=-2\sqrt{2},\quad 即\ \cos A+\cos C=-2\sqrt{2}\cos A\cos C,$$

和积互化得 $2\cos\frac{A+C}{2}\cos\frac{A-C}{2}=-\sqrt{2}[\cos(A+C)+\cos(A-C)]$，即

$$\cos\frac{A-C}{2}=\frac{\sqrt{2}}{2}-\sqrt{2}\cos(A-C)=\frac{\sqrt{2}}{2}-\sqrt{2}\left(2\cos^2\frac{A-C}{2}-1\right),$$

整理得 $4\sqrt{2}\cos^2\frac{A-C}{2}+2\cos\frac{A-C}{2}-3\sqrt{2}=0$，解之得 $\cos\frac{A-C}{2}=\frac{\sqrt{2}}{2}$。

7. 换元法在解析几何中的应用

例 7.10 实数 x,y 满足 $\frac{(x-1)^2}{9}+\frac{(y+1)^2}{16}=1$，若 $x+y-k>0$ 恒成立，求 k 的范围。

分析 由已知条件 $\frac{(x-1)^2}{9}+\frac{(y+1)^2}{16}=1$，可以发现它与 $a^2+b^2=1$ 有相似之处，于是实施三角代换。

解 由 $\frac{(x-1)^2}{9}+\frac{(y+1)^2}{16}=1$，设 $\frac{x-1}{3}=\cos\theta$，$\frac{y+1}{4}=\sin\theta$，即

$$\begin{cases}x=1+3\cos\theta,\\ y=-1+4\sin\theta。\end{cases}$$

代入不等式 $x+y-k>0$ 得 $3\cos\theta+4\sin\theta-k>0$，即 $k<3\cos\theta+4\sin\theta=5\sin(\theta+\varphi)$，所以 $k<-5$ 时不等式恒成立。

注 本题进行三角代换，将解析几何问题化为含参三角不等式恒成立的问题，再运用"分离参数法"转化为三角函数的值域问题，从而求出参数范围。一般地，在遇到与圆、椭圆、双曲线的方程相似的代数式时，或者在解决圆、椭圆、双曲线等有关问题时，经常使用"三角代换"。

本题另一种解题思路是使用数形结合法的思想方法：在平面直角坐标系中，不等式 $ax+by+c>0(a>0)$ 所表示的区域为直线 $ax+by+c=0$ 所分平面成两部分中含 x 轴正方向的一部分。

此题不等式恒成立问题化为图形问题(见图 7.1)：椭圆上的点始终位于平面上 $x+y-k>0$ 的区域，即当直线 $x+y-k=0$ 在与椭圆相切的切线之下时。当直线与椭圆相切时，方程组 $\begin{cases}16(x-1)^2+9(y+1)^2=144,\\ x+y-k=0\end{cases}$ 有相等的一组实数解，消元后由 $\Delta=0$ 可求得 $k=-5$，所以 $k<-5$ 时原不等式恒成立。

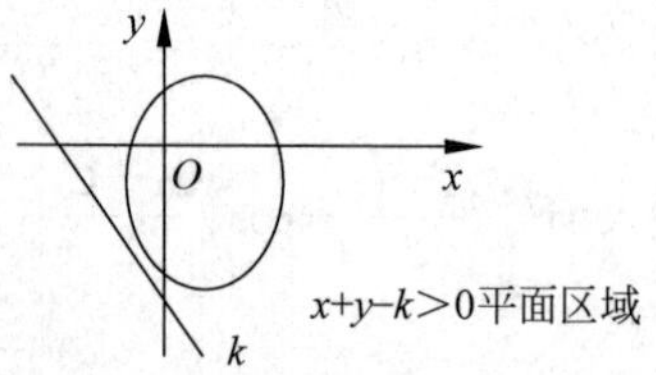

$x+y-k>0$平面区域

图 7.1

以上借助换元法解决了数学中用一般方法难解决的问题，可见换元法应用的广泛性、普遍性，以及熟练掌握换元法的重要性。恰当地应用换元法，可化繁为简、化难为易、化生为熟，把待研究的问题转化为已研究并已解决的问题，为解决复杂的数学问题提供了重要的解题工具。

7.1.3 换元法在应用中的常见错误分析

1. 对复合函数的理解肤浅

例 7.11 研究函数 $y=\dfrac{ax}{\sqrt{1-x^2}}(a<0)$ 的单调性。

错解 令 $x=\cos\theta,\theta\in(0,\pi)$，则 $y=\dfrac{a\cos\theta}{\sin\theta}=a\cot\theta$。因为 $y=\cot\theta$ 在 $(0,\pi)$ 内是减函数且 $a<0$，所以 $y=\dfrac{ax}{\sqrt{1-x^2}}(a<0)$ 为增函数。

分析 $y=\dfrac{ax}{\sqrt{1-x^2}}$ 的自变量为换元后误将复合函数的单调性认为原函数的单调性。

正确解 令 $x=\cos\theta,\theta\in(0,\pi)$，则 $y=\dfrac{a\cos\theta}{\sin\theta}=a\cot\theta$。因为 $y=\cot\theta$ 在 $(0,\pi)$ 内是减函数且 $a<0$，所以 $y=a\cot\theta(a<0)$ 是增函数。

因为 $x=\cos\theta,\theta\in(0,\pi)$ 是减函数，若 $-1<x_1<x_2<1\Rightarrow\theta_1>\theta_2\Rightarrow y_1>y_2$，所以 $y=\dfrac{ax}{\sqrt{1-x^2}}(a<0)$ 为减函数。

2. 自变量的取值范围发生变化

例 7.12 若 $\log_{16}x+3\log_x 16-\log_x y=3$，试求 y 的取值范围。

错解 令 $x=16^t$，则 $t+\frac{3}{t}-\frac{\log_{16}y}{t}=3$，所以 $y=16^{t^2-3t+3}$ 且 $t\neq0$。从而

$$y=16^{\left(t-\frac{3}{2}\right)^2+\frac{3}{4}}\geqslant 8。$$

又 $x>0$，且 $x\neq1$，所以 $t\neq0$，$y\neq16^3$，因此 y 的取值范围是 $[8,16^3)\cup(16^3,+\infty)$。

分析 事实上，我们知道当 $x=16^3$ 时，$y=16^3$。那么错误的原因为何呢？

由 $t\neq0$ 推得 $y\neq16^3$，这隐含了 $t\neq3$，这实际上是加强了条件，造成了非等价转换，从而导致 y 的范围缩小。

正确解 令 $x=16^t$，则原式为 $t+\frac{3}{t}-\frac{\log_{16}y}{t}=3$，所以 $y=16^{t^2-3t+3}$，从而 $y=16^{\left(t-\frac{3}{2}\right)^2+\frac{3}{4}}\geqslant8$，所以 y 的取值范围是 $[8,+\infty)$。

例 7.13 $x\in\mathbb{R}^+$，求 $y=x+\frac{4}{x}+\frac{1}{x+\frac{4}{x}}$ 的最小值。

错解 令 $t=x+\frac{4}{x}$，因为 $x\in\mathbb{R}^+$，所以 $t>0$。$y=t+\frac{1}{t}\geqslant2\sqrt{t\cdot\frac{1}{t}}=2$，$y_{\min}=2$。

或当 $t=\frac{1}{t}$ 时 $t^2=1$，所以 $t>0$，$t=1$ 即 $x+\frac{4}{x}=1$，此方程无解。所以 y 没有最小值。

分析 上面代换错误地确定了中间变量 t 的取值范围。由于 $x\in\mathbb{R}^+$，

$$x+\frac{4}{x}\geqslant2\sqrt{x\cdot\frac{4}{x}}=4,\quad t\geqslant4。$$

正确解 令 $t=x+\frac{4}{x}$，因为 $x\in\mathbb{R}^+$，$x+\frac{4}{x}\geqslant2\sqrt{x\cdot\frac{4}{x}}=4$，即 $t\geqslant4$，所以

$$y=t+\frac{1}{t}(t\geqslant4),\quad 即\ t^2-yt+1=0(t\geqslant4)。$$

解之得 $t=\frac{y\pm\sqrt{y^2-4}}{2}$。

因为 $\frac{y-\sqrt{y^2-4}}{2}\geqslant4$ 无解，则由 $\frac{y+\sqrt{y^2-4}}{2}\geqslant4$ 解得 $y\geqslant\frac{17}{4}$，所以 $y_{\min}=\frac{17}{4}$。

3. 不当换元

凡与变量的变化方式有关的问题一般不能用换元法解。

例如：判断函数 $y=\cos^2x-\cos x$ 在 $x\in\left(-\frac{\pi}{2},\frac{\pi}{2}\right)$ 的单调性和奇偶性，不难得出此函数在 $\left(-\frac{\pi}{2},-\frac{\pi}{3}\right)\cup\left[\frac{\pi}{3},\frac{\pi}{2}\right)$ 上为减函数，在 $\left[-\frac{\pi}{3},\frac{\pi}{3}\right]$ 上为增函数，且为偶函数。若盲目使

用换元法,令 $\cos x=t$,则 $y=t^2-t$ 在 $\left[-\frac{\pi}{3},\frac{\pi}{3}\right]$ 上是增函数,且为非奇非偶函数,得出与原函数不同的性质。所以,在讨论单调性、奇偶性时一般不能用换元法。又如:函数 $y=\sin(2x+3)$ 的最小正周期为 π,若令 $t=2x+3$,得 $y=\sin t$ 的最小正周期为 2π。所以,判断函数的周期性也不能用换元法。由以上不难看出:在讨论复合函数 $y=f[g(x)]$ 的单调性、奇偶性、周期性、对称性时一般不能令 $t=g(x)$ 换元后讨论。

例 7.14 设 $x\sqrt{1-y^2}+y\sqrt{1-x^2}=1$,求 $x+y$ 的最值。

错解 因为 $|x|\leqslant 1,|y|\leqslant 1$,所以令 $x=\cos\theta,y=\sin\theta,\theta\in[0,2\pi)$,则

$$\cos\theta\mid\cos\theta\mid+\sin\theta\mid\sin\theta\mid=1。$$

两边平方得:$\sin 2\theta=0$,所以 $\theta=\frac{k\pi}{2}(k\in\mathbb{Z})$,从而

$$x+y=\cos\theta+\sin\theta=\sqrt{2}\sin\left(\theta+\frac{\pi}{4}\right)=\sqrt{2}\sin\left(\frac{k\pi}{2}+\frac{\pi}{4}\right),\quad(k\in\mathbb{Z}),$$

于是 $x+y$ 的最大值是 1,最小值是 -1。

分析 事实上,由已知得 $0\leqslant x\leqslant 1,0\leqslant y\leqslant 1$,变换式 $x=\cos\theta,y=\sin\theta,\theta\in[0,2\pi)$ 一方面使其原函数的定义域扩大,另一方面将两个变换式的自变量混淆,误将 x,y 的关系条件增加条件 $x^2+y^2=1$。.

正确解 因为 $|x|\leqslant 1,|y|\leqslant 1$,又 $y\sqrt{1-x^2}=1-x\sqrt{1-y^2}$,所以 $x\geqslant 0$,从而

$$0\leqslant x\leqslant 1,\quad 0\leqslant y\leqslant 1。$$

设 $x=\cos\alpha,y=\sin\theta,\alpha,\theta\in\left[0,\frac{\pi}{2}\right]$;于是有 $\cos\alpha\sin\theta+\sin\alpha\cos\theta=1$ 即 $\cos(\alpha-\theta)=1$。

又 $-\frac{\pi}{2}\leqslant\alpha-\theta\leqslant\frac{\pi}{2}$,所以 $\alpha-\theta=0$ 即 $\alpha=\theta$,所以

$$x+y=\cos\alpha+\sin\theta=\cos\alpha+\sin\alpha=\sqrt{2}\sin\left(\alpha-\frac{\pi}{4}\right)。$$

又 $\frac{\pi}{4}\leqslant\alpha+\frac{\pi}{4}\leqslant\frac{3\pi}{4}$,所以,当 $\alpha+\frac{\pi}{4}=\frac{\pi}{4}$,即 $\alpha=0$ 时是 $x+y$ 的最小值为 1;

当 $\alpha+\frac{\pi}{4}=\frac{\pi}{2}$,即 $\alpha=\frac{\pi}{4}$ 时是 $x+y$ 的最大值为 $\sqrt{2}$。

所以适当地选择"新元",引进适当的代换,找到较容易的解题思路,能使问题简化。

在数学中,换元法有着极其重要的作用。学会运用换元法,不但可以沟通数学各个分支之间的联系,还可以扩大视野,培养我们的学习兴趣。对于一些较难的题目,我们还应当通过认真观察问题的结构特征,深入分析问题的隐含条件,采用类比、联想猜测等手段进行适当的换元,并综合运用各方面的知识给予解决。但在运用时也要注意题目中的一些条件,不能与换元后的条件混淆。

7.2 主元法

所谓主元法就是在一个多元数学问题中以其中一个为主元,而将其余各字母视作参数或常量,将问题化为该主元的多项式、函数、方程或不等式等问题,把一些复杂的数学问题简

单化。

这一方法运用的核心是确定“主元”、选择“主元”，在多变量问题的解题中一旦选对了“主元”，等价于战斗中选择准了主攻方向。

主元选取时可考虑以下几个方面。

1. 低次做主元

选取次数较低的元作为主元，可使问题容易处理。

例 7.15 分解因式 $a^3-a^2b-2ab+b^2-1$。

分析 这里 b 的次数较低，以 b 为主元，整理成关于 b 的二次三项式。

解 原式 $=b^2-(a^2+2a)b+a^3-1$

$=[b-(a-1)][b-(a^2+a+1)]$

$=(b-a+1)(b-a^2-a-1)$。

2. 常量做主元

有些问题，如果采取反客为主的策略，可产生意想不到的效果。

例 7.16 设 a 为任意实数，不等式 $x^4-2ax^2+a^2+2a-3>0$ 恒成立，求 x 的取值范围。

分析 直接从 x 入手，不易发现解题思路。若以 a 为主元，整理成关于 a 的二次三项式，思路清晰。

解 原式可整理为 $a^2+2(1-x^2)a+x^4-3>0$。

因为 a 为任意实数，所以 $\Delta=[2(1-x^2)]^2-4(x^4-3)<0$，即 $x^2>2$，解得 $x<-\sqrt{2}$ 或 $x>\sqrt{2}$。

说明 $ax^2+bx+c>0(a>0)$ 对任意 x 恒成立的条件是 $\Delta=b^2-4ac<0$。

3. 无关元做主元

有些问题的结论和某一变元无关，解题时若选取这一变元为主元，可使各个变元之间的内在联系显现出来。

例 7.17 如果 a,b,c,d 都是实数，且有 $a^2c^2+b^2(c^2+1)+d^2+2b(a+d)c=0$，求证：$b^2=ad$。

分析 求证式子中不含 c，即 c 是无关元。不妨以 c 为主元，整理成关于 c 的一元二次方程求解。

解 原式可整理为 $(a^2+b^2)c^2+2b(a+d)c+(b^2+d^2)=0$。

若 $a=b=0$，显然 $b^2=ad$；

若 a,b 不全为 0，则上式可看成关于 c 的一元二次方程。因为 c 为实数，所以

$\Delta=4[b^2(a+d)^2-(a^2+b^2)(b^2+d^2)]\geqslant 0$，　即 $-(b^2-ad)^2\geqslant 0$，故 $b^2=ad$。

4. 对称元做主元

式子中各变元依次互换以后，所得式子和原式相同，这样的式子叫做对称式。对称式中的任意元都可作为主元。

例 7.18 已知 x,y,z 均为实数，$a>0$，且满足关系

$$\begin{cases} x+y+z=a, & (7.2)\\ x^2+y^2+z^2=\dfrac{1}{2}a^2, & (7.3)\end{cases}$$

求证：$0\leqslant x,y,z\leqslant\dfrac{2}{3}a$。

分析 两条件式均为对称式，由已知条件消去 x,y,z 中的一个，剩下的两个元均可作为主元。

解 由(7.2)式得 $x=a-(y+z)$，代入(7.3)式得 $[a-(y+z)]^2+y^2+z^2=\dfrac{1}{2}a^2$。

以 z 为主元，整理得 $4z^2+4(y-a)z+4y^2-4ay+a^2=0$。

由该方程有实数根，得 $(y-a)^2-(4y^2-4ay+a^2)\geqslant 0$，解得 $0\leqslant y\leqslant\dfrac{2}{3}a$。

同理可得 $0\leqslant x,z\leqslant\dfrac{2}{3}a$。

5. 明显元做主元

有些问题，若以待求的参数为主元，可使问题直接破解。

例 7.19 已知方程 $x^2+(m+1)x+2m-1=0$ 的两根都是整数，求 m 的整数值。

分析 既然是求 m 的值，可见变元 m 是明显元，不妨以 m 为主元，对原方程进行整理。

解 将原方程整理可得

$$(x+2)m=1-x-x^2。$$

当 $x=-2$ 时，上面的方程无整数解。

当 $x\neq-2$ 时，有

$$m=\frac{1-x-x^2}{x+2}=-(x-1)-\frac{1}{x+2}。\tag{7.4}$$

因为 m,x 均为整数，所以 $x+2=\pm1$，即 $x=-1$ 或 $x=-3$。

把 $x=-1,-3$ 分别代入(7.4)式中，解得 $m=1$ 或 $m=5$。经检验均满足题意。

6. 主元与次元互换

一般地，可把已知范围的那个量看作自变量，另一个看作常量。

例 7.20 对于 $0\leqslant p\leqslant 4$ 的一切实数，不等式 $x^2+px>4x+p-3$ 恒成立，求 x 的取值范围。

分析 习惯上把 x 当作自变量，记函数 $y=x^2+(p-4)x+3-p$，于是问题转化为当 $p\in[0,4]$ 时，$y>0$ 恒成立，求 x 的范围。解决这个问题需要应用二次函数以及二次方程实根分布原理，这是比较复杂的。若把 x 与 p 两个量互换一下角色，即将 p 视为变量，x 为常量，则上述问题可转化为关于 p 的一次函数在$[0,4]$内大于 0 恒成立的问题，使问题实现了从高维向低维转化，解题简单易行。

解 设 $f(p)=(x-1)p+x^2-4x+3$。显然 $x=1$ 时不满足题意。

由题设知当 $0\leqslant p\leqslant 4$ 时，$f(p)>0$ 恒成立，所以只要 $f(0)>0$，且 $f(4)>0$，即 x^2-4x+

$3>0$ 且 $x^2-1>0$。解得 $x>3$ 或 $x<-1$。

例 7.21 设方程 $x^2+ax+b^2-2=0(a,b\in\mathbb{R})$在$(-\infty,-2)\cup[2,+\infty)$上有实根,求 a^2+b^2 的取值范围。

分析 本题若直接由条件出发,利用实根分布条件求出 a,b 满足的条件,视 a^2+b^2 为区域内点与原点距离的平方,以此数形结合,亦可获解,但过程烦琐。考虑到变量 a,b 是主变量,反客为主,视方程 $x^2+ax+b^2-2=0$ 为 aOb 坐标平面上的一条直线 l: $xa+b+x^2-2=0$,$P(a,b)$为直线上的点,则 a^2+b^2 即为$|PO|^2$,设 d 为点 O 到直线 l 的距离,由几何条件知

$$|PO|^2\geqslant d^2=\left(\frac{|x^2-2|}{\sqrt{x^2+1}}\right)^2=\frac{(x^2+1-3)^2}{x+1}=(x^2+1)+\frac{9}{x^2+1}-6。$$

因为 $x\in(-\infty,-2)\cup[2,+\infty)$,令 $t=x^2+1$,则 $t\in[5,+\infty)$,且易知函数 $t+\dfrac{9}{t}$在$[5,+\infty)$上为增函数,所以

$$|PO|^2\geqslant(x^2+1)+\frac{9}{x^2+1}-6=t+\frac{9}{t}-6\geqslant 5+\frac{9}{5}-6=\frac{4}{5},$$

即 $a^2+b^2\geqslant\dfrac{4}{5}$。

7. 常元与变元互换

在一个含有变元的式子中,有时将常数视为变元,也即将主要变元视为常数,可产生出乎意料的解题效果。

例 7.22 已知 $9\cos B+3\sin A+\tan C=0$,$\sin^2 A-4\cos B\tan C=0$,求证 $\tan C=9\cos B$。

证明 令 $3=x$,于是得到关于 x 的方程

$$x^2\cos B+x\sin A+\tan C=0。\tag{7.5}$$

若 $\cos B\neq 0$,由已知 $\sin^2 A-4\cos B\tan C=0$,知方程(7.5)的判别式 $\Delta=0$。所以方程(7.5)有两个相等的实根,所以 $3+3=-\dfrac{\sin A}{\cos B}$,即 $\sin A=-6\cos B$,于是得

$$9\cos B+3(-6\cos B)+\tan C=0,\quad 即\ \tan C=9\cos B。$$

若 $\cos B=0$,则由题设两式易知 $\sin A=0$,$\tan C=0$,可见 $\tan C=9\cos B$ 也成立。

注 本题若用三角公式证明,不仅代换复杂,而且很难找出 A,B,C 之间的关系。这里注意观察条件,发现 $x=3$ 是方程 $x^2\cos B+x\sin A+\tan C=0$ 的两个相等实数根,从而利用判别式和韦达定理的知识使本题获解。

例 7.23 已知二次方程 $ax^2+2(2a-1)x+4a-7=0$ 中的 a 为正整数,问 a 取何值时,此方程至少有一个非负整数根。

分析 按常规,先求出方程的根 $x=\dfrac{1-2a\pm\sqrt{1+3a}}{a}$,再由此式讨论方程至少有一个非负整数根的条件,这是较为困难的。若把 a 视为主元,解法将变得易行。

解 把 a 视为主元,则方程可改写为关于 a 的一次方程$(x^2+4x+4)a=2x+7$,于是 $a=\dfrac{2x+7}{(x+2)^2}$。

因为 a 为正整数，所以$\frac{2x+7}{(x+2)^2}\geqslant 1$，即 $x^2+2x+3\leqslant 0$，解得$-3\leqslant x\leqslant 1$。

又 x 是非负整数，所以 $x=0$，或 $x=1$。而当 $x=0$ 时，$a=\frac{7}{4}$；当 $x=1$ 时，$a=1$。故当 $a=1$ 时，此方程至少有一个非负整数根。

8. 多元问题确定主元

含多个参数的问题，可适时确立不同的主元，以达到求解之目的。

例 7.24 已知 $f(x)=\frac{2x-a}{x^2+2}(x\in\mathbb{R})$，集合 $A=[-1,1]$，设关于 x 的方程 $f(x)=\frac{1}{x}$ 的两根为 x_1,x_2，试问是否存在实数 m，使得不等式 $m^2+tm+1\geqslant|x_1-x_2|$ 对任意 $a\in A$ 及 $t\in A$ 恒成立？若存在求出 m 的取值范围，若不存在请说明理由。

分析 本题含有 3 个参数 a,m,t，可在不同解题阶段确立不同的主元，隐去另两个参数，从而将问题解决。

解 由$\frac{2x-a}{x^2+2}=\frac{1}{x}$得 $x^2-ax-2=0$。

因为 $\Delta=a^2+8>0$，所以 $x_1+x_2=a,x_1x_2=-2$。

又$|x_1-x_2|=\sqrt{(x_1+x_2)^2-4x_1x_2}=\sqrt{a^2+8}$，而 $a\in[-1,1]$，所以

$$|x_1-x_2|=\sqrt{a^2+8}\leqslant\sqrt{1+8}=3。$$

由不等式 $m^2+tm+1\geqslant|x_1-x_2|$ 对 $a\in A$ 及 $t\in A$ 恒成立，所以

$$m^2+tm+1\geqslant|x_1-x_2|_{\max}，\quad 即 m^2+tm+1\geqslant 3 恒成立。$$

记 $g(t)=mt+m^2-2$，则 $g(t)\geqslant 0$ 对 $t\in A$ 恒成立，所以 $g(1)\geqslant 0$ 且 $g(-1)\geqslant 0$，得 $m\geqslant 2$ 或 $m\leqslant -2$，所以存在实数 m 满足题意。

例 7.25 已知由长方体的一个顶点出发的三条棱长之和为 1，表面积为$\frac{16}{27}$，求长方体的体积的最值。

解 设三条棱长分别为 x,y,z，则长方体的体积 $V=xyz$。由题设有

$$x+y+z=1，\quad 2(xy+yz+zx)=\frac{16}{27}，$$

所以 $yz=\frac{8}{27}-(xy+zx)=\frac{8}{27}-x+x^2$，故体积 $V(x)=xyz=x^3-x^2+\frac{8}{27}x$。

下面求 x 的取值范围。

因为 $y+z=1-x,yz=\frac{8}{27}-x+x^2$，所以 y,z 是方程 $t^2-(1-x)t+\frac{8}{27}-x+x^2=0$ 的两个实根。

由 $\Delta\geqslant 0$，得$\frac{1}{9}\leqslant x\leqslant\frac{5}{9}$。

因为 $V'(x)=3x^2-2x+\frac{8}{27}=3\left(x-\frac{2}{9}\right)\left(x-\frac{4}{9}\right)$，所以当 $x=\frac{4}{9}$时，$V(x)_{\min}=\frac{16}{729}$。

我们数学里面有个重要的思想，叫化繁为简，而我们的主元法，正是化繁为简的一种体现，将原本看起来杂乱无章的题目，瞬间变得有迹可循。

7.3 数形结合

数与形是数学中的两个最古老，也是最基本的研究对象，它们在一定条件下可以相互转化。中学数学研究的对象可分为两大部分，一部分是数，一部分是形，但数与形是有联系的，这个联系称之为数形结合或形数结合。我国著名数学家华罗庚曾说过："数形结合百般好，隔裂分家万事非"，"数"与"形"反映了事物两个方面的属性。我认为，数形结合主要指的是数与形之间的一一对应关系。数形结合就是把抽象的数学语言、数量关系与直观的几何图形、位置关系结合起来，通过"以形助数"或"以数解形"，即通过抽象思维与形象思维的结合，可以使复杂问题简单化，抽象问题具体化，从而起到优化解题途径的目的。

作为一种数学思想方法，数形结合的应用大致又可分为两种基本形式，一是"形"的问题转化为用数量关系去解决，运用代数、三角知识进行讨论，它往往把技巧性极强的推理论证转化可具体操作的代数运算，很好地起到化难为易的作用。在解析几何中就常常利用数量关系去解决图形问题。二是"数"的问题转化为形状的性质去解决，它往往具有直观性，易于理解与接受的优点。数形结合在解题过程中应用十分广泛，如在解决集合问题，求函数的值域和最值问题，解方程和解不等式问题，三角函数问题，解决线性规划问题，解决数列问题，解决解析几何问题中都有体现，运用数形结合思想解题，不仅直观易于寻找解题途径，而且能避免繁杂的计算和推理，简化解题过程。下面就数形结合思想在集合问题、函数、方程、不等式、线性规划、数列及解析几何中的应用做一个系统的分析。

1. 解决集合问题

在集合运算中常常借助于数轴、文氏图来处理集合的交、并、补等运算，从而使问题得以简化，使运算快捷明了。

例 7.26 已知集合 $A=[0,4]$，$B=[-2,3]$，求 $A\cap B$。

分析 对于这两个有限集合，我们可以将它们在数轴上表示出来，就可以很清楚的知道结果。如图 7.2 我们不难得出 $A\cap B=[0,3]$。

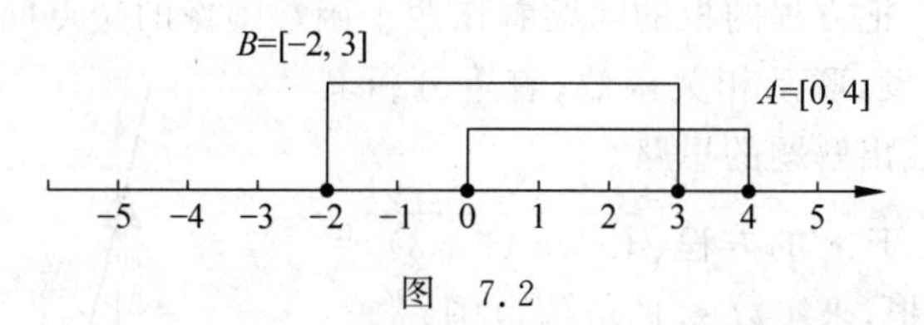

图 7.2

2. 解决函数问题

利用图形的直观性来讨论函数的值域（或最值），求解变量的取值范围，运用数形结合思想考查化归转化能力、逻辑思维能力，是函数教学中的一项重要内容。

例 7.27 对于 $x\in\mathbb{R}$，y 取 $4-x$，$x+1$，$\frac{1}{2}(5-x)$三个值的最小值。求 y 与 x 的函数关系及最大值。

分析 在分析此题时，要引导学生利用数形结合思想，在同一坐标系中，先分别画出 $y=4-x$，$y=x+1$，$y=\frac{1}{2}(5-x)$的图像，如图 7.3 所示。易得：$A(1,2)$，$B(3,1)$，分段观察函数的最低点，故 y 与 x 的函数关系式是

$$y=\begin{cases}x+1, & x\leqslant 1,\\ \frac{1}{2}(5-x), & 1<x\leqslant 3,\\ 4-x, & x>3。\end{cases}$$

它的图像是图形中的实线部分。结合图像很快可以求得，当 $x=1$ 时，y 的最大值是 2。

例 7.28 若函数 $f(x)$是定义在$\mathbb{R}$上的偶函数，在$(-\infty,0]$上是减函数，且 $f(2)=0$，求 $f(x)<0$ 的 x 的范围。

解 由偶函数的性质，$y=f(x)$关于 y 轴对称。由 $y=f(x)$在$(-\infty,0)$上为减函数，且 $f(-2)=f(2)=0$，做出图 7.4，由图像可知 $f(x)<0$ 对应于 $x\in(-2,2)$。

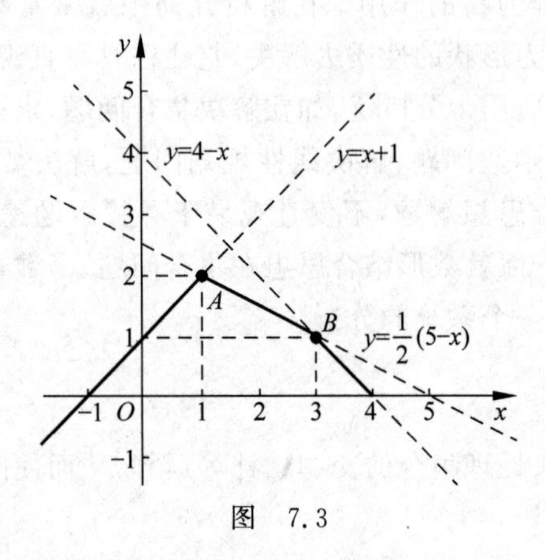

图 7.3

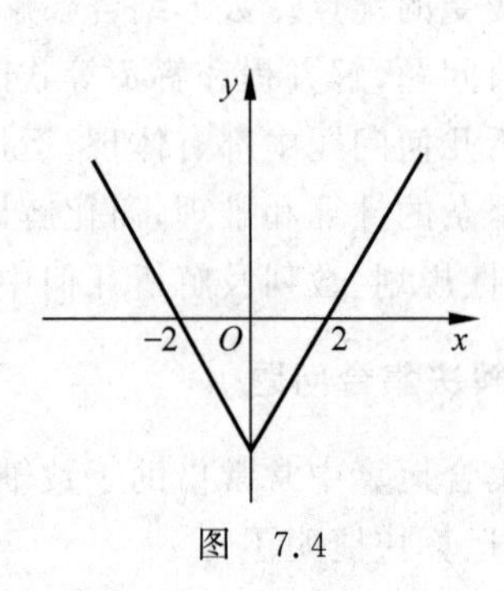

图 7.4

3. 解决方程与不等式的问题

处理方程问题时，把方程的根的问题看作两个函数图像的交点问题；处理不等式时，从题目的条件与结论出发，联系相关函数，着重分析其几何意义，从图形上找出解题的思路。

例 7.29 已知关于 x 的方程$\sqrt{(x^2-4x+3)^2}=px$，有 4 个不同的实根，求实数 p 的取值范围。

分析 设 $y=\sqrt{(x^2-4x+3)^2}=|x^2-4x+3|$ 与 $y=px$ 这两个函数在同一坐标系内，画出这两个函数的图像，如图 7.5 所示。可知

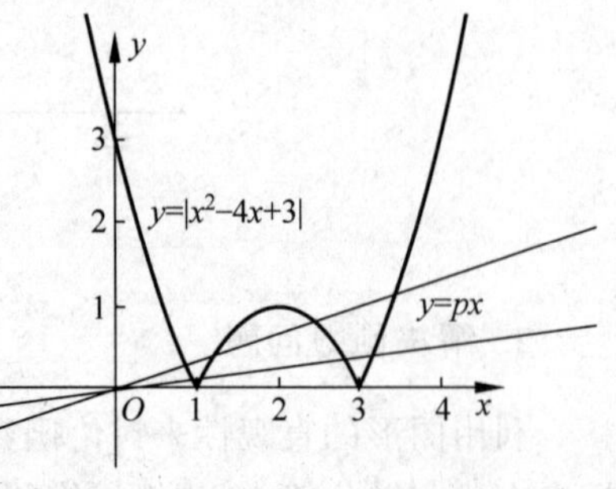

图 7.5

(1) 直线 $y=px$ 与 $y=-(x^2-4x+3)$，$x\in$

$[1,3]$相切时原方程有 3 个根。

(2) $y=px$ 与 x 轴重合时，原方程有两个解，故满足条件的直线 $y=px$ 应介于这两者之间。由$\begin{cases}y=-(x^2-4x-3),\\ y=px,\end{cases}$ 得 $x^2+(p-4)x+3=0$。再由判别式 $\Delta=0$ 得，$p=4\pm2\sqrt{3}$。当 $p=4+2\sqrt{3}$ 时，$x=-\sqrt{3}\notin[1,3]$舍去，所以实数 p 的取值范围是 $0<p<4-2\sqrt{3}$。

例 7.30 若不等式 $x^2-\log_a x<0$，在$\left(0,\dfrac{1}{2}\right)$内恒成立，则 a 的取值范围是什么？

分析 原不等式可化为 $x^2<\log_a x, x\in\left(0,\dfrac{1}{2}\right)$。设 $y_1=x^2$ 与 $y_2=\log_a x$，在坐标系中作出 $y_1=x^2, x\in\left(0,\dfrac{1}{2}\right)$ 的图像，如图 7.6(a)所示，当 $x=\dfrac{1}{2}$ 时，$y_1=x^2=\dfrac{1}{4}$，显然，当 $x\in\left(0,\dfrac{1}{2}\right)$ 时，$y_1<\dfrac{1}{4}$ 恒成立。

① 当 $a>1$ 时，在$\left(0,\dfrac{1}{2}\right)$上 $y_2=\log_a x$ 图像(如图 7.6(a))在 $y_1=x^2$ 的图像下方，不合题意。

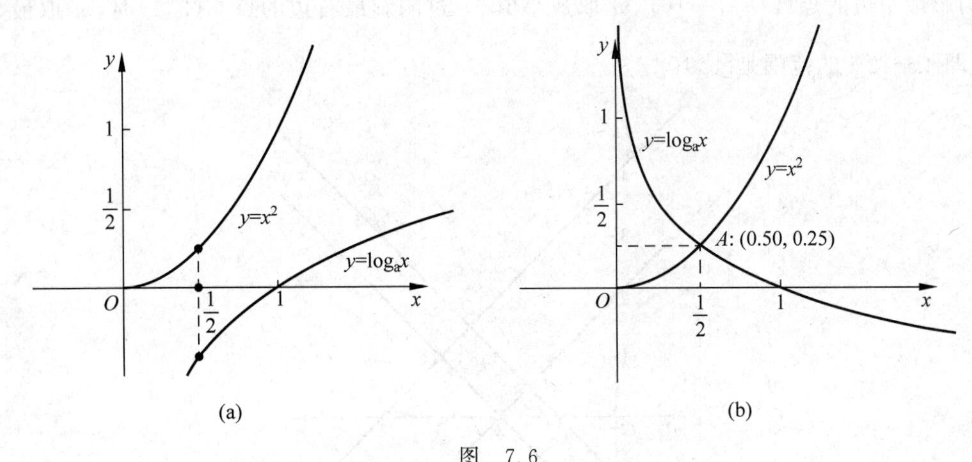

图 7.6

② 当 $0<a<1$ 时，$y_2=\log_a x$ 在$\left(0,\dfrac{1}{2}\right)$上的图像(如图 7.6(b))是减函数。只需 $y_2\geqslant\dfrac{1}{4}$，就可以使 $x^2<\log_a x, x\in\left(0,\dfrac{1}{2}\right)$ 恒成立。故 $\log_a\ \dfrac{1}{2}\geqslant\dfrac{1}{4}$，即 $\log_{\frac{1}{2}} a\leqslant4$，所以 $a\geqslant\left(\dfrac{1}{2}\right)^4=\dfrac{1}{16}$，综上有 $a\in\left[\dfrac{1}{16},1\right)$。

把方程不等式转化为函数，利用函数图像解决问题是数形结合的一种重要渠道。

4. 解决三角函数问题

有关三角函数单调区间的确定或比较三角函数值的大小等问题，一般借助于单位圆或三角函数图像来处理，数形结合思想是处理三角函数问题的重要方法。

例 7.31 设 $x\in\left[\frac{\pi}{4},\frac{\pi}{2}\right]$,求证:$\csc x-\cot x\geqslant\sqrt{2}-1$。

分析 由条件联想等腰三角形,不妨构造一个直角边长度为 1 的等腰直角三角形 ABC,如图 7.7 所示,设$\angle CDB=x$,利用 $AD+DB\geqslant AB=\sqrt{2}$,可得 $\csc x-\cot x\geqslant\sqrt{2}-1$。

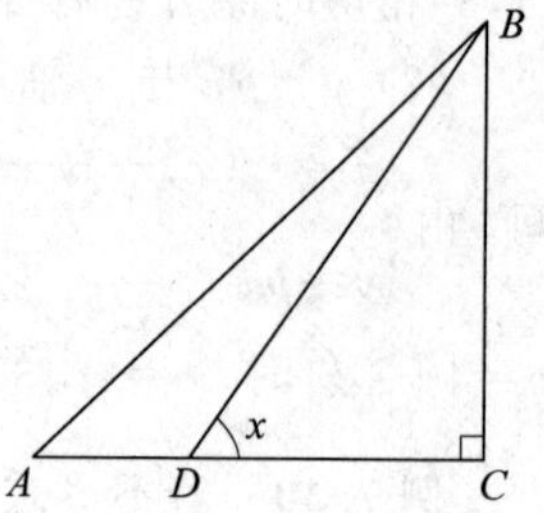

图 7.7

5. 解决线性规划问题

线性规划问题是在约束条件下求目标函数的最值的问题。从图形上找思路恰好就体现了数形结合思想的应用。

例 7.32 已知 $1\leqslant x-y\leqslant 2$ 且 $2\leqslant x+y\leqslant 4$,求 $4x-2y$ 的范围。

分析 此题可直接利用代数方法用换元法去求解,这里用数形结合法来解决。

在平面坐标系中画出直线 $x+y=2$,$x+y=4$,$x-y=1$,$x-y=2$,则 $1\leqslant x-y\leqslant 2$ 和 $2\leqslant x+y\leqslant 4$ 表示平面上的阴影部分(包括边界),如图 7.8 所示。令 $4x-2y=m$,则 $y=2x-\frac{m}{2}$,显然 m 为直线系 $4x-2y=m$ 在 y 轴上截距 2 倍的相反数,易看出,直线 $4x-2y=m$ 过阴影最左边的点 $A\left(\frac{3}{2},\frac{1}{2}\right)$时,$m$ 取最小值 5;过阴影最右边的点 $C(3,1)$时,m 取最大值 10,即 $4x-2y$ 的范围是$[5,10]$。

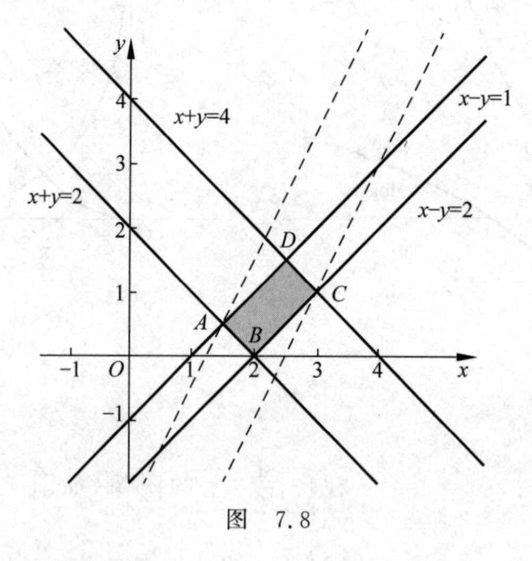

图 7.8

该题是用线性规划的思想,数形结合解决了具有约束条件的函数的最值问题。

6. 解决数列问题

数列是一种特殊的函数,数列的通项公式以及前 n 项和公式可以看作关于正整数 n 的函数。用数形结合的思想研究数列问题是借助函数的图像进行直观分析,从而把数列的有关问题转化为函数的有关问题来解决。

例 7.33 等差数列$\{a_l\}$中,前 m 项的和 $S_m=S_n(m\neq n)$,求 S_{m+n} 的值。

解 代入等差数列的求和公式,则由 $S_m=S_n$ 得

$$ma_1+\frac{m(m-1)}{2}d=na_1+\frac{n(n-1)}{2}d。$$

因为 $m\neq n$，所以 $a_1+\frac{m+n-1}{2}d=0$。

$$S_{m+n}=(m+n)a_1+\frac{(m+n)(m+n-1)}{2}d=(m+n)\left(a_1+\frac{m+n-1}{2}d\right)=0。$$

注 这种解法易上手，但烦琐。若能利用数列求和公式的二次函数式，其解法又将进一步简化。

由 $S_n=An^2+Bn$，$S_m=Am^2+Bm$。因为 $m\neq n$，所以

$$S_{m+n}=A(m+n)^2+B(m+n)=(m+n)[A(m+n)+B]=(m+n)\frac{S_m-S_n}{m-n}=0。$$

若再进一步利用 $S_n=An^2+Bn$ 的二次函数图像就可产生如下解法：由 $S_n=An^2+Bn$，不妨设 $A<0$，而 $y=Ax^2+Bx$ 的图像是一个过坐标原点的抛物线，则由 $S_m=S_n(m\neq n)$ 可知，该抛物线的对称轴方程是 $x=\frac{m+n}{2}$，易知，抛物线和 x 轴的一个交点是原点，另一交点的横坐标是 $m+n$，故 $S_{m+n}=0$。

这个问题的第二种解法用到了数形结合，培养了学生由数列联想到函数图像，二者之间相互印证、转化，使学生感到一种数学变化的快乐。

7. 解决解析几何问题

解析几何的基本思想就是数形结合，在解题中善于将数形结合的数学思想运用于对点、线、曲线的性质及其相互关系的研究中。

例 7.34 如图 7.9，矩形 $ABCD$，$AD=a$，$DC=b$，在 AB 上找一点 E，使 E 点与 C，D 的连线将矩形分成的 3 个三角形相似。设 $AE=x$，问：这样的 E 点是否存在，若存在，这样的点 E 有几个？请说明理由。

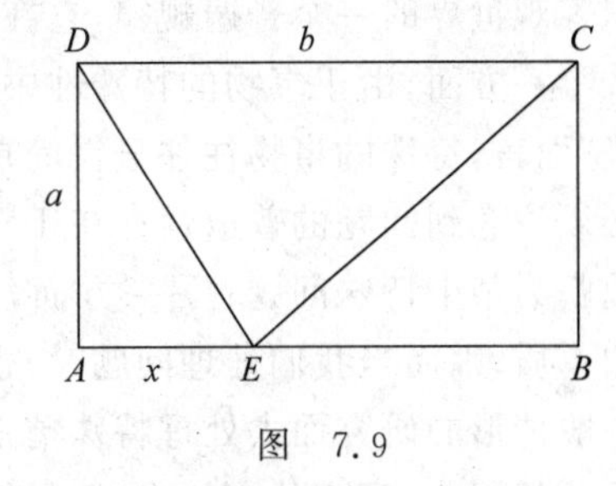

图 7.9

解 假设在 AB 上存在点 E，使得 3 个三角形相似，所以 $\triangle ECD$ 一定是直角三角形，所以 $\mathrm{Rt}\triangle ADE\backsim\mathrm{Rt}\triangle ECD\backsim\mathrm{Rt}\triangle BEC$。

因为 $AD=a$，$DC=b$，$AE=x$，所以 $BE=b-x$，于是 $\frac{AD}{BE}=\frac{AE}{BC}$，故得 $\frac{a}{b-x}=\frac{x}{a}$，即 $x^2-bx+a^2=0$，所以 $\Delta=b^2-4a^2=(b+2a)(b-2a)$。

因为 $b+2a>0$，$a>0$，$b>0$，所以：

① 当 $b-2a<0$，即 $b<2a$ 时，$\Delta<0$，方程无实数解，E 点不存在；

② 当 $b-2a=0$，即 $b=2a$ 时，$\Delta=0$，方程有两个相等的正实数根，E 点只有一个；

③ 当 $b-2a>0$，即 $b>2a$ 时，$\Delta>0$，方程有两个不相等的正实数根，E 点有两个。

说明 本题是一道几何问题，其几何量之间的关系运用代数式及方程来表示，并根据方程的理论进行了由数到形的探究。

数形结合是将抽象的数学语言与直观图形结合起来，使抽象思维与形象思维结合起来，发挥数与形两种信息的转换及其优势互补与整合，巧妙应用数形结合的思想方法，不仅能直

观地发现解题的途径，而且能避免复杂的计算与推理，大大简化解题的过程。“数无形时不直观，形无数时难入微”。华罗庚先生恰当地指出了“数”与“形”的相互依赖、相互制约的辩证关系，是对数形结合方法最通俗的、最深刻的剖析。

总之，在教学中要注重数形结合思想方法的培养，在培养学生数形结合思想的过程中，要充分挖掘教材内容，将数形结合思想渗透于具体的问题中，在解决问题中让学生正确理解“数”与“形”的相对性，使之有机地结合起来。当然，要掌握好数形结合的思想方法并能灵活运用，就要熟悉某些问题的图形背景，熟悉有关数学式中各参数的几何意义，建立结合图形思考问题的习惯，在学习中不断摸索，积累经验，加深和加强对数形结合思想方法的理解和运用。用数学思想指导知识，方法的灵活运用，培养思维的深刻性、抽象性；通过组织引导对解法的简洁性的反思评估、不断优化思维品质、培养思维的严谨性、批判性。丰富的合理的联想，是对知识的深刻理解及类比、转化、数形结合、函数与方程等数学思想运用的必然。数学方法、数学思想的自觉运用往往使我们运算简捷、推理巧妙，是提高数学能力的必由之路。“授之以鱼，不如授之以渔”，方法的掌握、思想的形成，才能最终使学生受益终生。

7.4 特殊化与一般化方法

一般化是“从特殊到一般”的认识方法，其基本特点是从同类的若干个别对象中发现它们的共同规律，由特殊的、较小范围的认识扩展到更普遍的，较大范围的认识；特殊化则与此相反，它是“由一般到特殊”的认识方法，其基本特点是以被研究对象的普遍规律为基础，肯定个别对象具有个别属性。如大家所知，“从特殊到一般”与“由一般到特殊”乃是人类认识客观世界的一个普遍规律，它在如下两个方面制约着化归方法的运用。

一方面，由于事物的特殊性中包含着普遍性，即所谓共性存在于个性之中，而相对于“一般”而言，特殊的事物往往显得简单、直观和具体，并为人们所熟知，因而当我们处理问题时，必须注意到问题的普遍性存在于特殊性之中，进而去分析考虑有没有可能把待解决的问题化归为某个特殊问题；另一方面，由于“一般”概括了“特殊”，“普遍”比“特殊”更能反映事物的本质，因而当我们处理问题时，也必须置待解决问题于更为普遍的情形之中，进而通过对一般情形的研究而去处理特殊情形。从总体角度来看，这两个方面既各有其独特的作用，又是互相制约、互相补充的，它们是解数学题时进行化归的一种基本的思维方法。

7.4.1 特殊化

波利亚曾经说过：“特殊化是从考虑一组给定的对象集过渡到该集合的一个较小的子集，或仅仅一个对象。”因此，特殊化常表现为范围的收缩或限制，即从较大范围的问题向较小范围的问题过渡，或从某类问题向其某子类问题的过渡。

将一般性问题特殊化是不困难的，但对一般性问题经过不同的特殊化处理会得到多个不同的特殊化命题，那么，哪个特殊化命题最有利于一般性问题的解决呢，就可能存在一个选择的问题，必须选择一个较为理想化的特殊问题。较为理想化的特殊问题是其自身容易解决，且从某解决过程中又易发现或得到一般性问题的解法，所以，特殊化的关键是能否找到一个最佳的特殊化问题。

特殊化的方法在数学学习中的运用比比皆是。特别是在定值问题、定点问题，以及定线、定圆、定方向等问题的解决中充分运用。解选择题的特值检验法也是把一般结论特殊化的运用，这已为大家所熟知。

（1）在一般中划分出所有的特殊类，然后逐一予以解决

需要特别提出的是，在划分的特殊类中，有时某一特殊类的解法，对其他特殊真有指导作用，即解决了某一特殊类之后，其余的都可化归为该类求解。这正是我们需要根据题目的具体情况善于捕捉和利用的。

例 7.35 在单位正方形的周界上任意两点之间连一条曲线，如果它把正方形分成面积相等的两部分，证明这条曲线的长度不小于 1。

分析 满足题设的两点，所在位置可分为：

① 两点在单位正方形的一组对边上；

② 两点在单位正方形的一组邻边上；

③ 两点在单位正方形的同一条边上。

容易看到，①是最好解决的，如图 7.10(a)所示，曲线 MN 的长度$\geqslant AB=1$。

然后，设法把②、③类情况化归为情况①。

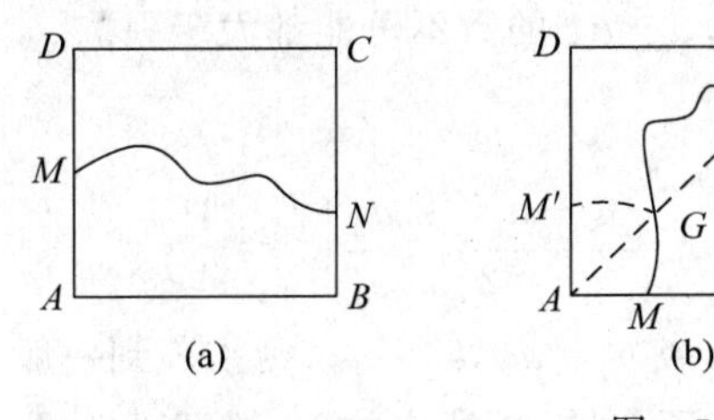

图 7.10

情况②如图 7.10(b)所示，曲线 MN 必与 AC 相交（否则 MN 不可能把正方形分为两个等积形），设交点为 G，作 GM 关于 AC 的对称曲线 GM'，此时 M' 在 AD 上，由①知曲线 $M'GN$ 的长度$\geqslant 1$，从而曲线 MN 的长度$\geqslant 1$。情况③，如图 7.10(c)所示，将它化归为①的情形的作法与②类似。只须把②中的对称轴 AC 改为对称轴 EF（EF 与 M,N 所在边 AB 平行，且为中位线）即可。

（2）从解决特殊问题中获得解决一般问题的启迪

例 7.36 平面内有 n 条直线，其中任两条不平行，任三条不共点。问它们可把平面分成多少部分？

分析 先用特殊到一般的方法寻找算法：

$n=1$ 时，分平面为 2 部分，即 $1+1$；

$n=2$ 时，分平面为 4 部分，即 $2+2$；

$n=3$ 时，分平面为 7 部分，即 $4+3$；

$n=4$ 时，分平面为 11 部分，即 $7+4$；

⋮

猜想：n 条直线分平面为

$$1+1+2+3+4+\cdots+n=\frac{n(n+1)}{2}+1 \text{部分。}$$

此式即为所要求的一般算法,下面只须用数学归纳法证明它的正确性即可。

例 7.37 若 $x_i>0(i=1,2,3,\cdots,n)$,则

$$\frac{x_2^2}{x_1}+\frac{x_3^2}{x_2}+\cdots+\frac{x_1^2}{x_n}\geqslant x_1+x_2+x_3+\cdots+x_n。$$

分析 把结论特殊化,取两项进行研究,即先证

$$\frac{x_2^2}{x_1}+\frac{x_1^2}{x_2}\geqslant x_1+x_2。\tag{7.6}$$

逆推,去分母、比较,(7.6)式即可得证。但这一证法不能由两项的情形推广到一般的 n 的情形,即它只具特殊性而无一般性。若采取添项的办法,由算术—几何平均不等式得

$$\frac{x_2^2}{x_1}+x_1+\frac{x_1^2}{x_2}+x_2\geqslant 2x_1+2x_2。$$

从而推出(7.6)式。显见此证法具有一般性。从这一特殊解法中我们得到一般解法的启迪,从而使一般性问题获得解决。

例 7.38 若 $a_1,a_2,\cdots,a_n$ 均为小于 1 的正数,且 $b_1,b_2,\cdots,b_n$ 是它们的一个新排列,那么所有形如 $(1-a_1)b_1,(1-a_2)b_2,\cdots,(1-a_n)b_n$ 的数不可能都大于 $\frac{1}{4}$。

分析 当 $n=1$ 时,此时 $b_1=a_1$,而

$$(1-a_1)b_1=(1-a_1)a_1\leqslant\left[\frac{(1-a_1)+a_1}{2}\right]^2=\frac{1}{4}。$$

当 $n=2$ 时,借助于讨论 $b_1=a_1,b_2=a_2$,或 $b_1=a_2,b_2=a_1$,则推广到一般 n 困难。但若把两个数相乘,则 b_1,b_2 在排列中的顺序将无影响(即所有的 b_i 都可置换成 a_i),于是

$$(1-a_1)b_1\cdot(1-a_2)b_2=(1-a_1)a_1\cdot(1-a_2)a_2\leqslant\left(\frac{1}{4}\right)^2,$$

从而每个因子不可能都大于 $\frac{1}{4}$。这个方法可以毫无困难地推广到一般 n 的情形。

例 6.30 为此例当 $n=3$ 时的特例。也可以将例 6.30 中采用的反证法推广到此例中的一般情形。

例 7.39 已知 $x_i\geqslant 0(i=1,2,\cdots,n)$,且 $x_1+x_2+\cdots+x_n=1$。求证:

$$1\leqslant\sqrt{x_1}+\sqrt{x_2}+\cdots+\sqrt{x_n}\leqslant\sqrt{n}。$$

分析 先看特殊情形,当 $n=2$ 时,因为

$$\begin{aligned}&2\sqrt{x_1x_2}\leqslant x_1+x_2=1\\&\Rightarrow 0\leqslant\sqrt{x_1x_2}\leqslant 1\\&\Rightarrow 1\leqslant x_1+x_2+2\sqrt{x_1x_2}\leqslant 2\\&\Rightarrow 1\leqslant(\sqrt{x_1}+\sqrt{x_2})^2\leqslant 2\\&\Rightarrow 1\leqslant\sqrt{x_1}+\sqrt{x_2}\leqslant\sqrt{2}。\end{aligned}$$

类比此法,把问题推向一般。

因为 $0\leqslant 2\sqrt{x_ix_j}\leqslant x_i+x_j$，当 $i\neq j$ 时，可得

$$0\leqslant 2\sum_{1\leqslant i\leqslant j\leqslant n}\sqrt{x_ix_j}\leqslant (n-1)(x_1+x_2+\cdots+x_n),$$

即 $0\leqslant 2\sum\limits_{1\leqslant i\leqslant j\leqslant n}\sqrt{x_ix_j}\leqslant n-1$。

将不等式的每一部分都加上 $x_1+x_2+\cdots+x_n(=1)$，得

$$1\leqslant(\sqrt{x_1}+\sqrt{x_2}+\cdots+\sqrt{x_n})^2\leqslant n,$$

即结论证得。

例 7.40 设 $a,b,c\in\mathbb{R}^+$，求证：

$$a^n+b^n+c^n\geqslant a^pb^qc^r+a^qb^rc^p+a^rb^pc^q,$$

其中 $n\in\mathbb{R}$，p,q,r 都是非负整数，且 $p+q+r=n$。

分析 欲证的不等式涉及量较多。为此考察特殊情形：$p=2,q=1,r=0$，即欲证明

$$a^3+b^3+c^3\geqslant a^2b+b^2c+c^2a。\tag{7.7}$$

该不等式关于 a,b,c 对称，不妨设 $a\geqslant b\geqslant c$，则由

$$\begin{aligned}左式-右式&=a^2(a-b)+b^2(b-c)+c^2(c-a)\\&=a^2(a-b)+b^2(b-c)+c^2(c-b+b-a)\\&=(a^2-c^2)(a-b)+(b^2-c^2)(b-c)\geqslant 0,\end{aligned}$$

故(7.7)式成立。

进一步分析发现，(7.7)式本身无助于原不等式的证明，其证明方法也不能推广到原不等式。故需要重新考虑(7.7)式的具有启发原不等式证明的其他证法。

考虑常用不等式证明方法发现，(7.7)式可利用“均值不等式”获证即

$$a^2b=a\cdot a\cdot b=\sqrt[3]{a^3\cdot a^3\cdot b^3}\leqslant\frac{a^3+a^3+b^3}{3}=\frac{2a^3+b^3}{3},$$

$$b^2c\leqslant\frac{2b^3+c^3}{3},\quad c^2a\leqslant\frac{2c^3+a^3}{3},$$

相加即得。

运用此法再考虑原一般问题就简单多了，仿上有，

$$a^pb^qc^r=\sqrt[n]{\underbrace{a^n\cdots a^n}_{p}\cdot\underbrace{b^n\cdots b^n}_{q}\cdot\underbrace{c^n\cdots c^n}_{r}}\leqslant\frac{pa^n+qb^n+rc^n}{n},$$

$$a^qb^rc^p\leqslant\frac{qa^n+rb^n+pc^n}{n},\quad a^rb^pc^q\leqslant\frac{ra^n+pb^n+qc^n}{n}。$$

三式相加，原不等式得证。

在问题结构中常常存在一些特殊的数量或关系结构，或性质特殊的元素，抓住这些特殊因素往往能直接切中问题的要害，找到解决问题的突破口。但这类特殊因素有时却难以察觉。一般而言，对数学中的某些特殊图形、特殊关系及某些特殊概念及其性质掌握得越多、越熟练，就越易发现问题中的特殊因素。

例 7.41 求证：任何整数可表示为 5 个整数的立方和的形式。

分析 题中的任何整数是不易入手思考的，为此先考虑特殊情形：$n=0,1,2,3,4,5$ 时，结论是显然的。

当 $n\geqslant 6$,随着 n 值增大,困难就越大,而且很难找出解决问题的一般方法,不妨先考虑某一类整数,一个特殊的数量关系:

$$(n+1)^3+(-n)^3+(-n)^3+(n-1)^3=6n$$

能被6整除的任何整数均可表为四个整数的立方和。由此在所作等式上进一步考虑。

$$6n=6n+0^3;\qquad 6n+1=6n+1^3;$$

$$6n+2=6(n-1)+2^3;\qquad 6n+3=6(n-4)+3^3;$$

$$6n+4=6(n+2)+(-2)^3;\qquad 6n+5=6(n+1)+(-1)^3。$$

这样,结论就得到了证明。

例 7.42 证明:对任意指定的正整数 n,都可以找出 n 个连续正整数,使其中仅有一个素数。

分析 因为对任意正整数 k,只要 $k\in[2,n]$,则 $(n!+k)$ 均以 k 为正约数,从而知道这是一些连续的合数,其数目不少于 $n-1$。由素数个数的无限性及最小数原理,只要设 p 是大于 $(n!+1)$ 的最小素数,便知 $p>(n!+n)$,故 $p,p-1,p-2,\cdots,p-(n-1)$ 即为符合命题要求的 n 个连续正整数。

例 7.43 证明:任何四面体中,一定有一个顶点,由它出发的3条棱可构成一个三角形。

分析 因为任何四面体的6条棱中必存在最长棱,不妨设为 AB(见图7.11),若能证得 A,B 两点中至少有一点,从其出发的3条棱可构成一个三角形,则问题得证。用反证法,若不然,则必有 $AC+AD\leqslant AB,BC+BD\leqslant AB$ 从而有

$$2AB\geqslant AC+AD+BC+BD=(AC+BC)+(AD+BD)>AB+AB=2AB。$$

矛盾,因此,命题得证。

例 7.44 平面上任意给定六点,其中无三点共线,试证:总存在这样三个点,使由该三点为顶点的三角形的内角中有不超过30°的角。

分析 在任意给定的六个点中,总存在这样的两点,使其余四个点在过这两点的直线的同侧。不妨设这样的两点为 A,B(见图7.12)。

若 $\angle BAF\leqslant 120°$,由抽屉原理知,$\angle BAC,\angle CAD,\angle DAE,\angle EAF$ 中,必至少存在一个角,它不超过30°,则命题成立。

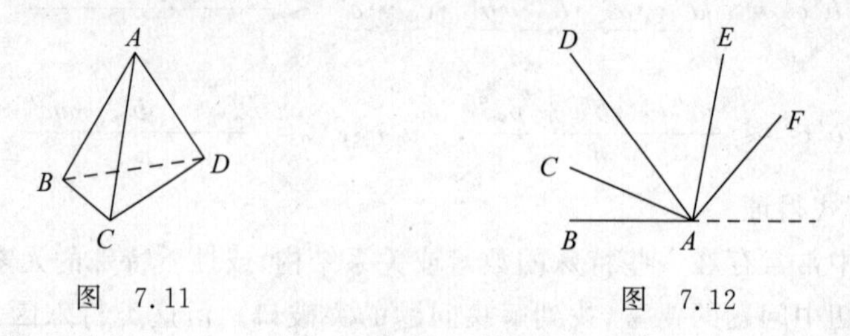

图 7.11　　图 7.12

若 $\angle BAF>120°$,考察 $\triangle BAF$ 的内角,同理可知,在 $\angle ABF,\angle AFB$ 中必有一个角不超过30°,则命题也成立。

7.4.2 一般化

波利亚在其名著《怎样解题》中提到："一般化就是从考虑一个对象，过渡到考虑包含该对象的一个集合，或者从考虑一个较小的集合过渡到考虑一个包含该较小集合的更大集合。"一般化是与特殊化相反的一个过程。运用一般化方法的基本思想是：为了解决问题A，先解决比A更一般性的问题B，然后，将之特殊化。

对一般事物较为熟悉，解决的方法也较多，而对特殊事物反而不那么熟悉，解决的办法也较少，这时经常用一般化解决问题。

例如，方程、不等式与函数相比较，前者是特殊形式，后者是一般形式。方程、不等式的解可理解为对应函数处在特定状态时的自变量的值，其个数、大小、范围都与函数性质有着密切联系。因此，当我们研究方程、不等式时，一方面可以像前面所讲，将它们化为特殊形式去解决。另一方面，又可用一般化的方法，把它们置身于函数之中，使我们能在更一般、更广阔的领域中，应用更多的方法去寻找化归的途径。

例 7.45 若方程 $ax^2+bx+c=0(a>0,a,b,c\in\mathbb{R})$ 的二根相等，且 $a+b\neq 0$，求证

$$a+2b+4c>0。$$

分析 把 $a+2b+4c$ 与函数 $f(x)=ax^2+bx+c$ 联系起来可知，$f\left(\frac{1}{2}\right)=\frac{1}{4}(a+2b+4c)$。因此作函数 $y=ax^2+bx+c$ 的图像，由已知条件得略图如图 7.13 所示。显见 $f\left(\frac{1}{2}\right)>0$，即 $a+2b+4c>0$。

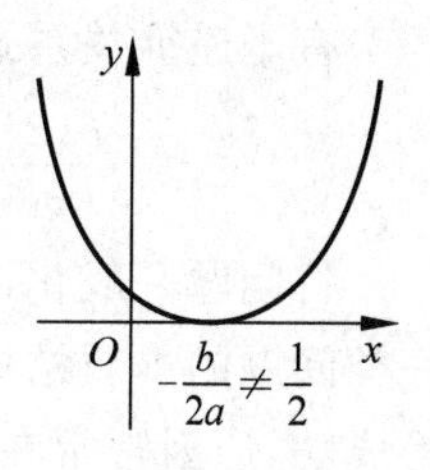

图 7.13

例 7.46 证明：$996^{1991}>1991!$。

分析 无论用对数或直接计算都复杂。把它一般化，即求证 $\left(\frac{n+1}{2}\right)^n>n!$。因此须证 $\frac{n+1}{2}>\sqrt[n]{n!}$。

于是问题化归为证明

$$\frac{1+2+3+\cdots+n}{n}>\sqrt[n]{1\cdot 2\cdot 3\cdot\cdots\cdot n}。$$

由于 n 个正数的算术平均值不小于其几何平均值，且这 n 个数互不相等，故结论成立。

例 7.47 已知实数 $a>b>\mathrm{e}$，其中 e 是自然对数的底，证明 $a^b<b^a$。

分析 欲证 $a^b<b^a$，只须证 $b\ln a<a\ln b$，即 $\frac{\ln a}{a}<\frac{\ln b}{b}$。为此，只须证明一个更一般化的命题：函数 $f(x)=\frac{\ln x}{x}$ 在 $(\mathrm{e},+\infty)$ 内是严格递减的。事实上在 $(\mathrm{e},+\infty)$ 内，$f'(x)=\frac{1-\ln x}{x^2}<0$，即 $f(x)$ 是严格递减的。从而对于 $a>b>e$，有 $f(a)<f(b)$，此易得结论。

例 7.48 设 $x+y+z=0$，试证：$\frac{x^2+y^2+z^2}{2}\cdot\frac{x^5+y^5+z^5}{5}=\frac{x^7+y^7+z^7}{7}$。

分析 对这个恒等式最容易想到的是直接将 $z=-(x+y)$ 代入等式两边验证，但这样做非常麻烦。如果利用递推方法不但可以较易的解决这个问题，而且可以解决一类恒等式

的证明。

先来建立递推关系：

设 $f(n)=x^n+y^n+z^n(n\in\mathbb{N}^*)$，$xy+yz+zx=-a$；$xyz=b$。由 $x+y+z=0$，则以 x,y,z 为根的三次方程为 $\beta^3-\alpha\beta-b=0$。

可以得到

$$(x^n+y^n+z^n)-a(x^{n-2}+y^{n-2}+z^{n-2})-b(x^{n-3}+y^{n-3}+z^{n-3})=0$$

即

$$f(n)=af(n-2)+bf(n-3)\quad(n\geqslant 4)。\tag{7.8}$$

因为 $f(1)=x+y+z=0$，所以

$$f(2)=x^2+y^2+z^2=-2(xy+yz+zx)=2a,$$
$$f(3)=x^3+y^3+z^3=3xyz=3b,$$
$$f(4)=af(2)+bf(1)=2a^2,$$
$$f(5)=af(3)+bf(2)=5ab,$$
$$f(7)=af(5)+bf(4)=7a^2b。$$

由上可知 $\frac{f(2)}{2}\cdot\frac{f(5)}{5}=\frac{f(7)}{7}$。结论获证。

有了递推关系式(7.8)，还可证明

$$\frac{f(2)}{2}\cdot\frac{f(3)}{3}=\frac{f(5)}{5},\quad \frac{f(5)}{5}\cdot\frac{f(2)}{2}=\frac{f(3)}{3}\cdot\frac{f(4)}{4},\quad \cdots。$$

将问题一般化，然后借助一般性问题来解决特殊性问题往往会出奇制胜，而且还能抓住一类问题的本质结构。希尔伯特对此曾经说过：在解决一个数学问题时，如果我们没有获得成功，原因常常在于我们没有认识到更一般的观点，即眼下要解决的问题不过是一连串有关问题的一个环节。

例 7.49 将一个四棱锥的每个顶点染上一种颜色，并使同一条棱的两端异色，如果只有 5 种颜色供使用，那么不同的染色方法总数是多少？

分析 可以用分类计算的方法来求解，但解完了依然对问题的实质没有任何新的认识。而一般化考虑 n 棱锥则便于递推，同时也抓住了问题的本质结构。

解 一般地考虑 n 棱锥的 5 种颜色染法。如图 7.14 顶点 S 可染 5 种颜色之一，有 5 种染法，并且 S 上的颜色不能再出现在底面多边形 $A_1A_2\cdots A_n$ 的顶点上，问题转化为用 4 种颜色给多边形顶点染色，相邻的顶点不同色。设有 a_n 种染法，则 $a_3=4\times3\times2=24$。

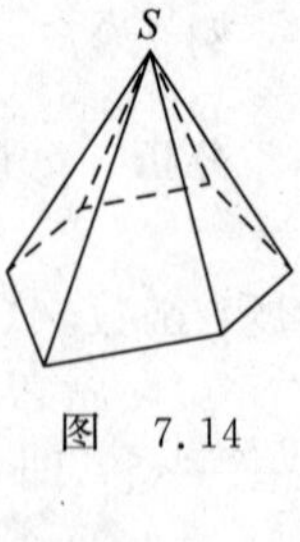

对 $n>3$，考虑 a_n 的递推关系，若从 A_1 开始，则 A_1 有 4 种染法，继而 $A_2,A_3,\cdots,A_{n-1}$ 均有 3 种染法，最后到 A_n，如果只要求 A_n 与 A_{n-1} 不同色，则仍有 3 种染法，于是总共有 $4\times3^{n-1}$ 种染法。但在这个计算中包含两种情况，其一是 A_n 与 A_1 异色，这符合要求，有 a_n 种染法；其二是 A_1 与 A_n 同色，这不符合要求，但可将 A_1 与 A_n 合并成一点，得出 a_{n-1} 种染法，于是有

S

图 7.14

$$\begin{cases}a_n+a_{n-1}=4\times3^{n-1},\\ a_3=24。\end{cases}\tag{7.9}$$

变形并递推

$$a_n-3^n=-(a_{n-1}-3^{n-1})=\cdots=(-1)^{n-3}(a_3-3^3)=(-1)^{n-2}\cdot 3。$$

有

$$a_n=3[3^{n-1}+(-1)^{n-2}]\quad (n\geqslant 4,n\in \mathbf{N}^*)。$$

由乘法原理得染法共 $N=5a_n=15[3^{n-1}+(-1)^{n-2}]$种。

取 $n=4$，得 $N=5a_4=15(27+1)=420$。

上题中，5 种颜色也可以一般化为 m 种颜色($n\geqslant 3,m\geqslant 4$)，得出相应的(7.9)式

$$\begin{cases}a_n+a_{n-1}=(m-1)(m-2)^{n-1}, & (n>3),\\ a_3=(m-1)(m-2)(m-3)。\end{cases}$$

运用一般化方法解决问题的关键是仔细观察，分析问题的特征，从中找出能使命题一般化的因素，以便把特殊命题拓广为包含这一特殊情况的一般问题，而且要注意比较一般化后的各种命题，以选择最佳的一般命题，它的解决应包含着特殊问题的解决。

一般化方法除了在解决数学问题的作用外，它还在数学研究中常常用到。一般化方法是数学概念形成与深化的重要手段，也是推广数学命题的重要方法。

例 7.50 设 a,b,c 为三个非负的实数，试证：

$$\sqrt{a^2+b^2}+\sqrt{b^2+c^2}+\sqrt{c^2+a^2}\geqslant\sqrt{2}(a+b+c)。$$

证法 1 由题设和均值不等式有

$$\sqrt{a^2+b^2}=\frac{1}{\sqrt{2}}\sqrt{2a^2+2b^2}\geqslant\frac{1}{\sqrt{2}}\sqrt{a^2+2ab+b^2}=\frac{1}{\sqrt{2}}(a+b)。$$

同理有$\sqrt{b^2+c^2}\geqslant\frac{1}{\sqrt{2}}(b+c)$，$\sqrt{c^2+a^2}\geqslant\frac{1}{\sqrt{2}}(c+a)$。于是有

$$\sqrt{a^2+b^2}+\sqrt{b^2+c^2}+\sqrt{c^2+a^2}\geqslant\frac{1}{\sqrt{2}}(a+b+b+c+c+a)=\sqrt{2}(a+b+c)。$$

证法 2 由$\sqrt{a^2+b^2}$等的形式可以联想到直角三角形的斜边的表达式，所以我们可以用作图的方法作出(如图 7.15)

$$\sqrt{a^2+b^2},\quad \sqrt{b^2+c^2},\quad \sqrt{c^2+a^2}\quad 及\quad \sqrt{2}(a+b+c)。$$

$BA=\sqrt{a^2+b^2}$，$BC=\sqrt{b^2+c^2}$，

$CD=\sqrt{c^2+a^2}$，$AD=\sqrt{2}(a+b+c)$。

显然有 $AB+BC+CD\geqslant AD$，即求证式成立。

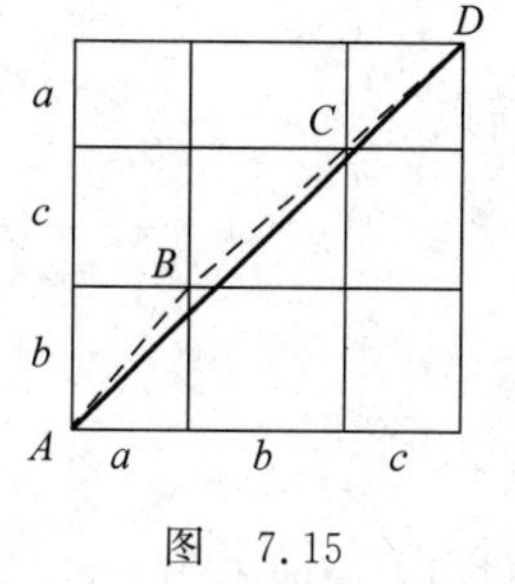

图 7.15

证法 3 由$\sqrt{a^2+b^2}$又使联想到复数 $a+b\mathrm{i}$ 的模，故令

$$z_1=a+b\mathrm{i},\quad z_2=b+c\mathrm{i},\quad z_3=c+a\mathrm{i}。$$

因为$|z_1|+|z_2|+|z_3|\geqslant|z_1+z_2+z_3|$，即

$$|a+b\mathrm{i}|+|b+c\mathrm{i}|+|c+a\mathrm{i}|\geqslant|(a+b+c)+(a+b+c)\mathrm{i}|,$$

故求证式成立

这个不等式可以作如下推广：

① 在已知数的适用范围内作推广，即本例中的 a,b,c 可以为任意实数，等号当且仅当 $a=b=c>0>0$ 时成立。

② 在字母及根号个数上作推广。

问题 1 设 $a_i(i=1,2,\cdots,n)$为任意实数,求证:

$$\sqrt{a_1^2+a_2^2}+\sqrt{a_2^2+a_3^2}+\cdots+\sqrt{a_{n-1}^2+a_n^2}+\sqrt{a_n^2+a_1^2}$$
$$\geqslant\sqrt{2}(a_1+a_2+\cdots+a_{n-1}+a_n)。$$

问题 2 设 $a_i\in\mathbb{R}(i=1,2,\cdots,n)$,则

$$\sum_{i'\neq j}\sqrt{a_i^2+a_j^2}\geqslant\frac{n-1}{\sqrt{2}}\sum_{j=1}^{n}a_j,$$

这里 $\sum\limits_{i'\neq j}\sqrt{a_i^2+a_j^2}$ 表示取一切 $i\neq j$ 的形如$\sqrt{a_i^2+a_j^2}$ 的各个项之和。

由均值不等式,得

$$\sum_{i'\neq j}\sqrt{a_i^2+a_j^2}\geqslant\frac{1}{\sqrt{2}}\sum_{i\neq j}(a_i+a_j)=\frac{n-1}{\sqrt{2}}\sum_{i=1}^{n}a_i。$$

③ 在根号内字母个数上作推广。

问题 3 设 $a_i\in\mathbb{R}(i=1,2,\cdots,n)$,则

$$\sum_{i=1}^{n}\sqrt{\sum_{i\neq j}a_j^2}\geqslant\sqrt{n-1}\sum_{i=1}^{n}a_i。$$

这里

$$\sum_{i=1}^{n}\sqrt{\sum_{i\neq j}a_j^2}=\sqrt{a_2^2+a_3^2+\cdots+a_n^2}+\sqrt{a_1^2+a_3^2+\cdots+a_n^2}+\cdots+\sqrt{a_1^2+a_2^2+\cdots+a_{n-1}^2}。$$

要证此不等式,可以利用柯西不等式:若 $a_i,b_i(i=1,2,\cdots,n)$为实数,则

$$\left(\sum_{i=1}^{n}a_ib_i\right)^2\geqslant\left(\sum_{i=1}^{n}a_i^2\right)\left(\sum_{i=1}^{n}b_i^2\right),\quad \text{等号当且仅当 } a_i,b_i \text{ 成比例时成立。}$$

事实上,在柯西不等式中,令 $b_1=b_2=\cdots=b_n=1$,即得

$$\left(\sum_{i=1}^{n}a_i\right)^2\leqslant n\left(\sum_{i=1}^{n}a_i^2\right),$$

所以

$$\sqrt{a_2^2+a_3^2+\cdots+a_n^2}=\frac{1}{\sqrt{n}}\cdot\sqrt{n}\sqrt{\sum_{i=1}^{n}a_i^2}$$
$$\geqslant\frac{1}{\sqrt{n}}\cdot\sum_{i=1}^{n}a_i=\frac{1}{\sqrt{n}}(a_1+a_2+\cdots+a_n)。$$

利用上面的不等式,问题 3 即易于解决。

④ 本例题还可在字母个数上,根指数上作进一步的推广,再举其中之一。

问题 4 设 $a_i(i=1,2,\cdots,n)$为实数,求证:

$$\sqrt{a_{m+1}^2+a_2^2+\cdots+a_n^2}+\sqrt{a_1^2+a_{m+2}^2+\cdots+a_n^2}+\cdots+\sqrt{a_m^2+a_1^2+\cdots+a_{n-1}^2}\geqslant\sqrt{n-m}\sum_{i=1}^{n}a_i,$$

这里,$n-m\geqslant2$,且 n,m 为正整数。

7.5 分类讨论

在讨论数学问题时，不同的范围内所得结果往往会有所不同，忽略对问题的分域、分类讨论，往往会得到不完全，甚至错误的解答。因此，分类是一种重要的数学思想方法。

分类思想必须遵循的原则是：

(1) 在研究同一问题过程中，分类的标准必须一致。

(2) 分类不漏原则，即把全集 I 分为若干个子集 A_i，$a\in I$，存在 A_i，使 $a\in A_i$，也就是 $\bigcup_i A_i=I$。

(3) 分类不重原则，即在把 I 分成的子集 A_i 中，如果 $i\neq j$，则 $A_i\cap A_j=\varnothing$。

(4) 中学数学讨论的一般为有限分类。

哪些问题适合于分类讨论呢？一般来说，涉及由分类定义的概念，如绝对值、二次方程、三角形、四边形等；用于分类研究的定理、性质、公式、法则，如分式运算法则，判别式等；进行的某些有限制的运算，如除法、开偶次方、取对数等；计算、推理过程中遇到的数量大小或图形位置、形状不确定时，均应考虑用分类的讨论方法。

1. 按定义分类

例 7.51 关于 x 的方程 $(m-2)x^2-2x+1=0$ 有实根，求 m 的取值范围。

分析 本题没有说明也不能确定是一次方程还是二次方程，方程有实数根可能有一个根或两个根，无论是方程类型还是实根的个数，最终还是由二次项系数 $m-2$ 确定的，所以我们应该对 $m-2$ 进行分类讨论，具体解答如下。

解 ① 当 $m-2=0$ 即 $m=2$ 时，方程 $-2x+1=0$ 有一个根为 $x=\frac{1}{2}$。

② 当 $m-2\neq 0$ 即 $m\neq 2$ 时，方程为一元二次方程，且当 $b^2-4ac=-4m+12>0$，即 $m<3$ 时，原方程有两个实数根。

综上所述，当 $m\leqslant 3$ 时，方程 $(m-2)x^2-2x+1=0$ 有实根。

例 7.52 如图 7.16，已知正方形 $OABC$ 的边长为 2，顶点 A，C 分别在 x，y 轴的正半轴上，M 是 BC 的中点。$P(0,m)$ 是线段 OC 上一动点(C 点除外)，直线 PM 交 AB 的延长线于点 D。当 m 为何值时△APD 是等腰三角形。

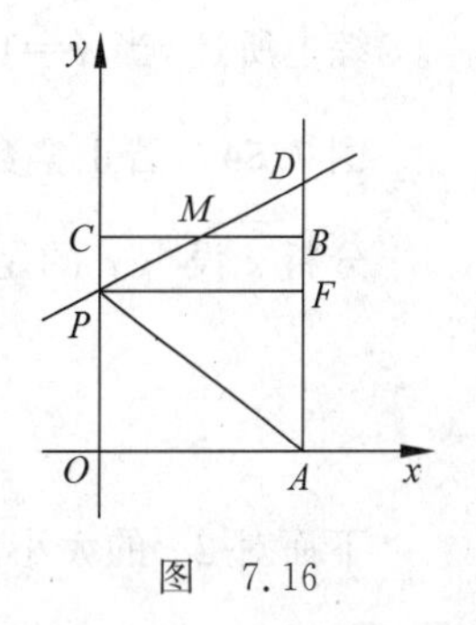

图 7.16

分析 根据等腰三角形的定义：有两边相等的三角形是等腰三角形可知，要使得△APD 是等腰三角形，只要满足△APD 中有两边相等。可本题中点 P、点 D 都是动点，显然 AD，AP，PD 的长都会发生变化，所以本题就可以从△APD 中有两边相等来进行分类讨论，即 $AP=AD$ 或 $PA=PD$ 或 $DA=DP$ 三种情况，具体解答如下。

解 过 P 作 $PF\perp AB$ 于 F。因为在正方形 $OABC$ 中，$\angle OCB=\angle CBA=90°$，所以

$\angle PCM=\angle DBM=90°$。

因为 M 是 CB 的中点，所以 $CM=BM$。

因为$\angle PMC=\angle DMB$，所以 $Rt\triangle PMC\cong Rt\triangle DMB$，所以 $DB=PC$，故

$$DB=2-m,\quad AD=4-m。$$

因为$\angle COA=90°$，所以 $AP=OP+OA=m+4$，故

$$OP=AF=m,\quad PF=OA=2,\quad 于是\ DF=DA-AF=4-2m。$$

① 当 $AP=AD$ 时，有 $4+m^2=(4-m)^2$，解得 $m=\frac{3}{2}$。

② 当 $PD=PA$ 时，则 $AF=FD=\frac{1}{2}AD=\frac{1}{2}(4-m)$。

因为 $OP=AF$，所以 $m=\frac{1}{2}(4-m)$，即 $m=\frac{4}{3}$。

③ 当 $PD=DA$ 时，有$\triangle PMC\cong\triangle DMB$，所以 $PM=PD=AD=(4-m)$。

又因为 $PC^2+CM^2=PM^2$，所以$(2-m)^2+1=\frac{1}{4}(4-m)^2$，解得 $m_1=\frac{2}{3}$，$m_2=2$(舍去)。

综上所述，当 m 的值为$\frac{3}{2}$或$\frac{4}{3}$或$\frac{2}{3}$时，$\triangle APD$ 是等腰三角形。

例 7.53 a 为何值时，关于 x 的方程$\frac{a}{x+2}+\frac{2a+12}{x^2-4}=\frac{1}{x-2}$无解？

分析 要使分式方程无解，很多同学会把使得分母为零的未知数的值即增根代入分式方程转化得到的整式方程中来求出字母 a 的值，可本题中分式方程无解非但包括增根，还包括了分式方程转化得到的整式方程本身无解也能导致原来的方程无解，所以本题是对转化得到的整式方程展开分类讨论。

解 方程去分母并整理得：$(a-1)x=-10$。

若原方程无解，则有以下两种情况：

(1) $a-1=0$ 即 $a=1$ 时，方程$(a-1)x=-10$ 无解，所以原方程无解。

(2) 如果方程$(a-1)x=-10$ 的解恰好是原分式方程的增根，那么原方程也无解，原方程若有增根，增根为 $x=2$ 或 $x=-2$。

把 $x=2$ 代入$(a-1)x=-10$ 得 $a=-4$；把 $x=-2$ 代入$(a-1)x=-10$ 得 $a=6$。

综上所述，当 $a=1$ 或 $a=-4$ 或 $a=6$ 时，原方程无解。

例 7.54 若正整数 x 的整数位为 n，$\lg x^2$ 与 $\lg\left(\frac{1}{x}\right)$的尾数相同，求 x。

分析 设 $\lg x$ 的尾数为 $a(0\leqslant a\leqslant 1)$，则

$$\lg x=(n-1)+a,\quad \lg x^2=2(n-1)+2a,$$

$$\lg\left(\frac{1}{x}\right)=(1-n)-a=-n+(1-a)。$$

下面对 $2a$ 的大小(与对数特性有关)分类：

(1) 当 $0<2a<1$ 时，则有 $2a=1-a$，$a=\frac{1}{3}$。所以 $x=10^{n-1+\frac{1}{3}}=10^{n-\frac{2}{3}}$。

(2) 当 $2a=0$ 时，$\lg x^2$ 与 $\lg\frac{1}{x}$尾数均为 0，所以 $x=10^{n-1}$。

(3) 当 $2a=1$ 时,即 $a=\frac{1}{2}$,则有 $1=1-\frac{1}{2}$,从而引出矛盾,此时不可能。

(4) 当 $2a>1$ 时,则有 $2a-1=1-a$,$a=\frac{2}{3}$。所以 $x=10^{n-1+\frac{2}{3}}=10^{n-\frac{1}{3}}$。

2. 按零点分类

例 7.55 在实数范围内解方程 $\frac{x}{x-1}\sqrt{x^3-2x^2+x}=x+2\sqrt{x}$。

分析 方程可化为 $\frac{x\sqrt{x}}{x-1}|x-1|=x+2\sqrt{x}$。

$x=1$ 为绝对值 $|x-1|$ 的零点,故可分类讨论:

当 $x>1$ 时,方程变为 $x\sqrt{x}=x+2\sqrt{x}$,即 $\sqrt{x}(\sqrt{x}+1)(\sqrt{x}-2)=0$。解得 $x_1=0$(舍去),$x_2=4$。

当 $x<1$ 时,方程变为 $-x\sqrt{x}=x+2\sqrt{x}$,即 $\sqrt{x}(\sqrt{x}+1)(\sqrt{x}-2)=0$。解得 $x=0$。

所以原方程的实数根为 $x_1=0,x_2=4$。

例 7.56 已知 $\frac{a}{b+c}=\frac{b}{c+a}=\frac{c}{a+b}$。求 $\frac{a}{b+c}$ 的值。

分析 为能准确使用等比定理,须对 $a+b+c$ 是否为零作分类讨论:

若 $a+b+c\neq 0$,则 $\frac{a}{b+c}=\frac{a+b+c}{(b+c)+(c+a)+(a+b)}=\frac{1}{2}$。

若 $a+b+c=0$,则 $a=-(b+c)$,$\frac{a}{b+c}=\frac{-(b+c)}{b+c}=-1$。

3. 按讨论范围分类

例 7.57 若 $k\in\mathbb{R}$,方程 $x^2+2x+k=0$ 的两根为 α,β,且 $|\alpha-\beta|=3$。试求 $|\alpha|+|\beta|$ 的值。

分析 方程的根没有明确指出是实数根还是复数根,因此必须对判别式的范围进行分类讨论。

若 $\Delta=4-4k\geqslant 0$,即 $k\leqslant 1$ 时,由

$$|\alpha-\beta|=\sqrt{(\alpha+\beta)-4\alpha\beta}=\sqrt{4-4k}=3,$$

求出 $k=-\frac{5}{4}$。此时易得 $|\alpha|+|\beta|=\sqrt{(\alpha-\beta)^2}=3$。

若 $\Delta=4-4k<0$,即 $k>1$ 时,方程两根为复数,由求根公式得

$$x_{1,2}=\frac{-2\pm\sqrt{4-4k}}{2}=-1\pm\sqrt{k-1}\mathrm{i}。$$

由 $|\alpha-\beta|=|2\sqrt{k-1}k|=2\sqrt{k-1}=3$,求出 $k=\frac{13}{4}$。故

$$|\alpha|+|\beta|=2|\alpha|=2\sqrt{(-1)^2+(\sqrt{k-1})^2}=2\sqrt{k}=\sqrt{13}。$$

4. 按可能性分类

讨论的问题如果有多种可能性，则应将所有可能性列出逐一进行讨论。

例 7.58 如图 7.17 所示，矩形 $ABCD$ 的边长 $AB=6$，$BC=4$，点 F 在 DC 上，$DF=2$。动点 M,N 分别从点 D,B 同时出发，沿射线 DA、线段 BA 向点 A 的方向运动(点 M 可运动到 DA 的延长线上)，当动点 N 运动到点 A 时，M,N 两点同时停止运动。连接 FM,FN，当 F,N,M 不在同一直线时，可得 $\triangle FMN$，过$\triangle FMN$ 三边的中点作$\triangle PWQ$。设动点 M,N 的速度都是 1 个单位/秒，M,N 运动的时间为 x 秒。设 $0\leqslant x\leqslant 4$(即 M 从 D 到 A 运动的时间段)。试问 x 为何值时，$\triangle PWQ$ 为直角三角形？

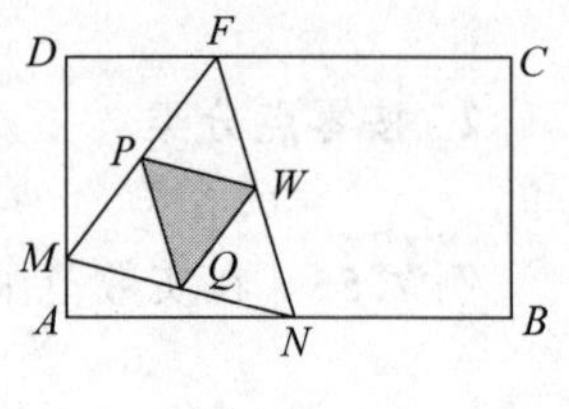

图 7.17

分析 要证$\triangle QWP$ 为直角三角形，得先证$\triangle NMF$ 为直角三角形，再由$\triangle NMF\backsim\triangle QWP$ 可证得$\triangle QWP$ 为直角三角形。要证得$\triangle NMF$ 为直角三角形，分别把 N,M,F 当作直角三角形的直角顶点分为三类可证。具体解答如下。

解 当 $0\leqslant x\leqslant 4$ 时，有 $DM=NB=x$，$MA=4-x$，$AN=6-x$，由勾股定理可得 $MF^2=4+x^2$，$NF^2=(4-x)^2+4=x^2-8x+32$，$MN^2=(4-x)^2+(6-x)^2=2x^2-20x+52$。

易证得$\triangle NMF\backsim\triangle QWP$。

① 当$\angle PQW=\angle QWP=90°$时，有 $MN^2=MF^2+NF^2$，化简得 $12x=16$，解得 $x=\dfrac{4}{3}$。

② 当$\angle PQW=\angle FMN=90°$时，有 $NF^2=MN^2+MF^2$，化简得 $x^2-6x+12=0$，此方程无解。

③ 当$\angle PQW=\angle MNF=90°$时，有 $MF^2=NF^2+MN^2$，化简得 $x^2-14x+40=0$，解得 $x=4$ 或 $x=10$(舍去)。

综上所述，设 $0\leqslant x\leqslant 4$，当 $x=\dfrac{4}{3}$或 $x=4$ 时，$\triangle PQW$ 为直角三角形。

例 7.59 如图 7.18 所示，在直角梯形 $ABCD$ 中，$\angle A=90°$，$AB=7$，$AD=2$，$BC=3$，如果边 AB 上的一点 P，使得以 P,A,D 为顶点的三角形和以 P,B,C 为顶点的三角形相似，求 AP 的长。

分析 要使两个三角形相似，则可能是$\triangle APD\backsim\triangle BPC$，也可能是$\triangle APD\backsim\triangle BCP$，所以应分两种情况讨论，进而求解 AP 的值即可。

解 可设 PA 的长为 x。

① 当$\triangle APD\backsim\triangle BPC$ 时，则$\dfrac{AD}{BC}=\dfrac{AP}{BP}$，即$\dfrac{2}{3}=\dfrac{x}{7-x}$，解得 $x=\dfrac{14}{5}$。

② 当$\triangle APD\backsim\triangle BCP$ 时，则$\dfrac{AP}{BC}=\dfrac{AD}{BP}$，即$\dfrac{x}{3}=\dfrac{2}{7-x}$，解得 $x=1$ 或 6。

综上所述，AP 的长为$\dfrac{14}{5}$或 1 或 6。

例 7.60 如图 7.19 所示，已知抛物线 $y=x^2-1$ 与 x 轴交于 A,B 两点，与 y 轴交于点 C。在 x 轴上方的抛物线上是否存在一点 M，过 M 作 $MG\perp x$ 轴于点 G，使以 A,M,G 三点为顶点的三角形与$\triangle PCA$ 相似，若存在，请写出 M 点的坐标；若无，请说明理由。

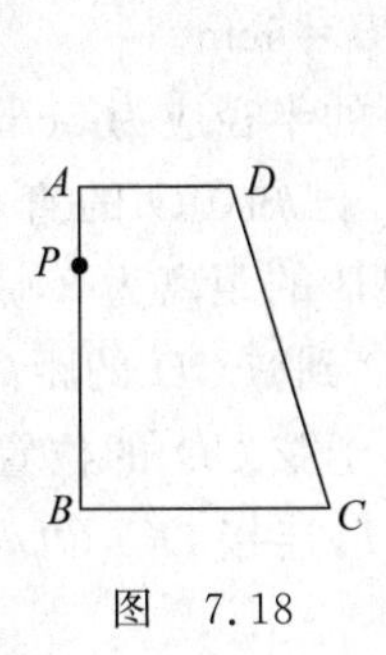

图 7.18

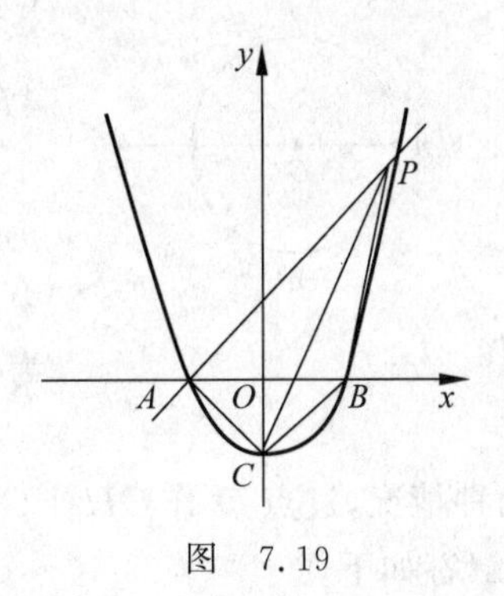

图 7.19

分析 从已知条件可知在 x 轴上方的抛物线上有两支，分别处于 y 轴左右两侧，每一侧根据对应边的不同(直角顶点已经固定)又可分为两类，所以可分为两大类，四小类求出符合要求的 M 点坐标。具体解答如下。

解 假设存在。

因为$\angle PAB=\angle BAC=45°$，所以 $PA\perp AC$。

因为 $MG\perp x$ 轴于点G，所以$\angle MGA=\angle PAC=90°$。

在 Rt$\triangle AOC$ 中，$OA=OC=1$，所以 $AC=2$；在 Rt$\triangle PAE$ 中，$AE=PE=3$，所以 $AP=32$。

设 M 点的横坐标为 m，则 $M(m,m^2-1)$。

(1) 点 M 在 y 轴左侧时，则 $m<-1$。

① 当$\triangle AMG\backsim\triangle PCA$ 时，有$\dfrac{AG}{PA}=\dfrac{MG}{CA}$，整理得$-m-132=m^2-12$，解得 $m_1=-1$(舍去)，$m_2=23$(舍去)。

② 当$\triangle MAG\backsim\triangle PCA$ 时，有$\dfrac{AG}{CA}=\dfrac{MG}{PA}$，整理得$-m-12=m^2-132$，解得 $m=-1$(舍去)，$m_2=-2$，所以 $M(-2,3)$。

(2) 点 M 在 y 轴右侧时，则 $m>1$。

① 当$\triangle AMG\backsim\triangle PCA$ 时，有$\dfrac{AG}{PA}=\dfrac{MG}{CA}$，整理得 $m+132=m^2-12$，解得 $m_1=-1$(舍去)，$m_2=43$，所以 $M(43,79)$。

② 当$\triangle MAG\backsim\triangle PCA$ 时，有$\dfrac{AG}{CA}=\dfrac{MG}{PA}$，整理得 $m+12=m^2-132$，解得 $m_1=-1$(舍去)，$m_2=4$，所以 $M(4,15)$。

综上，存在点 M，使以 A,M,G 三点为顶点的三角形与$\triangle PCA$ 相似 M 点的坐标为$(-2,3)$，$(43,79)$，$(4,15)$。

例 7.61 在同一平面内，点 P 到$\odot O$ 的最长距离为 8cm，最短距离为 2cm，求$\odot O$ 的半径。

分析 根据点 P 与$\odot O$ 的位置关系有如图 7.20 所示的两种可能。过点 P 和圆心 O 作直线分别与$\odot O$ 相交于 A,B 两点。PA,PB 分别表示圆上各点到 P 的最长距离和最短距离。解答如下。

① 当 P 点在圆内(如图 7.20(a))时，直径 $AB=PA+PB=10$cm。

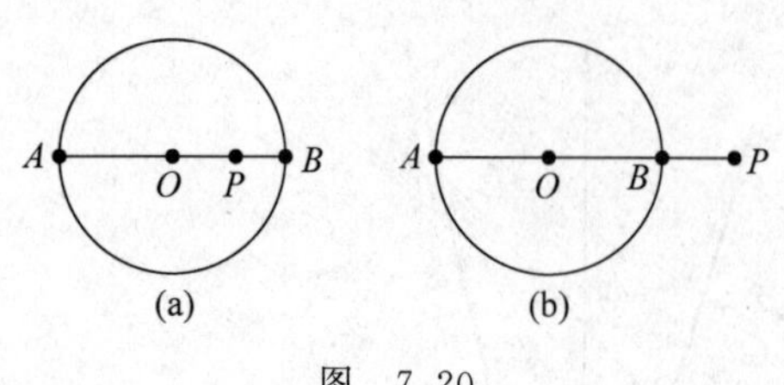

(a) (b)

图 7.20

② 当 P 点在圆外(见图 7.20(b))时,直径 $AB=PA-PB=6\text{cm}$。

所以⊙O 的半径应为 5cm 或 3cm。

例 7.62 已知⊙O 的直径 $AB=10$,弦 CD 中的点 C 到 AB 的距离为 3,点 D 到 AB 的距离为 4,求圆心 O 到弦 CD 的距离。

分析 由于弦 CD 的位置不确定,所以有如图 7.21(a)、(b)两种情况,过点 O 作 $OH\perp CD$ 垂足为 H,连接 OC,OD,由垂径定理可知,$CH=DH$。具体解答如下。

解 (1) 当点 C、点 D 在直径 AB 的同侧(见图 7.21(a))时,过点 H 作 $HG\perp AB$ 于 G。

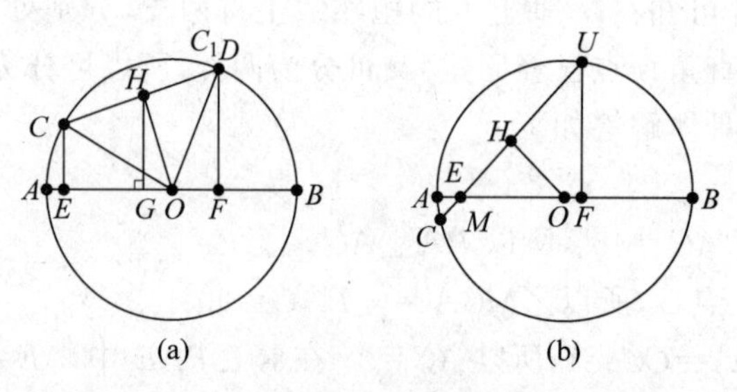

(a) (b)

图 7.21

在 Rt△ODF 中,$OF=\sqrt{OD^2-DF^2}=\sqrt{5^2-4^2}=3$,在 Rt△$OCE$ 中,$OE=\sqrt{OC^2-CE^2}=\sqrt{5^2-3^2}=4$。

又因为 $EG=FG$,所以 $HG=\dfrac{CE+DF}{2}=3.5$,$OG=FG-FO=0.5$,所以在 Rt△OHG 中,$OH=\sqrt{OG^2+HG^2}=\dfrac{5}{2}\sqrt{2}$。

(2) 当点 C、点 D 在直径 AB 的两侧(见图 7.22(b))时,易求得 $OF=3$,$OE=4$,$EF=7$。$\triangle CEM\backsim\triangle DFM$,$CE=3$,$DF=4$,所以 $EM=3$,$MF=4$,故 $OM=1\Rightarrow DE=4\sqrt{2}$。

又因为$\triangle MHO\backsim\triangle MFD$,所以$\dfrac{OM}{DE}=\dfrac{OH}{DF}$,即$\dfrac{1}{4\sqrt{2}}=\dfrac{OH}{4}$,解得 $OH=\dfrac{1}{2}\sqrt{2}$。

综上所述圆心 O 到弦 CD 的距离为$\dfrac{5}{2}\sqrt{2}$或$\dfrac{1}{2}\sqrt{2}$。

例 7.63 已知两点 $A(-2,0)$和 $B(4,0)$,点 P 在一次函数 $y=\dfrac{1}{2}x+2$ 的直线上,它的横坐标为 m。如果△PAB 为直角三角形,求 m 的值。

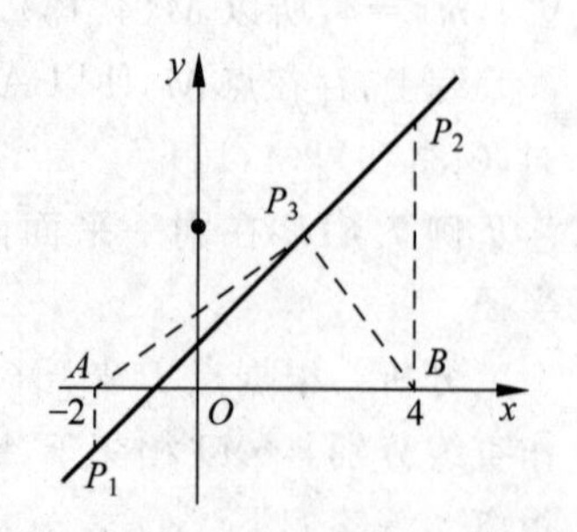

图 7.22

分析 作图 7.22,可见有三种可能:

(1) $\angle P_1AB=90°$,此时 $m=-2$;

(2) $\angle P_2BA=90°$,此时 $m=4$;

(3) $\angle AP_3B=90°$,设 P 点坐标为$\left(m,\dfrac{1}{2}m+\dfrac{1}{2}\right)$,由勾股

定理得 $AP_3^2+BP_3^2=AB^2$，即

$$(m+2)^2+\left(\frac{1}{2}m+2\right)^2+(m-4)^2+\left(\frac{1}{2}m+2\right)^2=6^2。$$

解得 $m=\pm\frac{4\sqrt{5}}{5}$。

例 7.64 把 1 张一角的人民币换成零钱，现有足够的 1,2,5 分币。问有多少种换法？

分析 此题可用不定方程求解，但用分类的思想方法更能反映问题的实质。

按不同情况可作如下分类：

- 含 5 分币
  - 含 1 个 5 分币
    - 含 2 分币
      - 含 1 个 2 分币，
      - 含 2 个 2 分币，
    - 不含 2 分币，
  - 含 2 个 5 分币，
- 不含 5 分币
  - 含 2 分币
    - 含 1 个 2 分币，
    - 含 2 个 2 分币，
    - 含 3 个 2 分币，
    - 含 4 个 2 分币，
    - 含 5 个 2 分币，
  - 不含 2 分币，

可见总共有 10 种换法。

例 7.65 化简 $y=\left(\frac{1+\mathrm{i}}{\sqrt{2}}\right)^n+\left(\frac{1-\mathrm{i}}{\sqrt{2}}\right)^n$（$n$ 为正整数）。

分析 易知 $\left(\frac{1+\mathrm{i}}{\sqrt{2}}\right)^2=\mathrm{i}$，$\left(\frac{1-\mathrm{i}}{\sqrt{2}}\right)^2=-\mathrm{i}$。

当 $n=2m$ 时（m 为正整数），有 $y=\mathrm{i}^m+(-\mathrm{i})^m=\begin{cases}0, & m\text{ 为正奇数},\\ \pm 2, & m\text{ 为正偶数};\end{cases}$

当 $n=2m+1$ 时（m 为正整数），有

$$y=\frac{1+\mathrm{i}}{\sqrt{2}}\mathrm{i}^m+\frac{1-\mathrm{i}}{\sqrt{2}}(-\mathrm{i})^m=\frac{\mathrm{i}^m[1+(-1)^m]+\mathrm{i}^{m+1}[1+(-1)^{m+1}]}{\sqrt{2}}。$$

此式无论 m 为正奇数还是正偶数，都有 $y=\pm\sqrt{2}$。

此题实际上是对正整数进行了多层次的分类。

5. 按图形的特点分类

例 7.66 有一副直角三角板，在三角板 ABC 中，$\angle BAC=90°$，$AB=AC=6$，在三角板 DEF 中，$\angle FDE=90°$，$DF=4$，$DE=4\sqrt{3}$。将这副直角三角板按如图 7.23 所示位置摆放，点 B 与点 F 重合，直角边 BA 与 FD 在同一条直线上。现固定三角板 ABC，将三角板 DEF 沿射线 BA 方向平行移动，当点 F 运动到点 A 时停止运动。在三角板 DEF 运动过程中，设 $BF=x$，两块三角板重叠部分面积为 y，求 y 与 x 的函数解析式，并求出对应的 x 取值范围。

分析 从整个运动过程中不难发现，两块三角板重叠部分面积共有三种情况，其中两种

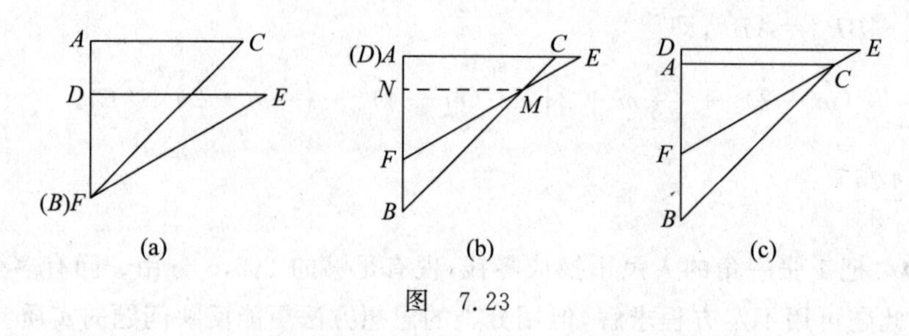

(a) (b) (c)

图 7.23

重叠部分面积为四边形(见图 7.23(b)),一种重叠部分面积为三角形(见图 7.23(a)、(c))。重叠部分面积为四边形可根据面积分割法分割成直角梯形和直角三角形求得 y 与 x 的函数解析式,而三角形直接利用面积公式可求得 y 与 x 的函数解析式。具体解答如下。

解 如图 7.24(a),设过点 M 作 $MN\perp AB$ 于点 N,则 $MN/\!/DE$,$\angle NMB=\angle B=45°$,所以 $NB=NM$,$NF=NB-FB=MN-x$。

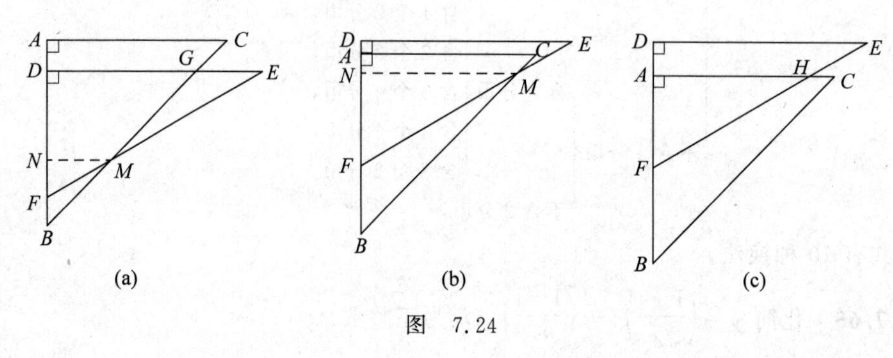

(a) (b) (c)

图 7.24

因为 $MN/\!/DE$,所以 $\triangle FMN\backsim\triangle FED$,故 $\dfrac{MN}{DE}=\dfrac{FN}{FD}$,即 $\dfrac{MN}{4\sqrt{3}}=\dfrac{MN-x}{4}$,解得 $MN=\dfrac{3+\sqrt{3}}{2}x$。

(1) 当 $0\leqslant x\leqslant 2$ 时,如图 7.24(a)所以,设 DE 与 BC 相交于点 G,则 $DG=DB=4+x$。因为 $y=S_{\triangle BGD}-S_{\triangle BMF}=\dfrac{1}{2}DB\cdot DG-\dfrac{1}{2}BF\cdot MN=\dfrac{1}{2}(4+x)^2-\dfrac{1}{2}x\cdot\dfrac{3+\sqrt{3}}{2}x$,即 $y=-\dfrac{1+\sqrt{3}}{4}x^2+4x+8$。

(2) 当 $2<x\leqslant 6-2\sqrt{3}$ 时,如图 7.24(b)所示,有

$$y=S_{\triangle BCA}-S_{\triangle BMF}=\frac{1}{2}\cdot AC^2-\frac{1}{2}\cdot BF\cdot MN=\frac{1}{2}\times 36-\frac{1}{2}x\cdot\frac{3+\sqrt{3}}{2}x,$$

即 $y=-\dfrac{3+\sqrt{3}}{4}x^2+18$。

(3) 当 $6-2\sqrt{3}<x\leqslant 4$ 时,如图 7.24(c)所示,设 AC 与 EF 交于点 H。因为

$AF=6-x$,$\angle AHF=\angle E=30°$,所以 $AH=\sqrt{3}AF=\sqrt{3}(6-x)$。

$$y=S_{\triangle FHA}=\frac{1}{2}(6-x)\cdot\sqrt{3}(6-x)=\frac{\sqrt{3}}{2}(6-x)^2。$$

综上所述。当 $0\leqslant x\leqslant 2$ 时，$y=-\dfrac{1+\sqrt{3}}{4}x^2+4x+8$；

当 $2<x\leqslant 6-2\sqrt{3}$，$y=-\dfrac{3+\sqrt{3}}{4}x^2+18$；当 $6-2\sqrt{3}<x\leqslant 4$ 时，$y=\dfrac{\sqrt{3}}{2}(6-x)^2$。

总之，数学中的分类讨论思想方法是一种比较重要的数学思想，通过加强数学分类讨论思想的训练，有利于培养人的思维的条理性、缜密性。

例 7.67 如图 7.25，$AB/\!/CD/\!/EF/\!/MN$，则图中梯形与三角形个数之差等于________。

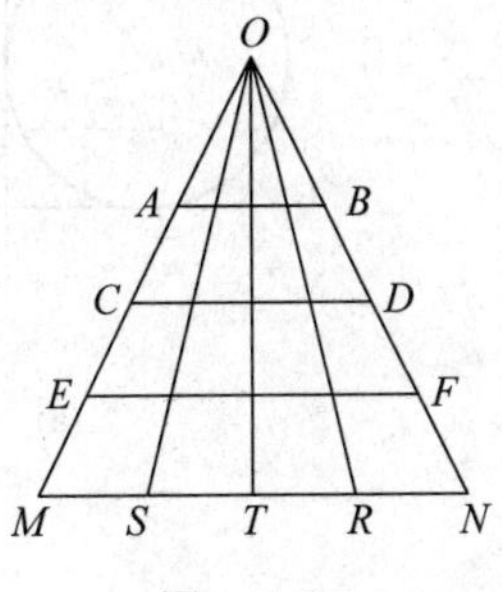

图 7.25

解 梯形的个数：在 AB,CD,EF,MN 四条直线中任取两条（有 C_4^2 种）为底，在 OM,OS,OT,OR,ON 五条射线中任取两条（有 C_5^2 种）为腰可围成一梯形，故共有梯形 $C_4^2\times C_5^2=60$（个）。

三角形的个数：在 AB,CD,EF,MN 四条直线中任取一条（有 C_4^1 种）为底，在 OM,OS,OT,OR,ON 五条射线中任取两条（有 C_5^2 种）为另两边可围成一个三角形，故共有三角形 $C_4^1\times C_5^2=40$（个）。

梯形个数与三角形个数之差为 20 个。

例 7.68 图 7.26 中有多少个三角形？

解 图 7.26 中有不同大小的三角形。

设最小的三角形面积为 1，则，面积为 1 的三角形有 22 个；面积为 4 的三角形有 10 个；面积为 9 的三角形有 2 个。因此共有 34 个三角形。

例 7.69 图 7.27 中有多少个三角形？

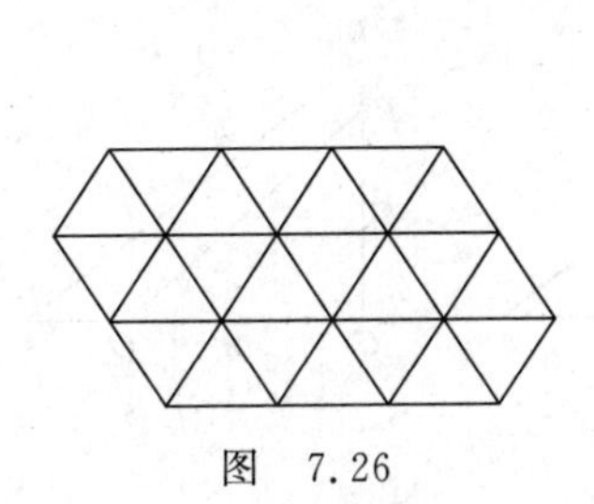

图 7.26

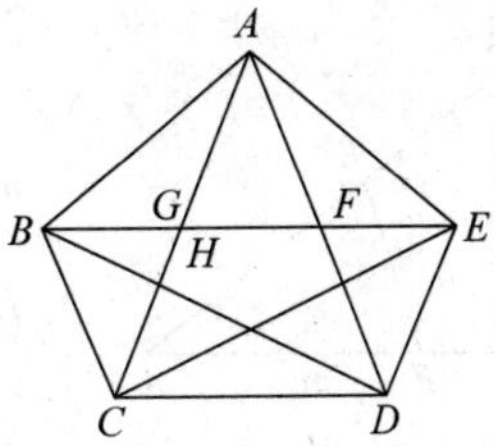

图 7.27

解 图 7.27 中的三角形有不同的形状，为计数时不重不漏，需找出几个参照标准：

与 $\triangle AFG$ 同类的三角形有 5 个；与 $\triangle ABF$ 同类的三角形有 10 个；与 $\triangle ABG$ 同类的三角形有 5 个；与 $\triangle ABE$ 同类的三角形有 5 个；与 $\triangle ACD$ 同类的三角形有 5 个；与 $\triangle AHD$ 同类的三角形有 5 个。

因此共有 35 个三角形。

例 7.70 已知两圆半径分别为 4，2，且它们有两条互相垂直的公切线。求此两圆连心线的长。

解 有两条互相垂直的公切线的两圆位置关系可以有三种情况，如图 7.28(a)，(b)，(c)所示。故有

$$OO_1=\sqrt{(4+2)^2+(4-2)^2}=2\sqrt{10};$$
$$OO_1=\sqrt{(4+2)^2+(4+2)^2}=6\sqrt{2};$$
$$OO_1=\sqrt{(4-2)^2+(4-2)^2}=2\sqrt{2}。$$

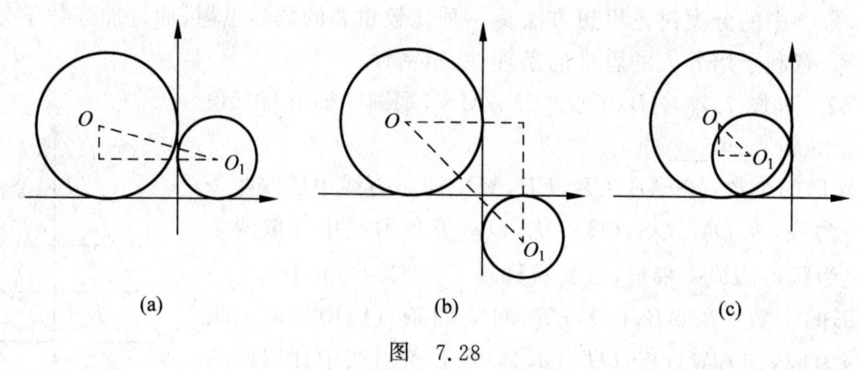

图 7.28

例 7.71 已知$\triangle ABC$的各边长恰是方程组$\begin{cases}x+y=21,\\y+z=24,\\z+x=27\end{cases}$的解。求平分此三角形面积的最短线段的长。

分析 容易求出$x=12,y=9,z=15$,且由勾股定理的逆定理知$\triangle ABC$为直角三角形。

将$\mathrm{Rt}\triangle ABC$的面积平分的线段位置有如下三种(见图 7.29(a),(b),(c)),分别计算可找到最短线段。

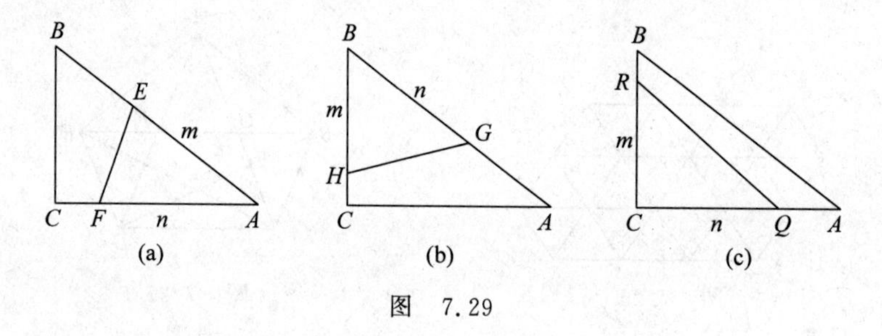

图 7.29

在图 7.29(a)中,设EF把$\triangle ABC$分成面积相等的两部分,$AE=m,AF=n,\sin A=\frac{3}{5}$,则有

$$S_{\triangle AEF}=\frac{1}{2}mn\sin A=\frac{1}{2}\times 9\times 12\times\frac{1}{2}。$$

可知$\frac{3}{10}mn=27$,则$mn=90$。

又因$EF^2=m^2+n^2-2mn\cos A=(m-n)^2+2mn(1-\cos A)=(m-n)^2+36$。

由此可知,当$m=n$时,EF最小,长为$EF=6$。

同理,在图 7.29(b)、(c)中计算出$HG=3\sqrt{6}$,$QR=6\sqrt{3}$。比较三条线段的长,知把

$\triangle ABC$ 分成面积相等两部分的最短线段长为 6。

分类讨论思想是数学中最常见、最重要的一种数学思想，它有利于考查学生的综合数学基础知识和灵活运用能力。下面列举分类讨论思想在数学中的简单应用。

7.6 构造法

7.6.1 构造法的含义

借用一类问题的性质来研究另一类问题的思维方法在数学中经常用到，构造法便是这种思维方法的具体体现。

从数学产生的那天起，数学中的构造法也就伴随着产生了。出于对数学"可信性"的考虑，有人提出一个著名的口号："存在必须是被构造。"

所谓构造，就是构建结构或体系，构造对象或指出达到某种目的的方式和途径。构造必须切实可行，它是直观的、定量的，并且必须能够在有限步骤内完成的。

我们常说的"列方程""作图""建立坐标系""构造算法""建立模型"等，都是构造法的应用。许多数学问题的求解，当我们把具体的对象构造出来以后，问题也就解决了。

历史上不少数学家，如高斯、欧拉、拉格朗日等人，都曾经用构造法成功地解决过数学上的难题。

数学中的构造法主要体现在数学概念和数学理论上的构造性、问题性质和解答的构造性、数学解题方法的构造性。一般的学习主要是数学应用、数学解题中的构造法。

构造法在数学应用、数学解题中的应用主要表现在两个方面：第一，许多数学问题本身具有构造性的要求，或者可以通过构造而直接得解；第二，许多问题，若通过构造相应的数学对象(如函数、方程、数列、模型、映射、图形等)作为辅助工具，则问题容易获得解决。

在解题过程中，由于某种需要，把题设条件中的关系构造出来，或将关系设想在某个模型上得到实现，或将已知条件经过适当的逻辑组合而构造出一种新的形式，从而使问题获得解决。在这种思维过程中，对已有的知识和方法采取了分解、组合、变换、类比、限定、推广等手段进行思维的再创造。实现这一过程的关键在"构造"。

勾股定理的证明已有数百种，多个证明方法是应用构造法，构造图形，比如图 7.30(a)的图形。

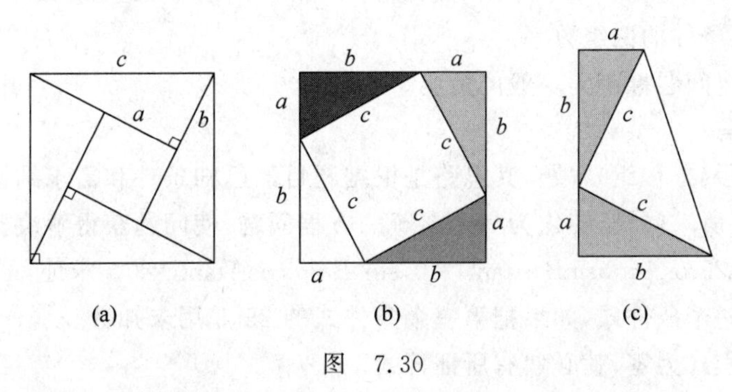

图 7.30

这个图来自中国的“弦图”。根据面积相等，把要证明的东西都构造出来了：

$$c^2=4\left(\frac{ab}{2}\right)+(a-b)^2=a^2+b^2。$$

图 7.30(b)、(c)也采用同样的方法。

7.6.2 构造法的应用

1. 模型性构造

有些问题的表面形式带有一定的隐蔽性，也就是在它们表面形式所属的范围内，不容易抓住问题的实质。其问题本质，必须在另一种模式和研究范围内，才能充分体现。为了更好地解决这类问题，构造体现问题本质的问题模式。构造这样的新的问题模式的方法，称为模型性构造。例如构造恒等式、构造方程、构造不等式、构造数列、构造复数、构造几何模型、构造解析模型等。

(1) 构造恒等式

一些已有的或能够证明的恒等式对某些问题的解答很有帮助。

例 7.72 已知 $x+y+z=3$。求分式$\dfrac{3(x-1)(y-1)(z-1)}{(x-1)^3+(y-1)^3+(z-1)^3}$的值。

分析 待求值式中含有$(x-1)^3+(y-1)^3+(z-1)^3$ 与 $3(x-1)(y-1)(z-1)$，应设法构造一个恒等式，使之能利用已有的结论：

$$a+b+c=0\Leftrightarrow a^3+b^3+c^3=3abc。$$

显然由已知得$(x-1)+(y-1)+(z-1)=0$，因此

$$(x-1)^3+(y-1)^3+(z-1)^3=3(x-1)(y-1)(z-1)。$$

由此得：原式$=1$。

例 7.73 有质量为 $1^2,2^2,3^2,\cdots,40^2$ 的砝码各一个。试证：可以将它们分成质量相等的两组，每组的砝码数也相等。

分析 观察并初步试探可以发现等式

$$1^2+4^2+6^2+7^2=2^2+3^2+5^2+8^2。$$

由此进一步想到可构造出恒等式

$$x^2+(x+3)^2+(x+5)^2+(x+6)^2=(x+1)^2+(x+2)^2+(x+4)^2+(x+7)^2。$$

于是可以将 $1,2,3,4,\cdots,40$ 除以 8 余数为 $1,4,6,7$ 的为一组，余数为 $2,3,5,0$ 的为另一组，则可得满足条件的两组数字。

由此还可以将问题推广到一般的情况。

(2) 构造方程

应用构造方程(方程组)解题，其思路是根据题目的已知条件和需求结论特点，设计出一个或几个方程，将所求问题，转化为易于求解的方程问题，使问题获得解决。

例 7.74 设 $25\cos A+5\sin B+\tan C=0$，$\sin^2 B-4\cos A\tan C=0$。求证：$\tan C=25\cos A$。

分析 观察两个条件式，如果把第一个条件式的 25，5 用未知数 x^2，x 代替，那么，第二个条件式即是判别式为零，就必然有所证等式。

证明 若 $\cos A=0$，则由第二个条件式得，$\sin^2 B=0$，所以 $\tan C=0$，即所证等式成立。

若 $\cos A\neq 0$，构造方程

$$x^2\cos A+x\sin B+\tan C=0。$$

由第二个条件式知，所构造方程的判别式 $\Delta=\sin^2 B-4\cos A\tan C=0$，所以所构造方程有两个等根。

根据第一个条件式知，5 是所构成方程的根。由韦达定理得 $\tan C=25\cos A$。

例 7.75 已知 $a,b,c\in\mathbb{R}$，且 $a>b>0$，$a+b+c=1$，$a^2+b^2+c^2=1$，试求 $a+b$ 的范围。

分析 由已知等式得

$$a+b=1-c,\tag{7.10}$$

$$a^2+b^2=1-c^2。\tag{7.11}$$

因此，由(7.9)、(7.10)两式可得 $a+b$ 和 ab 关于 c 的表达式，再根据 a,b,c 均是实数且 $a>b>0$ 的条件，可通过构造方程，求出 $a+b$ 的范围。

解 因为 $a+b=1-c$，所以 $(a+b)^2=(1-c)^2$，即 $a^2+2ab+b^2=1-2c+c^2$。但知 $a^2+b^2=1-c^2$，代入上式，化简后得

$$ab=-c+c^2。\tag{7.12}$$

由(7.10)、(7.12)两式，构造方程

$$x^2+(1-c)x+(-c+c^2)=0。$$

因为 a,b 是不相等的实数，故有 $\Delta=(1-c)^2-4(-c+c^2)>0$，即 $3c^2-2c-1<0$，所以 $-\frac{1}{3}<c<1$。

但当 c 取正分数时，代入(7.12)式，a,b 异号，这与 $a>b>0$ 矛盾，故 $-\frac{1}{3}<c<0$，所以

$$a+b>a+b+c=1。$$

但 $a+b=1-c<1-\left(-\frac{1}{3}\right)=\frac{4}{3}$，所以 $1<a+b<\frac{4}{3}$。

例 7.76 锐角 A,B,C 满足方程：$\cos^2 A+\cos^2 B+\cos^2 C+2\cos A\cos B\cos C=1$，求证：$A+B+C=\pi$。

分析 要证 $A+B+C=\pi$，即要证：$\cos A,\cos B,\cos C$ 中 $\cos A=-\cos(B+C)$ 或 $\cos B=-\cos(A+C)$ 或 $\cos C=-\cos(A+B)$ 有一个成立即可。

而由已知条件即：$\cos^2 A+2\cos A\cos B\cos C+(\cos^2 B+\cos^2 C-1)=0$，因此，要构造的方程显而易得。

证明 构造方程

$$x^2+2\cos B\cos C\cdot x+(\cos^2 B+\cos^2 C-1)=0。$$

由已知条件，A,B,C 是锐角，故 $\cos A$ 是所构造方程的正根，所以

$$\begin{aligned}\cos A&=-2\cos B\cos C+\sqrt{4\cos^2 B\cos^2 C-4(\cos^2 B+\cos^2 C-1)}\\&=-2\cos B\cos C+\sqrt{4\cos^2 B(\cos^2 C-1)-4(\cos^2 C-1)}\\&=-(\cos B\cos C-\sin B\sin C)=-\cos(B+C)=\cos[\pi-(B+C)]。\end{aligned}$$

因为 A,B,C 均为锐角，所以 $A=\pi-(B+C)$，所以 $A+B+C=\pi$。

例 7.77 已知 $\alpha,\beta,\gamma\in\left(-\frac{\pi}{2},\frac{\pi}{2}\right)$。求证：

$$(\tan\alpha-\tan\beta)^2\geqslant(\tan\gamma-2\tan\alpha)(2\tan\beta-\tan\gamma)。$$

证明 构造方程

$$(\tan\gamma-2\tan\alpha)x^2-2(\tan\alpha-\tan\beta)x+(2\tan\beta-\tan\gamma)=0。$$

(1) 当 $\tan\gamma-2\tan\alpha=0$ 时，因为 $(\tan\alpha-\tan\beta)^2\geqslant0$，所以不等式成立。

(2) 当 $\tan\gamma-2\tan\alpha\neq0$ 时。当 $x=-1$ 时，有

$$(\tan\gamma-2\tan\alpha)+2(\tan\alpha-\tan\beta)+(2\tan\beta-\tan\gamma)=0,$$

所以 $x=-1$ 是所构造方程的根。于是得

$$\Delta=4(\tan\alpha-\tan\beta)^2-4(\tan\gamma-2\tan\alpha)(2\tan\beta-\tan\gamma)\geqslant0,$$

即 $(\tan\alpha-\tan\beta)^2\geqslant(\tan\gamma-2\tan\alpha)(2\tan\beta-\tan\gamma)$。

说明 形如 $B^2-AC\geqslant0$（或 $\leqslant0$）型不等式的证明可尝试用构造二次方程的方法来解。

例 7.78 已知 $p,q\in\mathbb{R}$，且 $p^3+q^3=2$。求证：$0<p+q\leqslant2$。

分析 如果从不等式的观点出发，必须分情况证明：(1) $p+q>0$；(2) $p+q\leqslant2$。其证明过程不是一个简单的过程。

现在思考能否构造出以 p,q 为根的一元二次方程？这样的方程又有什么性质？

由 $p^3+q^3=2$ 可以推出 $(p+q)^3-3pq(p+q)=2$。

设 $p+q=k$，则 $pq=\frac{k^3-2}{3k}$，从而 p,q 是方程 $x^2-kx+\frac{k^3-2}{3k}=0$ 的两个实数根。因此 $\Delta=k^2-\frac{4(k^3-2)}{3k}\geqslant0$。解此不等式即可得 $0<k=p+q\leqslant2$。

(3) 构造函数

构造函数作为“载体”，把所求问题的条件，纳入到函数中去，利用函数性质，解决所求问题，这就是构造函数解题的基本思想。这种思想方法，近来应用较广。

例 7.79 已知二次方程 $4x^2-4(m+1)x+4m-1=0$ 的两根的范围是：$0<x_1<1$，$1<x_2<2$，求 m 的范围。

分析 一元二次方程的解，即是相应的二次函数零点的坐标。因此，一元二次方程中的有关问题，常常可以转化到相应的二次函数中去处理。本题实质上就是求已知二次函数图像和 x 轴的两个交点范围，求 m 的范围问题。

解 构造二次函数 $y=f(x)=4x^2-4(m+1)x+4m-1$，由于 x^2 的系数为 $4>0$，故抛物线开口向上。因为方程有两根，故抛物线与 x 轴有两个交点，且 $0<x_1<1,1<x_2<2$，因而有下列不等式：

$$\begin{cases}f(0)=4m-1>0,\\ f(1)=4-4(m+1)+4m-1<0,\\ f(2)=16-8m-8+4m-1>0,\\ \Delta=16(m^2-2m+2)>0。\end{cases}$$

解之，得 $\frac{1}{4}<m<\frac{7}{4}$。所以当 $\frac{1}{4}<m<\frac{7}{4}$ 时方程的两根满足 $0<x_1<1,1<x_2<2$。

例 7.80 证明：$(C_n^0)^2+(C_n^1)^2+(C_n^2)^2+\cdots+(C_n^n)^2=\frac{(2n)!}{n!n!}$。

分析 本题直接证明，不易下手，现间接寻找"载体"，给出证明。

由于组合数的和 $C_n^0+C_n^1+C_n^2+\cdots+C_n^n$ 与二项式定理有直接联系。再由组合数公式 $C_n^k=C_n^{n-k}$，因而，$(C_n^k)^2=C_n^k\cdot C_n^{n-k}$。所以

$$(C_n^0)^2+(C_n^1)^2+(C_n^2)^2+\cdots+(C_n^n)^2=C_n^0\cdot C_n^n+C_n^1C_n^{n-1}+\cdots+C_n^nC_n^0。$$

而此式右边是 $(1+x)^n\cdot(1+x)^n$ 的展开式中，x^n 的系数，于是利用多项式相等，则同次项系数相等的道理，可以给出证明。

证明 构造函数

$$f(x)=(1+x)^{2n},\quad 即\ f(x)=(1+x)^n(1+x)^n。$$

所构造的前式的展开式中，x^n 的系数是 C_{2n}^n，后式各因式分别展开后相乘，知 x^n 前面的系数是 $C_n^0C_n^n+C_n^1C_n^{n-1}+\cdots+C_n^nC_n^0$，故

$$C_n^0C_n^n+C_n^1C_n^{n-1}+C_n^2C_n^{n-2}+\cdots+C_n^nC_n^0=C_{2n}^n=\frac{(2n)!}{n!n!}。$$

例 7.81 求证 $C_n^1+2C_n^2+3C_n^3+\cdots+nC_n^n=n\cdot 2^{n-1}$。

分析 本题证法很多，而应用构造函数法最为简捷。

构造函数 $f(x)=(1+x)^n=C_n^0+C_n^1x+\cdots+C_n^nx^n$，然后两边对 x 求导，再令 $x=1$ 即可。

例 7.82 解不等式 $\sqrt{2x-3}-\sqrt{2x}>\sqrt{x+1}-\sqrt{x+4}$。

分析 本题的常规解法是将原不等式两次平方，较烦琐。现转换一思路。设 $f(x)=\sqrt{2x-3}-\sqrt{2x}-\sqrt{x+1}+\sqrt{x+4}$。寻求使函数恒为正的 x 取值范围。

解 构造函数 $f(x)=\sqrt{2x-3}-\sqrt{2x}-\sqrt{x+1}+\sqrt{x+4}$。由算术根的定义，求得函数的定义域为 $\frac{3}{2}\leqslant x<+\infty$。

令 $f(x)=0$，解得 $x=4$，故只需讨论 $f(x)$ 在 $\left[\frac{3}{2},4\right]$ 和 $(4,+\infty)$ 上的正负情况，所以原不等式的解集是 $4<x<+\infty$。

例 7.83 已知函数 $f(x)=\lg\frac{1+2^x+3^x+\cdots+n^xa}{n}$，其中 $a\in[0,1)$，$n\in\mathbf{N}$，$n\geqslant 2$，证明：$2f(x)<f(2x)$。

分析 要证 $2f(x)<f(2x)$，即证

$$\lg\frac{(1+2^x+3^x+\cdots+n^xa)^2}{n^2}<\lg\frac{1+2^{2x}+3^{2x}+\cdots+n^{2x}a}{n},$$

$$\frac{(1+2^x+3^x+\cdots+n^xa)^2}{n^2}<\frac{1+2^{2x}+3^{2x}+\cdots+n^{2x}a}{n},$$

$$(1+2^x+3^x+\cdots+n^xa)^2<n(1+2^{2x}+3^{2x}+\cdots+n^{2x}a),$$

$$4(1+2^x+3^x+\cdots+n^xa)^2-4n(1+2^{2x}+3^{2x}+\cdots+n^{2x}a)<0。\tag{7.13}$$

因此，设计一个二次函数，把上式看做是二次函数的判别式，把所求的问题，纳入二次函数中去，证明二次函数图像与横轴不相交即可。

证明 构造二次函数

$$\begin{aligned} g(\mu) &= (\mu-1)^2+(\mu-2^x)^2+\cdots+[\mu-(n-1)^x]^2+(\mu-n^x a)^2 \\ &= n\mu^2-2(1+2^x+3^x+\cdots+n^x a)\mu+(1+2^{2x}+3^{2x}+\cdots+n^{2x}a^2)。\end{aligned}$$

因为 $x\neq 0$,所以 $\mu-1,\mu-2^x,\cdots,\mu-n^x a$ 不能同时为零,故 $g(\mu)>0$。

又 $n\geqslant 2$,所以 $g(\mu)$的图像是开口向上的,抛物线图像与 μ 轴无交点,故有 $\Delta<0$,即

$$[2(1+2^x+3^x+\cdots+n^x a)]^2-4n(1+2^{2x}+3^{2x}+\cdots+n^{2x}a^2)<0,$$

$$(1+2^x+3^x+\cdots+n^x a)^2<n(1+2^{2x}+3^{2x}+\cdots+n^{2x}a^2)。$$

因为 $a\in[0,1)$,所以 $a^2<a$,故 $n^{2x}a^2<n^{2x}a$,于是(7.13)式可变为

$$\frac{(1+2^x+3^x+\cdots+n^x a)^2}{n^2}<\frac{1+2^{2x}+3^{2x}+\cdots+n^{2x}a}{n},$$

故

$$2\lg\frac{1+2^x+3^x+\cdots+n^x a}{n}<\lg\frac{1+2^{2x}+3^{2x}+\cdots+n^{2x}a}{n}。$$

此即 $2f(x)<f(2x)$。

本题的解答,从表面上看跨度较大,叫人感到难以想到。但根据已讲过的分析法,对要证的结论进行分析,分析到(7.13)式时,就很自然地想到把(7.13)式看做一个小于零的判别式,于是围绕这一中心,设计一个二次函数。此例说明,构造函数,既要围绕要达到的目的,又要纳入已知条件去思考。

例 7.84 求方程$\frac{x}{100}=\sin x$ 的实数解个数。

分析 求方程实数解的个数,即求满足方程的 x 值有多少个。因方程左边是代数式,右边是超越式,不能用普通方法求解,现转换解的观念,变代数观念为几何观念,把方程左边看做是过原点的一条直线;方程右边看做是正弦曲线,求它们的公共点个数。

解 构造函数 $f(x)=\frac{x}{100}$,$g(x)=\sin x$。

因为$|\sin x|\leqslant 1$,所以要$\left|\frac{x}{100}\right|\leqslant 1$,即$-100\leqslant x\leqslant 100$。在$-100\leqslant x\leqslant 100$ 内,看 $f(x)$的图像和 $g(x)$的图像的交点个数。按 $\sin x$ 的周期:$[2k\pi,2(k+1)\pi]$,在$[-100,100]$内,k 只能取 $0,\pm1,\pm2,\pm3,\cdots,\pm16$。

在$[-2\pi,0]$和$[0,2\pi]$两个区间内,$f(x)$和 $g(x)$的图像共有三个交点,(两个交点都重合于原点)在其余区间内,各有两个交点。因此,$f(x)$和 $g(x)$在$[-100,100]$内共有 $16\times 2\times 2-1=63$(个)交点。

例 7.85 已知 a,b,c,d,e 是实数,且满足

$$a+b+c+d+e=8;\quad a^2+b^2+c^2+d^2+e^2=16。$$

试确定 e 的最大值。

分析 e 和 a,b,c,d 均有关系,但仅根据已知两式,要求出 e 的最大值尚有困难。今寻求一个关于 a,b,c,d 和 a^2,b^2,c^2,d^2 的"载体",求出 e 的最值。为此,把 a,b,c,d,a^2,b^2,c^2,d^2 放在二次函数系数的位置上,通过判别式去求 e 的最值。

解 构造二次函数

$$f(x)=4x^2+2(a+b+c+d)x+(a^2+b^2+c^2+d^2)$$

$$=(x+a)^2+(x+b)^2+(x+c)^2+(x+d)^2。$$

显然有 $f(x)\geqslant 0$。又二次项系数 $4>0$,故

$$\Delta=4(a+b+c+d)^2-4\cdot 4(a^2+b^2+c^2+d^2)\leqslant 0。$$

代入已知条件,得

$$(8-e)^2-4(16-e^2)\leqslant 0。$$

解得 $0\leqslant e\leqslant\frac{16}{5}$,所以 $e_{\max}=\frac{16}{5}$。

例 7.86 求函数 $y=\sqrt{1+x}-\sqrt{x}$ 的值域。

分析 根据题设特征,则 $x\geqslant 0$,故可构造一个三角函数 $x=\cot^2\theta,\theta\in\left(0,\frac{\pi}{2}\right]$,则 $y=\csc\theta\cdot\cot\theta=\tan\frac{\theta}{2}$。因为 $0<\theta\leqslant\frac{\pi}{2}$,所以 $0<\tan\frac{\theta}{2}\leqslant 1$,故 $y\in(0,1]$。

例 7.87 求证:对于定义域包含于实数集且关于原点对称的任意实函数 $f(x)$,都可以表示成一个奇函数和一个偶函数的和。

证明 若 $f(x)$本身就是一个奇函数,则令 $f(x)=f(x)+0\cdot g(x)$;若 $f(x)$本身就是一个偶函数,则令 $f(x)=f(x)+0\cdot h(x)$,其中 $g(x),h(x)$分别是与 $f(x)$定义域相同的偶函数、奇函数。即知命题正确。

若 $f(x)$非奇非偶,则令 $F_1(x)=\frac{1}{2}(f(x)+f(-x))$,$F_1(x)$就是一个偶函数;又令 $F_2(x)=\frac{1}{2}(f(x)-f(-x))$,$F_2(x)$就是一个奇函数,于是由 $f(x)=F_1(x)+F_2(x)$即知命题正确。

综合上述可知,原命题成立。

(4) 构造不等式

在不等式的证明中,有些如果仅从题目的条件去考虑,往往不便入手。如果能根据题目的特点和不等式的性质,灵活地构造出一个或几个辅助不等式,纳入已知条件一并考虑,常常能使思路豁然开朗,或者能化繁为简,顺利地实现证明目标。

例 7.88 求证:$\frac{1}{2}\cdot\frac{3}{4}\cdot\frac{5}{6}\cdot\cdots\cdot\frac{2n-1}{2n}<\frac{1}{\sqrt{n}}$。

分析 考虑辅助不等式。

由真分数的性质,若$\frac{b}{a}$是真分数,则$\frac{b}{a}<\frac{b+m}{a+m}(m\in\mathbf{N})$,故有$\frac{1}{2}<\frac{2}{3},\frac{3}{4}<\frac{4}{5},\cdots,\frac{2n-1}{2n}<\frac{2n}{2n+1}$,在求证不等式左端的$\frac{1}{2},\frac{3}{4}$之间乘上$\frac{2}{3}$;在$\frac{3}{4},\frac{5}{6}$之间乘上$\frac{4}{5}$,…,在$\frac{2n-3}{2n-2},\frac{2n-1}{2n}$之间乘上$\frac{2n-2}{2n-1}$;在$\frac{2n-1}{2n}$之后,乘上$\frac{2n}{2n+1}$,于是,左端即可化简,从而,不等式即被证出。

证明 构造不等式

$$\frac{1}{2}\cdot\frac{3}{4}\cdot\frac{5}{6}\cdot\cdots\cdot\frac{2n-1}{2n}<\frac{2}{3}\cdot\frac{4}{5}\cdot\frac{6}{7}\cdot\cdots\cdot\frac{2(n-1)}{2n-1}\cdot\frac{2n}{2n+1},$$

用$\frac{1}{2}\cdot\frac{3}{4}\cdot\frac{5}{6}\cdot\cdots\cdot\frac{2n-1}{2n}$乘上面不等式两边,得

$$\left(\frac{1}{2}\cdot\frac{3}{4}\cdot\frac{5}{6}\cdot\cdots\cdot\frac{2n-1}{2n}\right)^2<\frac{1}{2}\cdot\frac{2}{3}\cdot\frac{3}{4}\cdot\frac{4}{5}\cdot\cdots\cdot\frac{2(n-1)}{2n-1}\cdot\frac{2n-1}{2n}\cdot\frac{2n}{2n+1}$$
$$=\frac{1}{2n+1}<\frac{1}{n}。$$

例 7.89 求证：$1+\frac{1}{2^2}+\frac{1}{3^2}+\cdots+\frac{1}{n^2}<2$。

分析 在例 6.44 中曾用数学归纳法证明了此结果，下面用构造法证明。

证明 构造辅助式

$$\frac{1}{2^2}<\frac{1}{1\times2}=1-\frac{1}{2},$$
$$\frac{1}{3^2}<\frac{1}{2\times3}=\frac{1}{2}-\frac{1}{3},$$
$$\vdots$$
$$\frac{1}{n^2}<\frac{1}{(n-1)n}=\frac{1}{n-1}-\frac{1}{n}。$$

将此 $n-1$ 个式相加，便得

$$\frac{1}{2^2}+\frac{1}{3^2}+\cdots+\frac{1}{n^2}<1-\frac{1}{2}+\frac{1}{2}-\frac{1}{3}+\frac{1}{3}+\cdots+\frac{1}{n-1}-\frac{1}{n}=1-\frac{1}{n},$$

所以

$$1+\frac{1}{2^2}+\frac{1}{3^2}+\cdots+\frac{1}{n^2}=2-\frac{1}{n}<2。$$

在证明不等式过程中，设置一些与求证不等式有关的辅助不等式，帮助证明，这是经常用到的方法。除此之外，还要灵活运用下述定理：已知 $a_i>0(i=1,2,\cdots,n)$，则

$$\frac{a_1+a_2+\cdots+a_n}{n}\geqslant\sqrt[n]{a_1a_2\cdots a_n}\text{ 及特例 }a^2+b^2\geqslant 2ab。$$

例 7.90 若复数 z_1,z_2 满足 $10z_1^2-2z_1z_2+5z_2^2=0$，且 z_1+2z_2 为纯虚数。求证：$3z_1-z_2$ 是实数。

分析 如果能想到只要证明$(3z_1-z_2)^2>0$，问题就豁然开朗了。下面设法由条件构造出与此有关的不等式。

由已知可变形得$(3z_1-z_2)^2=-(z_1+2z_2)^2>0$（因为 z_1+2z_2 是纯虚数），故问题得证。

(5) 构造数列

根据已知条件和所求结论的特点，构造出与题目有关的数列，把所求问题放到所构造的数列中去考察，解决所设数列的有关问题，从而使原问题获解，这就是用构造数列方法解题的指导思想。

例 7.91 证明：$(1+\sec2\theta)(1+\sec2^2\theta)\cdots(1+\sec2^n\theta)=\tan2^n\theta\cot\theta$。

分析 取其通项进行研究：

$$1+\sec2^n\theta=1+\frac{1}{\cos2^n\theta}=\frac{1+\cos2^n\theta}{\cos2^n\theta}$$

$$=\frac{2\cos^2 2^{n-1}\theta}{\cos 2^n\theta}=\frac{2\cos 2^{n-1}\theta\cdot\cos 2^{n-1}\theta\sin 2^{n-1}\theta}{\cos 2^n\theta\sin 2^{n-1}\theta}$$

$$=\frac{\sin 2^n\theta}{\cos 2^n\theta}\cdot\frac{\cos 2^{n-1}\theta}{\sin 2^{n-1}\theta}=\tan 2^n\theta\cot 2^{n-1}\theta。$$

因此,所证等式实际上是数列$\left\{\frac{\tan 2^n\theta}{\tan 2^{n-1}\theta}\right\}$前 n 项之积。

证明 构造数列$\left\{\frac{\tan 2^n\theta}{\tan 2^{n-1}\theta}\right\}$,于是

$$1+\sec 2\theta=1+\frac{1}{\cos 2\theta}=\frac{\cos 2\theta+1}{\cos 2\theta}=\frac{2\cos^2\theta}{\cos 2\theta}$$

$$=\frac{2\cos\theta\cos\theta\sin\theta}{\cos 2\theta\sin\theta}=\frac{\sin 2\theta}{\cos 2\theta}\cdot\frac{\cos\theta}{\sin\theta}=\frac{\tan 2\theta}{\tan\theta}。$$

同理

$$(1+\sec 2^2\theta)=\frac{\tan 2^2\theta}{\tan 2\theta},$$

$$(1+\sec 2^3\theta)=\frac{\tan 2^3\theta}{\tan 2^2\theta},$$

$$\vdots$$

$$1+\sec 2^n\theta=\frac{\tan 2^n\theta}{\tan 2^{n-1}\theta}。$$

把此 n 个等式相乘,得

$$(1+\sec 2\theta)(1+\sec 2^2\theta)(1+\sec 2^3\theta)\cdots(1+\sec 2^n\theta)$$

$$=\frac{\tan 2\theta}{\tan\theta}\cdot\frac{\tan 2^2\theta}{\tan 2\theta}\cdot\frac{\tan 2^3\theta}{\tan 2^2\theta}\cdots\frac{\tan 2^n\theta}{\tan 2^{n-1}\theta}=\tan 2^n\theta\cot\theta。$$

由以上各例可以看出,欲构造一个数列,将原来要求的问题,转到数列中去,必须从原问题通项入手,把已知条件纳入考虑。还要兼顾到计算与化简的方便。

例 7.92 设 $a_1,a_2,\cdots,a_n(n\geqslant 2)$都大于$-1$且同号,求证:

$$(1+a_1)(1+a_2)\cdots(1+a_n)>1+a_1+a_2+\cdots+a_n。$$

证明 构造数列

$$x_n=(1+a_1)(1+a_2)\cdots(1+a_n)-(1+a_1+a_2+\cdots+a_n),$$

则

$$x_{n+1}-x_n=(1+a_1)(1+a_2)\cdots(1+a_n)a_{n+1}-a_{n+1}$$

$$=a_{n+1}[(1+a_1)(1+a_2)\cdots(1+a_n)-1]\quad(n\geqslant 2)。$$

若 $a_i>0(i=1,2,\cdots,n+1)$,则易知 $x_{n+1}-x_n>0$。

若$-1<a_i<0$,则 $0<1+a_i<1(i=1,2,\cdots,n)$。又$-1<a_{n+1}<0$,故 $x_{n+1}-x_n>0$。

因此,对一切 $n\geqslant 2$,有 $x_{n+1}>x_n$,但

$$x_2=(1+a_1)(1+a_2)-1-a_1-a_2=a_1a_2>0,$$

所以,对一切 $n\geqslant 2,x_n>x_2>0$,从而原不等式成立。

注 涉及与自然数有关的不等式的证明时,可以用数学归纳法,但若用构造递增(或递

减)数列的方法,有时会更简便一些。

例 7.93 求证:$1-\frac{1}{2}+\frac{1}{3}-\frac{1}{4}+\cdots+\frac{1}{2n-1}-\frac{1}{2n}=\frac{1}{n+1}+\frac{1}{n+2}+\cdots+\frac{1}{2n}$。

分析 这种类型的问题通常用数学归纳法来证。用构造数列的方法求解也是一个很好的选择。

设 $x_n=\left(1-\frac{1}{2}+\frac{1}{3}-\frac{1}{4}+\cdots+\frac{1}{2n-1}-\frac{1}{2n}\right)-\left(\frac{1}{n+1}+\frac{1}{n+2}+\cdots+\frac{1}{2n}\right)\quad(n=1,2,3,\cdots)$。

因为 $x_{n+1}-x_n=\frac{1}{2n+1}-\frac{1}{2n+2}-\frac{1}{2n+1}-\frac{1}{2n+2}=0(n=1,2,3,\cdots)$,所以 $\{x_n\}$ 是公差为零的等差数列。于是 $x_n=x_1=0$。原恒等式获证。

(6) 利用复数构造

由于复数有三角式,因此构造复数解对偶型三角问题特别有效。当然构造复数还可解其他类似的问题。

由于复数具有代数、几何、三角等多种表示形式以及它的特定性质和运算法则,我们可以构造复数求解许多代数、几何、三角方面的问题,它不但可以提高纵横运用知识解题的技巧,而且可激发发散思维,突破思维定势。

例 7.94 已知 $\cos\alpha+\cos\beta+\cos\gamma=0,\sin\alpha+\sin\beta+\sin\gamma=0$。求证:

(1) $\cos3\alpha+\cos3\beta+\cos3\gamma=3\cos(\alpha+\beta+\gamma)$;

(2) $\sin3\alpha+\sin3\beta+\sin3\gamma=3\sin(\alpha+\beta+\gamma)$。

分析 设复数 $z_1=\cos\alpha+\mathrm{i}\sin\alpha,z_2=\cos\beta+\mathrm{i}\sin\beta,z_3=\cos\gamma+\mathrm{i}\sin\gamma$,则 $z_1+z_2+z_3=(\cos\alpha+\cos\beta+\cos\gamma)+\mathrm{i}(\sin\alpha+\sin\beta+\sin\gamma)$,于是有 $z_1^3+z_2^3+z_3^3=3z_1z_2z_3$。

因为 $z_1^3+z_2^3+z_3^3=(\cos3\alpha+\cos3\beta+\cos3\gamma)+\mathrm{i}(\sin3\alpha+\sin3\beta+\sin3\gamma)$,而

$$3z_1z_2z_3=3[\cos(\alpha+\beta+\gamma)+\mathrm{i}\sin(\alpha+\beta+\gamma)],$$

故由复数相等的条件可得结论。

例 7.95 求证 $\arctan\frac{1}{7}+2\arctan\frac{1}{3}=\frac{\pi}{4}$。

分析 因为,当 $a>0,b>0$ 时,$\arctan(a+b\mathrm{i})=\arctan\frac{b}{a}$,故可将 $\arctan\frac{1}{7}$,$2\arctan\frac{1}{3}$ 分别看作复数 $7+\mathrm{i},(3+\mathrm{i})^2$ 的辐角主值,(并注意到复数的辐角主值满足 $\mathrm{arc}z^2=2\mathrm{arc}z$),于是,可通过构造复数:$z_1=7+\mathrm{i},z_2=(3+\mathrm{i})^2$ 来完成证明。

因为 $z_1z_2=(7+\mathrm{i})(3+\mathrm{i})^2=50(1+\mathrm{i})$,而 $\mathrm{arc}[50(1+\mathrm{i})]=\frac{\pi}{4}$,易证

$0<\arctan\frac{1}{7}+2\arctan\frac{1}{3}<\pi$,所以 $\arctan\frac{1}{7}+2\arctan\frac{1}{3}=\frac{\pi}{4}$。

例 7.96 已知 $\sin A+\sin3A+\sin5A=a,\cos A+\cos3A+\cos5A=b$。求证:

(1) 当 $b\neq0$ 时,$\tan3A=\frac{a}{b}$;

(2) $(1+2\cos2A)^2=a^2+b^2$。

分析 已知条件构成三角对偶形式,可构造复数 $z=\cos A+\mathrm{i}\sin A$,则 $z\cdot\bar{z}=1$,故

$$b+a\mathrm{i}=z+z^3+z^5=(1+z^2+\bar{z}^2)z^3=(1+2\cos2A)(\cos3A+\mathrm{i}\sin3A)。$$

当 $1+2\cos 2A>0$ 时，复数 $b+a\mathrm{i}$ 的辐角为 $3A$，故当 $b\neq 0$ 时，$\tan 3A=\dfrac{a}{b}$；

当 $1+2\cos 2A<0$ 时，复数 $b+a\mathrm{i}$ 的辐角为 $\pi+3A$，故当 $b\neq 0$ 时，$\tan 3A=\tan(\pi+3A)=\dfrac{a}{b}$。

而 $b+a\mathrm{i}$ 的模 $r=|1+2\cos 2A|=\sqrt{a^2+b^2}$，故 $(1+2\cos 2A)^2=a^2+b^2$。

(7) 构造几何模型

有些数学问题，在不易从解析式本身推证获取结论时，依照题目的条件，构造出适当的图形，使已知条件在图形中得到体现。然后根据图形的性质，对问题加以论证或计算，得到所求的结论。

例 7.97 求 $\sin^2 10°+\cos^2 40°+\sin 10°\cos 40°$ 的值。

分析 本题若直接求解，需要用到半角公式、积化和差公式，虽然可以解出，但较繁，由于所给各项都是二次的，通过适当地构造三角形，利用余弦定理、正弦定理可以解出。

解 原式即 $\sin^2 10°+\sin^2 50°+\sin 10°\sin 50°$。构造一个 $\triangle ABC$，使得 $A=10°$，$B=50°$，$C=120°$。由余弦定理得 $c^2=a^2+b^2-2ab\cos C$。

由正弦定理得 $\sin^2 C=\sin^2 A+\sin^2 B-2\sin A\sin B\cos C$，即

$$\sin^2 120°=\sin^2 10°+\sin^2 50°-2\sin 10°\sin 50°\cos 120°,$$

从而得

$$\frac{3}{4}=\sin^2 10°+\sin^2 50°+\sin 10°\sin 50°,$$

即 $\sin^2 10°+\cos^2 40°+\sin 10°\cos 40°=\dfrac{3}{4}$。

这里，通过构造了 $\triangle ABC$，把所求的问题转化为在 $\triangle ABC$ 中求一边的平方问题，直接运用正、余弦定理即可以了。

例 7.98 已知正数 x,y,z，满足：

$$\begin{cases} x^2+xy+\dfrac{y^2}{3}=25, \\ \dfrac{y^2}{3}+z^2=9, \\ z^2+xz+x^2=16。\end{cases}$$

试求 $xy+2yz+3xz$ 的值。

分析 由于所给的三个方程左边都是二次的，且右边又都是平方数，于是联想到余弦定理。

将原式进行恒等变形，得

$$\begin{cases} x^2+\left(\dfrac{y}{\sqrt{3}}\right)^2-2x\cdot\dfrac{y}{\sqrt{3}}\cos 150°=5^2, & (7.14) \\ \left(\dfrac{y}{\sqrt{3}}\right)^2+z^2=3^2, & (7.15) \\ z^2+x^2-2xz\cos 120°=4^2。 & (7.16) \end{cases}$$

据此，(7.14)式可以看做以 $x,\dfrac{y}{\sqrt{3}},5$ 为边长的三角形三边关系式，其中边长为 $x,\dfrac{y}{\sqrt{3}}$ 的

两条边的夹角为 150°；(7.15)式可以看做以$\dfrac{y}{\sqrt{3}}$,z 为两直角边,斜边是 3 的直角三角形三边关系式；(7.16)式可以看做 z,x 为两边,夹角 120°,第三边是 4 的三角形三边关系式。又 $150^\circ+90^\circ+120^\circ=360^\circ$,$5^2=3^2+4^2$,因此,这三个三角形恰好组成一个直角三角形(三边分别是 3,4,5)。如图 7.31 所示。

要求 $xy+2yz+3xz$ 的值,即求$\dfrac{1}{4\sqrt{3}}(xy+2yz+3xz)=\dfrac{1}{4\sqrt{3}}xy+\dfrac{1}{2\sqrt{3}}yz+\dfrac{\sqrt{3}}{4}xz$,此即这三个三角形的面积和。

本题从分析三个已知等式的特点出发,设计出三个三角形,根据它们的边长和内角的关系,发现这三个三角形恰好构成一个直角三角形,再将代数式 $xy+2yz+3xz$ 变形,使它与所设计的三个三角形的面积联系起来,从而求出需求的值。之所以能这样设计出三个三角形,完全是依据题设的三个等式。

例 7.99 已知三棱锥 $P\text{-}ABC$ 中,$AB=PC=\sqrt{13}$,$BC=PA=\sqrt{20}$,$AC=PB=5$,求三棱锥的体积 $V_{P\text{-}ABC}$。

分析 由于顶点 P 到底面 ABC 的距离不能直接求出,因此直接求得 $V_{P\text{-}ABC}$ 有困难。

由于棱锥的对棱相等,故作出棱锥所在的三棱柱 $MNP\text{-}CAB$。由 $PB=AN$,$PB=AC$,所以 $AN=AC$,故侧面 $MNAC$ 是菱形。

由于 $PA=BC$,而 $BC=PM$,故得 $PA=PM$。同理可得 $PN=PC$,所以 P 到侧面 $MNAC$ 的距离的垂线足,恰好是侧面 $MNAC$ 的对角线的交点,因而 $V_{P\text{-}MNAC}$ 可以求得,从而 $V_{P\text{-}ABC}$ 可以求得。

解 构造辅助四棱锥 $P\text{-}MNAC$,使它与已知三棱锥 $P\text{-}ABC$ 合成三棱柱 $MNP\text{-}ABC$。如图 7.32(b)。

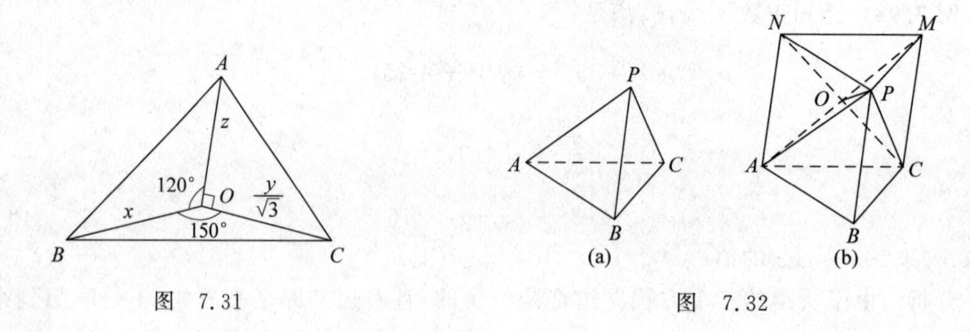

图 7.31　　图 7.32

由图 7.32 知,四边形 $MNAC$ 是平行四边形,$NA=PB$,而由已知得 $PB=AC$,所以 $NA=AC$,即四边形 $MNAC$ 是菱形。

设 AM 和 CN 交于 O,连接 PO,在$\triangle PNC$ 中,由于 $PC=AB$,而 $AB=PN$,所以 $PC=PN$,故 $PO\perp NC$。

同理可证 $PO\perp AM$。所以 $PO\perp$ 平面 $MNAC$。设 $NO=x$,$MO=y$,$PO=h$,则有

$$\begin{cases}h^2+x^2=13,\\ h^2+y^2=20,\\ x^2+y^2=25。\end{cases}$$

解之，得 $x=3, y=4, h=2$。所以 $S_{MNAC}=2xy=24$。

$$V_{P\text{-}MNAC}=\frac{1}{3}S_{MNAC}PO=\frac{1}{3}\times 24\times 2=16。$$

因为 $V_{P\text{-}ABC}=V_{C\text{-}PAB}=V_{C\text{-}PNA}=V_{P\text{-}MAC}=\frac{1}{2}V_{P\text{-}MNAC}$，而 $V_{P\text{-}MNAC}=16$，所以 $V_{P\text{-}ABC}=8$。

构造几何模型主要是用于形数转换，把"数"的问题转化为"形"的问题，利用图形直观的特性来解答问题。

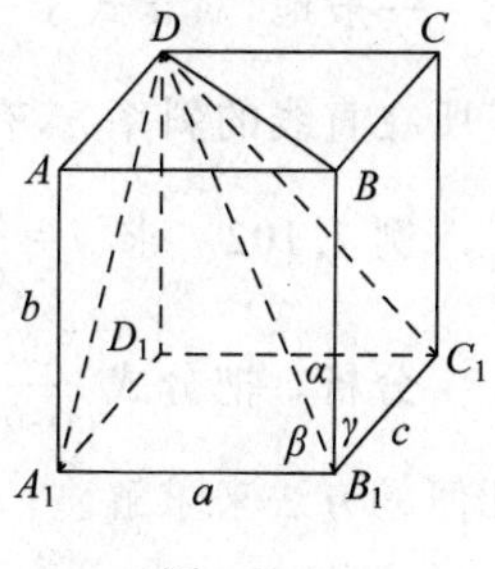

图 7.33

例 7.100 已知锐角 α,β,γ 满足 $\cos^2\alpha+\cos^2\beta+\cos^2\gamma=1$。

求证：$\cot\alpha\cdot\cot\beta\cdot\cot\gamma\leqslant\frac{\sqrt{2}}{4}$。

证明 如图 7.33 所示，构造长方体 $ABCD\text{-}A_1B_1C_1D_1$，其长，宽，高分别为 a,b,c，其一对角线 B_1D 与棱 BB_1, A_1B_1, B_1C_1 的夹角分别为 α,β,γ，则 $B_1D=\sqrt{a^2+b^2+c^2}$，所以

$$\cos^2\alpha+\cos^2\beta+\cos^2\gamma=\frac{b^2}{a^2+b^2+c^2}+\frac{a^2}{a^2+b^2+c^2}+\frac{c^2}{a^2+b^2+c^2}=1。$$

因为 $BD=\sqrt{a^2+c^2}$，$A_1D=\sqrt{b^2+c^2}$，$C_1D=\sqrt{a^2+b^2}$，所以

$$\cot\alpha\cdot\cot\beta\cdot\cot\gamma=\frac{b}{\sqrt{a^2+c^2}}\cdot\frac{a}{\sqrt{b^2+c^2}}\cdot\frac{c}{\sqrt{a^2+b^2}}。$$

因为 $\sqrt{a^2+c^2}\geqslant\sqrt{2ac}$，$\sqrt{b^2+c^2}\geqslant\sqrt{2bc}$，$\sqrt{a^2+b^2}\geqslant\sqrt{2ab}$，所以

$$\cot\alpha\cdot\cot\beta\cdot\cot\gamma=\frac{b}{\sqrt{a^2+c^2}}\cdot\frac{a}{\sqrt{b^2+c^2}}\cdot\frac{c}{\sqrt{a^2+b^2}}\leqslant\frac{abc}{\sqrt{8a^2b^2c^2}}=\frac{abc}{\sqrt{8}abc}=\frac{\sqrt{2}}{4}。$$

例 7.101 已知 $x\in\mathbb{R}^+$，$y\in\mathbb{R}^+$，$x+y=12$，求 $\sqrt{x^2+1}+\sqrt{y^2+16}$ 的最小值。

分析 可以通过构造几何图形，来寻找此题的解题途径。

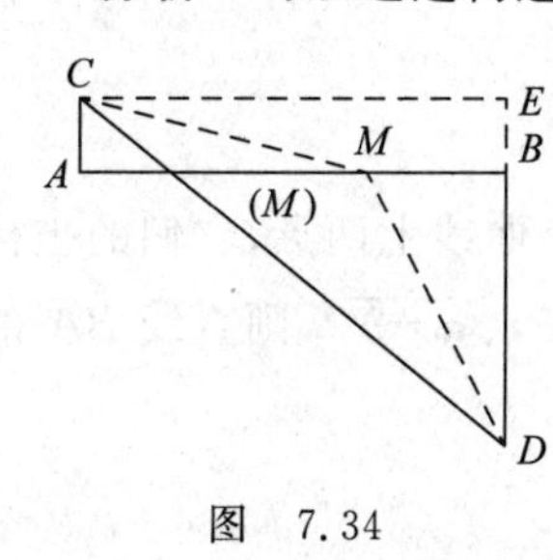

图 7.34

取线段 $AB=12$，作 $AC\perp AB$，$BD\perp AB$，且 AC 与 BD 方向相反，取 $AC=1$，$BD=4$，点 M 在 AB 上运动（见图 7.34）。设 $AM=x$，$BM=y$，则 $CM+MD=\sqrt{x^2+1}+\sqrt{y^2+16}$。显然，只有当 C,D,M 共线时，$CM+MD$ 取最小值。由 $\triangle ACM\backsim\triangle BDM$，得 $x:y=1:4$。

解线性方程组 $\begin{cases}x+y=12,\\4x=y\end{cases}$ 得 $x=\frac{12}{5}$，$y=\frac{48}{5}$。于是所求最小值为 13。

或者，作 CE 垂直 DB 的延长线于 E，则 $CE=x+y=12$，$DE=DB+BE=1+4=5$，所以 $CM+MD=CD=\sqrt{CE^2+DE^2}=\sqrt{12^2+5^2}=13$，因此，$\sqrt{x^2+1}+\sqrt{y^2+16}$ 的最小值为 13。

这种构造的重要之点在于，善于发掘题设条件中的几何意义，从而构造出几何图形，把代数问题转化为几何问题来解决。

(8) 构造解析模型

构造解析模型是实现形数转换的又一种方法。由于解析几何本身就是形数结合的学

科，它的适用范围更广。

斜率表示直线的倾斜程度，是一条直线位置的重要特征之一。利用斜率，不仅能处理有关直线问题，还可以解决解析几何中许多其他问题。因此，在求解数学问题中，常常构造斜率，帮助解题。

一般地，对于式子$\dfrac{a+b}{c+d}$($a,b,c,d\in\mathbb{R}$，且$c+d\neq0$)可以看做过点(c,a)、$(-d,-b)$两点所在直线的斜率k，有了这个基本思想以后，众多的问题就能利用斜率去处理了。

例 7.102 求$y=\dfrac{\sin\theta-1}{\cos\theta-2}$的最值。

分析 把分式$\dfrac{\sin\theta-1}{\cos\theta-2}$看做是过点(2,1)和单位圆上的点$(\cos\theta,\sin\theta)$的直线的斜率，用几何的方法来求解。

解 设有单位圆$x^2+y^2=1$，圆上一点$A(\cos\theta,\sin\theta)$，再设定点$B(2,1)$，则$\dfrac{\sin\theta-1}{\cos\theta-2}$是过$A(\cos\theta,\sin\theta)$，$B(2,1)$的直线斜率。因为过$B$的所引圆的割线中，只有直线和圆相切时，$\dfrac{\sin\theta-1}{\cos\theta-2}$才能取最值。

因此，设过$B(2,1)$的直线方程为$y-1=k(x-2)$，将此代入圆的方程$x^2+y^2=1$，化简得

$$(1+k^2)x^2+2k(1-2k)x+4k(k-1)=0。$$

令$\Delta=[2k(1-2k)]^2-4(1+k^2)\cdot4k(k-1)=0$，整理得$3k^2-4k=0$，所以$k_1=0$，$k_2=\dfrac{4}{3}$。$k_{BA_1}=\dfrac{4}{3}$是最大值；$k_{BA_2}=0$是最小值(如图7.35所示)。

例 7.103 已知$a>b>0$，试证明：$\sqrt[3]{a}-\sqrt[3]{b}<\sqrt[3]{a-b}$。

分析 因为$a>b>0$，所以$a-b>0$，故求证的不等式可变为

$$\frac{\sqrt[3]{a}-\sqrt[3]{b}}{a-b}<\frac{\sqrt[3]{a-b}-0}{(a-b)-0}。$$

这可看做曲线上两点连线斜率和另外两点连线的斜率的大小比较。

证明 如图7.36所示，构造函数：$y=\sqrt[3]{x}\ (x\geqslant0)$，设$A$，$B$是曲线上两点，它们的坐标分别是$(a,\sqrt[3]{a})$，$(b,\sqrt[3]{b})$。$C$是曲线上另外一点，它的坐标是$(a-b,\sqrt[3]{a-b})$，则直线$BA$的斜率$k_{BA}=\dfrac{\sqrt[3]{a}-\sqrt[3]{b}}{a-b}$，直线$OC$的斜率$k_{OC}=\dfrac{\sqrt[3]{a-b}-0}{(a-b)-0}$。

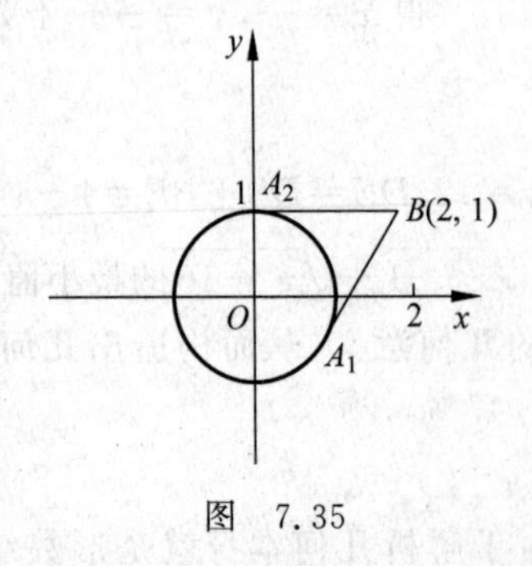

图 7.35

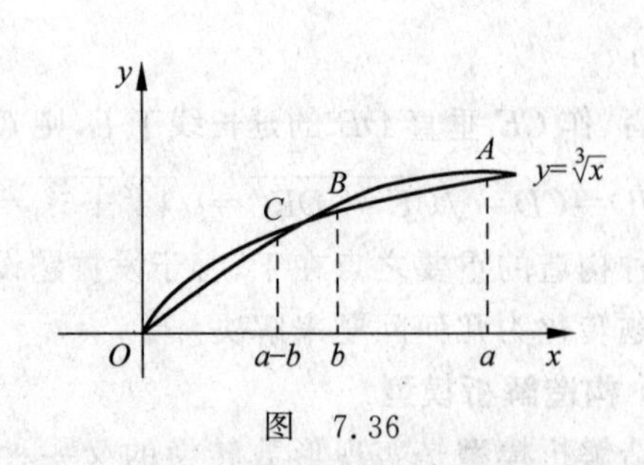

图 7.36

因为

$$k_{BA}=\frac{\sqrt[3]{a}-\sqrt[3]{b}}{a-b}=\frac{\sqrt[3]{a}-\sqrt[3]{b}}{(\sqrt[3]{a}-\sqrt[3]{b})(\sqrt[3]{a^2}+\sqrt[3]{ab}+\sqrt[3]{b^2})}=\frac{1}{\sqrt[3]{a^2}+\sqrt[3]{ab}+\sqrt[3]{b^2}};$$

$$k_{OC}=\frac{\sqrt[3]{a-b}}{a-b}=\frac{\sqrt[3]{a-b}}{\sqrt[3]{a-b}\sqrt[3]{(a-b)^2}}=\frac{1}{\sqrt[3]{(a-b)^2}}。$$

不难验证$\sqrt[3]{(a-b)^2}<\sqrt[3]{a^2}+\sqrt[3]{b^2}<\sqrt[3]{a^2}+\sqrt[3]{ab}+\sqrt[3]{b^2}$，所以

$\frac{1}{\sqrt[3]{(a-b)^2}}>\frac{1}{\sqrt[3]{a^2}+\sqrt[3]{ab}+\sqrt[3]{b^2}}$，即 $k_{OC}>k_{BA}$，亦即$\frac{\sqrt[3]{a}-\sqrt[3]{b}}{a-b}<\frac{\sqrt[3]{a-b}-0}{(a-b)-0}$。

由于 $a-b>0$，两边同乘以 $a-b$，得$\sqrt[3]{a}-\sqrt[3]{b}<\sqrt[3]{a-b}$。

(9) 构造斜率求函数的值域

例 7.104 求函数 $f(t)=\frac{-\cos^2 t+4\sin t+6}{\sin t-3}$的值域。

分析 原函数式即为 $f(t)=\frac{\sin^2 t+4\sin t-(-5)}{\sin t-3}$，因此，$f(t)$可看做是点$(3,-5)$和点$(\sin t,\sin^2 t+4\sin t)$的连线斜率。函数的值域，即是此斜率的变化范围。

解 设 $P(\sin t,\sin^2 t+4\sin t)$，$Q(3,-5)$。若设 $x=\sin t$，则 P 是抛物线 $y=x^2+4x$ 在 $-1\leqslant x\leqslant 1$ 内的点(因$|\sin t|\leqslant 1$)，原问题就是求点 Q 和抛物线 $y=x^2+4x$，$x\in[-1,1]$上任意一点连线斜率 k 的范围问题。

作直线 $x=1$，$x=-1$，分别和 $y=x^2+4x$ 交于 $A(-1,-3)$，$B(1,5)$两点，由图 7.37 知 $k_{AQ}\leqslant f(t)\leqslant k_{QB}$。

而 $k_{AQ}=\frac{-5+3}{3+1}=-\frac{1}{2}$，$k_{BQ}=\frac{-5-5}{3-1}=-5$，所以 $f(t)$的值域是$\left[-5,-\frac{1}{2}\right]$。

例 7.105 已知$\frac{\cos^4\alpha}{\cos^2\beta}+\frac{\sin^4\alpha}{\sin^2\beta}=1$。求证：$\frac{\sin^4\beta}{\sin^2\alpha}+\frac{\cos^4\beta}{\cos^2\alpha}=1$。

分析 从解析的观点，已知条件表示点 $A\left(\frac{\cos^2\alpha}{\cos\beta},\frac{\sin^2\alpha}{\sin\beta}\right)$在单位圆 $x^2+y^2=1$ 上，而点 $B(\cos\beta,\sin\beta)$也在单位圆上。

因过 B 点的单位圆的切线方程为 $x\cos\beta+y\sin\beta=1$，把 A 的坐标代入，也满足此方程，故知 A 也在此切线上，因此 A 与 B 重合，所以$\frac{\cos^2\alpha}{\cos\beta}=\cos\beta$，$\frac{\sin^2\alpha}{\sin\beta}=\sin\beta$，即 $\cos^2\alpha=\cos^2\beta$，$\sin^2\alpha=\sin^2\beta$，因此$\frac{\sin^4\beta}{\sin^2\alpha}+\frac{\cos^4\beta}{\cos^2\alpha}=\sin^2\beta+\cos^2\beta=1$。

例 7.106 设有双曲线 S：$xy=1$，过点 $A(a,0)(a>0)$作一条斜率为 $m(m<0)$的直线，交双曲线于 B，C 两点，交 y 轴于 D 点，这些点的顺序是 A，B，C，D，如图 7.38 所示。

(1) 证明：$AB=CD$；

(2) 如果 $AB=BC=CD$，试把 m 用a 表达出来。

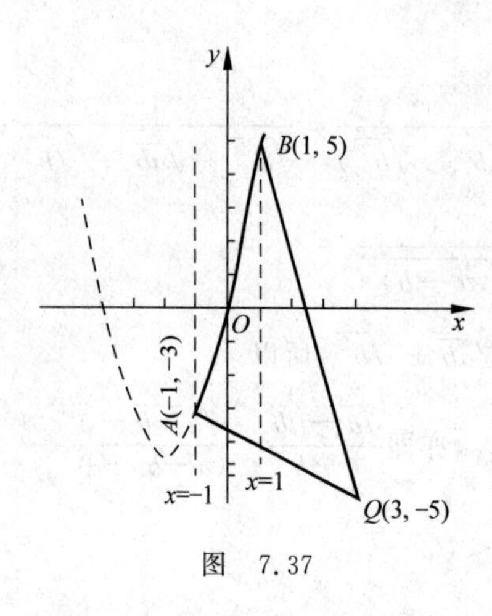

图 7.37

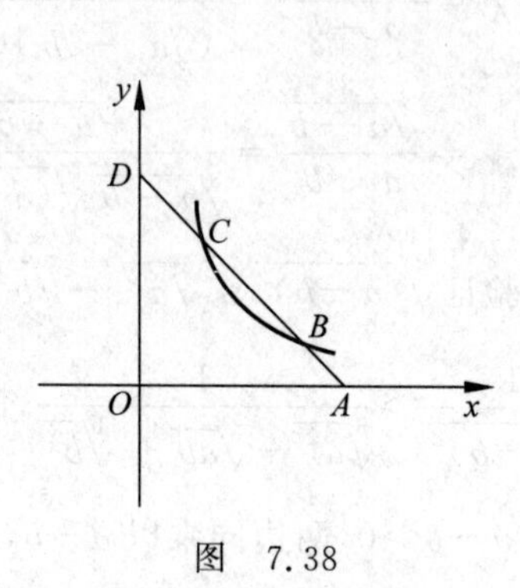

图 7.38

分析 若把过 A 点的直线方程列出，代入双曲线方程，求出 A,B,C,D 的坐标，再用两点间距离公式去证，显然较烦琐，若用定比证明，则比较简便。

证明 (1) 直线 AD 的方程为 $y=m(x-a)$，所以 D 的坐标为 $D(0,-ma)$，构造定比 $\lambda=\dfrac{AB}{CD}$，则 B 的坐标为

$$x_B=\frac{a+\lambda\cdot 0}{1+\lambda}=\frac{a}{1+\lambda},\quad y_B=\frac{0+\lambda(-ma)}{1+\lambda}=\frac{-\lambda am}{1+\lambda},$$

即 $B\left(\dfrac{a}{1+\lambda},\dfrac{-\lambda am}{1+\lambda}\right)$。

把 B 的坐标代入 S 的方程，化简得

$$\lambda^2+(a^2m+2)\lambda+1=0。\tag{7.17}$$

因 AB 和 S 相交，故方程(7.17)有两个实根 λ_1,λ_2，由根与系数关系得 $\lambda_1\lambda_2=1$，即

$$\frac{AB}{BD}\cdot\frac{AC}{CD}=1,\quad 所以\frac{AB}{BD}=\frac{CD}{AC}。$$

由合比定理得 $\dfrac{AB}{AB+BD}=\dfrac{CD}{AC+CD}$，即 $\dfrac{AB}{AD}=\dfrac{CD}{AD}$，所以 $AB=CD$。

(2) 如果 $AB=BC=CD$，即 $\lambda_1=\dfrac{AB}{BD}=\dfrac{1}{2}$，$\lambda_2=\dfrac{AC}{CD}=2$。

由(7.17)式，$\lambda_1+\lambda_2=-(a^2m+2)=\dfrac{1}{2}+2=\dfrac{5}{2}$，所以 $m=-\dfrac{9}{2a^2}$。

例 7.107 已知直线 l: $y=ax+1$ 和两点：$A(1,4)$，$B(3,1)$，问 a 在什么范围内时直线和 AB 相交？

分析 此题用构造定比的方法解，比讨论由已知直线和 AB 直线所组成的二元一次方程组(带参数 a)解的情况要简便得多。

解 设 l 和直线 AB 交于 P，P 内分 AB，设 $\lambda=\dfrac{AP}{PB}$(P 和 B 不重合)。

由 A,B 两点的坐标，得 P 的坐标为 $x_P=\dfrac{1+3\lambda}{1+\lambda}$，$y_P=\dfrac{4+\lambda}{1+\lambda}$。

因为 P 在 l 上，P 的坐标应满足 l 的方程，故有

$$\frac{4+\lambda}{1+\lambda}=a\,\frac{1+3\lambda}{1+\lambda}+1,\quad \text{所以}\ \lambda=\frac{3-a}{3a}。$$

因为 P 内分 AB，所以 $\lambda\geqslant 0$，故 $a\leqslant 3$。

(10) 构造行列式

有些数学问题在求解过程中，往往不易从题目本身的已知条件去求得解决，但如果根据题目本身的特点，恰当地构造一个与之有关的行列式，把所求的问题，转化到行列式中去，利用行列式的性质，却能使问题很容易获得解决。

例 7.108 设

$$\log_{15}7=a,$$
$$\log_{21}5=b,$$
$$\log_{35}3=c,$$

求证：$ab+bc+ac+2abc=1$。

分析 为了寻求已知条件和待证结论之间的关系。我们首先把已知的对数化成同底的对数。因为三个对数的底

$$15=3\times 5,\quad 21=3\times 7,\quad 35=5\times 7。$$

所以，a,b,c 都可以用真数是 3,5,7 的常用对数表示；从而，a,b,c 的关系可以求出。

证明 由 $\log_{15}7=a$ 得：$\dfrac{\lg 7}{\lg 15}=a$，即 $\dfrac{\lg 7}{\lg 3+\lg 5}=a$，所以得

$$a\lg 3+a\lg 5-\lg 7=0。$$

同理可得

$$b\lg 3-\lg 5+b\lg 7=0,\quad \lg 3-c\lg 5-c\lg 7=0。$$

把所得三式中的 lg3, lg5, lg7 的位置看做三个未知数 x,y,z 的位置，于是此三式是具有非零解的齐次线性方程组，则必有系数行列式等于零，即

$$\begin{vmatrix} a & a & -1 \\ b & -1 & b \\ 1 & -c & -c \end{vmatrix}=0。$$

化简得 $ac+ab+bc+2abc=1$。

例 7.109 已知 $a+b+c=0$，求证：$a^3+b^3+c^3=3abc$。

分析 例 4.61 中曾给出一种证明方法，这里我们寻求新的证法。求证结论即 $a^3+b^3+c^3-abc-abc-abc=0$，这与行列式

$$\begin{vmatrix} a & b & c \\ c & a & b \\ b & c & a \end{vmatrix}$$

的展开式相同，若能证出此行列式的值为零，即证明了结论。

证明 构造行列式

$$D=\begin{vmatrix} a & b & c \\ c & a & b \\ b & c & a \end{vmatrix}。$$

根据行列式的性质和已知条件,有

$$D=\begin{vmatrix} a+b+c & b & c \\ a+b+c & a & b \\ a+b+c & c & a \end{vmatrix}=(a+b+c)\begin{vmatrix} 1 & b & c \\ 1 & a & b \\ 1 & c & a \end{vmatrix}=0$$

按对角线展开法则得

$$D=a^3+b^3+c^3-abc-abc-abc,\quad 故\ a^3+b^3+c^3=3abc。$$

2. 技巧性构造

在讨论的范围不改变,但表面上又看不出问题的解题途径时,常常须设法深入发掘这些问题的本身结构的实质,这时可采用技巧性的构造,例如构造对偶、构造算法、构造特例、构造抽屉、构造覆盖图形等。

(1) 构造对偶

数学中的对偶式很多,如有理化因式、共轭复数、三角式等,借助对偶的相互关系,往往可以使问题化难为易。

例 7.110 求证:$\cos\frac{\pi}{15}\cos\frac{2\pi}{15}\cos\frac{3\pi}{15}\cos\frac{4\pi}{15}\cos\frac{5\pi}{15}\cos\frac{6\pi}{15}\cos\frac{7\pi}{15}=\frac{1}{2^7}$。

分析 此题若用积化和差计算,是十分烦琐的。观察等式全部是余弦的积,且角度是$\frac{\pi}{15}$的连续整数倍,若分别用相应的正弦的因式去乘,再利用正弦的倍角公式,可以化简。

证明 设原式左边$=C$。构造因式$S=\sin\frac{\pi}{15}\sin\frac{2\pi}{15}\sin\frac{3\pi}{15}\sin\frac{4\pi}{15}\sin\frac{5\pi}{15}\sin\frac{6\pi}{15}\sin\frac{7\pi}{15}$,则

$$2^7\cdot S\cdot C=2^7\sin\frac{\pi}{15}\cos\frac{\pi}{15}\sin\frac{2\pi}{15}\cos\frac{2\pi}{15}\sin\frac{3\pi}{15}\cos\frac{3\pi}{15}\sin\frac{4\pi}{15}\cdot$$
$$\cos\frac{4\pi}{15}\sin\frac{5\pi}{15}\cos\frac{5\pi}{15}\sin\frac{6\pi}{15}\cos\frac{6\pi}{15}\sin\frac{7\pi}{15}\cos\frac{7\pi}{15}$$
$$=\sin\frac{2\pi}{15}\sin\frac{4\pi}{15}\sin\frac{6\pi}{15}\sin\frac{8\pi}{15}\sin\frac{10\pi}{15}\sin\frac{12\pi}{15}\sin\frac{14\pi}{15}。$$

因为$\sin\frac{8\pi}{15}=\sin\frac{7\pi}{15}$,$\sin\frac{10\pi}{15}=\sin\frac{5\pi}{15}$,$\sin\frac{12\pi}{15}=\sin\frac{3\pi}{15}$,$\sin\frac{14\pi}{15}=\sin\frac{\pi}{15}$。适当调换因式的顺序,便得

$$2^7\cdot S\cdot C=\sin\frac{\pi}{15}\sin\frac{2\pi}{15}\sin\frac{3\pi}{15}\sin\frac{4\pi}{15}\sin\frac{5\pi}{15}\sin\frac{6\pi}{15}\sin\frac{7\pi}{15}=S,$$

故$C=\frac{1}{2^7}$。

例 7.111 求证:$\cos^2A+\cos^2(60°-A)+\cos^2(60°+A)=\frac{3}{2}$。

分析 若采用倍角公式,先降次,再合并化简,可以证明,但较烦琐。运用配偶法证明,比较简单。

证明 设$f=\cos^2A+\cos^2(A-60°)+\cos^2(A+60°)$,

$$g=\sin^2A+\sin^2(A-60°)+\sin^2(A+60°),$$

则 $f+g=3$。而

$$f-g=\cos 2A+\cos(120°-2A)+\cos(120°+2A)=\cos 2A+2\cos 120°\cos 2A=0。$$

将此两式相加,得 $2f=3$,故 $f=\frac{3}{2}$。

例 7.112 求证 $\sin^2 10°+\cos^2 40°+\sin 10°\cos 40°=\frac{3}{4}$。

分析 例 7.97 曾通过构造三角形求解此题,这里换个思路证明。

设 $f=\sin^2 10°+\cos^2 40°+\sin 10°\cos 40°$,$g=\cos^2 10°+\sin^2 40°+\cos 10°\sin 40°$,则

$$f+g=1+1+\sin 10°\cos 40°+\cos 10°\sin 40°=2+\sin 50°,$$

$$f-g=-\cos 20°+\cos 80°-\sin 30°=-2\sin 50°\sin 30°-\frac{1}{2}=-\sin 50°-\frac{1}{2}。$$

两式相加得 $f=\frac{3}{4}$。

例 7.113 设 $\alpha\neq 0$,求证:$\cos\alpha\cos 2\alpha\cos 2^2\alpha\cdots\cos 2^{n-1}\alpha=\sin 2^n\alpha/2^n\sin\alpha$。

分析 求证等式左端各因式都是余弦,且相邻二角是二倍关系,右边是正弦的关系式,联想到倍角公式可用。

解法 1 在求证等式左边乘以$\frac{2^n\sin\alpha}{2^n\sin\alpha}$,得

$$\frac{2^n\sin\alpha}{2^n\sin\alpha}\cdot\cos\alpha\cos 2\alpha\cos 2^2\alpha\cdots\cos 2^{n-1}\alpha=\frac{2^{n-1}\sin 2\alpha}{2^n\sin\alpha}\cos 2\alpha\cos 2^2\alpha\cdots\cos 2^{n-1}\alpha$$

$$=\cdots=\frac{\sin 2^n\alpha}{2^n\sin\alpha}=\text{右边}。$$

解法 2 配置对偶式。设

$$f=\cos\alpha\cos 2\alpha\cos 2^2\alpha\cdots\cos 2^{n-1}\alpha,\quad g=\sin\alpha\sin 2\alpha\sin 2^2\alpha\cdots\sin 2^{n-1}\alpha,$$

则 $fg=\frac{\sin 2\alpha\sin 2^2\alpha\cdots\sin 2^n\alpha}{2^n}=\frac{\sin\alpha\sin 2\alpha\sin 2^2\alpha\cdots\sin 2^n\alpha}{2^n\sin\alpha}=\frac{g\sin 2^n\alpha}{2^n\sin\alpha}$,所以 $f=\frac{\sin 2^n\alpha}{2^n\sin\alpha}=$右边。

例 7.114 求证:$(1+\tan 1°)(1+\tan 2°)\cdots(1+\tan 44°)=2^{22}$。

分析 因为 $\tan 45°=\tan(1°+44°)=\frac{\tan 1°+\tan 44°}{1-\tan 1°\tan 44°}$,所以

$$1-\tan 1°\tan 44°=\tan 1°+\tan 44°,$$

即 $1+\tan 1°+\tan 1°\tan 44°+\tan 44°=2$,亦即$(1+\tan 1°)(1+\tan 44°)=2$。

同理可推得

$$(1+\tan k°)[1+\tan(45°-k°)]=2\quad(k=1,2,\cdots,22)。$$

证明 构造等式:$(1+\tan k°)[1+\tan(45°-k°)]=2$。

把 $k=1,2,\cdots,22$ 代入,得

$$(1+\tan 1°)(1+\tan 44°)=2,$$
$$(1+\tan 2°)(1+\tan 43°)=2,$$
$$(1+\tan 3°)(1+\tan 42°)=2,$$
$$\vdots$$
$$(1+\tan 22°)(1+\tan 23°)=2。$$

将此 22 个等式相乘,得

$$(1+\tan1^\circ)(1+\tan2^\circ)(1+\tan3^\circ)\cdots(1+\tan22^\circ)(1+\tan23^\circ)\cdots(1+\tan44^\circ)=2^{22}。$$

例 7.115 解方程$\sqrt{x-3}+\sqrt{x-4}=\sqrt{10}+3$。

分析 构造对偶方程$\sqrt{x-3}-\sqrt{x-4}=(\sqrt{10}-3)t$,得方程组

$$\begin{cases}\sqrt{x-3}+\sqrt{x-4}=\sqrt{10}+3, & (7.18)\\ \sqrt{x-3}-\sqrt{x-4}=(\sqrt{10}-3)t。 & (7.19)\end{cases}$$

将(7.18)式×(7.19)式,求出 $t=1$。再代入(7.19)式,得

$$\sqrt{x-3}-\sqrt{x-4}=\sqrt{10}-3。\tag{7.20}$$

(7.18)式+(7.20)式可求出 $x=13$。

例 7.116 求比$(\sqrt{6}+\sqrt{5})^6$ 大的最小整数。

分析 设 $x=\sqrt{6}+\sqrt{5}$,$y=\sqrt{6}-\sqrt{5}$,则 $x+y=2\sqrt{6}$,$xy=1$。因此

$$x^2+y^2=(x+y)^2-2xy=22,$$

$$x^6+y^6=(x^2+y^2)^3-3x^2y^2(x^2+y^2)=10582。$$

因 $0<(\sqrt{6}-\sqrt{5})6<1$,故由上面的等式可知,比$(\sqrt{6}+\sqrt{5})^6$ 大的最小整数就是 10582。

例 7.117 函数 $f(x)$对于任意的非零 x,有 $2f\left(\frac{1}{x}\right)+f(x)=x$。求 $f(x)$的解析式。

分析 以$\frac{1}{x}$代替已知函数方程中的 x,构造出对偶方程 $2f(x)+f\left(\frac{1}{x}\right)=\frac{1}{x}$。两式中消去 $f\left(\frac{1}{x}\right)$,即可求出 $f(x)=\frac{2}{3}x-\frac{1}{3x}$。

例 7.118 计算$\frac{1}{2}+\left(\frac{1}{3}+\frac{2}{3}\right)+\left(\frac{1}{4}+\frac{2}{4}+\frac{3}{4}\right)+\cdots+\left(\frac{1}{60}+\frac{2}{60}+\cdots+\frac{59}{60}\right)$。

分析 直接计算不能抓住问题的本质,注意待求式的各分段项数与数字的关系,可得如下构造对偶解法。设

$$A=\frac{1}{2}+\left(\frac{1}{3}+\frac{2}{3}\right)+\left(\frac{1}{4}+\frac{2}{4}+\frac{3}{4}\right)+\cdots+\left(\frac{1}{60}+\frac{2}{60}+\cdots+\frac{59}{60}\right),$$

构造反序对偶式

$$B=\frac{1}{2}+\left(\frac{2}{3}+\frac{1}{3}\right)+\left(\frac{3}{4}+\frac{2}{4}+\frac{1}{4}\right)+\cdots+\left(\frac{59}{60}+\frac{58}{60}+\cdots+\frac{1}{60}\right),$$

则 $2A=A+B=1+2+3+\cdots+59=1770$,故 $A=885$。

(2) 构造特例

构造特例主要可证明问题的存在性。

例 7.119 是否存在两个无理数 a,b,使 a^b 为有理数?

分析 只要找到特例,即可证明存在性,显然必须用到幂的乘方法则。

取 $a=\sqrt{2}$,$b=\log_2 9$,在一般初等数学复习研究的书中,均已证明过 a,b 为无理数,而

$$a^b=(\sqrt{2})^{\log_2 9}=[(\sqrt{2})^2]^{\log_2 3}=2^{\log_2 3}=3,$$

即 a^b 为有理数。这就证明了问题的存在性。

例 7.120 证明存在连续的 n 个正整数,且它们都是合数,$n\geqslant 2$。

证明 $(n+1)!+2,(n+1)!+3,\cdots,(n+1)!+(n+1)$是 n 个连续的正整数,且它们都是合数。

例 7.121 平面上是否存在 100 条不同的直线,它们之间恰有 1985 个不同的交点。

分析 在 xOy 平面上平行于 x 轴的 a 条直线与平行于 y 轴的 b 条直线可交出 ab 个交点。如果方程组

$$\begin{cases} a+b=100, \\ ab=1985 \end{cases}$$

有正整数解,问题就解决了。遗憾的是此方程组无正整数解,只得另谋他法。构造直线 $b=i(i=0,1,2,\cdots,25),a=j(j=0,1,2,\cdots,72)$。

这 99 条直线有 $26\times 73=1898$ 个交点。剩下 1 条直线,要选择恰当的位置,使它与前 99 条直线恰好交出 $1985-1898=87$ 个交点。也就是说,这条直线要通过前面已交出的一些交点。

易知通过 1 个交点,总交点减少 2 个,故最后 1 条直线只要通过已有的 6 个交点即可。于是构造直线 $a+b=5$,它通过前 99 条直线已交出的$(0,5),(1,4),(2,3),(3,2),(4,1),(5,0)$这 6 个交点。因此这 100 条直线满足要求。

例 7.122 "设 A,B 是坐标平面上的两个点集,$C_r=\{(x,y)\mid x^2+y^2\leqslant r^2\}$,若对于任何 r 都有 $C_r\cup A\subseteq C_r\cup B$,则必有 $A\subseteq B$"。试判断命题是否正确。

分析 由于$(0,0)$点是特殊点,可以构造反例。取 $A=\{(x,y)\mid x^2+y^2\leqslant 1\}$,$B$ 为去掉 A 中$(0,0)$点的集合,容易看出,$C_r\cup A\subseteq C_r\cup B$,但 A 不包含于 B 中。

例 7.123 "$\triangle ABC$ 的三边为 a,b,c,面积为 S,$\triangle A_1B_1C_1$ 三边为 a_1,b_1,c_1,面积为 S_1,若 $a>a_1,b>b_1,c>c_1$,则 $S>S_1$。"试判定命题是否正确。

分析 一个三角形的一条边虽然很长,但若这边上的高很小,则三角形面积也很小。于是可构造反例如下。

$\triangle ABC$ 中,$BC=200,AB=AC=101$。BC 边上的高 $h=\sqrt{101^2-100^2}=\sqrt{201}<15$。

$$S=\frac{1}{2}\times 200h<\frac{1}{2}\times 200\times 15=1500。$$

在$\triangle A_1B_1C_1$ 中,$A_1B_1=A_1C_1=B_1C_1=100$,故

$$S_1=\frac{\sqrt{3}}{4}\times 100^2>4000, \quad 所以\ S_1>S。$$

故此例表明,命题不真。

(3) 构造"抽屉"

在解决一些数学问题的时候会用到抽屉原理,抽屉原理虽然简单,但应用极广,而应用抽屉原理的时候往往首先要构造抽屉,这是解题的关键。

常用的抽屉原理主要指下面两条:

原则 1 把 $n+1$ 个物体分成 n 组,至少有 1 组里含有不少于 2 个物体。

原则 2 把 $m(m\geqslant 1)$个物体分成 n 组$(n<m)$,当 $n\nmid m$ 时,有 $m=nq+r(0<r<n)$,则至少有一组里含有不少于 $q+1$ 个物体,也至少有一组里含有不多于 q 个物体。

以上两个原则可以用反证法证明。

例 7.124 在 3×4 的长方形中放置六个点。试证可以找到两个点，它们间的距离不大于$\sqrt{5}$。

分析 把图形划分为五个区域，使每个区域内任两点的距离不大于$\sqrt{5}$。构造如图 7.39 所示的 5 个区域，根据原则 1，放置六个点必有两个点落入同一区域，可知这两点间的距离不大于$\sqrt{5}$。

例 7.125 任给 1997 个正整数 $a_1,a_2,\cdots,a_{1997}$，一定可以找到其中的若干个，使它们的和是 1997 的倍数。

分析 构造 $a_1,a_1+a_2,a_1+a_2+a_3,a_1+a_2+\cdots+a_{1997}$ 这 1997 个新数。它们被 1997 除所得的 1997 个余数可能是 0,1,2,…,1996 这 1997 个数之一。

若其中某数被 1997 除余数为 0，则该数能被 1997 整除，命题已证。

若所有数被 1997 除余数均不为 0，由原则 1 知必有 2 个数被 1997 除余数相等。这 2 个数由构造方法知，大数中必含有小数中的各项，因此在大数中将小数的各项去掉，余下部分即满足命题的要求。

例 7.126 如图 7.40，在每个小方格上涂上红、蓝两色之一，那么至少可以找到一个矩形，它的四个角上的小正方形的颜色相同。

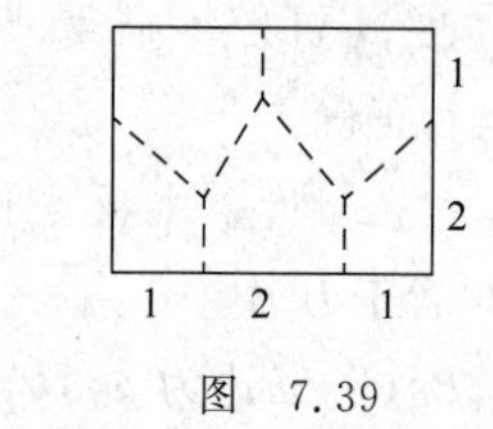

图 7.39

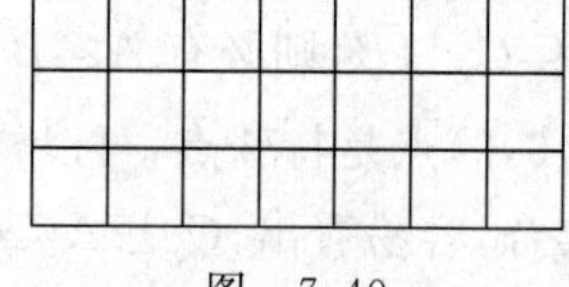

图 7.40

分析 如图 7.40 所示矩形的七列中，每列有三个小方格，用两种颜色染色，三格中有两格颜色相同的排列方式有以下六种：

红	红	□	蓝	蓝	□
红	□	红	蓝	□	蓝
□	红	红	□	蓝	蓝

已知图 7.40 中有七列，而只有六种染法，由抽屉原理得，至少有两列的染法相同，因此就出现了四个角同色的矩形。

例 7.127 在 100 个连续自然数 1,2,3,…,100 中，任取 51 个。试证明：这 51 个数中一定有两个数，其中一个是另一个的倍数。

分析 设法构造 50 个抽屉，使每个抽屉内或仅有一个数，或任两数中一个定为另一个的倍数。构造方法如下：

$$A_1=\{1,1\times 2,1\times 2^2,\cdots,1\times 2^6\},$$

$$A_2=\{3,3\times 2,3\times 2^2,\cdots,3\times 2^5\},$$

$$A_3=\{5,5\times 2,5\times 2^2,\cdots,5\times 2^4\},$$

$$A_4=\{7,7\times 2,7\times 2^2,7\times 2^3\},$$

$$\vdots$$

$$A_{25}=\{49,49\times 2\},$$
$$A_{26}=\{51\},$$
$$\vdots$$
$$A_{50}=\{99\}。$$

容易证明 $A_1\cup A_2\cup\cdots\cup A_{50}=\{1,2,\cdots,100\}$，$A_i\cap A_j=\varnothing(i,j\in\{1,2,\cdots,50\},i\neq j)$。在这50个集合中任取51个数，由抽屉原理知至少有两个数属于同一集合，这两个数中的一个必是另一个的倍数。

习题 7

1. 若 $x\in(e^{-1},1)$，$a=\ln x$，$b=2\ln x$，$c=\ln^3 x$，则(　　)。

A. $a<b<c$　　B. $c<a<b$　　C. $b<a<c$　　D. $b<c<a$

2. 若 x 满足 $\log_2 x=3-x$，则 x 满足区间(　　)。

A. $(0,1)$　　B. $(1,2)$　　C. $(1,3)$　　D. $(3,4)$

3. 证明 $\sqrt{3+\sqrt{5}}-\sqrt{3-\sqrt{5}}=\sqrt{2}$。

4. 设函数 $y=f(x)$ 的定义域为 x 大于零，对任意实数 x,y 都有 $f(xy)=f(x)+f(y)$。证明 $f(1)=0$，$f(x^3)=3f(x)$。

5. 设函数 $y=f(x)$ 的定义域为 $\mathbb{R}$，$f(x)$ 不恒为零，对任意实数 x,y 都有 $f(x+y)+f(x-y)=2f(x)f(y)$。判断函数 $y=f(x)$ 的奇偶性。

6. 已知函数 $y=f(x)$ 的定义域为 $[2,10]$，求函数 $F(x)=f(x+a)+f(x-a)$ 的定义域，其中 $a>0$。

7. 已知函数 $y=-x^2+2ax+1-a$ 在区间 $[0,1]$ 上有最大值2，求 a 的值。

8. 求使关于 x 的方程 $(a+1)x^2-(a^2+1)x+2a^3-6=0$ 有整数根的所有整数 a。

9. 求函数 $y=\sin x+\cos x+\sin x\cdot\cos x$ 的最大值。

10. 设 $x,y,z\in\mathbb{R}$，满足 $x+y+z+k=1$，求证：$x^2+y^2+z^2+k^2\geqslant\frac{1}{4}$。

11. 已知：$a>0$，$b>0$，$\frac{1}{a}+\frac{2}{b}=1$，求 ab 的最小值。

12. 什么是换元法？举例说明。

13. 什么是主元法？举例说明。

14. 什么是数形结合法？举例说明。

15. 什么是特殊化方法？举例说明。

16. 什么是一般化方法？举例说明。

17. 分类讨论的原则是什么？

18. 什么是构造法？举例说明。

第8章
数学思维品质

“数学,如果正确地看,不但拥有真理,而且也具有至高的美。”

——罗素

“在数学定理的评价中,审美标准既重于逻辑的标准,也重于实用的标准:在对数学思想的评价时,美与优雅比是否严密正确,比是否有用都重要得多。”

——斯蒂恩

8.1 思维与数学思维

1. 思维

(1) 思维的概念

思维是具有意识的人脑借助语言实现对客观事物加以概括的认识过程,并且通过这种认识,可以把握事物的一般属性和本质属性,是反映客观事物本质和规律的认识过程。人的大脑思考问题时的内部活动就是思维。

当然,关于思维有多种观点,主要的有四种:马克思主义哲学世界观认为思维是物质的产物,是社会的产物,是物质运动的最高形态或存在方式,是客观事物的反映,是人类认识的理性阶段;普通心理学认为,意识是心理学理论中的根本问题,思维是人的意识活动的产物,是人脑对客观物质世界的能动的反映,它和语言一起成为意识的核心;思维发展心理学认为,思维是人脑对客观事物的本质和事物内在规律性关系的概括与间接的反映;现代认知心理学认为,思维是一个通过对感知记忆的信息进行提取、整合、分解、比较、选择等一系列的加工改造而得出新信息的过程。

(2) 思维特征

思维有两个显著的特征:概括性与间接性。

① 思维的概括性。思维的概括性是指思维所反映的不是个别的事物或事物的个别属性,而是反映一类事物所共有的本质特征以及事物所有的普遍或必然的联系。思维不仅能认识个别事物的本质属性,而且能从个别推及一般。

许多科学知识都是通过概括认识而获得的。比如数学学科中,方程的概念,便是从各种方程:整式方程、分式方程、无理方程、对数方程、三角方程,包括高次的、多元的,指数、项数、元数、表达形式等特征于不顾，抓住其共同的本质特征——“等式”“含有未知数”而得出的。概括也就是在已有的知识和经验的基础上，舍弃某类事物个别的属性，抽象出其共有的东西，由此可见，没有抽象概括，也就没有思维。概括水平是衡量思维水平的重要标志。

② 思维的间接性。思维的间接性是指借助已有的知识和经验，对客观事物进行间接的反映，作出正确的判断。思维不是直接地，而是通过其他事物的媒介作用来反映客观事物的。我们常说，举一反三，闻一知十，由此及彼，由近及远，由炮声推及战争等，这些都是指间接性的认识。由于思维具有间接性的特点，人们才能对那些未曾感知过或根本无法感知的事物作出反映，从而使人的知识范围扩大、延伸；同样也是由于思维具有间接性的特点，才使得人们能够预测未来，使行动有目的、有计划地进行。

概括性和间接性是思维的两个基本特征，此外，思维还具有问题性、逻辑性、目的性和层次性等特征。

(3) 思维的分类

从不同角度，按照不同标准，可以将思维划分为不同类型。

① 按思维抽象性分，可分为直观行动思维、具体形象思维、抽象逻辑思维。

② 按思维结果的价值分，可分为再现性思维和创造性思维。

③ 按思维指向分，可分为聚合思维和发散思维。

④ 按主体意识分，可分为直觉思维和分析思维。

2. 数学思维

(1) 数学思维概念

数学思维是以现实的数学问题为研究对象，通过提出问题、解决问题的形式，达到认识数学本质和规律的思维过程，是人脑和数学对象(空间形式、数量关系、结构关系)交互作用并按照一般思维规律认识数学本质和规律的内在理性活动。

数学思维是以数和形及其结构关系为思维对象，以数学语言和符号为思维的载体，并以认识发现数学规律为目的一种思维。数学思维具有一般思维的根本特征，但又有自己的个性特征。由于数学及其研究方法的特点，数学思维又具有不同于一般思维的自身特点，表现在思维活动是按客观存在的数学规律进行的，具有数学的特点与操作方式。特别是作为思维载体的数学语言的简约性和数学形式的符号化、抽象化、结构化倾向决定了数学思维具有不同于其他思维的独特风格。数学知识是数学思维活动的产物。数学思维是动的数学，数学知识本身是静的数学。

(2) 数学思维的特征

从一般思维的特性和数学的特点结合一起来考虑，数学思维具有概括性、问题性、抽象性、严密性、探索性、统一性等特征，其主要特征是具有概括性、问题性。

① 数学思维的概括性

数学思维的概括性是由于数学思维能揭示事物之间抽象的形式结构和数量关系这些本质特征和规律，能够把握一类事物共有的数学属性。

数学思维的概括性与数学知识的抽象性是互为表里、互为因果的。概括的水平能够反映思维活动的速度、广度和深度、灵活迁移的程度以及创造程度，因此提高主体的数学概括水平是发展数学思维能力的重要标志。

数学思维的概括性比一般思维的概括性更强，这是由于数学思维揭示的是事物之间内在的形式结构和数量关系及其规律，能够把握一类事物共有的数学属性。

② 数学思维的问题性

数学思维的问题性与数学科学的问题性相关联。问题是数学的心脏，数学科学的起源与发展都是由问题引起的。由于数学思维是解决数学问题的心智活动，表现为不断地提出问题、分析问题和解决问题，使数学思维的结果形成问题的系统和定理的序列，达到掌握问题对象的数学特征和关系结构的目的。因此，问题性是数学思维目的性的体现，解决问题的活动是数学思维活动的中心。这一特点在数学思维方面的表现比任何思维都要突出。

8.2 数学思维的分类

数学思维的分类可以参照一般思维的分类，当然也可以结合数学的特点来进行。

1. 按照思维活动的形式来分

可以分成逻辑思维、形象思维和直觉思维三类。

(1) 逻辑思维

数学逻辑思维是指借助数学概念、判断、推理等思维形式，通过数学符号或语言来反映数学对象的本质和规律的一种思维。

数学逻辑思维的显著特征是抽象性和逻辑性，这是由数学本身的特点和数学学习的需要决定的。数学具有严谨的逻辑体系，逻辑因素在数学中表现得最为明显。一方面，主要的数学事实按逻辑方法叙述或论证；大量的数学概念抽象概括的形式化、公理化；数学原理、公式、法则的推理论证高度严密等。另一方面，数学学习中不仅要记住按逻辑体系组成的大量概念、公式、定理和法则，而且要进行概念的分类、定理的证明、公式法则的推导，广泛使用各种逻辑推理和证明方法。

(2) 形象思维

数学形象思维是指借助数学形象或表象，反映数学对象的本质和规律的一种思维。在数学形象思维中，表象与想象是两种主要形式，其中数学表象又是数学形象思维的基本元素。数学表象是以往感知过的观念形象的重现。数学表象常常以反映事物本质联系的特定模式——结构来表现。例如，数学中“球”的形象，已是脱离了具体的足球、篮球、排球、乒乓球等形象，而是与定点距离相等的空间内点的集合。显示了集合内的点(球面上的点)与定点(球心)之间的本质联系：距离相等。

客观实物的原型和模型以及各种几何图形、代数表达式、数学符号、图像、图表等这些形象在人脑中复现就形成了数学表象。数学形象思维也可看作是以数学表象为主要思维材料的一种形象思维。因此，数学教学中发展学生的表象思维有利于形象思维能力的培养。发展学生的表象思维就是要使学生在几何学习中对基本的图形形成正确的表象，抓住图形的形象特征与几何结构，辨识不同关系的各种表象；在代数、三角、分析等内容的学习中，重视各种表达式和数学语句符号等所蕴含的构造表象。

数学想象包括两个方面，一个是根据数学语言、符号、数学表达式或图形、图表、图解等提示,经加工改造而形成新的数学形象的思维过程。另一个是不依靠现成的数学语言和数学符号的描述,也不依据现成的数学表达式和数学图形的提示,只依据思维的目的和任务在头脑中独立地创造出新的形象的思维过程。

想象是创造性思维的重要成分。爱因斯坦提出:"想象力比知识更重要,想象力是科学研究中的实在因素,是知识进化的源泉"。在中学作为基本能力之一的空间想象能力实际上是想象能力中的一种。数学中的空间想象能力即是对于数学图形的形状、大小、结构和位置关系的想象能力。就像运算能力实质上是逻辑思维能力的一部分,它是逻辑思维能力与运算技能相结合。空间想象能力实质上是形象思维能力的一部分,它是形象思维能力与空间形式构思的结合。

(3) 直觉思维

数学直觉思维是以一定的知识经验为基础,通过对数学对象作总体观察,在一瞬间顿悟到对象的某方面的本质,从而迅速作出估断的一种思维。数学直觉思维是一种非逻辑思维活动,是一种由下意识(潜意识)活动参与,不受固定逻辑规则约束,由思维主体自觉领悟事物本质的思维活动。因此,非逻辑性是数学直觉思维的基本特征,同时数学直觉思维还具有直接性、整体性、或然性、不可解释性等重要特征。

① 直接性。数学直觉思维是直接反映数学对象、结构以及关系的思维活动,这种思维活动表现为对认识对象的直接领悟或洞察,这是数学直觉思维的本质特征。由于数学直觉思维的直接性,使它在时间上表现为快速性,即数学直觉思维有时是在一刹那时间内完成的;由于数学直觉思维的直接性,使它在过程上表现为跳跃性(或间断性),直觉思维并不按常规的逻辑规则前进,而是跳过若干中间步骤或放过个别细节而从整体上直接把握研究对象的本质和联系。

② 整体性。数学直觉思维的整体性是指数学直觉思维的结果是关于对象的整体性认识,尽管这并非是一幅毫无遗漏的"图画",它的某些细节甚至可能是模糊的,但是,它却清楚地表明了事物的本质或问题的关键。

③ 或然性。数学直觉思维是一种跳跃式的思维,是在逻辑依据不充分的前提下做出的结论,具有猜测性。正因为如此,任何通过直觉思维"俘获来的战利品"就需要经过严格的逻辑验证。采用直觉思维的目的在于迅速找到事物的本质或内在联系,提出猜想,而不在于论证这个猜想。

④ 不可解释性。数学直觉思维在客观上往往给人以不可解释之感。由于直觉思维是在一刹那间完成的,略去了许多中间环节,思维者对其过程没有清晰的意识,所以要想对它的过程进行分析、研究和追忆,往往是十分困难的,这又使直觉思维给人一种"神秘感"。例如,高斯曾花几年的时间证明一个算术定理,最终获得了解决。对此他回忆说:"我突然证出来了,但这简直不是我自己努力的结果,而是由于上帝的恩赐——如同闪电那样突然出现在我脑海之中,疑团一下子被解开了,连我自己也无法说清在先前已经了解的东西与使我获得成功的东西之间是怎样联系起来的"。

数学直觉和数学灵感是数学直觉思维的两种形式,它们之间具有深刻的本质联系,即灵感是直觉的更高发展,是一种突发性的直觉。通常灵感的形成是从多次的直觉受阻或产生错误的情况下得到教益,而使一部分信息不自觉地转入潜意识加工,最终又在某种意境或偶发信息的启示下,由潜意识跃入显意识爆发顿悟的。因此数学灵感是从多个数学直觉中升华而形成的结晶。

形象思维、逻辑思维、直觉思维是数学思维的三种基本类型,形象思维是数学思维的先导,逻辑思维是数学思维的核心。在进行具体的数学思维活动时,往往是这两种思维交错应用的一个综合过程。直觉思维则是以上两种思维的结合,达到一定数量后所引起的一种质的飞跃。因此,如果形象思维和逻辑思维发展的好,就为发展直觉思维创造了条件。

2. 按照思维指向来分

可以分成集中思维和发散思维两类。

集中思维是指从一个方向深入问题或朝着一个目标前进的思维方式。在集中思维时,全部信息仅仅只是导致一个正确的答案或一个人们认为最好的或最合乎惯例的答案。

发散思维则是具有多个思维指向、多种思维角度并能发现多种解答或结果的思维方式。在发散思维时,我们是沿着各种不同的方向去思考的,即有时去探索新远景,有时去追求多样性。因此,在看待集中思维时,需要看到它在某种程度上存在单维型、封闭型与静止型思维特点的一面。而发散思维则相对地、较明显地具有多维型、开放型和动态型思维的特征。

3. 按照智力品质来分

可以分成再现性思维和创造性思维两类。

再现性思维是一种整理性的一般思维活动。

而创造性思维是与创造活动——与数学有关的发明、发现、创造等能产生新颖、独特,有社会或个人价值的精神或物质产品的活动——相联系的思维方式。

创造性思维是再现性思维的发展,再现性思维是创造性思维的基础。创造性思维是一种开放型和动态型较强的思维活动,是人类心理非常复杂的高级思维过程,是一切创造活动的主要精神支柱。

8.3 数学思维的智力品质

思维的发生和发展服从于一般的、普遍的规律,而不同的人思维特点又各不相同,我们把思维发生发展中表现出来的个别差异,称之为思维品质。思维品质是评价和衡量思维优劣的重要标志。

根据数学思维的特点,下面探讨几个对数学思维而言较为重要的思维品质。

8.3.1 思维的深刻性

思维的深刻性,即抽象逻辑性。是指能够透过事物的表面现象把握其本质及其相互关系,正确认识事物发展的规律。表现为善于使用抽象概括,理解透彻深刻,推理严密,逻辑性强。数学思维活动中能抓住数学问题的本质属性及其相互联系,从研究的材料(已知条件、解法与结果)中揭示被掩盖住的个别特殊情况;能组合各种具体模式。思维的深刻性是一切思维品质的基础。

例如,设 $0<x<1,a>0,a\neq1$,试比较 $|log_a(1-x)|$ 与 $|log_a(1+x)|$ 的大小。解答过程中可以作以下两种分析。

分析 1 比较两个实数的大小,通常是作差或作商。由于题中两个实数都带有绝对值符号,可按照 $a>1$ 和 $0<a<1$ 两种情况进行讨论,以决定 $\log a(1-x)$ 和 $\log a(1+x)$ 的正负,先去掉绝对值符号,再作比较。这是常规解法,比较复杂。

分析 2 仔细分析这个题目,发现它有两个本质特征:

一是不论 $a>1$ 还是 $0<a<1$,$\log_a(1-x)$ 与 $\log_a(1+x)$ 总是异号;

二是 $\log_a(1-x)$ 与 $\log_a(1-x^2)$ 总是同号,并且 $\log_a(1-x)+\log_a(1+x)=\log_a(1-x^2)$。

抓住这两个特征,根据异号两数相加,和的符号与绝对值较大的那个加数相同,于是得到 $|\log a(1-x)|>|\log a(1+x)|$。

以上两种思路,体现了思维能力的差异,后一种解法表现了思维的深刻性。

再例如,前述的例 7.100 求 $\sin^2 10°+\cos^2 40°+\sin 10°\cos 40°$ 的值。若直接求解,需要用到降幂公式、积化和差公式,虽然可以解出,但比较烦琐,但通过构造 $\triangle ABC$,使 $A=10°$,$B=50°$,$C=120°$,利用余弦定理 $c^2=a^2+b^2-2ab\cos C$,再用正弦定理得 $\sin^2 C=\sin^2 A+\sin^2 B-2\sin A\sin B\cos C$。可以简单地解出其值 $\frac{3}{4}$。

求解完后进一步可得:

若 $\alpha,\beta>0$,且 $\alpha+\beta=\frac{\pi}{3}$,则

$$\sin^2\alpha+\sin^2\beta+\sin\alpha\sin\beta=\frac{3}{4}。\tag{8.1}$$

若 $\alpha,\beta>0$,且 $\alpha+\beta=\frac{2\pi}{3}$,则

$$\cos^2\alpha+\cos^2\beta+\cos\alpha\cos\beta=\frac{3}{4}。\tag{8.2}$$

若 $\alpha,\beta>0$,且 $\alpha+\beta=\frac{\pi}{6}$,则

$$\sin^2\alpha+\sin^2\beta+\sqrt{3}\sin\alpha\sin\beta=\frac{1}{4}。\tag{8.3}$$

若 $\alpha,\beta>0$,且 $\alpha+\beta=\frac{5}{6}\pi$,则

$$\cos^2\alpha+\cos^2\beta+\sqrt{3}\cos\alpha\cos\beta=\frac{1}{4}。\tag{8.4}$$

更一般地,由上述各式,可获得如下结论:

在 $\triangle ABC$ 中,有

$$\sin^2 A+\sin^2 B-2\sin A\sin B\cos C=\sin^2 C。\tag{8.5}$$

又由(8.5)式,有

$$\cos^2 A+\cos^2 B+\cos^2 C+2\cos C(\sin A\sin B-\cos C)=1。$$

又因为

$$\sin A\sin B-\cos C=\sin A\sin B+\cos(A+B)=\cos A\cos B,$$

所以

$$\cos^2 A+\cos^2 B+2\cos A\cos B\cos C=\sin^2 C。$$

由(8.3)式或(8.4)式,可得

$$\sin^2 20°+\cos^2 80°+\sqrt{3}\sin 20°\cos 80°=\frac{1}{4}。$$

由(8.2)式,有

$$\cos^2(60°-A)+\cos^2(60°+A)=\frac{3}{4}-\cos(60°-A)\cos(60°+A)$$

$$=\frac{3}{4}-(\cos^2 60°-\sin^2 A)(弦函数的“平方差”公式)$$

$$=\frac{3}{4}-\frac{1}{4}+(1-\cos^2 A)=\frac{3}{2}-\cos^2 A,$$

所以有

$$\cos^2 A+\cos^2(60°-A)+\cos^2(60°+A)=\frac{3}{2}。$$

由一道题的求解可以延伸出一系列的问题的讨论,是思维深刻性的体现。

例如,已知$\frac{a-b}{1+ab}+\frac{b-c}{1+bc}+\frac{c-a}{1+ca}=0$。求证 a,b,c 中至少有两个数相等。从表面上看是一个条件恒等式的证明问题。如果用恒等变形的方法将已知等式变形,将陷入复杂的运算之中。如果深入观察,可发现已知式的每一个分式与三角中的两角差的正切公式很相似。由此联想,可把问题转化到三角模式中进行试探。

设 $a=\tan\alpha,b=\tan\beta,c=\tan\gamma\left(\alpha,\beta,\gamma\in\left(-\frac{\pi}{2},\frac{\pi}{2}\right)\right)$,则已知条件变为

$$\frac{\tan\alpha-\tan\beta}{1+\tan\alpha\tan\beta}+\frac{\tan\beta-\tan\gamma}{1+\tan\beta\tan\gamma}+\frac{\tan\gamma-\tan\alpha}{1+\tan\gamma\tan\alpha}=0,$$

即 $\tan(\alpha-\beta)+\tan(\beta-\gamma)+\tan(\gamma-\alpha)=0$。

因为$(\alpha-\beta)+(\beta-\gamma)+(\gamma-\alpha)=0$,联系三角中的有关结论,有

$$\tan(\alpha-\beta)+\tan(\beta-\gamma)+\tan(\gamma-\alpha)=\tan(\alpha-\beta)\tan(\beta-\gamma)\tan(\gamma-\alpha)=0,$$

即得$\frac{a-b}{1+ab}\cdot\frac{b-c}{1+bc}\cdot\frac{c-a}{1+ca}=0$。由此容易得到结论。

另外,还可以考虑构造方程

$$\frac{x-b}{1+xb}+\frac{b-c}{1+bc}+\frac{c-x}{1+cx}=0,$$

容易验证 a,b,c 是方程的三个实数根。

但是此方程去分母化简后只能得到一个一元二次方程,因此此方程最多只能有两个根。由此可知 a,b,c 中至少有两个数相等。

例如,求函数 $f(\theta)=\frac{\sin\theta}{2}+\frac{2}{\sin\theta}(0<\theta<\pi)$的最值。假若是由 $\sin\theta>0$,联想到利用均值不等式 $f(\theta)\geqslant 2\sqrt{\frac{\sin\theta}{2}\cdot\frac{2}{\sin\theta}}=2$,从而得出函数 $f(\theta)$的最小值是 2,那么这是一个错误的结论,其原因就是忽略了等号成立的条件,是思维肤浅性的表现。如果能把三角函数转化为

代数函数，通过验证函数的单调性就可得到解法。令 $x=\sin\theta$，由 $0<\theta<\pi$，可得 $0<x\leqslant 1$，原函数变为 $f(x)=\frac{x}{2}+\frac{2}{x}(0<x\leqslant 1)$。

通过验证函数 $f(x)$在 $0<x\leqslant 1$ 上是单调递减的函数，在 $x=1$ 时，$f(x)$取最小值为 $\frac{5}{2}$，也可看出 $f(x)$在 $0<x\leqslant 1$ 上无最大值。另外 $f(\theta)=\frac{\sin^2\theta+4}{2\sin\theta}=\frac{\sin^2\theta-(-4)}{2\sin\theta-0}$是动点 $P(2\sin\theta,\sin^2\theta)$到定点 $Q(0,-4)$的连线的斜率，通过研究动点 P 的轨迹就可得到结论。

再例如，在$\triangle ABC$ 中，已知 $\tan A\cdot\tan C=\tan^2 B$。求证：$\triangle ABC$ 是锐角三角形。通常的解题思路是这样的：

由 $\tan A\cdot\tan C=\tan^2 B>0$，得 $\tan A$ 与 $\tan C$ 同号，所以有 $\tan A>0$，$\tan C>0$，A，C 为锐角。接着只须证 B 为锐角，为此须通过复杂的正、余定理进行运算。这一思路对问题的认识较肤浅，不能把握住问题深层次的本质。

通过深入观察，把已知条件"$\tan A\cdot\tan C=\tan^2 B$"与等比数列相联系，发现条件意味着 $\tan B$ 是 $\tan A$，$\tan C$ 的比例中项这一深层次的本质。于是可设 $\tan A$，$\tan B$，$\tan C$ 组成公比为 q 的等比数列，则有

$$\tan A+\tan B+\tan C=(1+q+q^2)\tan A。$$

上面已证 $\tan A>0$，又易知 $1+q+q^2>0$，故有

$$\tan A\cdot\tan B\cdot\tan C=\tan A+\tan B+\tan C>0。$$

因此 $\tan B>0$。这一解法透过表面现象，抓住问题实质。

例 8.1 有一个 $3n$ 项的等差数列，前 n 项的和为 A，中间 n 项的和是 B，最后 n 项的和为 C，证明：$B^2-AC=\left(\frac{A-C}{2}\right)^2$。

分析 本题已知条件和结论都是清楚的。但 A，B，C 的确切内容还要和等差数列联系起来才能表达出来，不然的话就无法进行推理证明，足见在审题过程中挖掘这一隐蔽关系十分重要。

事实上，可设等差数列首项为 a，公差为 d，则由等差数列求和公式可得

$$A=\frac{n}{2}[2a+(n-1)d],$$

$$B=\frac{n}{2}[2(a+nd)+(n-1)d]=\frac{n}{2}[2a+(n-1)d+2nd],$$

$$C=\frac{n}{2}[2(a+2nd)+(n-1)d]=\frac{n}{2}[2a+(n-1)d+4nd],$$

所以 $B=A+n^2d$，$C=A+2n^2d$，因此 $B^2-AC=(A+n^2d)^2-A(A+2n^2d)=n^4d^2$。而

$$\left(\frac{A-C}{2}\right)^2=\left[\frac{A-(A+2n^2d)}{2}\right]^2=n^4d^2,$$

所以 $B^2-AC=\left(\frac{A-C}{2}\right)^2$。

思维深刻性的反面是思维的肤浅性。经常表现为对概念的不求甚解；对定理、公式、法则不考虑它们为什么成立，在什么条件下成立；做练习时，对题型、套公式，不去领会解题方法的实质。

8.3.2 思维的广阔性

思维的广阔性，即思维的广度。是指善于全面地分析问题，思路开阔，多角度、多层次地探求。数学思维活动中表现为能把握数学问题的整体，抓住它的基本特征，同时不放过其中有意义的细节与特殊因素，进行多方面的思考，找出解决问题的多种方法，并将之推广应用于类似的问题中。在解题时常表现为一题多解或一法多用。

例如，在证明$\sqrt{a}-\sqrt{a-1}<\sqrt{a-2}-\sqrt{a-3}$（$a\geqslant 3$）之后，探索以下问题是否成立？①设等差数列$a,a+d,a+2d,a+3d$，其中$a,d$皆为正数，求证$\sqrt{a+3d}-\sqrt{a+2d}<\sqrt{a+d}-\sqrt{a}$；②设等比数列$a,aq,aq^2,aq^3$其中$a,q$为正数，求证$\sqrt{aq^3}-\sqrt{aq^2}>\sqrt{aq}-\sqrt{a}$。

通过验证可知①成立，②在$q\neq 1$时也成立。

例 8.2 已知a,b,c,d均为正数，且$a^2+b^2=c^2+d^2=1$，求证$ac+bd\leqslant 1$。

证法 1（代数方法） 把已知两式相加，得

$$a^2+b^2+c^2+d^2=2。\tag{8.6}$$

由$a^2+c^2\geqslant 2ac,b^2+d^2\geqslant 2bd$，两式相加，得

$$a^2+b^2+c^2+d^2\geqslant 2(ac+bd)。\tag{8.7}$$

比较(8.6)式与(8.7)式，命题得证。

证法 2（三角方法） 由a,b,c,d都是正数，且$a^2+b^2=1,c^2+d^2=1$，可设$a=\sin\alpha$，$b=\cos\alpha,c=\sin\beta,d=\cos\beta$，其中$0<\alpha,\beta<\frac{\pi}{2}$，则

$$ac+bd=\sin\alpha\sin\beta+\cos\alpha\cos\beta=\cos(\alpha-\beta)\leqslant 1。\tag{8.8}$$

证法 3（几何法） 注意结论$ac+bd\leqslant 1$，在直径为 1 的圆O内作内接四边形$ABCD$，AC为直径。令$AB=a,BC=b,CD=c,DA=d$，根据托勒密定理得$ac+bd=AC\cdot BD\leqslant 1$。

上述证明，沟通了代数、几何、三角的有关知识，体现了殊途同归的特点。

思维的广阔性也表现在有了一种很好的方法或理论，能从多方面设想，探求这种方法或理论适用的各种问题，扩大它的应用范围。数学中的待定系数法、判别式法、换元法、数形结合法、构造法等在各类问题中的应用就是如此。

此外，思维的广阔性还表现在不但能研究问题本身，而且又能研究有关的其他问题。教师可以从某些熟知的数学问题出发，提出若干富于探索性的新问题，让学生凭借他们已有的知识和技能，去探索数学的内在规律性，从而获得新的知识和技能，并扩大视野。

思维广阔性的反面是思维的狭隘性，学生正是由于存在这种狭隘性，常常跳不出条条框框的束缚，造成解决问题困难或发生错误。

8.3.3 思维的灵活性

思维的灵活性，即思维的灵活程度，是指能依据客观条件的变化及时调整思维的方向。数学思维活动中，表现为能对具体的数学问题作具体分析，善于根据情况的变化，及时调整原有的思维过程与方法，灵活地运用有关的定理、公式、法则，并且思维不囿于固定程式或模

式，具有较强的应变能力。

思维的灵活性是数学思维的重要品质，它与思维深刻性的结合，构成了思维的机智与敏捷，常常可导致发明和创造。正因为如此，爱因斯坦把思维的灵活性看成是创造性的典型特点。

例如，已知 $f(x)=x^2+px+q$。求证：$|f(1)|$，$|f(2)|$，$|f(3)|$ 中至少有一个不小于 $\frac{1}{2}$。题中出现关键词“至少”，可用反证法试探。

假定 $|f(1)|$，$|f(2)|$，$|f(3)|$ 都小于 $\frac{1}{2}$，则

$$\begin{cases}|1+p+q|<\frac{1}{2},\\ |4+2p+q|<\frac{1}{2},\\ |9+3p+q|<\frac{1}{2},\end{cases}\quad 即\begin{cases}-\frac{1}{2}<1+p+q<\frac{1}{2},\\ -\frac{1}{2}<4+2p+q<\frac{1}{2},\\ -\frac{1}{2}<9+3p+q<\frac{1}{2}。\end{cases}$$

但往下解题的方向就不太清楚了。如采用不等式运算，不少同学会感到困难，甚至容易出现错误。如及时调整思维方向，抓住绝对值不等式的性质，可寻找出如下轻盈、灵巧的方法：

因为

$$\begin{aligned}|f(1)|+2|f(2)|+|f(3)| &\geqslant |f(1)-2f(2)+f(3)|\\ &=|(1+p+q)-2(4+2p+q)+(9+3p+q)|=2,\end{aligned}$$

所以 $|f(1)|$，$|f(2)|$，$|f(3)|$ 中至少有一个不小于 $\frac{1}{2}$。

例 8.3 已知复数 z 的模为 2，求 $|z-\mathrm{i}|$ 的最大值。

解法 1（代数法） 设 $z=x+y\mathrm{i}(x,y\in\mathbb{R})$，则

$$x^2+y^2=4,\quad |z-\mathrm{i}|=\sqrt{x^2+(y-1)^2}=\sqrt{5-2y}。$$

因为 $|y|\leqslant 2$，所以当 $y=-2$ 时，$|z-\mathrm{i}|_{\max}=3$。

解法 2（三角法） 设 $z=2(\cos\theta+\mathrm{i}\sin\theta)$，则

$$|z-\mathrm{i}|=\sqrt{4\cos^2\theta+(2\sin\theta-1)^2}=\sqrt{5-4\sin\theta},$$

所以当 $\sin\theta=-1$ 时，$|z-\mathrm{i}|_{\max}=3$。

解法 3（几何法） 因为 $|z|=2$，所以点 z 是圆 $x^2+y^2=4$ 上的点，$|z-\mathrm{i}|$ 表示 z 与 i 所对应的点之间的距离。如图 8.1 所示，可知当 $z=-2\mathrm{i}$ 时，$|z-\mathrm{i}|_{\max}=3$。

解法 4（运用模的性质） 因为 $|z-\mathrm{i}|\leqslant|z|+|-\mathrm{i}|=2+1=3$，而当 $z=-2\mathrm{i}$ 时，$|z-\mathrm{i}|=3$。所以 $|z-\mathrm{i}|_{\max}=3$。

解法 5（运用模的性质） 因为 $|z-\mathrm{i}|^2=(z-\mathrm{i})\overline{(z-\mathrm{i})}=z\bar{z}+(z-\bar{z})\mathrm{i}+1=5+2\mathrm{Im}(z)$。

又因为 $|\mathrm{I}(z)|\leqslant 2$，所以 $|z-\mathrm{i}|_{\max}^2=9$，所以 $|z-\mathrm{i}|_{\max}=3$。

例 8.4 已知直线 l 过坐标原点（见图 8.2），抛物线 C 的顶点在原点，焦点在 x 轴正半轴上，若点 $A(-1,0)$ 和点 $B(0,8)$ 关于 l 的对称点都在 C 上，求直线 l 和抛物线 C 的方程。

解法 1 如图 8.2 由已知可设抛物线 C 的方程为 $y^2=2px(p>0)$。

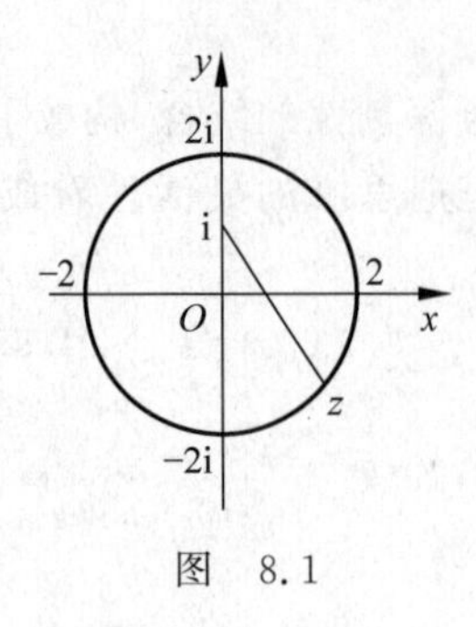

图 8.1

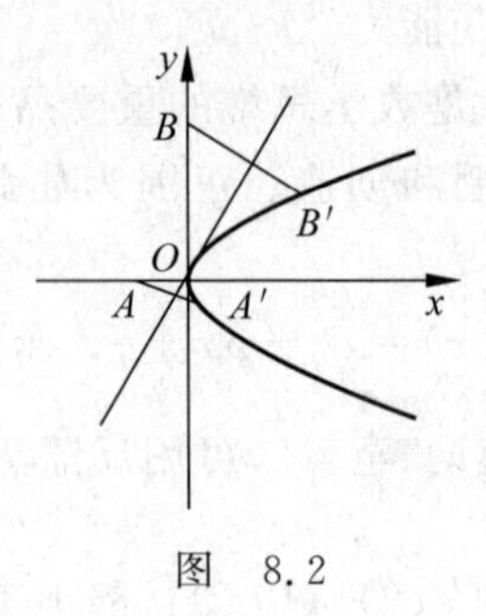

图 8.2

由于直线 l 不与两坐标轴重合，故可设 l 的方程为

$$y=kx(k\neq 0)。\tag{8.9}$$

设 A'，B'分别是 A，B 关于 l 的对称点，则由 $A'A\perp l$ 可得直线 AA'的方程为

$$y=-\frac{1}{k}(x+1)。\tag{8.10}$$

将方程(8.9)(8.10)联立，解得线段 AA'的中点 M 的坐标为$\left(-\frac{1}{k^2+1},-\frac{k}{k^2+1}\right)$。由中点坐标公式，可得点 A'的坐标为$\left(\frac{k^2-1}{k^2+1},-\frac{2k}{k^2+1}\right)$。

同理，点 B'的坐标为$\left(\frac{16k}{k^2+1},\frac{8(k^2-1)}{k^2+1}\right)$。

分别把 A'，B'的坐标代入抛物线C 的方程中，得

$$\begin{cases}\left(-\dfrac{2k}{k^2+1}\right)^2=\dfrac{2p(k^2-1)}{k^2+1}, & (8.11)\\ \left[\dfrac{8(k^2-1)}{k^2+1}\right]^2=\dfrac{2p\cdot 16k}{k^2+1}。 & (8.12)\end{cases}$$

由方程(8.11)÷方程(8.12)，消去 p，整理，得

$$k^2-k-1=0。\tag{8.13}$$

又由方程(8.12)知

$$k>0。\tag{8.14}$$

于是解方程(8.13)并应注意(8.14)式，得 $k=\frac{1+\sqrt{5}}{2}$。把 $k=\frac{1+\sqrt{5}}{2}$代入方程(8.11)中，得 $p=\frac{2\sqrt{5}}{5}$。故直线 l 的方程为 $y=\frac{\sqrt{5}+1}{2}x$，抛物线 C 的方程为 $y^2=\frac{4\sqrt{5}}{5}x$。

解法 2 参照图 8.2，设直线 l 的倾角为$\alpha\left(\alpha\neq\frac{\pi}{2}、\alpha\neq 0\right)$，则 l 的斜率为k。

因为$|OA'|=|OA|=1$，$|OB'|=|OB|=8$，

$$\angle xOA'=-(\pi-2\alpha),\quad \angle xOB'=\frac{\pi}{2}-2\left(\frac{\pi}{2}-\alpha\right)=2\alpha-\frac{\pi}{2},$$

所以由三角函数的定义，得 A'的坐标为

$$x_A=|OA'|\cos\angle xOA'=-\cos2\alpha=-\frac{1-\tan^2\alpha}{1+\tan^2\alpha}=\frac{k^2-1}{1+k^2},$$

$$y_A=|OA'|\sin\angle xOA'=-\sin2\alpha=-\frac{2\tan\alpha}{1+\tan^2\alpha}=-\frac{2k}{1+k^2},$$

$$x_B=|OB'|\cos\angle xOB'=8\sin2\alpha=\frac{16k}{1+k^2},$$

$$y_B=|OB'|\sin\angle xOB'=8(-\cos2\alpha)=\frac{8(k^2-1)}{1+k^2}。$$

以下同解法1,从略。

解法3 以 O 为极点,Ox 为极轴建立极坐标系,把 $x=\rho\cos\theta$,$y=\rho\sin\theta$ 代入方程 $y^2=2px(p>0)$ 中,得抛物线的坐标方程为 $\rho=\dfrac{2p\cos\theta}{\sin^2\theta}(p>0)$。

由已知可设点 B' 的极坐标为 $(8,\alpha)$,A' 的极坐标为 $\left(1,\alpha-\dfrac{\pi}{2}\right)$,把它们分别代入抛物线方程中,得

$$\begin{cases}\dfrac{2p\cos\alpha}{\sin^2\alpha}=8,\\ \dfrac{2p\cos\left(\alpha-\dfrac{\pi}{2}\right)}{\sin^2\left(\alpha-\dfrac{\pi}{2}\right)}=1,\end{cases}\quad 即\quad \begin{cases}p\cos\alpha=4\sin^2\alpha,\\ 2p\sin\alpha=\cos^2\alpha。\end{cases}$$

消去 p,得 $\tan^3\alpha=\dfrac{1}{8}$,故 $\tan\alpha=\dfrac{1}{2}$。

又 $0<\alpha<\dfrac{\pi}{2}$,所以 $\sin\alpha=\dfrac{\sqrt{5}}{5}$,$\cos\alpha=\dfrac{2\sqrt{5}}{5}$,从而 $p=\dfrac{\sin^2\alpha}{\cos\alpha}=\dfrac{2\sqrt{5}}{5}$。

因为直线 l 平分 $\angle BOB'$,所以直线 l 的倾斜角为 $\alpha+\dfrac{1}{2}\left(\dfrac{\pi}{2}-\alpha\right)=\dfrac{1}{2}\left(\alpha+\dfrac{\pi}{2}\right)$,于是直线 l 的斜率 $k=\tan\left[\dfrac{1}{2}\left(\alpha+\dfrac{\pi}{2}\right)\right]=\dfrac{1-\cos\left(\alpha+\dfrac{\pi}{2}\right)}{\sin\left(\alpha+\dfrac{\pi}{2}\right)}=\dfrac{1+\sin\alpha}{\cos\alpha}=\dfrac{\sqrt{5}+1}{2}$。

故直线 l 的方程为 $y=\dfrac{\sqrt{5}+1}{2}x$,抛物线 C 的方程为 $y^2=\dfrac{4\sqrt{5}}{5}x$。

解法4 设抛物线 C 的参数方程为 $\begin{cases}x=2pt^2,\\ y=2pt\end{cases}(p>0)$,则点 A',B' 的坐标可设为

$$(2pt_1^2,2pt_1),\quad (2pt_2^2,2pt_2)(t_1<0)。$$

因为 $|OA'|=|OA|=1$,$|OB'|=|OB|=8$,所以

$$(2pt_1^2)^2+(2pt_1)^2=1,\tag{8.15}$$

$$(2pt_2^2)^2+(2pt_2)^2=64。\tag{8.16}$$

又由 $OA' \perp OB'$,得 $k_{OA} \cdot k_{OB} = -1$,即 $\frac{2pt_1}{2pt_1^2} \cdot \frac{2pt_2}{2pt_2^2} = -1$,所以

$$t_1 t_2 = -1, \quad 即\ t_2 = -\frac{1}{t_1}。 \tag{8.17}$$

方程(8.16)÷方程(8.15),得 $\frac{t_2^4 + t_2^2}{t_1^4 + t_1^2} = 64$。

把方程(8.17)代入上式,整理,得 $t_1^6 = \frac{1}{64}$。

又 $t_1 < 0$,所以 $t_1 = -\frac{1}{2}$。把它代入方程(8.15)中,得 $p = \frac{4\sqrt{5}}{5}$。这时,A'的坐标为 $\left(\frac{\sqrt{5}}{5}, -\frac{2\sqrt{5}}{5}\right)$,从而 $k_{AA'} = \frac{1-\sqrt{5}}{2}$,于是直线 l 的斜率 $k = -\frac{1}{k_{AA'}} = \frac{1+\sqrt{5}}{2}$,故直线 l 的方程为 $y = \frac{\sqrt{5}+1}{2}x$,抛物线 C 的方程为 $y^2 = \frac{4\sqrt{5}}{5}x$。

解法 5 把直角坐标系视为复平面,设点 A'对应的复数为 $x_1 + y_1 \mathrm{i}$,则由 $|OA'| = 1$,$|OB'| = 8$,$\angle A'OB' = \frac{\pi}{2}$,得点 B'对应的复数为 $(x_1 + y_1 \mathrm{i})8\mathrm{i} = -8y_1 + 8x_1 \mathrm{i}$,所以点 A',B'的坐标为 (x_1, y_1),$(-8y_1, 8x_1)$。把它们分别代入抛物线 C 的方程 $y^2 = 2px\ (p > 0)$ 中,得

$$\begin{cases} y_1^2 = 2px_1, & (8.18) \\ (8x_1)^2 = 2p(-8y_1)。 & (8.19) \end{cases}$$

由方程(8.19)÷方程(8.18),可得 $\left(\frac{y_1}{x_1}\right)^3 = (-2)^3$,所以 $\frac{y_1}{x_1} = -2$,即 $k_{OA'} = -2$。又 $|OA'| = 1$,所以 $x_1 = \frac{\sqrt{5}}{5}$,$y_1 = \frac{2\sqrt{5}}{5}$。再代入方程(8.19)中,得 $p = \frac{2\sqrt{5}}{5}$。

以下同解法 4,从略。

解法 6 设 A',B'的坐标分别为 $(2pt_1^2, 2pt_1)$,$(2pt_2^2, 2pt_2)$,则由 $\angle A'OB' = 90°$,$|OA'| = 1$,$|OB'| = 8$ 和复数乘法的几何意义,得 $(2pt_1^2 + 2pt_1 \mathrm{i})8\mathrm{i} = 2pt_2^2 + 2pt_2 \mathrm{i}$。

由复数相等的条件,得

$$\begin{cases} 16pt_1^2 = 2pt_2, \\ -16pt_1 = 2pt_2^2, \end{cases}$$

消去 p,解得 $t_2 = 2$,从而 B'的坐标为 $(8p, 4p)$。

因为 $|OB'| = \sqrt{(8p)^2 + (4p)^2} = 8$,所以 $p = \frac{2}{\sqrt{5}}$。

因为线段 BB'的中点的坐标为 $(4p, 2p+4)$,所以直线 l 的斜率为 $k = \frac{2p+4}{4p} = \frac{1}{2} + \frac{1}{p} = \frac{1+\sqrt{5}}{2}$,故直线 l 的方程为 $y = \frac{1+\sqrt{5}}{2}x$,抛物线 C 的方程为 $y^2 = \frac{4\sqrt{5}}{5}x$。

解法 7 如图 8.3,作 $A'C \perp Ox$ 于 C,$B'D \perp Ox$ 于 D。设 A',B'的坐标分别为

(x_1,y_1)，(x_2,y_2)。因为$\angle B'OD+\angle A'OC=90°$，所以 $\mathrm{Rt}\triangle A'CO\backsim\mathrm{Rt}\triangle ODB'$，故

$$\frac{|OB'|}{|OA'|}=\frac{|OD|}{|A'C|}=\frac{|B'D|}{OC}。$$

又$|OA'|=1$，$|OB'|=8$，所以$|OD|=8|A'C|$，$|B'D|=8|OC|$，于是 $x_2=-8y_1$，$y_2=8x_1$。

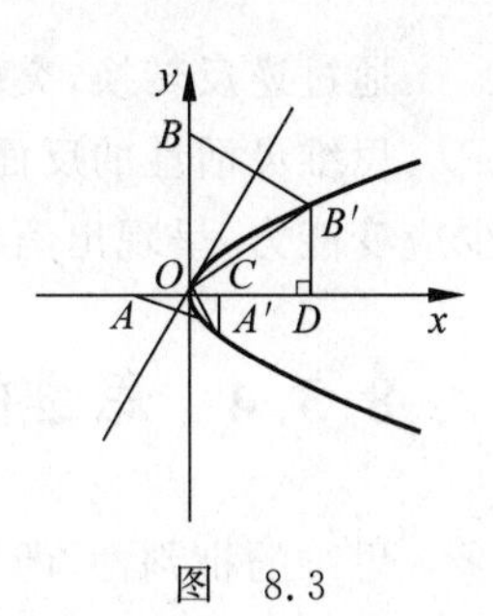

图 8.3

以下同解法 5，从略。

注 本例给出了 7 种解法。解法 1 是本题的一般解法，它的关键是求点 A，B 关于 l 的对称点的坐标。解法 2 是三角法，它抓住$\angle A'OB'=\frac{\pi}{2}$，利用三角函数的定义去求 A'，B'的坐标。解法 3 是极坐标法，巧妙利用了 A'，B'的特殊位置。解法 4 是利用抛物线的参数方程去解的。解法 5 和解法 7 是从寻找 A'，B'的坐标关系式入手的，分别用复数法和相似形法获得。解法 6 把参数法与复数法结合起来，体现了思维的灵活性。

例 8.5 试比较$\frac{6}{11}$，$\frac{10}{17}$，$\frac{12}{19}$，$\frac{15}{23}$，$\frac{20}{33}$，$\frac{60}{37}$的大小。

分析 按照常规方法，先通分变为同分母的分数后，再比较分子的大小。而分母的最小公倍数很大，运算烦琐。调整思维方向，通过仔细观察，不难发现分子的最小公倍数是 60，先变成分子相同，然后再比较分母的大小，问题会很快得到解决。

例 8.6 已知 $x=\frac{\sqrt{111}-1}{2}$，求多项式$(2x^5+2x^4-53x^3-57x+54)^{1989}$ 的值。

解 由 $x=\frac{\sqrt{111}-1}{2}$，得 $2x+1=\sqrt{111}$，两边平方可化成 $2x^2+2x-55=0$，用除法可知

$$\begin{aligned}(2x^5+2x^4-53x^3-57x+54)^{1989}&=[(x^3+x-1)(2x^2+2x-55)-1]^{1989}\\&=(-1)^{1989}=-1。\end{aligned}$$

本例把 x 的值代入多项式去计算是常规的思路，但本题若按常规直接代入是难以计算的。上述解法中，把 x 的值转化成 x 的二次三项式的值，由个体的值变成群体的值，然后把多项式从整体上进行分解，析出包含所得二次三项式的成分，而计算则用整体代入。这种计算方法充分表现出思维的灵活性。

例 8.7 已知 $a\geqslant-3$，解关于 x 的方程

$$x^4-6x^3-2(a-3)x^2+2(3a+4)x+2a+a^2=0。$$

分析 用常规方法解此四次方程比较困难。调整思维方向，发现方程中的 a 最高次数是 2，可把已知与未知作一转化，整理出关于 a 的二次方程，问题易于解决。

解 原方程化为关于 a 的二次方程

$$a^2-2(x^3-3x-1)a+(x^4-6x^3+6x^2+8x)=0，$$

解得 $a=x^2-4x$ 或 $a=x^2-2x-2$。

因为 $a\geqslant-3$，所以原方程的根为

$$x_{1,2}=\pm\sqrt{a+4}；\quad x_{3,4}=1\pm\sqrt{a+3}。$$

通过逆反转换，突破思维定势，也体现了思维的灵活性。

思维灵活性的反面是思维的呆板性。在数学学习中常表现为循规蹈矩和因循守旧，缺少应变能力，呈现出消极的思维定势。

8.3.4 思维的批判性

思维的批判性，即思维的独立性，是指思维活动中独立思考，善于提出疑问，并发表不同的看法，严格客观地评价思维的结果，及时地发现和纠正错误。数学思维活动中，表现为对已有的数学表达和论证提出自己的见解，自我评判，辨别正误，排除障碍，寻求最佳答案。

例 8.8 已知 $f(x)=ax+\frac{b}{x}$，若 $-3\leqslant f(1)\leqslant 0$，$3\leqslant f(2)\leqslant 6$，求 $f(3)$ 的范围。

错误解法 由条件得

$$\begin{cases}-3\leqslant a+b\leqslant 0, & (8.20)\\ 3\leqslant 2a+\frac{b}{2}\leqslant 6。 & (8.21)\end{cases}$$

(8.21)式×2−(8.20)式得

$$3\leqslant a\leqslant 4, \tag{8.22}$$

(8.20)式×2−(8.21)式得

$$-2\leqslant \frac{b}{3}\leqslant -\frac{4}{3}。 \tag{8.23}$$

(8.22)式+(8.23)式得

$$7\leqslant 3a+\frac{b}{3}\leqslant 12, \quad 即\ 7\leqslant f(3)\leqslant 12。$$

错误分析 采用这种解法，忽视了这样一个事实：作为满足条件的函数 $f(x)=ax+\frac{b}{x}$，其值是同时受 a 和 b 制约的。当 a 取最大(小)值时，b 不一定取最大(小)值，因而整个解题思路是错误的。

正确解法 由题意有

$$\begin{cases}f(1)=a+b,\\ f(2)=2a+\frac{b}{2}。\end{cases}$$

解得 $a=\frac{1}{3}[2f(2)-f(1)]$，$b=\frac{2}{3}[2f(1)-f(2)]$，所以

$$f(3)=3a+\frac{b}{3}=\frac{16}{9}f(2)-\frac{5}{9}f(1)。$$

把 $f(1)$ 和 $f(2)$ 的范围代入得 $\frac{16}{3}\leqslant f(3)\leqslant\frac{37}{3}$。

例 8.9 已知 x，y 均是正数，且满足 $3x^2+2y^2=6x$，试求 $z=x^2+y^2$ 的极值。

错误解法 因为 $3x^2+2y^2=6x$，所以 $z=x^2+y^2=-\frac{1}{2}(x-3)^2+\frac{9}{2}$。

因为$(x-3)^2\geqslant 0$，所以$z=x^2+y^2$的极大值是$\dfrac{9}{2}$。

分析 上述解法如果不认真地检查，表面上看似乎没有问题。其实，z的最大值是在$x=3$时取得的，而由已知$2y^2=6x-3x^2\geqslant 0$，所以$0\leqslant x\leqslant 2$，可以看出$x\neq 3$。因此，上述结果是错误的。

正确解法 因为$2y^2=6x-3x^2\geqslant 0$，所以$0\leqslant x\leqslant 2$，故$z=x^2+y^2=-\dfrac{1}{2}(x-3)^2+\dfrac{9}{2}$。

当$x=2$时，z有极大值是4；当$x=0$时，z有极小值是0。

例 8.10 解不等式$\log_{(x^2+2)}(3x^2-2x-4)>\log_{(x^2+2)}(x^2-3x+2)$。

错误解法 因为$x^2+2>1$，所以$3x^2-2x-4>x^2-3x+2$，故$2x^2+x-6>0$，于是$x>\dfrac{3}{2}$或$x<-2$。

分析 当$x=2$时，真数$x^2-3x+2=0$且$x=2$在所求的范围内$\left(因\ 2>\dfrac{3}{2}\right)$，说明解法错误。原因是没有弄清对数定义。此题忽视了“对数的真数大于零”这一条件造成解法错误，表现出思维的不严密性。

正确解法 因为$x^2+2>1$，所以

$$\begin{cases}3x^2-2x-4>0,\\ x^2-3x+2>0,\\ 3x^2-2x-4>x^2-3x+2,\end{cases}\quad 即\quad \begin{cases}x>\dfrac{1+\sqrt{13}}{3}\ 或\ x<\dfrac{1-\sqrt{13}}{3},\\ x>2\ 或\ x<1,\\ x>\dfrac{3}{2}\ 或\ x<-2,\end{cases}$$

因此$x>2$或$x<-2$。

例 8.11 已知实数x,y,z，满足$\dfrac{1}{2}|x-y|+\sqrt{2y+z}+z^2-z+\dfrac{1}{4}=0$，求$(z+y)^x$的值。

解 因为x,y,z为实数，所以$\dfrac{1}{2}|x-y|\geqslant 0$，$\sqrt{2y+x}\geqslant 0$，$z^2-z+\dfrac{1}{4}=\left(z-\dfrac{1}{2}\right)^2\geqslant 0$。又因为$\dfrac{1}{2}|x-y|+\sqrt{2y+z}+z^2-z+\dfrac{1}{4}=0$，所以

$$\begin{cases}x-y=0,\\ 2y+z=0,\\ z^2-z+\dfrac{1}{4}=0,\end{cases}\quad 解得\quad \begin{cases}x=-\dfrac{1}{4},\\ y=-\dfrac{1}{4},\\ z=\dfrac{1}{2},\end{cases}$$

所以$(z+y)^x=\left(\dfrac{1}{2}-\dfrac{1}{4}\right)^{-\frac{1}{4}}=\sqrt{2}$。

本题是在实数范围内进行推演的，但是如果在复数范围内，这样推导出来的结果就不正确了。

例 8.12 实数 m，使方程 $x^2+(m+4\mathrm{i})x+1+2m\mathrm{i}=0$ 至少有一个实根。

错误解法 因为方程至少有一个实根，所以 $\Delta=(m+4\mathrm{i})^2-4(1+2m\mathrm{i})=m^2-20\geqslant 0$，故 $m\geqslant 2\sqrt{5}$，或 $m\leqslant -2\sqrt{5}$。

分析 实数集合是复数集合的真子集，所以在实数范围内成立的公式、定理，在复数范围内不一定成立，必须经过严格推广后方可使用。一元二次方程根的判别式是对实系数一元二次方程而言的，而此题目盲目地把它推广到复系数一元二次方程中，造成解法错误。

正确解法 设 a 是方程的实数根，则 $a^2+(m+4\mathrm{i})a+1+2m\mathrm{i}=0$，所以

$$a^2+ma+1+(4a+2m)\mathrm{i}=0。$$

由于 a,m 都是实数，所以

$$\begin{cases}a^2+ma+1=0,\\4a+2m=0。\end{cases}$$

解得 $m=\pm 2$。

例 8.13 设椭圆的中心是坐标原点，长轴 x 在轴上，离心率 $e=\frac{\sqrt{3}}{2}$，已知点 $P\left(0,\frac{3}{2}\right)$ 到这个椭圆上的最远距离是 $\sqrt{7}$，求这个椭圆的方程。

错误解法 依题意可设椭圆方程为 $\frac{x^2}{a^2}+\frac{y^2}{b^2}=1(a>b>0)$，则

$$e^2=\frac{c^2}{a^2}=\frac{a^2-b^2}{a^2}=1-\frac{b^2}{a^2}=\frac{3}{4},$$

所以 $\frac{b^2}{a^2}=\frac{1}{4}$，即 $a=2b$。

设椭圆上的点 (x,y) 到点 P 的距离为 d，则

$$d^2=x^2+\left(y-\frac{3}{2}\right)^2=a^2\left(1-\frac{y^2}{b^2}\right)+y^2-3y+\frac{9}{4}=-3\left(y+\frac{1}{2}\right)^2+4b^2+3,$$

所以当 $y=-\frac{1}{2}$ 时，d^2 有最大值，从而 d 也有最大值。所以 $4b^2+3=(\sqrt{7})^2$，由此解得 $b^2=1,a^2=4$，于是所求椭圆的方程为 $\frac{x^2}{4}+y^2=1$。

分析 尽管上面解法的最后结果是正确的，但这种解法却是错误的。结果正确只是碰巧而已。由当 $y=-\frac{1}{2}$ 时，d^2 有最大值，这步推理是错误的，没有考虑 y 的取值范围。事实上，由于点 (x,y) 在椭圆上，所以 $-b\leqslant y\leqslant b$，因此在求 d^2 的最大值时，应分类讨论。

若 $b<\frac{1}{2}$，则当 $y=-b$ 时，d^2（从而 d）有最大值。于是 $(\sqrt{7})^2=\left(b+\frac{3}{2}\right)^2$，从而解得 $b=\sqrt{7}-\frac{3}{2}>\frac{1}{2}$，与 $b<\frac{1}{2}$ 矛盾。所以必有 $b\geqslant\frac{1}{2}$，此时当 $y=-\frac{1}{2}$ 时，d^2（从而 d）有最大值，所以 $4b^2+3=(\sqrt{7})^2$，解得 $b^2=1,a^2=4$。于是所求椭圆的方程为 $\frac{x^2}{4}+y^2=1$。

思维批判性的反面是思维的盲从性。在数学学习中常表现为对教师和教材的盲从，不

敢越雷池半步；表现为对他人结论的轻信，不善于独立思考和提出问题；也表现为缺乏检查和检验的意向，不善于客观评价，等等。

8.3.5 思维的独创性

思维的独创性，即思维活动的创新程度，是指思考问题和解决问题时的方式方法或结果的新颖、独特，具有创造性。数学思维活动中表现为能独立地发现问题，解决问题，勇于创新，敢于突破常规的思考方法和解题程式，大胆提出新的见解和采用新的方法。

例 8.14 证明：对于任意 $n\in\mathbf{N}$，$n\geqslant 3$，在欧氏平面上存在一个 n 个点的集合，使得任意两点间的距离是无理数，且每三点构成一个非退化三角形具有有理面积。

证明 取定坐标系后，欧氏平面上的点可记作 (x,y)，记 $M=\{(k,k^2)\mid k=1,2,\cdots,n\}$ 则 M 中有 n 个点。

对于任意 $A(k_1,k_1^2)$，$B(k_2,k_2^2)$，$C(k_3,k_3^2)\in M$。A，B 间的距离为

$$d=\sqrt{(k_1-k_2)^2+(k_1^2-k_2^2)^2}=|k_1-k_2|\sqrt{1+(k_1+k_2)^2}$$

是无理数。

又 A，B，C 都在抛物线 $y=x^2$ 上，所以 $S_{\triangle ABC}>0$，且

$$S_{\triangle ABC}=\begin{vmatrix} k_1 & k_1^2 & 1 \\ k_2 & k_2^2 & 1 \\ k_3 & k_3^2 & 1 \end{vmatrix}$$

是有理数，原命题得证。

在本例中，通过构造一个抛物线模型，使集合中任意三点落在此抛物线上，利用两点间的距离为无理数，而三角形的面积为正值且为有理数，使这样的难题轻而易举得到解决。解题的构思奇巧，反映出思维的独创性。

例 8.15 解方程 $x^4+(x-4)^4=626$。

解 若把 $(x-4)^4$ 展开，整理则得到一个一般的一元四次方程，虽然可解，但是烦琐了一点。

令 $y=x-2$，则 $x=y+2$，$x-4=y-2$，原方程化为 $(y+2)^4+(y-2)^4=626$，化简整理得

$$y^4+24y^2-297=0。$$

令 $y^2=t$，则得 $t^2+24t-297=0$，解得 $t_1=9$，$t_2=-33$，由此得 $y_1=3$，$y_2=-3$，$y_3=\sqrt{33}$，$y_4=-\sqrt{33}$；所以 $x_1=5$，$x_2=-1$，$x_3=2+\sqrt{33}\mathrm{i}$，$x_4=2-\sqrt{33}\mathrm{i}$。

数学思维的各种品质并不是孤立的，而是相辅相成、紧密联系的，它们的关系是辩证的统一。

例 8.16 如图 8.4 所示，延长矩形 $ABCD$ 的边 BA 至 E，连接 CE，交 AD 于 F，已知 $AE=3$，$AB=6$，$BC=12$，求 FC 之长。

解 如图 8.4 所示，因为 $ABCD$ 是矩形，故 $\angle B$，$\angle EAF$ 都是直角，所以

$$EC=\sqrt{EB^2+BC^2}=\sqrt{(3+6)^2+12^2}=15。$$

欲求 EF，但 AF 是未知，怎么办呢？如果思维仅局限在矩形的特殊性质方面，则思路就受

阻,倘考虑矩形还具有平行四边形的一切属性时,则思路顿时畅通。

因为 $AD/\!/BC$,所以$\dfrac{EA}{EB}=\dfrac{AF}{BC}$,所以$\dfrac{3}{3+6}=\dfrac{AF}{12}$,所以 $AF=4$,故 $EF=\sqrt{EA^2+AF^2}=\sqrt{3^2+4^2}=5$,所以 $FC=EC-EF=15-5=10$。

此题若在解题过程中,由 $AD/\!/BC$,得$\dfrac{EA}{EB}=\dfrac{EF}{EC}$,直接求得 $EF=5$,则又简捷一些。

例 8.17 求证直角三角形斜边上的中线等于斜边的一半。

已知:如图 8.5,CD 是 $\mathrm{Rt}\triangle ABC$ 斜边上的中线,D 是 AB 的中点。求证:$CD=\dfrac{1}{2}AB$。

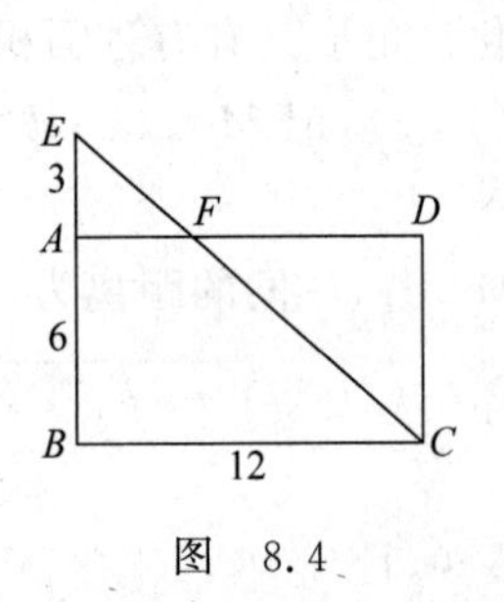

图 8.4

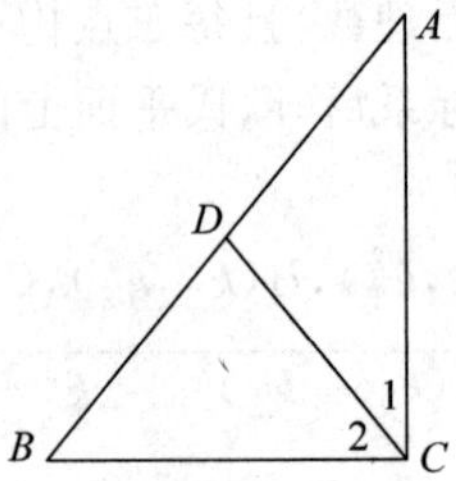

图 8.5

证明 假设 $CD\neq\dfrac{1}{2}AB$,则有 $CD>\dfrac{1}{2}AB$,或 $CD<\dfrac{1}{2}AB$。

(1) 假设 $CD>\dfrac{1}{2}AB$。因为 $AD=DB=\dfrac{1}{2}AB$,所以 $CD>AD$,$CD>DB$,所以$\angle A>\angle 1$,$\angle B>\angle 2$,所以$\angle A+\angle B>\angle 1+\angle 2$。

又因为$\angle 1+\angle 2=90°$,所以$\angle A+\angle B>90°$,所以$\angle A+\angle B+\angle C>180°$。这与三角形内角和等于 180°相矛盾。所以,$CD>\dfrac{1}{2}AB$ 是不可能的。

(2) 类似地可以证明,$CD<\dfrac{1}{2}AB$ 也是不可能的。

所以 $CD=\dfrac{1}{2}AB$。

本题用反证法证明并不复杂,所用知识不多。若用直接证法则需添加辅助线或增加一些知识,足见一些证题方法若选择得当可弥补知识的不足。

所以,若能运用逻辑知识来指导推理证明,就容易做到思维畅通,正确无误。

例 8.18 设 x,y,z 为三个互不相等的数,且 $x+\dfrac{1}{y}=y+\dfrac{1}{z}=z+\dfrac{1}{x}$,求证:$x^2y^2z^2=1$。

证明 由 $x+\dfrac{1}{y}=y+\dfrac{1}{z}$,得

$$yz(x-y)=y-z。\tag{8.24}$$

由 $y+\dfrac{1}{z}=z+\dfrac{1}{x}$,得

$$zx(y-z)=z-x。\tag{8.25}$$

由 $x+\frac{1}{y}=z+\frac{1}{x}$，得

$$xy(z-x)=x-y。\tag{8.26}$$

(8.24)式×(8.25)式×(8.26)式得

$$x^2y^2z^2(x-y)(y-z)(z-x)=(x-y)(y-z)(z-x)。$$

因为 $x\neq y\neq z$，所以 $(x-y)(y-z)(z-x)\neq 0$，故 $x^2y^2z^2=1$。

本题解题关键在于将已知连等式看成三个等式，将已知条件进行恒等变换使之出现两个数乘积的形式。

例 8.19 过点 $R\left(\frac{a^2}{\sqrt{a^2+b^2}},0\right)$ 垂直于 x 轴的直线与椭圆 $\frac{x^2}{a^2}+\frac{y^2}{b^2}=1$ 交于 P,Q，求证：过 P,Q 的两切线互相垂直(图 8.6)。

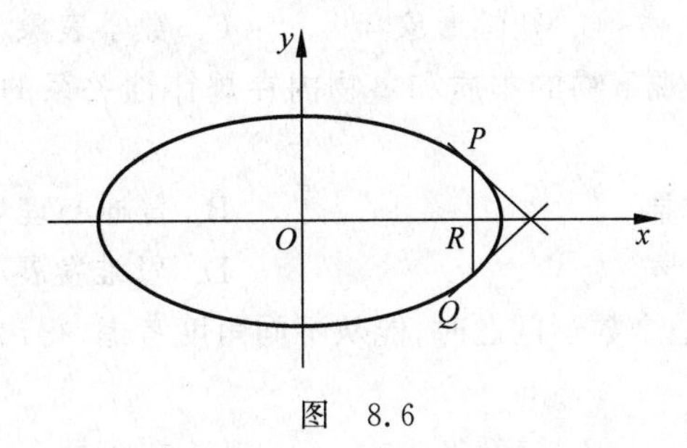

图 8.6

证明 过点 $R\left(\frac{a^2}{\sqrt{a^2+b^2}},0\right)$ 垂直于 x 轴的直线与椭圆 $\frac{x^2}{a^2}+\frac{y^2}{b^2}=1$ 两交点 P,Q 的坐标为 $P\left(\frac{a^2}{\sqrt{a^2+b^2}},\frac{b^2}{\sqrt{a^2+b^2}}\right)$，$Q\left(\frac{a^2}{\sqrt{a^2+b^2}},\frac{b^2}{\sqrt{a^2+b^2}}\right)$。过 P,Q 的两切线方程为

$$\frac{x}{\sqrt{a^2+b^2}}+\frac{y}{\sqrt{a^2+b^2}}=1,$$

$$\frac{x}{\sqrt{a^2+b^2}}-\frac{y}{\sqrt{a^2+b^2}}=1。$$

由这两条直线方程的系数得 $\frac{1}{a^2+b^2}-\frac{1}{a^2+b^2}=0$，所以，过 P,Q 两点的切线互相垂直。

例 8.20 求证 $\sec^2x+\csc^2x=\sec^2x\csc^2x$。

乍一看可能以为这是一个错题，两个函数的平方和竟是它们的平方积。由观察而产生怀疑，那么只好求助于证明，或者肯定它，或者否定它。事实上，证明是直接的。

证明 $\sec^2x+\csc^2x=\frac{1}{\cos^2x}+\frac{1}{\sin^2x}=\frac{\sin^2x+\cos^2x}{\sin^2x\cos^2x}=\frac{1}{\sin^2x\cos^2x}=\sec^2x\csc^2x$。

同理，我们还可以证明其他两个类似的恒等式：

$$\tan^2x-\sin^2x=\tan^2x\sin^2x,\quad \cot^2x-\cos^2x=\cot^2x\cos^2x。$$

在这里，逻辑推理显示了自己的作用，而凭观察就作出结论，有可能就出现错误。

习题 8

1. 什么是思维?

2. 思维的特征是什么?

3. 数学思维的特征是什么?

4. 小王老师给学生提出一道新习题,小王老师凭自己经验建议学生用那种方法去解决,这种思维是(　　)。

A. 形象思维　　B. 发散思维　　C. 分析思维　　D. 直觉思维

5. 形象思维的心理元素是(　　)。

A. 数学物象　　B. 知觉形象　　C. 数学表象　　D. 灵感

6. “思维是人脑对客观事物的本质和事物内在规律性关系的概括与间接的反映”属于(　　)。

A. 马克思主义哲学　　B. 普通心理学

C. 现代认识心理学　　D. 思维发展心理学

7. 当某学生在解决一个数学问题时,能从不同角度考虑,得出几种不同的解法,说明这个学生思维的(　　)。

A. 广阔性　　B. 灵活性　　C. 深刻性　　D. 创造性

8. 某学生在解某题目时,能看出题目中的隐含条件,说明该学生思维的(　　)。

A. 灵活性　　B. 深刻性　　C. 广阔性　　D. 独创性

9. 某人在解决问题中,善于从所研究的材料中揭示隐蔽的特殊情况,并发现有价值的东西,这表明他思维的(　　)。

A. 广阔性　　B. 灵活性　　C. 深刻性　　D. 批判性

10. 某位学生,当他思维受阻时,能及时退出,从另一角度去思考问题,这表现了该学生思维的(　　)。

A. 广阔性　　B. 灵活性　　C. 深刻性　　D. 批判性

11. 把思维分为聚合思维和发散思维是以(　　)标准分类。

A. 思维的抽象程度　　B. 思维的结果价值

C. 思维的指向　　D. 思维过程有无清晰价值和明确步骤

12. 什么是数学思维的深刻性?举例说明。

13. 什么是数学思维的广阔性?举例说明。

14. 什么是数学思维的灵活性?举例说明。

15. 什么是数学思维的批判性?举例说明。

16. 什么是数学思维的独创性?举例说明。

习题解答提示与参考答案

习题 2

3. D。 6. D。 7. C。 8. D。 10. B。 11. A。 12. C。 14. C。 17. D。
26. C。 27. C。 28. A。 29. D。 30. B。 31. D。

习题 3

4. A。 5. C。 6. A。

习题 4

1. D。

2. **证明** 如题 2 图，设$\triangle ABC$ 的 BC 与 CA 两边上的高交于 P 点。现分别以 BC，PA 所在的直线为 x 轴和 y 轴，建立直角坐标系。

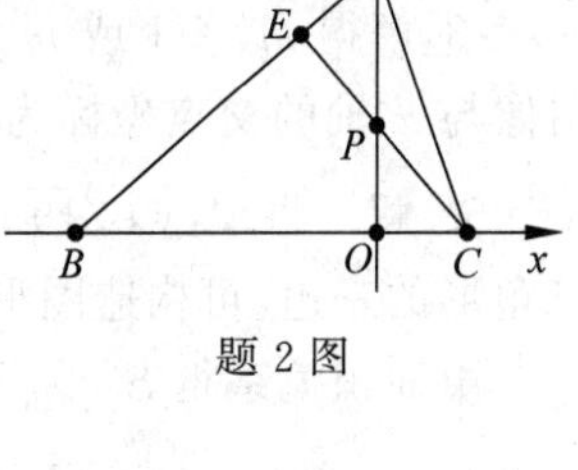

题 2 图

设 $\overrightarrow{OB}=(x_1,0)$，$\overrightarrow{OC}=(x_2,0)$，$\overrightarrow{OA}=(0,y_3)$，$\overrightarrow{OP}=(0,y)$。因为 $\overrightarrow{BP}\perp\overrightarrow{CA}$，所以 $\overrightarrow{BP}\cdot\overrightarrow{CA}=(-x_1,y)\cdot(-x_2,y_3)=x_1x_2+yy_3=0$。而 $\overrightarrow{CP}\cdot\overrightarrow{AB}=(-x_2,y)\cdot(x_1,-y_3)=-x_1x_2-yy_3=-(x_1x_2+yy_3)$，所以 $\overrightarrow{CP}\cdot\overrightarrow{AB}=0$，故 $\overrightarrow{CP}\perp\overrightarrow{AB}$。即 $\overrightarrow{CP}$ 是 $\overrightarrow{AB}$ 边上的高。故$\triangle ABC$ 的三条高交于一点 P。

3. **解** 设三个方程均无实根，则有

$$\begin{cases}\Delta_1=16a^2-4(-4a+3)<0,\\ \Delta_2=(a-1)^2-4a^2<0,\\ \Delta_2=4a^2-4(-2a)<0,\end{cases}\quad\text{解得}\quad\begin{cases}-\dfrac{3}{2}<a<\dfrac{1}{2},\\ a<-1\text{ 或 }a>\dfrac{1}{3},\text{即}-\dfrac{3}{2}<a<-1,\\ -2<a<0,\end{cases}$$

所以当 $a\geqslant -1$ 或 $a\leqslant -\dfrac{3}{2}$时，三个方程至少有一个方程有实根。

4. **法 1** 设二次函数的解析式为 $y=a(x-2)^2-3$。令 $y=0$ 得到 $a(x-2)^2-3=0$，

解得 $x_1=2+\sqrt{\frac{3}{a}}$，$x_2=2-\sqrt{\frac{3}{a}}$，故二次函数与 x 轴交点的坐标为 $\left(2+\sqrt{\frac{3}{a}},0\right)$ 和 $\left(2-\sqrt{\frac{3}{a}},0\right)$，所以 $\left(2+\sqrt{\frac{3}{a}}\right)\left(2-\sqrt{\frac{3}{a}}\right)=3$，从而得 $4-\frac{3}{a}=3$，故 $a=3$，所以二次函数的解析式为 $y=3(x-2)^2-3$。

法 2 设二次函数的图像与 x 轴的交点坐标为 $(x_1,0)$ 和 $(x_2,0)$，依题意得

$$\begin{cases}x_1+x_2=4,\\ x_1\cdot x_2=3,\end{cases}\quad 解得\quad \begin{cases}x_1=1,\\ x_2=3,\end{cases}\quad 或\quad \begin{cases}x_1=3,\\ x_2=1,\end{cases}$$

所以二次函数的图像与 x 轴的交点坐标为(1,0)和(3,0)。设二次函数的解析式为 $y=a(x-2)^2-3$，因过(1,0)，所以 $a-3=0$，故二次函数的解析式为 $y=3(x-2)^2-3$。

法 3 利用二次函数的对称性，可列方程为 $\frac{b+\frac{3}{b}}{2}=2$，所以 $b_1=1$，$b_2=3$，故二次函数的图像与 x 轴的交点坐标为(1,0)和(3,0)。接着同上。

法 4 设二次函数的解析式为 $y=a(x-2)^2-3$，它与 x 轴的交点坐标为 $(x_1,0)$ 和 $(x_2,0)$，令 $y=0$ 得 $a(x-2)^2-3=0$，即 $ax^2-4ax+4a-3=0$。

利用韦达定理可知：$x_1\cdot x_2=\frac{4a-3}{a}$，故 $\frac{4a-3}{a}=3$，所以 $a=3$，于是二次函数的解析式为 $y=3(x-2)^2-3$。

法 5 设二次函数与 x 轴截得线段的长度为 2m。

利用二次函数的对称性可知：二次函数与 x 轴的交点坐标为 $(m+2,0)$ 和 $(2-m,0)$，依题意得 $(m+2)(2-m)=3$，解得 $m_1=1$ 或 $m_2=-1$（舍去），所以二次函数的图像与 x 轴的交点坐标为(1,0)和(3,0)。接着同上。

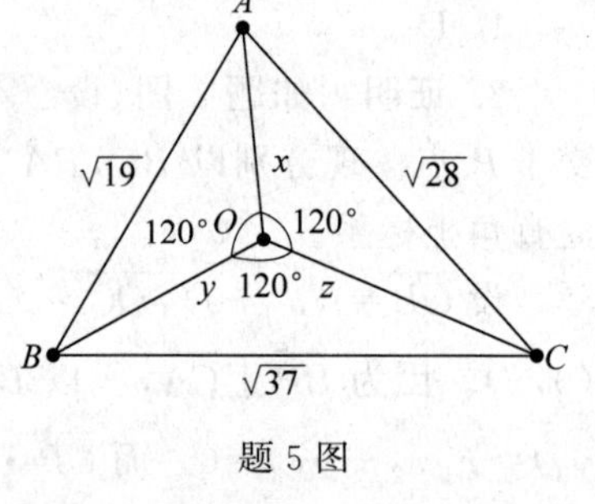

题 5 图

5. **解** 将 $x,y,\sqrt{19}$；$y,z,\sqrt{37}$；$z,x,\sqrt{28}$ 分别视为三角形的三边，可构造图形（见题 5 图）。

由面积关系得 $S_{\triangle ABC}=S_{\triangle OAB}+S_{\triangle OBC}+S_{\triangle OAC}$，而

$$S_{\triangle OAB}=\frac{1}{2}xy\sin120^\circ=\frac{\sqrt{3}}{4}xy,\quad S_{\triangle OBC}=\frac{1}{2}yz\sin120^\circ=\frac{\sqrt{3}}{4}yz,$$

$$S_{\triangle OAC}=\frac{1}{2}xz\sin120^\circ=\frac{\sqrt{3}}{4}xz,$$

$$\begin{aligned}S_{\triangle ABC}&=\frac{1}{2}\sqrt{19}\cdot\sqrt{28}\sin A=\frac{1}{2}\sqrt{19}\cdot\sqrt{28}\cdot\sqrt{1-\cos^2A}\\&=\frac{1}{2}\sqrt{19}\cdot\sqrt{28}\cdot\sqrt{1-\left(\frac{b^2+c^2-a^2}{2bc}\right)^2}\\&=\frac{1}{2}\sqrt{28\times19-\left(\frac{28+19-37}{2}\right)^2}=\frac{13}{2}\sqrt{3},\end{aligned}$$

所以$\frac{\sqrt{3}}{4}(xy+xz+yz)=\frac{13}{2}\sqrt{3}$，故 $xy+xz+yz=26$。由此可得 $2(x+y+z)^2=162$。

又因为 $x,y,z\in\mathbb{R}^+$，故得 $x+y+z=9$。

6. **分析 1** 用特值法将 $a=1,b=1$ 代入。

解 $\frac{1}{a^2+1}+\frac{1}{b^2+1}=1$。

分析 2 将 $a=\frac{1}{b}$代入。

解 $\frac{1}{a^2+1}+\frac{1}{b^2+1}=\frac{1}{\frac{1}{b^2}+1}+\frac{1}{b^2+1}=\frac{b^2}{b^2+1}+\frac{1}{b^2+1}=1$。

分析 3 先直接通分再代入。

解 $\frac{1}{a^2+1}+\frac{1}{b^2+1}=\frac{b^2+1}{(a^2+1)(b^2+1)}+\frac{a^2+1}{(a^2+1)(b^2+1)}=\frac{a^2+b^2+2}{a^2b^2+a^2+1+b^2}=1$。

7. **解** 由题设可知 $y>0,\cos x+y\sin x=2$。设 $\boldsymbol{a}=(\cos x,\sin x)$，$\boldsymbol{b}=(1,y)$，则由 $|\boldsymbol{a}\cdot\boldsymbol{b}|^2\leqslant|\boldsymbol{a}|^2\cdot|\boldsymbol{b}|^2$，得$(\cos x+y\sin x)^2\leqslant(\cos^2x+\sin^2x)(1+y^2)=1+y^2$，即 $1+y^2\geqslant 4$，解得 $y\geqslant\sqrt{3}$。故原函数的最小值为$\sqrt{3}$。

8. **解法 1** 若 x,y,z 成等差数列，则 $x+z=2y$，即 $x+z-2y=0$，两边平方，有 $x^2+z^2+4y^2+2xz-4xy-4yz=0$，即$(x-z)^2-4(x-y)(y-z)=0$，这是已知条件，以上各步均可逆，故逆而推之能证得 x,y,z 成等差数列。

解法 2 由$(z-x)^2-4(x-y)(y-z)=0$，知以 $x-y,z-x,y-z$ 为各项系数的二次方程$(x-y)u^2+(z-x)u+(y-z)=0$ 的两实根相等。

又因为$(x-y)+(z-x)+(y-z)=0$，所以此方程的两根为 1，其积也为 1。

由韦达定理得$\frac{y-z}{x-y}=1$，即 $2y=x+z$，所以 x,y,z 成等差数列。

解法 3 设 $x-y=a,y-z=b$，则 $x-z=(x-y)+(y-z)=a+b$，于是$(z-x)^2-4(x-y)(y-z)=(a+b)^2-4ab=(a-b)^2$。

据已知条件，有$(a-b)^2=0$，故 $a=b$，即 $x-y=y-z$，从而知 x,y,z 成等差数列。

9. **解法 1** 因为 m,n,p 都是正数，由 $m^2+n^2\geqslant 2mn$ 及已知 $n^2+m^2=p^2$ 得

$$\left(\frac{m+n}{p}\right)^2=\frac{n^2+m^2+2mn}{p^2}\leqslant\frac{n^2+m^2+n^2+m^2}{p^2}=2,\quad 即\frac{m+n}{p}\leqslant\sqrt{2},$$

故$\frac{m+n}{p}$的最大值是$\sqrt{2}$。

解法 2 设 $m=p\cos\alpha,n=p\sin\alpha$（$\alpha$ 为锐角），则

$$\frac{m+n}{p}=\frac{p(\cos\alpha+\sin\alpha)}{p}=\sqrt{2}\cos\left(\frac{\pi}{4}-\alpha\right)\leqslant\sqrt{2},$$

故$\frac{m+n}{p}$的最大值是$\sqrt{2}$。

解法 3 已知 a,b 均为正数，则有$\frac{a+b}{2}\geqslant\sqrt{\frac{a^2+b^2}{2}}$，故有$\frac{n+m}{2}\leqslant\sqrt{\frac{m^2+n^2}{2}}$。而 n^2+

$m^2=p^2$,所以$\frac{m+n}{2}\leqslant\sqrt{\frac{p^2}{2}}$,即$m+n\leqslant\sqrt{2}p$。

因为p为正数,故$\frac{m+n}{p}\leqslant\sqrt{2}$,知$\frac{m+n}{p}$的最大值是$\sqrt{2}$。

10. **解法 1** 由$x+y=1$得$y=1-x$,则

$$x^2+y^2=x^2+(1-x)^2=2x^2-2x+1=2(x-1/2)^2+\frac{1}{2}。$$

由于$x\in[0,1]$,根据二次函数的图像与性质知:

当$x=\frac{1}{2}$时,x^2+y^2取最小值$\frac{1}{2}$,当$x=0$或1时,x^2+y^2取最大值1。

解法 2 由于$x+y=1,x,y\geqslant0$,则可设$x=\cos^2\theta,y=\sin^2\theta$,其中$\theta\in\left[0,\frac{\pi}{2}\right]$,则$x^2+y^2=\cos^4\theta+\sin^4\theta=(\cos^2\theta+\sin^2\theta)^2-2\cos^2\theta\sin^2\theta=1-\frac{1}{2}(2\sin\theta\cos\theta)^2=1-\frac{1}{2}\sin^2 2\theta=1-\frac{1}{2}\cdot\frac{1-\cos4\theta}{2}=\frac{3}{4}+\frac{1}{4}\cos4\theta$。

于是,当$\cos4\theta=-1$时,x^2+y^2取最小值$\frac{1}{2}$;当$\cos4\theta=1$时,x^2+y^2取最大值1。

解法 3 由于$x+y=1,x,y\geqslant0$,则可设$x=\frac{1}{2}+t,y=\frac{1}{2}-t$,其中$t\in\left[-\frac{1}{2},\frac{1}{2}\right]$,于是,$x^2+y^2=\left(\frac{1}{2}+t\right)^2+\left(\frac{1}{2}-t\right)^2=\frac{1}{2}+2t^2,t^2\in\left[0,\frac{1}{4}\right]$,所以,当$t^2=0$时,$x^2+y^2$取最小值$\frac{1}{2}$;当$t^2=\frac{1}{4}$时,$x^2+y^2$取最大值1。

解法 4 由于$x,y\geqslant0$且$x+y=1$,则$xy\leqslant\frac{(x+y)^2}{4}=\frac{1}{4}$,从而$0\leqslant xy\leqslant\frac{1}{4}$,于是,$x^2+y^2=(x+y)^2-2xy=1-2xy$,所以,当$xy=0$时,$x^2+y^2$取最大值1;当$xy=\frac{1}{4}$时,$x^2+y^2$取最小值$\frac{1}{2}$。

习题 6

1. **证明** 因为

$(a\sqrt{1-b^2}+b\sqrt{1-a^2})(a\sqrt{1-b^2}-b\sqrt{1-a^2})=a^2(1-b^2)-b^2(1-a^2)=a^2-b^2$,
而

$$a\sqrt{1-b^2}+b\sqrt{1-a^2}=1, \quad ①$$

所以

$$a\sqrt{1-b^2}-b\sqrt{1-a^2}=a^2-b^2。\quad ②$$

①式+②式,得$2a\sqrt{1-b^2}=a^2-b^2+1$,即$a^2-2a\sqrt{1-b^2}+1-b^2=0$,于是

$(a-\sqrt{1-b^2})^2=0, a-\sqrt{1-b^2}=0$,即 $a^2+b^2=1$。

2. **解法1** 将 $S_m=30, S_{2m}=100$ 代入 $S_n=na_1+\frac{n(n-1)}{2}d$,得

$$\begin{cases} ma_1+\frac{m(m-1)}{2}d=30, \\ 2ma_1+\frac{2m(2m-1)}{2}d=100 \end{cases}$$

解得 $d=\frac{40}{m^2}, a_1=\frac{10}{m}+\frac{20}{m^2}$,所以 $S_{3m}=3ma_1+\frac{3m(3m-1)}{2}d=210$。

解法2 根据等差数列性质知:$S_m, S_{2m}-S_m, S_{3m}-S_{2m}$ 也成等差数列,从而有

$$2(S_{2m}-S_m)=S_m+(S_{3m}-S_{2m}),\quad 故\ S_{3m}=3(S_{2m}-S_m)=210。$$

解法3 因为 $S_n=na_1+\frac{n(n-1)}{2}d$,所以 $\frac{S_n}{n}=a_1+\frac{n-1}{2}d$,所以点 $\left(n,\frac{S_n}{n}\right)$ 是直线 $y=a_1+\frac{x-1}{2}d$ 上的一串点,由三点 $\left(m,\frac{S_m}{m}\right)$,$\left(2m,\frac{S_{2m}}{2m}\right)$,$\left(3m,\frac{S_{3m}}{3m}\right)$ 共线,易得 $S_{3m}=3(S_{2m}-S_m)=210$。

3. **证明** (1) 当 $n=1$ 时,左边=右边=$\cos\alpha$。等式成立。

(2) 设 $n=k$ 时,等式成立,即

$$\cos\alpha+\cos3\alpha+\cos5\alpha+\cdots+\cos(2k-1)\alpha=\frac{\sin2k\alpha}{2\sin\alpha}。$$

当 $n=k+1$ 时,有

$$\begin{aligned}&\cos\alpha+\cos3\alpha+\cos5\alpha+\cdots+\cos(2k-1)\alpha+\cos(2k+1)\alpha\\ =&\frac{\sin2k\alpha}{2\sin\alpha}+\cos(2k+1)\alpha=\frac{\sin2k\alpha+2\sin\alpha\cos(2k+1)\alpha}{2\sin\alpha}\\ =&\frac{\sin2k\alpha+[\sin2(k+1)\alpha+\sin(-2k\alpha)]}{2\sin\alpha}=\frac{\sin2(k+1)\alpha}{2\sin\alpha},\end{aligned}$$

即 $n=k+1$ 时。等式也成立。

4. **证明** (1) 当 $n=1$ 时,显然成立。

(2) 设 $n=k$ 时,不等式成立,即 $1!\cdot3!\cdot5!\cdots(2k-1)!\geqslant(k!)^k$ 成立。将此式两边同乘上 $(2k+1)!$ 得

$1!3!5!\cdots(2k-1)!(2k+1)!\geqslant(k!)^k\cdot(2k+1)!$。

要证 $n=k+1$ 时不等式成立,只要证明 $(2k+1)!(k!)^k\geqslant[(k+1)!]^{k+1}$ 成立,即需证 $(2k+1)!(k!)^k\geqslant(k!)^{k+1}(k+1)^{k+1}$,即需证

$$(k+2)(k+3)\cdots(2k+1)\geqslant(k+1)^k。\quad (*)$$

由于(*)式左边是 k 个大于 $k+1$ 的整数的连乘积,右边是 k 个 $k+1$ 的连乘积,因此(*)式成立,上述步骤每一步都可逆。因此

$$(2k+1)!(k!)^k\geqslant[(k+1)!]^{k+1},$$

故 $1!3!5!\cdots(2k-1)(2k+1)\geqslant[(k+1)!]^{k+1}$,即当 $n=k+1$ 时,求证的不等式成立。

由(1)、(2)两步可知,对于任意的自然数 n 不等式都成立。

5. **证明** (1) 当 $n=1$ 时，$4+1=5$，不是 7 的倍数，结论成立；

当 $n=2$ 时，$4^2+1=16+1=17$，不是 7 的倍数，结论成立。

(2) 设 $1\leqslant n\leqslant k$ 时，4^n+1 不是 7 的倍数，当 $n=k+1$ 时，有

$$4^{k+1}+1=4^3\cdot 4^{k-2}+1=4^3(4^{k-2}+1)-63=64(4^{k-2}+1)-63。$$

由归纳假设，$4^{k-2}+1$ 不是 7 的倍数，所以当 $n=k+1$ 时，$4^{k+1}+1$ 不是 7 的位数，由(1)(2)可以推断，4^n+1 对于一切正整数都不是 7 的倍数。

习题 7

1. 令 $x=\mathrm{e}^{-\frac{1}{2}}$，则 $a=-\dfrac{1}{2}$，$b=-1$，$c=-\dfrac{1}{8}$，故选 C。

2. 在同一直角坐标系中画出 $y=\log_2 x$，$y=3-x$ 的图像，如题 2 图所示，可观察两图像交点的横坐标满足 $1<x<3$，答案选 C。

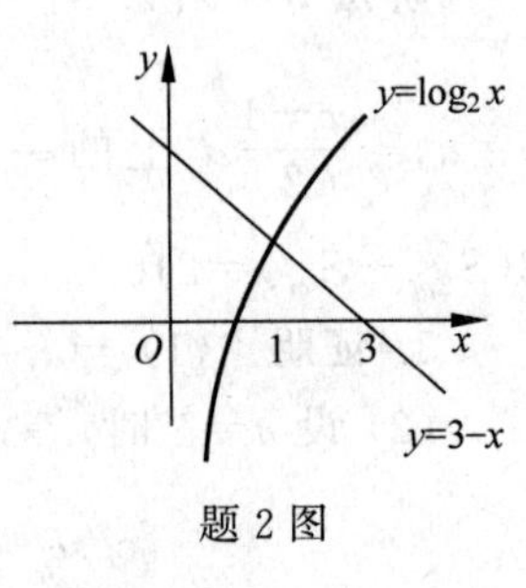

题 2 图

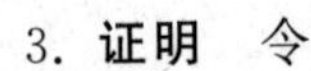

3. **证明** 令

$$\sqrt{3+\sqrt{5}}-\sqrt{3-\sqrt{5}}=A, \quad (1)$$

$$\sqrt{3+\sqrt{5}}+\sqrt{3-\sqrt{5}}=B, \quad (2)$$

(1)式+(2)式，得 $A+B=2\sqrt{3+\sqrt{5}}$，(1)式×(2)式，得 $AB=2\sqrt{5}$。

因为 $(A+B)^2=A^2+B^2+2AB$，所以 $A^2+B^2=12$。

又 $A^2B^2=(AB)^2=(2\sqrt{5})^2=20$，所以 A^2，B^2 可看作方程 $x^2-12x+20=0$ 的两根，解之得 $A^2=2$，$B^2=10(0<A<B)$。因此 $A=\sqrt{2}$，即 $\sqrt{3+\sqrt{5}}-\sqrt{3-\sqrt{5}}=\sqrt{2}$。

4. 令 $x=y=1$，证得 $f(1)=0$。令 $x=y$，得 $f(x^2)=2f(x)$，令 $y=x^2$，得 $f(x^3)=3f(x)$。

5. **解** 令 $y=x=0$，可得 $f(0)=1$ 或 $f(0)=0$。

令 $y=0$，可得 $2f(x)=2f(x)f(0)$，$f(0)=0$ 不能成立。

令 $x=0$，可推得 $f(-y)=f(y)$，所以函数 $y=f(x)$ 是偶函数。

6. **解** $2\leqslant x+a\leqslant 10$，$2\leqslant x-a\leqslant 10$，$2-a\leqslant x\leqslant 10-a$，$2+a\leqslant x\leqslant 10+a$。

分类标准为 $2+a=10-a$，即 $a=4$。

当 $0<a<4$ 时，$F(x)$ 的定义域为 $2+a<x<10-a$；当 $a=4$ 时，$F(x)$ 的定义域为 $x=6$；当 $a>4$ 时，$F(x)$ 的定义域为空集。

7. **解** 根据对称轴的位置进行分类。

当 $a<0$ 时，$f(0)=2$，即 $1-a=2$，$a=-1$；当 $0\leqslant a\leqslant 1$ 时，$f(a)=2$，即 $a^2+1-a=2$，无解；当 $a>1$ 时，$f(1)=2$，即 $a=2$。所以，$a=-1$，或 $a=2$。

8. 当 $a+1=0$，即 $a=-1$ 时，原方程可化为 $-2x-8=0$，解得 $x=-4$。

当 $a+1\neq 0$ 时，即 $a\neq -1$ 时，设方程的两根为 x_1，x_2，则 $x_1+x_2=\dfrac{a^2+1}{a+1}=a-1+\dfrac{2}{a+1}$。

当 $a=0,1,-2,-3$ 时，$\frac{2}{a+1}$是整数，则 x_1+x_2 是整数，但 x_1 和 x_2 不一定是整数，还需对 a 的这 4 种可能的值分别进行检验。

当 $a=0$ 时，原方程为 $x^2-x-6=0$，解得 $x_1=-2, x_2=3$；

当 $a=1$ 时，原方程为 $x^2-x-2=0$，解得 $x_1=-1, x_2=2$；

当 $a=-2$ 时，原方程为 $-x^2-5x-22=0$，无实根；

当 $a=-3$ 时，原方程为 $x^2+5x+30=0$，无实根。

综上可得，当 $a=-1,0,1$ 时，方程有整数根。

9. **解法 1** 设 $\sin x+\cos x=t, t\in[-\sqrt{2},\sqrt{2}]$。则 $\sin x\cos x=\frac{t^2}{2}-\frac{1}{2}$，所以 $y=t+\left(\frac{t^2}{2}-\frac{1}{2}\right)=\frac{1}{2}(t+1)^2-1$，而 $t\in[-\sqrt{2},\sqrt{2}]$，故当 $t=\sqrt{2}$ 时，$y_{\max}=\frac{1}{2}+\sqrt{2}$。

解法 2 设 $\sin x=a+b, \cos x=a-b$。由$\sin^2 x+\cos^2 x=1$ 得，$a^2+b^2=\frac{1}{2}$，即 $b^2=\frac{1}{2}-a^2$。

又 $2a=\sin x+\cos x$ 可得$\frac{-\sqrt{2}}{2}\leqslant a\leqslant\frac{\sqrt{2}}{2}$。所以 $y=(a+b)+(a-b)+(a+b)(a-b)=a^2-b^2+2a=a^2-\left(\frac{1}{2}-a^2\right)+2a=2\left(a+\frac{1}{2}\right)^2-1$。

当 $a=\frac{\sqrt{2}}{2}$时，$y_{\max}=\frac{1}{2}+\sqrt{2}$。

10. 令 $x=\frac{1}{4}+\alpha, y=\frac{1}{4}+\beta, z=\frac{1}{4}+\gamma, k=\frac{1}{4}-(\alpha+\beta+\gamma)$，所以

$$
\begin{aligned}
x^2+y^2+z^2+k^2&=\left(\frac{1}{4}+\alpha\right)^2+\left(\frac{1}{4}+\beta\right)^2+\left(\frac{1}{4}+\gamma\right)^2+\left[\frac{1}{4}-(\alpha+\beta+\gamma)\right]^2\\
&=\frac{1}{4}+\alpha^2+\beta^2+\gamma^2+(\alpha+\beta+\gamma)^2\geqslant\frac{1}{4}。
\end{aligned}
$$

当且仅当 $\alpha=\beta=\gamma=0$ 时，也就是 $x=y=z=k=\frac{1}{4}$时，等式成立。

11. **解法 1** 因为 $a>0, b>0, 1=\frac{1}{a}+\frac{2}{b}\geqslant 2\sqrt{\frac{2}{ab}}$，所以 $ab\geqslant 8$ $\left(\text{当且仅当}\frac{1}{a}=\frac{2}{b}=\frac{1}{2}\text{，即 } a=2, b=4 \text{ 时取“=”号}\right)$，故 ab 的最小值是 8。

解法 2 因为 $a>0, b>0, \frac{1}{a}+\frac{2}{b}=1$，所以 $1=\left(\frac{1}{a}+\frac{2}{b}\right)^2=\frac{1}{a^2}+\frac{4}{b^2}+\frac{4}{ab}\geqslant 2\sqrt{\frac{4}{a^2b^2}}+\frac{4}{ab}=\frac{8}{ab}$ $\left(\text{当且仅当}\frac{1}{a}=\frac{2}{b}=\frac{1}{2}\text{，即 } a=2, b=4 \text{ 时取“=”号}\right)$，所以 ab 的最小值是 8。

解法 3 因为 $a>0, b>0, \frac{1}{a}+\frac{2}{b}=1$，可令$\frac{1}{a}=\cos^2\alpha, \frac{2}{b}=\sin^2\alpha$，故

$$
a=\frac{1}{\cos^2\alpha},\quad b=\frac{2}{\sin^2\alpha},
$$

于是 $ab=\dfrac{2}{\cos^2\alpha\cdot\sin^2\alpha}=\dfrac{8}{\sin^2 2\alpha}\geqslant 8\left(当且仅当\dfrac{1}{a}=\dfrac{2}{b}=\dfrac{1}{2}，即 a=2,b=4 时取“=”号\right)$，所以 ab 的最小值是 8。

解法 4 因为 $a>0,b>0,\dfrac{1}{a}+\dfrac{2}{b}=1$，可令 $\dfrac{1}{a}=\dfrac{1}{2}+t,\dfrac{2}{b}=\dfrac{1}{2}-t$，其中 $-\dfrac{1}{2}<t<\dfrac{1}{2}$，所以 $ab=\dfrac{8}{1-4t^2}\geqslant 8$，(因为 $1-4t^2\in(0,1]$，当 $1-4t^2=1$，即 $t=0,a=2,b=4$ 时，取“=”号)。

解法 5 因为 $a>0,b>0,\dfrac{1}{a}+\dfrac{2}{b}=1$，所以 $b=\dfrac{2a}{a-1}>0,a>1$，故 $ab=\dfrac{2a^2}{a-1}$。

令 $f(a)=\dfrac{2a^2}{a-1}(a>1)$，则 $f'(a)=\dfrac{2a(a-2)}{(a-1)^2}$。令 $f'(a)=0$，解得 $a=2>1$。

当 $a\in(1,2)$ 时，$f'(a)<0$，此时 $f(a)$ 是减函数；

当 $a\in(2,+\infty)$ 时，$f'(a)>0$，此时 $f(a)$ 是增函数。

所以当 $a>1$ 时，$f(a)_{最小值}=f(a)_{极小值}=f(2)=\dfrac{2\times 2^2}{2-1}=8$(此时 $a=2,b=4$)。

习题 8

4. D。 5. C。 6. D。 7. A。 8. B。 9. C。 10. B。 11. C。

参考文献

[1] 徐利治,等.数学方法论选读[M].北京：北京师范大学出版社,2010.
[2] 郑毓信.数学方法论[M].南宁：广西教育出版社,1996.
[3] 王林全,等.中学数学思想方法概论[M].广州：暨南大学出版社,2000.
[4] 钱佩玲.中学数学思想方法[M].北京：北京师范大学出版社,2001.
[5] 沈文选.中学数学思想方法[M].长沙：湖南师范大学出版社,1999.
[6] 徐利治.数学方法论选讲[M].武汉：华中理工大学出版社,1988.
[7] 徐利治,等.数学方法论教程[M].南京：南京大学出版社,1992.
[8] 张奠宙,等.数学方法论稿[M].上海：上海教育出版社,1996.
[9] 章仕藻.数学方法论简明教程[M].南京：南京大学出版社,2013.
[10] 戴再平,等.数学方法与解题研究[M].北京：高等教育出版社,1996.
[11] 郑毓信.数学方法论入门[M].杭州：浙江教育出版社,1985.
[12] 钱珮玲.中学数学思想方法[M].北京：北京师范大学出版社,2010.
[13] 钱珮玲,等.数学思想方法与中学数学[M].北京：北京师范大学出版社,2008.
[14] 邓鹤年,等.数学思维方法[M].长春：吉林大学出版社,1989.
[15] 李冬胜.数学思维方法概论[M].太原：山西人民出版社,2010.
[16] 黄忠裕.中学数学思想方法专题选讲[M].成都：四川大学出版社,2006.
[17] 徐树道.数学方法论[M].桂林：广西师范大学出版社,2001.
[18] 张雄,等.数学方法论与解题研究[M].北京：高等教育出版社,2014.
[19] 张乃达.数学思维教育学[M].南京：江苏教育出版社,1990.
[20] 任樟辉.数学思维论[M].南宁：广西教育出版社,1990.
[21] 李玉琪.数学方法论[M].海口：南海出版公司,1990.
[22] 朱梧槚.数学方法论 ABC[M].大连：辽宁教育出版社,1986.
[23] 王仲春,等.数学思维与数学方法论[M].北京：高等教育出版社,1989.
[24] 王振鸣,等.数学解题方法论[M].海口：南海出版公司,1990.
[25] 刘云章,等.数学解题思维策略[M].长沙：湖南教育出版社,1990.
[26] 章仕藻.中学数学教育学[M].北京：高等教育出版社,2006.
[27] 王子兴.数学方法论[M].长沙：中南大学出版社,2002.
[28] 王宪昌.数学思维方法[M].北京：人民教育出版社,2002.
[29] 徐树道.数学方法论[M].南宁：广西教育出版社,2001.
[30] 沈文选,等.数学思想领悟[M].哈尔滨：哈尔滨工业大学出版社,2008.
[31] 欧阳维诚.初等数学思想方法选讲[M].长沙：湖南教育出版社,2000.
[32] 汤服成.中学数学解题思想方法[M].桂林：广西师范大学出版社,1998.
[33] 吕凤祥.中学数学解题方法[M].哈尔滨：哈尔滨工业大学出版社,2003.
[34] 吴炯圻.数学思想方法：创新与应用能力的培养[M].厦门：厦门大学出版社,2009.
[35] 中国数学会.北京师范大学编.数学通报.2000—2019.
[36] 中国教育学会.天津师范大学编.数学教育学报.2000—2019.